Strömungsmechanik

Hendrik C. Kuhlmann

Strömungsmechanik

ein Imprint von Pearson Education
München • Boston • San Francisco • Harlow, England
Don Mills, Ontario • Sydney • Mexico City
Madrid • Amsterdam

Bibliografische Information Der Deutschen Bibliothek

Die Deutsche Bibliothek verzeichnet diese Publikation in der Deutschen Nationalbibliografie;
detaillierte bibliografische Daten sind im Internet über <http://dnb.ddb.de> abrufbar.

10   9   8   7   6   5   4   3   2   1

08   07

ISBN 978-3-8273-7230-7

© 2007 by Pearson Studium
ein Imprint der Pearson Education Deutschland GmbII,
Martin-Kollar-Straße 10–12, D-81829 München/Germany
Alle Rechte vorbehalten
www.pearson-studium.de
Lektorat: Birger Peil, bpeil@pearson.de
Korrektorat: Friederike Daenecke, Zülpich
Umschlaggestaltung: Thomas Arlt, tarlt@adesso21.net
Titelfoto: Sean Davey
Herstellung: Philipp Burkart, pburkart@pearson.de
Satz: LE-TEX Jelonek, Schmidt & Vöckler GbR, Leipzig
Druck und Verarbeitung: Kösel, Krugzell (www.KoeselBuch.de)

Printed in Germany

Inhaltsverzeichnis

Vorwort

Die Strömungsmechanik ist eine klassische Wissenschaft, deren Wurzeln bis in die Antike zurückreichen. Sie hat sich im Laufe der Zeit zu einer sehr umfangreichen Disziplin entwickelt, die in vielen Bereichen von Natur und Technik eine wichtige und aktuelle Rolle spielt. Aufgrund der rapiden Zunahme des Wissens und der damit verbundenen Spezialisierung gibt es den Trend, Grundlagenfächer in der Ausbildung von Studenten zugunsten moderner Spezialfächer zurückzudrängen. Für den Lehrenden stellt sich damit die schwierige Aufgabe, die Grundzüge der Strömungsmechanik in möglichst kompakter Form zu präsentieren.

Dieses Buch beabsichtigt, die grundlegenden Begriffe, Prinzipien und Mechanismen der Strömungsmechanik zu vermitteln. Wie in vielen Bereichen erleichtert dabei die mathematische Formulierung das physikalische Verständnis der komplexen Phänomene entscheidend. Um diejenigen Leser zu unterstützen, die mit den mathematischen Grundlagen nicht hinreichend vertraut sind, wurde im Anhang ein kleines Repetitorium mit den wichtigsten mathematischen Werkzeugen zusammengestellt. Zur weiteren Verbesserung des Verständnisses wurde außerdem Wert darauf gelegt, die Inhalte ansprechend zu gestalten und mit zahlreichen Illustrationen zu verdeutlichen. Wichtige mathematische Formeln und Begriffe wurden farblich hervorgehoben. In den Fußnoten werden weiterführende oder erklärende Hinweise gegeben.

Das Buch richtet sich vorwiegend an Studenten der Ingenieurwissenschaften in mittleren Semestern. Es soll aber auch Studenten naturwissenschaftlicher Fächer ansprechen, die sich mit den Grundlagen der Strömungsmechanik vertraut machen wollen. Bei der Behandlung strömungsmechanischer Fragestellungen besteht oft eine beachtliche Diskrepanz zwischen den Herangehensweisen von Ingenieuren und Naturwissenschaftlern. Während Ingenieure bevorzugt eine integrale Formulierung wählen, gehen Naturwisssenschaftler eher von differentiellen Gleichungen aus. Je nach Problem kann der eine oder der andere Ansatz günstiger sein. Daher wurde versucht, dem Leser beide Vorgehensweisen näherzubringen. Entgegen der in manchen Büchern über Strömungsmechanik vorherrschenden Darstellung von Gleichungen in kartesischen Koordinaten wird in diesem Buch oft der kompakteren und koordinatenunabhängigen Formulierung der Vorzug gegeben, wie sie dem Naturwissenschaftler eher vertraut ist. Manchem Leser mag dies vielleicht etwas Gewöhnung abverlangen. Die kompakte Formulierung erleichtert aber wegen ihrer besseren Übersichtlichkeit das Verständnis der Zusammenhänge.

Aufgrund der Umfangsbeschränkung konnten in diesem Buch nur an einigen Stellen spezielle Zweige der Strömungsmechanik oder aktuellere Entwicklungen angedeutet werden. Dort wo der Stoff nicht weiter vertieft werden konnte, wird auf ausführlichere Lehrbücher und weiterführende Fachliteratur hingewiesen.

An dieser Stelle möchte ich mich für Hinweise und kritische Kommentare meiner Mitarbeiter G. Fuchs, P. Pesava, U. Schoisswohl und T. Siegmann-Hegerfeld bedanken, wie auch für das ausführliche Lesen des Manuskripts und die vielen detaillierten Anmerkungen durch M. Unterberger und A. Rauscher. Darüber hinaus bin ich H. Sockel dankbar für die Überlassung seiner Vorlesungsfolien, die mir in der Anfangsphase eine gute Orientierungshilfe bei der Stoffauswahl gaben. Mein besonderer Dank gilt desweiteren allen Kollegen, die mir freundlicherweise ihr Bildmaterial für die Reproduktion zur Verfügung gestellt haben. Die ausführlichen Lösungen der Aufgaben sind unter www.pearson-studium.de einsehbar. Für Hinweise und Verbesserungsvorschläge bin ich wie immer dankbar.

H. C. K.

Einleitung

1

ÜBERBLICK

>> In vielen Bereichen der Natur und Technik spielen Strömungen eine wichtige Rolle. Um das Interesse an den vielfältigen Phänomenen zu wecken, werden einige dieser Gebiete kurz angerissen. Es wird deutlich gemacht, dass die Strömungsmechanik eine Kontinuumstheorie ist, wobei die Grenze zur molekularen Bewegung auf kleinen Skalen unscharf ist. Exemplarisch werden einige Eigenschaften von Fluiden angesprochen, um einen Vorgeschmack auf die zu erwartenden Probleme und deren Lösungen zu vermitteln. <<

Die frühe Entwicklung des Lebens fand ausschließlich im Wasser statt. Denn für die komplexen Funktionen eines Lebewesens ist der Transport von verschiedensten chemischen Stoffen unabdingbar. Abgesehen von der Diffusion ist ein effektiver Stofftransport nur in Medien möglich, die sich unbegrenzt mechanisch deformieren lassen. Diese Medien sind Gase oder Flüssigkeiten. Werden in ihnen Stoffe und Impuls kollektiv transportiert, spricht man von Strömung.

Nicht nur der Organismus eines Menschen, der selbst zu ca. 70 % aus Wasser besteht, hängt von der Strömung der Atemluft oder des Blutkreislaufs ab. Auch fast alle technischen Werkzeuge und Maschinen bewegen sich in Gasen oder Flüssigkeiten. Deshalb sind die mechanischen und thermischen Eigenschaften strömender Medien von fundamentaler Bedeutung nicht nur für das Leben, sondern auch für die Technik.

Die Strömungsmechanik hat das Ziel, alle mechanischen und thermischen Vorgänge in strömenden Medien wissenschaftlich zu verstehen und technisch nutzbar zu machen. Sie ist eine Schlüsseldisziplin für viele Bereiche von Natur und der Technik. Dies soll an einigen Beispielen demonstriert

Heraklit
von Ephesos
ca. 544–483 v. Ch.

werden. Um einen Eindruck von der Vielfalt strömungsmechanischer Phänomene zu erhalten, werden verschiedene fundamentale Eigenschaften von Flüssigkeiten und Gasen in vereinfachender Weise dargestellt.

1.1 Motivation

Vom Philosophen Heraklit von Ephesos wird der Spruch *Panta rei* (alles fließt) überliefert[1]. Auch wenn diese Äußerung nicht wörtlich zu nehmen ist, so stellt man doch bei genauerer Betrachtung fest, dass selbst Körper, die anscheinend fest sind, durchaus fließen können. Beispiele hierfür sind das Gletschereis oder auch Glas, das über viele Jahrhunderte zerfließen kann. Es kommt eben manchmal auf die Zeitskala an, auf der die Dinge betrachtet werden. Die entsprechenden Strömungsgeschwindigkeiten sind sehr viel kleiner als diejenigen, die zum Beispiel bei Überschallflugzeugen auftreten können.

Nicht nur die Strömungsgeschwindigkeiten können sehr verschieden sein. Strömungen treten in der Natur auch auf äußerst unterschiedlichen Längenskalen auf. Sie reichen von astrophysikalischen Längenskalen ($> 10^{21}$ m), auf denen Galaxien entstehen, über Konvektionsstrukturen in Sternen (10^9 m) und geophysikalischen sowie atmosphärischen Strömungen (10^2–10^6 m) über biomedizinische Strömungen in den

---

1 Er sagte dazu: *Man kann nicht zweimal in denselben Fluß steigen.*

Abb. 1.1: Einige Beispiele für Wirbel in der Natur und Technik. **a** Das Auge des Jupiters (NASA, Voyager 1), **b** die Erde (am 2.9.1994 vom Geostationary Operational Environmental Satellite aufgenommen), **c** Tornado bei Union City, Oklahoma am 24.5.1973 (Image ID: nssl0062, National Severe Storms Laboratory Collection, USA), **d** Spiral-Galaxie *Messier 101* im Sternbild des Großen Bären (ESA und NASA), **e** Nachlaufwirbel hinter einer Hawker 800XP (Aufnahme: © Paul Bowen) und **f** der Hurrikan Floyd am 14.9.1999 (NASA).

Atemwegen oder dem Blutkreislauf des Menschen ($<10^{-2}$ m) bis hin zur Bewegung roter Blutkörperchen durch die Kapillargefäße (10^{-5} m).

Je nach betrachtetem System können verschiedene mathematische Beschreibungsweisen bzw. Näherungen der Bewegungsgleichungen sinnvoll sein. Insbesondere kann die makroskopisch beobachtbare Dynamik eines strömenden Mediums äußerst komplex sein, wenn die Längenskala oder die Strömungsgeschwindigkeit sehr groß oder aber die Zähigkeit des Mediums sehr klein ist. Man denke nur an eine Brandungswelle, die auf einem Strand bricht. Einige der genannten Beispiele sind u. a. in ▶ Abb. 1.1–1.5 illustriert.

Für uns sind vor allem die technischen Anwendungen von Strömungen in Fluiden von Interesse. In der *Luft- und Raumfahrt* erhebt sich zunächst die prinzipielle Frage, warum ein Flugzeug überhaupt fliegen kann. Zur Verringerung des Treibstoffbedarfs sind heutzutage Maßnahmen von Interesse, die den Reibungswiderstand

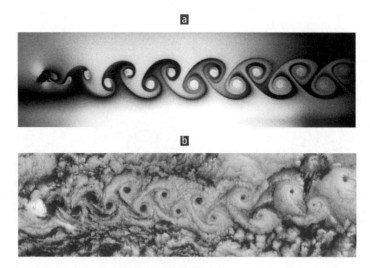

Abb. 1.2: Kármánsche Wirbelstraße [a] in einem Seifenfilm (Aufnahme: M. A. Rutgers, mit freundlicher Genehmigung) und [b] als Wolkenstrukturen hinter Beerenberg, dem nördlichsten Vulkan der Erde auf der Insel Jan Mayen, der als weißes Objekt am linken Bildrand zu sehen ist (NASA/GSFC/LaRC/JPL, MISR Team). In beiden Fällen handelt es sich um näherungsweise zweidimensionale Strömungen. Der Seifenfilm strömt mit einer Geschwindigkeit von ca. 1.5–2 m/s und wurde von einem Glaszylinder mit Durchmesser ca. 3 mm senkrecht durchdrungen. Die Helligkeitsunterschiede ergeben sich durch Interferenz bei variabler Filmdicke.

Abb. 1.3: Supersonischer Durchschlag eines Geschosses vom Kaliber 0.22 durch eine Tomate. Belichtungszeit ca. 1 Millisekunde. Inneres Fluid strömt auch in die entgegengesetzte Richtung des Geschosses (Aufnahme: A. Davidhazy).

Abb. 1.4: Ein Pilot verläßt eine russische MiG-29, die 1993 bei einer Kollision während einer britischen Luftschau in Flammen aufgeht (Aufnahme: R. F. Richards).

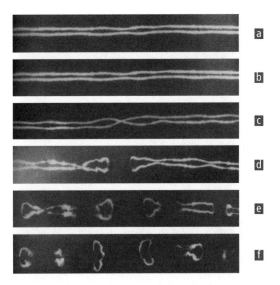

Abb. 1.5: Zeitliche Entwicklung der Wirbelschleppe einer B-47 (Crow-Instabilität) 15 s nach dem Überflug. Die Photographien entstanden in einem zeitlichen Abstand von einigen Sekunden (Crow 1970); (aus Van Dyke (1982)).

verringern und den Auftrieb erhöhen. Bei Raumflugkörpern stellt der Wiedereintritt in die Atmosphäre ein besonderes Problem dar. Die *Aerodynamik* von Fahrzeugen, seien es Schienen- oder Kraftfahrzeuge, wird immer dann wichtig, wenn es darum geht, ihre Leistung oder auch andere Eigenschaften zu optimieren. In letzter Zeit ist auch die Entstehung und die Vermeidung von Schallemissionen durch die Strömung um schnell bewegte Strukturen (z. B. um den Seitenspiegel eines Kraftfahrzeugs) in den Blickpunkt geraten.

Eine klassische Anwendung der Strömungsmechanik findet sich bei den *Strömungsmaschinen*. Neben der prinzipiellen Funktionsweise von Pumpen, Turbinen, Kompressoren und Ventilatoren ist man auch hier an der Optimierung der Anlagen interessiert, speziell an einem möglichst hohen Wirkungsgrad. *Reaktive Strömungen* treten in Verbrennungskraftmaschinen auf. Die Strömung in Verbrennungsräumen von Motoren hat einen großen Einfluß auf die Effizienz der Umwandlung chemischer in kinetische Energie sowie auf die chemische Zusammensetzung der Reaktionsprodukte und damit der Abgase. Ein anderes Beispiel sind Detonationen. Dies sind starke Druckwellen (Stoßwellen), die mit einer chemischen Reaktionen (Explosion) gekoppelt sind und dadurch aufrechterhalten werden.

Ein uraltes Gebiet ist die *Hydraulik*. Sie beschäftigt sich mit der Auslegung von Rohrleitungen und Kanälen sowie der Regulierung von Flüssen. Außerdem fallen Grundwasser- und Sickerströmungen in porösen Medien in dieses Gebiet. In der *Verfahrenstechnik* ist man unter anderem an Mischvorgängen in Flüssigkeiten und Gasen interessiert. Wichtige Problemstellungen betreffen hier den Wärme- und Stofftransport durch strömende Medien, speziell die konvektive Kühlung und den Transport von suspendierten Feststoffen und Gasbläschen. Die letztgenannten Strömungen fallen in das Gebiet der *Mehrphasenströmungen*.

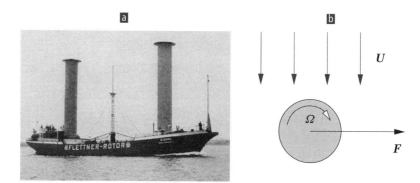

Abb. 1.6: **a** Flettners Rotorschiff *Buckau*, das durch Anwendung des Magnus-Effekts unter 20 bis 30 Grad gegen den Wind segeln konnte. 1926 segelte die *Buckau* unter dem Namen *Baden Baden* über Südamerika nach New York. Die Zylinder hatten eine Höhe von 15.60 m, einen Durchmesser von 2.80 m, und rotierten mit $120\,\mathrm{s}^{-1}$. Auch Jacques Cousteaus Forschungsschiff *Alcyone* aus dem Jahre 1985 ist ein Rotorschiff. **b** Ein mit Ω rotierender Zylinder erfährt in einer homogenen Anströmung U eine Querkraft F (Magnus-Effekt, siehe auch Abschnitt 7.6.3).

In der *Schiffahrt* beschäftigt sich die Strömungsmechanik mit Fragen des Widerstands (Kraftstoffverbrauch), der Manövrierbarkeit und der Minimierung der durch die Schiffsbewegung erzeugten Wellen. Ein historisch interessantes Beispiel für einen ungewöhnlichen Schiffsantrieb wurde im Flettnerschen Rotorschiff realisiert (►Abb. 1.6), dessen Antrieb auf dem *Magnus-Effekt* beruht. Das Antriebssystem konnte sich aber nicht durchsetzen. Ein weiterer technisch wichtiger Aspekt ist die Materialbeanspruchung und -zerstörung durch Kavitation an Schiffsschrauben. Als *Kavitation* bezeichnet man das Entstehen und sukzessive Kollabieren von Dampfbläschen, die durch einen starken momentanen Unterdruck in Flüssigkeiten entstehen können.

Heinrich Gustav
Magnus,
1802–1870

Atmosphärische Strömungen können Gebäude und Konstruktionen gefährden. Durch Windeinflüsse sind schon Brücken in Resonanzen geraten und zusammengebrochen. Das berühmteste Beispiel hierfür ist die Zerstörung der *Tacoma Bridge*. Die *Gebäude-Aerodynamik* befindet sich an einer Schnittstelle zwischen Strukturmechanik und Strömungsmechanik. Ein weiteres Beispiel ist die Stabilität von Schiffs- und Flugkörpern. Auch hier ist das gekoppelte Problem Strukturmechanik–Fluidmechanik zu lösen. Aus Gesundheitsgründen wird bei der Planung und Auslegung umfangreicher Gebäudekomplexe auch die Ausbreitung von Schadstoffen (zum Beispiel in Straßenschluchten) immer wichtiger. Zur Lösung von Belüftungsproblemen bei großen Gebäuden und Industriebauten trägt die Strömungsmechanik wesentlich bei. Darüber hinaus werden auch Komfortgesichtspunkte bei der Klimatisierung von Fahrzeugen immer wichtiger.

In bestimmten Situationen können auch Sand oder andere *granulare Medien* strömen. Um die Strömung eines granularen Materials aufrechtzuerhalten, ist eine permanente Energiezufuhr erforderlich. Dies kann über die Umwandlung potentieller Energie erfolgen, wie bei beim Abgang von Muren oder Lawinen, oder aber auch durch Vibration des Granulats. Im technischen Bereich ist man oft an der Förderung und dem Verhalten von Schüttgütern interessiert, z. B. beim Befüllen und Entleeren von Getreidesilos. Neben den Stößen zwischen den einzelnen Teilchen muss manchmal auch noch die Gasströmung zwischen den Teilchen des Granulats berücksichtigt werden.

Als letztes Beispiel sei die *Mikrofluidik* genannt. Sie verfolgt das Ziel, kleinste Fluidmengen gezielt zu dosieren, zu mischen, zu synthetisieren und zu analysieren. Im Extremfall sollen viele dieser Funktionen auf einem Mikrochip integriert werden. Für diese Technologie wurde das Schlagwort *lab-on-a-chip* geprägt. Bei der Miniaturisierung konventioneller strömungsmechanischer Komponenten wie Ventile, Pumpen oder Turbinen können ganz andere Probleme auftreten als auf normalen Längenskalen. Ein Grund dafür sind Oberflächeneffekte (Kontaktkräfte oder kapillare Effekte). Ihre Bedeutung wächst mit $A/V \sim L^{-1}$ (A: Oberfläche, V: Volumen eines Objekts), wenn die Längenskala $L \rightarrow 0$ sehr klein wird. Die meisten Anwendungen mikrofluidischer Chips findet man in der Chemie, der Humanbiologie oder der Medizin, z. B. zur Dosierung von Arzneimitteln oder zum Zweck der DNS-Analyse.

Die *Nanofluidik* findet sich schließlich am unteren Ende der Längenskala. Sie beschäftigt sich mit dem Übergang der Strömung eines kontinuierlichen Mediums zur Dynamik einzelner Moleküle.

Die genannten Themen sind nur die offensichtlichen Anwendungsgebiete technischer Strömungen. Bei genauer Sichtweise wird man feststellen, dass Strömungen in fast allen Bereichen von Natur und Technik eine zentrale Stellung einnehmen – panta rei.

1.2 Grundlegende Charakteristika von Fluiden

Viele grundlegende makroskopische Eigenschaften der Materie haben ihre Ursache in der Dynamik auf der atomaren Längenskala, die im Bereich von $d = 1\,\text{Å}\ (= 10^{-10}\,\text{m})$ liegt. Wenn die intermolekulare bzw. interatomare Wechselwirkung gegenüber der Energie der thermischen Bewegung dominiert, liegt die Materie als Festkörper vor (kondensierte Materie). Bei Erhöhung der Temperatur, d. h. der Bewegungsenergie der Atome oder Moleküle, wird ein Festkörper über einen Phasenübergang flüssig (falls er nicht sublimiert). Dabei ändert sich die Dichte nur wenig. Der flüssige Zustand ist immer noch ein kondensierter Zustand, jedoch können sich die Moleküle wesentlich freier bewegen als im Festkörper. Bei einer weiteren Erhöhung der Temperatur wird die thermische Bewegung so intensiv, dass die attraktiven Kräfte[2] ganz überwunden

---

2 Die zwischenmolekularen (oder auch Van-der-Waals-) Kräfte können näherungsweise durch das Lennard-Jones-Potential

$$V(r) = 4\epsilon \left[\left(\frac{\sigma}{r} \right)^{12} - \left(\frac{\sigma}{r} \right)^{6} \right]$$

mit Energie- und Längenskalen ϵ und σ modelliert werden. Für kleine Teilchenabstände r ist die Kraft $\boldsymbol{F} = -\nabla V$ stark repulsiv (zwei Teilchen können sich nicht gleichzeitig an ein und demselben Ort befinden). Für größere Abstände gibt es eine stabile Gleichgewichtslage (Minimum des Potentials). Für Teilchenabstände jenseits der Gleichgewichtslage wirkt die Kraft attraktiv, fällt aber sehr schnell mit größerem Abstand ab: das Potential $\sim r^{-6}$ und die Kraft $\sim r^{-7}$. Neben diesen kurzreichweitigen Kräften sind bei Fluiden oft zusätzliche langreichweitige Coulomb-Kräfte zu berücksichtigen, die von der elektrischen Polarisierbarkeit der Moleküle stammen.

werden. Dann liegt ein gasförmiger Zustand vor, bei dem die Dichte meist wesentlich geringer ist als im kondensierten flüssigen Zustand.

Ein *Fluid* kann entweder ein *Gas* oder eine *Flüssigkeit* sein. Beide können im Prinzip in gleicher Weise mathematisch beschrieben werden. Fluide unterscheiden sich von Festkörpern dadurch, dass es keiner unteren Schwelle für die Kräfte bedarf, um große Deformationen des Fluids zu bewirken.[3]

1.2.1 Das Kontinuum und seine Grenze

Im Alltag, d. h. auf makroskopischen Längenskalen, können wir ein Fluid als ein *Kontinuum* ansehen: Anscheinend läßt sich ein gegebenes Fluid-Volumen sukzessive in immer kleinere Volumina unterteilen, ohne dass sich der Charakter des Fluids ändert. Auf der molekularen Längenskala kann man das *Fluid* dagegen nicht mehr als Kontinuum beschreiben. Dann wird die körnige Struktur der Materie für den Transport von Energie, Impuls und Masse wichtig. Auch wenn man sehr verdünnte Gase (z. B. an der Grenze der Atmosphäre) betrachtet, muss die molekulare Natur der Materie beachtet werden.[4]

Zur mathematischen Beschreibung von Fluiden auf makroskopischen Längenskalen kann man von vornherein von einem Kontinuum ausgehen und für die Materialeigenschaften (z. B. für die Viskosität) phänomenologische Ansätze verwenden. Es ist aber im Prinzip auch möglich, die Grundgleichungen aus der molekularen Bewegung zu erhalten, indem man diese über möglichst kleine, aber hinreichend große Volumina mittelt.[5] Wenn man das Mittelungsvolumen mit der mittleren Geschwindigkeit der in dem Volumen befindlichen Teilchen mitbewegt, kann man das Fluid in diesem Volumen als ein elementares *Fluidteilchen* auffassen (siehe auch Abschnitt 3.1). Wo aber liegt die Grenze des Kontinuums? Zur Beantwortung dieser Frage wollen wir einige grobe Abschätzungen machen.

Die makroskopische Geschwindigkeit $u \ll \tilde{c}$ eines kleinen Volumenelements in einem Fluid ist in der Regel sehr viel kleiner als die typische Geschwindigkeit $\tilde{c}$ der thermischen Bewegung. Bei einer Abschätzung der translatorischen Energie durch $\frac{1}{2}k_B T$ pro Freiheitsgrad erhalten wir für kugelsymmetrische Moleküle (3 Freiheitsgrade) eine mittlere molekulare Geschwindigkeit $\tilde{c}$ aus der Beziehung

$$\frac{1}{2}m\tilde{c}^2 = \frac{3}{2}k_B T .\tag{1.1}$$

Mit der Boltzmann-Konstante $k_B = 1.3805 \times 10^{-23}$ J/K ergibt sich für ein Molekül der Masse $m \approx 18\,\mathrm{u} \approx 3 \times 10^{-23}$ g, die einem Wasser-Molekül entspricht, bei $T = 293$ K ein Wert von

$$\tilde{c} = \sqrt{\frac{3k_B T}{m}} \approx 600 \, \frac{\mathrm{m}}{\mathrm{s}} .\tag{1.2}$$

---

3 Bei sehr zähen Fluiden kann es manchmal sehr lange dauern, bis große Deformationen entstehen.

4 In letzter Zeit ist dies ein Schlüsselproblem der Mikro- und Nanotechnologie geworden. Zur Berechnung von Strömungen auf kleinsten Längenskalen werden verschiedene Ansätze verfolgt, molekulardynamische Simulationen (deterministisch), Monte-Carlo-Simulationen (statistische Methoden) und Gitter-Boltzmann-Verfahren.

5 Das Mittelungsvolumen muss mindestens so groß sein, dass ihm Dichte und Temperatur sinnvoll zugeordnet werden können.

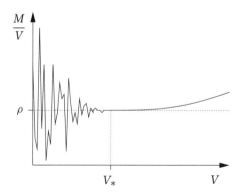

Abb. 1.7: Ermittlung der mittleren Dichte eines Fluids. V_* ist das kleinste Mittelungsvolumen, bei dem thermische Fluktuationen noch hinreichend klein sind. Die zugehörige Dichte M/V wird nach $V \to 0$ extrapoliert (gestrichelte Linie). Bei großen Mittelungsvolumina wird die Dichte durch makroskopische Dichtegradienten beeinflußt, etwa durch den unterschiedlichen Salzgehalt verschiedener Fluidschichten (Skizze inspiriert durch Prandtl & Tietjens (1957b)).

Weil die mittlere thermische Geschwindigkeit $\tilde{c}$ der einzelnen Moleküle sehr groß ist im Vergleich zur makroskopischen Strömungsgeschwindigkeit, muss man über sehr viele Moleküle mitteln, damit man eine gute Statistik für die (kleine) mittlere Driftgeschwindigkeit u erhält.

Als Beispiel für eine Flüssigkeit betrachten wir wieder Wasser unter Normalbedingungen ($m \approx 3 \times 10^{-23}$ g). Bei einer Dichte von $\rho \approx 10^6$ g/m^3 hat man eine Anzahldichte n (Anzahl der Moleküle pro Volumen)

$$n = \frac{1}{v_{\text{Molekül}}} = \frac{\rho}{m} \approx \frac{1}{3} \times 10^{29} \, \text{m}^{-3} \,. \tag{1.3}$$

Dann befinden sich in einem kubischen Volumen mit der Kantenlänge $0.1 \, \mu$m, d. h. in $V_* = 10^{-21}$ m^3,

$$N = nV_* \approx \frac{1}{3} \times 10^8 \tag{1.4}$$

Moleküle. Diese Zahl ist gerade noch ausreichend, um bei einer Mittelung Druck, Temperatur und die mittlere Geschwindigkeit ohne große Schwankungen zu erhalten. Bei kleineren Volumina sind die thermischen Fluktuationen zu groß (▸ Abb. 1.7). Für Gase, insbesondere wenn sie verdünnt sind, muss das minimal zulässige Volumen entsprechend größer gewählt werden.

1.2.2 Viskosität

Der Strömungszustand eines Fluids ist durch das *Geschwindigkeitsfeld* $\boldsymbol{u}(\boldsymbol{x}, t)$ als Funktion der Zeit t und des Ortes $\boldsymbol{x}$ charakterisiert. Aufgrund der molekularen Wechselwirkungen muss das Fluid auf makroskopischer Skala an einer festen Wand haften.[6] Daher lautet die *Randbedingung* für das Geschwindigkeitsfeld an einer ruhen-

---

6 Für das Haften eines Fluids an einer Wand sind Van-der-Waals-Kräfte verantwortlich. Für bestimmte Mikro- und Nanoströmungen sowie für stark verdünnte Gase gilt keine einfache Haftbedingung. Dann ist eine Beschreibung der Randbedingungen an festen Wänden im Rahmen einer Kontinuums-Theorie komplizierter.

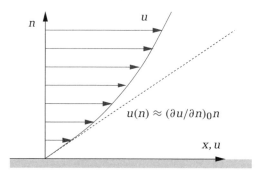

Abb. 1.8: Geschwindigkeitsprofil und Schergradient in der Nähe einer ruhenden festen Wand.

den Wand[7] $\boldsymbol{u} = 0$. Die Geschwindigkeit $\boldsymbol{u}$ muss deshalb in einem viskosen Fluid linear mit dem Wandabstand anwachsen (siehe ► Abb. 1.8), was man leicht durch eine Taylor-Entwicklung der Geschwindigkeit sieht. Die Relativbewegung der Moleküle benachbarter Fluidschichten ist dann im Mittel durch die *Scherrate* $\partial u/\partial n$ gegeben, wobei u der Betrag der Tangentialgeschwindigkeit ist und n die Koordinatenrichtung senkrecht zur Wand. Sehr viele Fluide genügen dann dem Reibungsgesetz

$$\tau = \mu \frac{\partial u}{\partial n}\,, \tag{1.5}$$

wobei τ der Betrag der *Schubspannung* (Kraft pro Fläche auf die Wand bzw. auf das Fluid) ist. Der Proportionalitätsfaktor μ wird als *dynamische Viskosität* bezeichnet. Fluide, die (1.5) genügen, werden *Newtonsche Fluide* genannt (siehe auch Abschnitt 7.1.1). Zahlenwerte für die Viskosität einiger wichtiger Newtonscher Fluide sind in ► Tabelle 1.1 angegeben.

	ρ [g/cm^3]	v [cm^2/s]	μ [g/cm s]
Luft	1.205×10^{-3}	0.150	1.81×10^{-4}
Wasser	0.9982	1.004×10^{-2}	1.002×10^{-2}
Ethanol	0.789	1.51×10^{-2}	1.19×10^{-2}
Glyzerin	1.2567	11.78	14.80
Quecksilber	13.595	1.14×10^{-3}	1.55×10^{-2}
Olivenöl	≈ 0.91	≈ 1	≈ 1
Honig	≈ 1.4	≈ 70	$\approx 10^2$
Glas	≈ 2.2–2.6	$\approx 10^{16}$–10^{18}	$\approx 10^{16}$–10^{18}
Glas ($\approx 1000\,°$C)	≈ 2.2–2.6	≈ 1–10^2	≈ 1–10^2

Tabelle 1.1: Dichte ρ sowie kinematische (v) und dynamische Viskosität $\mu = \rho v$ einiger Fluide bei Raumtemperatur.

---

7 Entsprechendes gilt für die Relativgeschwindigkeit, falls die Wand bewegt ist.

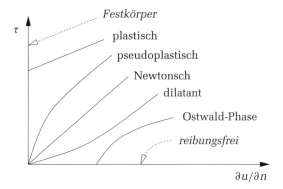

Abb. 1.9: Das unterschiedliche Reibungsverhalten von Fluiden wird durch Fließkurven charakterisiert. Dies sind Kurven der Schubspannung τ als Funktion des Schergradienten $\partial u/\partial n$.

Neben den Newtonschen Fluiden gibt es auch Fluide, die ein komplizierteres rheologisches Verhalten zeigen (▶ Abb. 1.9). Bei einem plastischen Fluid (Bingham-Fluid) beginnt das Material erst nach Überschreiten einer bestimmten Schubspannung zu fließen. Beispiele sind Honig, Schlamm, Teer oder Zahnpasta. Bei pseudoplastischen Fluiden (Polymer-Lösungen, Kleister, Lacke) nimmt die Viskosität, die der Steigung der Kurven $\tau\,(\partial u/\partial z)$ in ▶ Abb. 1.9 entspricht, mit zunehmender Scherung ab. Bei einem dilatanten Fluid steigt die Viskosität mit der Schubspannung an. Dieses Verhalten ist bei Klebstoffen oder nassem Sand zu beobachten. Darüber hinaus gibt es noch Fluide mit Gedächtnis-Effekt, bei denen der Schergradient zeitabhängig ist (Thixotropie, Theopexie).

Bei festen Körpern im elastischen Bereich ist die Schubspannung $\tau \sim \gamma$ proportional zum Formänderungswinkel γ (Hookesches Gesetz). Bei Newtonschen Fluiden ist dagegen die Schubspannung nach (1.5) proportional zur Geschwindigkeit der Formänderung u, genauer gesagt, proportional zum Geschwindigkeitsgradienten. Dies bedeutet umgekehrt, dass jede noch so kleine Schubspannung eine Formänderungsgeschwindigkeit bewirkt. Bei entsprechend langer Einwirkung der Schubspannung können deshalb große Formänderungen bewirkt werden. Diesen Prozess nennt man *Fließen*. Bei Festkörpern ist dagegen die Formänderung im elastischen Bereich begrenzt und ein Fließen nicht möglich.

1.2.3 Kompressibilität

Die reversible elastische Deformation eines Körpers wird durch das Hookesche Gesetz $\Delta L/L_0 = \sigma/E$ beschrieben, wobei die relative Deformation $\Delta L/L_0$ proportional zur Spannung σ ist mit dem *Kompressibilitätsmodul E*. Analog definiert man für die Volumenänderung eines Fluids

$$\frac{\Delta V}{V_0} = -\frac{\Delta p}{E}\,, \tag{1.6}$$

oder in differentieller Form

$$\frac{1}{E} = -\frac{1}{V_0}\frac{\partial V}{\partial p} = K\,. \tag{1.7}$$

Dabei ist die *Kompressibilität* $K = E^{-1}$ der Kehrwert des Kompressibilitätsmoduls und beschreibt die relative Volumenänderung pro Druckänderung.

Der relativ große Abstand der Moleküle eines Gases untereinander im Vergleich zum Abstand der Moleküle in einer Flüssigkeit erklärt die große Kompressibilität von Gasen und die sehr geringe Kompressibilität von Flüssigkeiten. Für Wasser ist zum Beispiel $K = E^{-1} = -\Delta V/(V_0 \Delta p) \approx 5 \times 10^{-5}\,\text{bar}^{-1}$. Für eine signifikante Volumenänderung ist also ein Druck der Größe $O(10^5\,\text{bar})$ erforderlich. Da der Druck in strömenden Flüssigkeiten normalerweise weit unter diesem Wert liegt, können sie in sehr guter Näherung als vollständig inkompressibel angesehen werden.

Der Kompressibilitätsmodul von Luft unter Standardbedingungen ist $E \approx 1\,\text{bar}$. Damit ist Luft ungefähr 20 000-mal so kompressibel wie Wasser. Wenn die Dichteänderungen jedoch klein sind ($|\Delta\rho/\rho_0| \approx |-\Delta V/V_0| \ll 1$), kann man auch Luftströmungen als inkompressible Strömungen approximieren. Dies gilt aber nur, wenn das Fluid keine Wärme mit der Umgebung austauscht (keine thermische Expansion oder Kontraktion) und die Strömungsgeschwindigkeit u hinreichend klein im Vergleich zur Schallgeschwindigkeit c ist ($u \lesssim 0.3c$, siehe auch Abschnitt 6.1.1).

1.2.4 Grenzflächenspannung

In Flüssigkeiten haben die Moleküle einen sehr geringen Abstand voneinander. Jedes einzelne Molekül erfährt daher die kurzreichweitige und attraktive Van-der-Waals-Kraft. Sie wird von allen anderen Molekülen der näheren Umgebung auf das betrachtete Molekül ausgeübt. Im Volumen kompensieren sich diese Kräfte, da die nähere Umgebung eines Moleküls im Mittel isotrop ist. In der Nähe einer Phasengrenze, an der z. B. eine Flüssigkeit an ein Gas grenzt, sind die Kräfte auf der Gas-Seite jedoch sehr gering, so dass die Flüssigkeitsmoleküle in einer dünnen Schicht nahe der Grenzfläche eine resultierende Kraft erfahren, die in die Flüssigkeit hinein gerichtet ist (▶ Abb. 1.10). Diese Schicht, in der sich die Kräfte nicht kompensieren, hat eine Dicke von ca. 10^{-9} m, was weniger als das 10-fache eines Moleküldurchmessers ist.[8]

In der Kontinuumstheorie kann dieser Grenzbereich als eine Fläche idealisiert werden. Wenn man die Grenzfläche eines Systems vergrößert, muss Arbeit gegen die attraktiven molekularen Kräfte verrichtet werden, da bei diesem Vorgang weitere Moleküle an die Grenzfläche transportiert werden müssen. Daher besitzen die

---

8 Zum Vergleich: Ein Wassermolekül benötigt einen Raum, der ungefähr einem Würfel mit der Kantenlänge von 3×10^{-10} m entspricht (vgl. (1.3)).

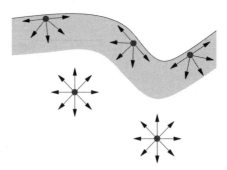

Abb. 1.10: Die mikroskopische Ursache der Oberflächenspannung ist ein Ungleichgewicht der zwischenmolekularen Kräfte in einer dünnen Schicht (grau) in der Nähe der Grenzfläche.

Moleküle an der Grenzfläche eine höhere potentielle Energie als diejenigen im Volumen. Die Arbeit, die pro neu erzeugter Fläche zu verrichten ist, wird *spezifische Grenzflächenenergie* σ genannt. Im Falle einer flüssig–flüssigen Grenzfläche wird sie *Grenzflächenspannung*, bei flüssig–gasförmigen Systemen auch *Oberflächenspannung* genannt.

Die Tatsache, dass die molekularen Kräfte nach innen gerichtet sind, bedeutet nicht, dass die Grenzfläche die Tendenz hat, sich in Richtung der molekularen Kräfte zu bewegen. Vielmehr hat das System die Tendenz, die Grenzfläche und damit die gesamte Grenzflächenenergie zu minimieren. Zur Berechnung kapillarer Gleichgewichtsflächen, etwa unter dem Einfluß der Schwerkraft, muss man Minima der Gesamtenergie zu gegebenen Neben- und Randbedingungen suchen.

1.2.5 Nichtlineare Dynamik

Die Bewegung von Fluiden wird durch nichtlineare Gleichungen beschrieben (siehe Abschnitt 3.3). Darin treten Terme auf, die quadratisch in der Strömungsgeschwindigkeit u sind. Die nichtlinearen Gleichungen können im allgemeinen nicht in geschlossener Form analytisch gelöst werden. Nur für wenige einfache Spezialfälle sind exakte Lösungen bekannt. Darum spielen Näherungsverfahren und numerische Methoden eine sehr wichtige Rolle in der Strömungsmechanik.

Die Lösungen nichtlinearer Gleichungen müssen nicht eindeutig sein. Dies bedeutet, dass unter identischen Bedingungen durchaus verschiedene Strömungzustände

Abb. 1.11: Der Ausbruch des Mount St. Helens am 18.5.1980 ist ein gutes Beispiel für einen turbulenten Strahl mit hoher Reynolds-Zahl (Aufnahme: U.S. Geological Survey, Menlo Park, CA).

realisiert sein können. Darüber hinaus kann die Dynamik einer Strömung aufgrund der nichtlinearen Natur der zugrundeliegenden Bewegungsgleichungen sehr komplex sein. Nicht selten trifft man auf eine *chaotische Dynamik*. Dies bedeutet, dass die der Strömung entsprechende Lösung der Kontinuumsgleichungen zwar deterministisch, also im Prinzip berechenbar ist (im Gegensatz zu stochastischen Systemen). Jedoch entwickeln sich bei einem chaotischen System nahezu identische Anfangszustände exponentiell schnell mit der Zeit auseinander. Daher sind detaillierte Langzeitvorhersagen praktisch nicht möglich, denn die Anfangszustände sind im allgemeinen nicht exakt bekannt (Auflösung, Meßfehler, numerische Fehler bei der Berechnung). Bei sehr schnellen Strömungen wird die Bewegung schließlich so chaotisch, dass man zu einer statistischen Beschreibung übergehen muss. Man spricht dann von *Turbulenz* (siehe Abschnitt 7.5). Bei turbulenten Strömungen sind sehr viele Längen- und Zeitskalen involviert (▶ Abb. 1.11). Das Turbulenz-Problem ist auch heute noch eine der ganz großen wissenschaftlichen Herausforderungen.

Zusammenfassung

Viele Naturvorgänge und technische Prozesse werden durch Strömungen in Gasen oder Flüssigkeiten entscheidend beeinflußt. Durch die Strömung werden Impuls, Wärme und Stoffe transportiert.

Gase und Flüssigkeiten können mathematisch in gleicher Weise als ein kontinuierliches Fluid behandelt werden. Unter Normalbedingungen und auf Längenskalen $l \gtrsim 0.1\,\mu\text{m}$ ist die Annahme eines Kontinuums eine ausgezeichnete Näherung.

Je nach Fluid gibt es verschiedene Materialgesetze, die den Zusammenhang zwischen den inneren Spannungen und dem Bewegungszustand des Fluids herstellen. Wasser, Luft und viele andere Fluide sind Newtonsche Fluide. Bei ihnen ist die Spannung proportional zur Scherrate und zur Viskosität.

Gase besitzen eine wesentlich höhere Kompressibilität als Flüssigkeiten, die ihrerseits meist als vollständig inkompressibel approximiert werden können. Die Moleküle innerhalb einer dünnen Schicht zwischen zwei nicht-mischbaren Fluiden sind energetisch ausgezeichnet. Im Rahmen der Kontinuumstheorie kann die Übergangsschicht durch eine Grenzfläche approximiert werden, die unter einer Grenzflächenspannung steht. Da die Bewegungsgleichungen für Fluide nichtlinear sind, kann die zeitliche Entwicklung von Strömungen sehr kompliziert sein.

Diese Eigenschaft macht sich insbesondere bei einem starken Antrieb der Strömung bemerkbar. Strömungen, die auf ganz unterschiedlichen Längen- und Zeitskalen in scheinbar irregulärer Weise variieren, nennt man turbulent.

Hydrostatik

2

ÜBERBLICK

>> In einem Fluid, das sich in vollkommener Ruhe befindet, muss an jedem Raumpunkt ein exaktes Kräftegleichgewicht herrschen. Ausgehend von dieser hydrostatischen Gleichgewichtsbedingung werden Druckverteilungen in ruhenden kompressiblen und inkompressiblen Fluiden berechnet. Aus der Druckverteilung lassen sich Flüssigkeitsniveaus in kommunizierenden Röhren bestimmen. Die Druckkräfte auf teilweise oder vollständig in eine Flüssigkeit eingetauchte Körper werden bestimmt. Außerdem wird der Einfluß von kapillaren Grenzflächen auf den Druck in den angrenzenden Fluiden erklärt und für sphärische Grenzflächen berechnet. Mit Hilfe des Konzepts des Kontaktwinkels wird die Gleichgewichtsbedingung für Linien aufgestellt, entlang derer sich drei Phasen berühren. <<

Blaise Pascal
1623–1662

In der *Hydrostatik*[1] werden nur ruhende Fluide betrachtet $[\boldsymbol{u}(\boldsymbol{x}, t) = 0]$, was die Sache ungemein vereinfacht. Da sich ein Fluid schon bei verschwindend geringer Kraftwirkung deformiert (bewegt), muss bei einem hydrostatischen Problem an jedem Raumpunkt ein *exaktes Kräftegleichgewicht* herrschen.

Die Kraftwirkung in deformierbaren Medien wird durch die Spannungen vermittelt. Im ruhenden Zustand ist die Geschwindigkeit in jedem Raumpunkt $\boldsymbol{u} \equiv 0$. Insbesondere verschwinden alle Geschwindigkeitsgradienten $\nabla \boldsymbol{u} \equiv 0$.[2] Da die Schubspannungen in Newtonschen Fluiden proportional zu den Geschwindigkeitsgradienten sind (siehe (1.5) und Abschnitt 7.1.1), können in einem ruhenden Fluid keine Schubspannungen auftreten ($\tau = 0$). Kräfte können deshalb nur von denjenigen Normalspannungen ausgehen, die vom Druck p (Kraft pro Fläche) verursacht werden.

Die Druckkraft steht immer senkrecht auf einer beliebigen Schnittfläche durch das Fluid. Insbesondere ist sie senkrecht zu Kapillarflächen und zu festen Wänden. Man kann zeigen,[3] dass der Druck auf alle Seitenflächen eines beliebigen *infinitesimalen* Körpers identisch ist und unabhängig von der Orientierung der Seitenflächen. Das heißt, der Druck ist ein *Skalar*. Er wird in Einheiten von Pascal (Pa) angegeben, wobei $1\,\text{Pa} = 1\,\text{N/m}^2$.[4]

2.1 Gleichgewichtsbedingung

Wenn in einem Fluid Gewichtskräfte zu vernachlässigen sind, was meist bei Gasen der Fall ist, dann pflanzt sich der Druck nach allen Seiten unvermindert fort. Dies geschieht zum Beispiel bei der langsamen (quasistatischen) Kompression eines Gases mittels eines Kolbens. Die Gleichgewichtsbedingung lautet dann einfach

$$p = \text{const.} \tag{2.1}$$

---

1 Strenggenommen muss man zwischen Hydrostatik (inkompressible Fluide) und *Aerostatik* (kompressible Fluide) unterscheiden. Wir verwenden hier aber *Hydrostatik* als übergeordneten Begriff.

2 Es ist $\nabla \boldsymbol{u} = \partial u_i / \partial x_j$, wobei $i, j \in [1, 2, 3]$.

3 Siehe z. B. Prandtl (1960) oder Sigloch (2003).

4 Es gelten folgende Konversionsfaktoren: $1\,\text{bar} = 10\,\text{N/cm}^2 = 10^5\,\text{Pa}$, $1\,\text{mbar} = 10^2\,\text{Pa} = 1\,\text{hPa}$ und $1\,\text{at} = 1.013 \times 10^5\,\text{N/m}^2$.

Im allgemeinen müssen im Schwerefeld jedoch Gewichtskräfte berücksichtigt werden. Wegen ihrer hohen Dichte gilt dies insbesondere für Flüssigkeiten. Wir bezeichnen nun die Gewichtskraft der Masse m pro Volumen V mit $\boldsymbol{f} = m\boldsymbol{g}/V$. Im Limes $V \to 0$ erhält man die kontinuierliche Kraftdichte $\boldsymbol{f} = \rho\boldsymbol{g}$. Sie ist in jedem Raumpunkt definiert. Wenn wir ein beliebiges infinitesimales Volumenelement betrachten, dann muss für ein Kräftegleichgewicht die Gewichtskraft $\boldsymbol{f}$ in jedem Raumpunkt durch eine Druckkraft balanciert sein. Da ein konstanter Druck zu keiner resultierenden Kraft führt, muss der Druck in dem Fluid notwendigerweise variieren: $p = p(\boldsymbol{x})$. Die Druckkraft pro Volumen ist dann gegeben durch $-\nabla p$.[5] Daher lautet die Gleichgewichtsbedingung im Volumenkraftfeld

$$-\nabla p + \boldsymbol{f} = 0 \,. \tag{2.2}$$

Um diese Bedingung zu erfüllen, muss das Kraftfeld ein Potential besitzen. Dies wird vom Schwerefeld $\boldsymbol{f} = -\rho g \boldsymbol{e}_z$ erfüllt, wobei $\boldsymbol{e}_z$ der vertikale Einheitsvektor ist. Die Druckverteilung im Schwerefeld (2.2) muss daher der hydrostatischen Bedingung

$$\nabla p + \rho g \boldsymbol{e}_z = 0 \tag{2.3}$$

genügen.

2.2 Konstante Dichte

Wenn die Dichte ρ des Fluids konstant ist (inkompressibles Fluid), kann man die Gleichgewichtsbedingung (2.3) leicht nach p auflösen, was man am einfachsten durch Trennung der Variablen erreicht. Aus der z-Komponente von (2.3) erhalten wir

$$\mathrm{d}p + \rho g \,\mathrm{d}z = 0 \,. \tag{2.4}$$

Integration von z_0 bis z liefert

$$p(z) = p_0 - \rho g(z - z_0) \,. \tag{2.5}$$

Der Druck hängt also nur von der Höhe (in Richtung der Volumenkraft) ab. In lateraler Richtung ist er konstant ($\partial p/\partial x = \partial p/\partial y = 0$). Der Druckunterschied zwischen zwei

---

5 Die durch ein variables Druckfeld $p(\boldsymbol{x})$ erzeugte Kraftdichte $\boldsymbol{f}_p$ kann man entweder mit Hilfe des Gaußschen Satzes aus der Kraft auf ein endliches Volumen erhalten (betrachte den Limes $V \to 0$)

$$\boldsymbol{F}_p = -\int_A p \,\mathrm{d}\boldsymbol{A} = -\int_V \nabla p \,\mathrm{d}V \quad \Rightarrow \quad \boldsymbol{f}_p = -\nabla p \,,$$

oder man berechnet explizit die Kraft pro Volumen $\boldsymbol{f}_p(\boldsymbol{x})$ auf einen Würfel der Kantenlänge l im Limes $V \to 0$ (F_i: Kartesische Komponenten der Kraft $\boldsymbol{F}_p$, $\boldsymbol{e}_i$: Kartesische Einheitsvektoren)

$$\boldsymbol{f}_p = \lim_{V \to 0} \frac{\boldsymbol{F}_p}{V} = \lim_{V \to 0} \sum_{i=1}^{3} \frac{F_i \boldsymbol{e}_i}{l^3} = \sum_{i=1}^{3} \boldsymbol{e}_i \lim_{l \to 0} \frac{l^2 p(x_i) - l^2 p(x_i + l)}{l^3}$$

$$= -\sum_{i=1}^{3} \boldsymbol{e}_i \lim_{l \to 0} \frac{p(x_i + l) - p(x_i)}{l} = -\sum_{i=1}^{3} \boldsymbol{e}_i \frac{\partial p}{\partial x_i}$$

$$= -\nabla p \,.$$

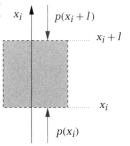

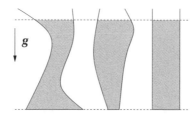

Abb. 2.1: Pascalsches Paradoxon: In allen drei Behältern, die mit Flüssigkeiten derselben Dichte bis zur selben Höhe gefüllt sind, herrscht auch dieselbe Druckverteilung, unabhängig von der Form des Behälters.

Höhenniveaus entspricht genau der Gewichtskraft der dazwischenliegenden Fluidmasse M. Denn die Differenz der Kräfte, die in vertikaler Richtung auf ein Volumen der Höhe l und der Basisfläche A wirken, ist vom Betrag $\Delta pA = \rho glA = \rho gV = Mg$, also genau die Gewichtskraft des Volumens.

Nach (2.5) hängt der Druck am Boden eines Gefäßes nicht von der Form des Gefäßes ab (z.B. konisch verjüngt oder erweitert), sondern nur von der Höhe des Flüssigkeitsspiegels und dem darauf lastenden Druck der Atmosphäre (▶ Abb. 2.1). Dieser Sachverhalt wird auch *hydrostatisches Paradoxon von Pascal* genannt.

2.2.1 Kommunizierende Gefäße

Wir betrachten nun den Fall zweier untereinander verbundener vertikaler Röhren, die mit ein und derselben Flüssigkeit der Dichte ρ bis zu den Niveaus z_1 und z_2 gefüllt sind (*kommunizierende Röhren*). Der Druck in der Flüssigkeit $p = p_0 - \rho gz$ hängt nur von der Höhe z ab. Wenn beide Röhren gegenüber derselben Atmosphäre offen sind, werden sich die Grenzflächen zwischen Flüssigkeit und Luft in beiden Röhren auf demselben Niveau befinden ($z_1 = z_2$). Falls die Röhren verschiedenen Atmosphären ausgesetzt sind, muss für den Differenzdruck zwischen den beiden Atmosphären gelten (▶ Abb. 2.2 a)

$$p_2 - p_1 = -\rho g(z_2 - z_1) = -\rho gh \,. \tag{2.6}$$

Auf diesem Prinzip beruht das *U-Rohr-Manometer* (▶ Abb. 2.2 b). In dem U-Rohr befinde sich eine Flüssigkeit mit der Dichte ρ_2. Die Atmosphäre (oder eine nicht mischbare Flüssigkeit) über beiden Armen habe die Dichte ρ_1. Der Druck auf Höhe des unteren Niveaus sei p_0. Dann gilt für die Drücke in beiden Armen auf Höhe des oberen Niveaus, das um h über dem unteren liegt,

$$\left. \begin{array}{l} p_2 = p_0 - \rho_2 gh \\ p_1 = p_0 - \rho_1 gh \end{array} \right\} \quad \Rightarrow \quad p_2 - p_1 = -(\rho_2 - \rho_1)\, gh \,. \tag{2.7}$$

Bei Hg/Luft ist $\rho_1 = \rho_{\text{Luft}} \ll \rho_{\text{Hg}} = \rho_2$, so dass man ρ_1 gegenüber ρ_2 vernachlässigen kann. Wenn außerdem in einem Arm des Manometers über der Flüssigkeit ein Vakuum herrscht (bzw. nur der Dampfdruck des Hg), dann ist $p_2 \approx 0$. In diesem Fall kann man den absoluten Luftdruck p_1 ohne Kenntnis der Luftdichte ρ_1 messen, denn es gilt in guter Näherung

$$p_1 = \rho_2 gh \,. \tag{2.8}$$

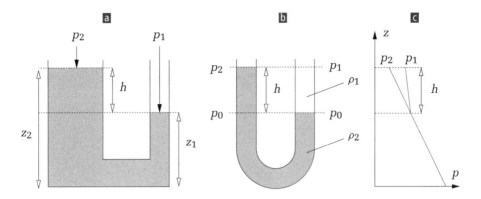

Abb. 2.2: Kommunizierende Gefäße a , U-Rohr-Manometer b und Druckverlauf im U-Rohr-Manometer c .

Wenn andererseits beide Fluide nur einen geringen Dichteunterschied aufweisen, dann kann h bei vorgegebenem Druckunterschied nach (2.7) sehr groß werden. Für $\Delta\rho \to 0$ steigt $h \to \infty$. Die Messung wird damit sehr empfindlich.

Für den wichtigen Fall, dass die Durchmesser beider Arme sehr klein sind, werden Kapillarkräfte wirksam. Dann ist zusätzlich der durch die gekrümmte Phasengrenze verursachte Kapillardruck zu berücksichtigen (siehe Abschnitt 2.4). Falls jedoch beide Schenkel den gleichen Querschnitt aufweisen, kompensieren sich die Kapillardrücke und gehen nicht in die Bilanz (2.7) ein.[6]

Die Empfindlichkeit des U-Rohr-Manometers kann gesteigert werden, wenn man einen Arm unter einem kleinen Winkel α zur Horizontalen anordnet. Dann ist die Höhe des Niveaus $h = l\sin\alpha$ und man kann die relativ große Distanz l entlang dem geneigten Rohr messen. Dieses sogenannte Krellsche Mikromanometer findet heute nur noch selten Verwendung.

Beim *Betz-Manometer* (▶ Abb. 2.3) verwendet man in einem der beiden mit Wasser gefüllten Arme einen Tauchstab mit Skaleneinteilung, der an einem Schwimmer befestigt ist. Dies hat den Vorteil, dass man die Veränderung der Steighöhe immer an einer festen Stelle durch die Verschiebung des Stabes beobachten kann. Außerdem läßt sich bei dieser Anordnung die Auflösung mittels optischer Methoden erhöhen. Mit dem Betz-Manometer kann man eine Genauigkeit bis zu $\pm 1\,\mathrm{Pa}(\pm 10^{-2}\,\mathrm{mbar})$ erreichen.[7]

Hydraulische Presse Zum Funktionsprinzip einer hydraulischen Presse betrachten wir ▶ Abb. 2.4. Im hydrostatischen Gleichgewicht stehen die Drücke p_1 und p_2 direkt unter den Kolben über

$$p_1 = p_2 + \rho g h \tag{2.9}$$

---

6 Dies gilt aber nur, wenn die Oberflächen der Gefäße ideal glatt sind. Bei rauhen Oberflächen kann der Kapillardruck in einem bestimmten Bereich schwanken, was mit einer gewissen Hysterese des Kontaktwinkels zusammenhängt.

7 Um Verfälschungen durch kapillare Effekte zu vermeiden, muss der Rohrdurchmesser hinreichend groß gewählt werden. Dann benötigt das System aber relativ große Gasvolumina und die Zeitkonstanten werden recht lang, durchaus bis zu 1 s. Für die Messung schneller Druckschwankungen verwendet man daher elektromechanische Wandler wie zum Beispiel Kondensator- oder Kristallmikrophone (Eckelmann 1997).

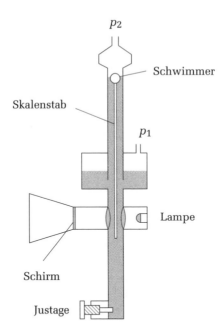

Abb. 2.3: Prinzipskizze eines Betz-Manometers.

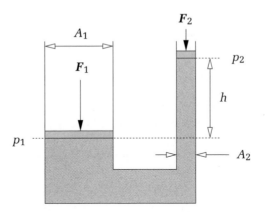

Abb. 2.4: Hydraulische Presse.

im Zusammenhang, wobei h die Höhendifferenz der beiden Kolben ist. Für die zur Erzeugung dieser Drücke erforderlichen Kräfte F_1 und F_2 gilt daher ($p = F/A$)

$$F_1 = \frac{A_1}{A_2}F_2 + \underbrace{\rho g h A_1}_{\text{meist} \ll F_1} \approx \frac{A_1}{A_2}F_2 \, . \tag{2.10}$$

Die hydraulische Presse erlaubt es also, mit kleinem Aufwand F_2 eine sehr große Kraft F_1 auszuüben, wenn $A_1 \gg A_2$ ist.

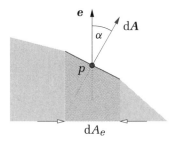

Abb. 2.5: Für die Druckkraft eines Fluids (grau/blau) in Richtung von e ist nur die projizierte Fläche $dA_e = e \cdot dA$ des Flächenelements dA maßgeblich.

2.2.2 Hydrostatische Druckkräfte

Aufgrund der hydrostatischen Druckverteilung übt ein Fluid Kräfte auf die Oberfläche fester Körper aus. Um die resultierende Kraft F zu berechnen, muss man über alle infinitesimalen Beiträge dF integrieren. Die Druckkraft

$$dF = p \, dA \tag{2.11}$$

ist immer senkrecht zur Oberfläche gerichtet, das heißt parallel zum vektoriellen Oberflächenelement dA, das aus dem Fluid heraus zeigt.

Oft ist es nützlich, die Druckkraft in bestimmte Raumrichtungen zu zerlegen. Wenn wir eine Richtung durch den Einheitsvektor e vorgeben, dann erhalten wir die Komponente dF_e der Kraft in diese Richtung durch die Projektion von dF auf e (▶ Abb. 2.5)

$$dF_e = (dF \cdot e)\, e = (p\, dA \cdot e)\, e = p\, dA_e e \,. \tag{2.12}$$

Hierbei ist $dA_e = dA \cdot e = dA \cos\alpha$ die Projektion der Fläche dA parallel zu e. Wir sehen also: Für die Druckkraft in eine beliebige Richtung e ist die Projektion des Oberflächenelements parallel zu e maßgeblich.

Auftrieb

Wenn ein fester Körper in eine Flüssigkeit eintaucht, wirken neben der normalen Gewichtskraft auch Druckkräfte auf seine Oberfläche ein. Um die resultierende Gesamtkraft F und das gesamte Moment M zu erhalten, müssen wir über alle Kräfte integrieren

$$F = \int dF \,, \tag{2.13a}$$

$$M = \int x \times dF \,. \tag{2.13b}$$

Wir betrachten nun einen vollständig in die Flüssigkeit eingetauchten Körper. Mit Hilfe der obigen Betrachtung läßt sich die auf den Körper wirkende Vertikalkraft sehr leicht berechnen. Dazu unterteilen wir den Körper in vertikale Stabelemente (▶ Abb. 2.6). Die vertikale Komponente der Druckkraft auf das stabförmige Element lautet

$$dF_z = p_2 \underbrace{\cos\alpha_2 \, dA_2}_{dA} - p_1 \underbrace{\cos\alpha_1 \, dA_1}_{dA}$$

$$= (p_2 - p_1)\, dA = \rho g\, (z_1 - z_2)\, dA = \rho g \, dV \,. \tag{2.14}$$

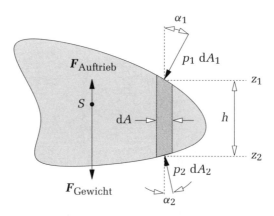

Abb. 2.6: Kräfte auf ein stabförmiges Teilvolumen eines eingetauchten Körpers.

Die Druckkraft bewirkt also eine Auftriebskraft proportional zum Volumen dV des Stabes und der Dichte ρ der verdrängten Flüssigkeit. Integriert über alle Stabelemente, erhalten wir die Auftriebskraft

$$F_z = F_{\text{Auftrieb}} = \int_A dF_z = \rho g V \, . \tag{2.15}$$

Dies ist das *Archimedessche Prinzip* – *Heureca*! Die Auftriebskraft auf einen völlig eingetauchten Körper ist nicht von der Eintauchtiefe des Körpers abhängig, sondern nur von der Dichte des Fluids und dem Volumen des Körpers. Die Berücksichtigung der Gewichtskraft $F_{\text{Gewicht}} = \rho_{\text{Körper}} g V$ eines homogenen Körpers ergibt die gesamte Kraft in positiver z-Richtung

$$F_{\text{gesamt}} = F_{\text{Auftrieb}} - F_{\text{Gewicht}} = \left(\rho_{\text{Fluid}} - \rho_{\text{Körper}} \right) g V \, . \tag{2.16}$$

Die Auftriebskraft auf ein Volumenelement eines *vollständig* eingetauchten Körpers ist proportional zur *konstanten* Dichte des verdrängten Fluids. Deshalb greift die Auftriebskraft im Volumenschwerpunkt des Körpers an. Bei einem homogenen Körper greifen daher Auftriebs- und Gewichtskraft im Schwerpunkt an (► Abb. 2.6). Wenn der Körper aber eine inhomogene Massenverteilung besitzt oder er nur teilweise eingetaucht ist, sind der Massenschwerpunkt (Angriffspunkt der Gewichtskräfte) und der Schwerpunkt des verdrängten Fluidsvolumens (Angriffspunkt der Auftriebskräfte)

Archimedes
287–212 v. Chr.

verschieden. Im allgemeinen resultiert daraus ein Drehmoment (► Abb. 2.7). Es verschwindet, wenn die Wirkungslinien beider Kräfte identisch sind. In diesem Fall kann die Gleichgewichtslage stabil oder instabil sein. Zur Beurteilung der *Stabilität* ist zu beachten, dass sich der Schwerpunkt des verdrängten Fluids ändern kann, wenn sich die Lage des Körpers ändert.

Bodenkraft

Der Druck an einem ebenen Boden der Fläche A eines bis zur Höhe h gefüllten Behälters ist nach (2.5) gegeben durch $p = p_0 + \rho g h$, wobei p_0 der Atmosphärendruck ist.

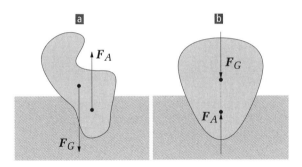

Abb. 2.7: a Bei einem teilweise eingetauchten Körper resultiert ein Drehmoment. b Auftriebs- (F_A) und Gewichtskraft F_G besitzen dieselbe Wirkungslinie, greifen aber an verschiedenen Punkten an.

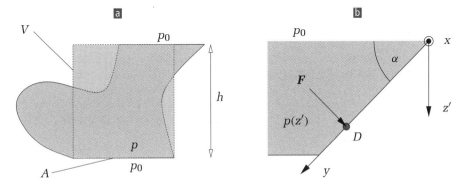

Abb. 2.8: a Anschauliche Darstellung der Bodenkraft. b Berechnung der Seitenkraft auf eine ebene, aber schräge Wand.

Wenn unter dem Boden des Behälters ebenfalls der Umgebungsdruck p_0 herrscht,[8] dann lautet die *Bodenkraft*

$$F = -(p - p_0)A\mathbf{e}_z = -\rho g \underbrace{hA}_{V} \mathbf{e}_z = -\rho g V \mathbf{e}_z = -Mg\mathbf{e}_z \, , \qquad (2.17)$$

wobei $\mathbf{e}_z$ der nach oben gerichtete Einheitsvektor ist. Die resultierende Gesamtkraft auf den Boden des Behälters entspricht also genau der Gewichtskraft der Flüssigkeitsmasse $M = \rho hA$, die über der Bodenfläche des Behälters steht. Dies ist in ▶ Abb. 2.8a illustriert. Dabei ist die Form der Seitenwände unerheblich (Pascalsches Paradoxon). Für die Kraft, die der Behälter auf seine Unterlage ausübt, ist natürlich die Gesamtmasse der Fluids und des Behälters maßgebend.

Seitenkraft

Zur Berechnung der Seitenkraft auf eine ebene, aber schräge Wand betrachten wir ▶ Abb. 2.8b. Da die Druckkraft immer senkrecht zur Fläche steht und die Fläche eben ist, können wir die Kräfte skalar behandeln. Die Kraft auf ein Flächenelement

---

8 Diese Bedingung gilt für den Anteil der Bodenfläche, die frei ist und nicht unterstützt wird.

dA ist $dF = p\, dA$. Damit ergibt sich die Gesamtkraft auf eine rechteckige Wand, die um den Winkel α gegenüber der Horizontalen geneigt ist,

$$F = \int_A p\, dA = \int_A (p_0 + \rho g z')\, dA\,, \tag{2.18}$$

wobei z' die von der Flüssigkeitsoberfläche senkrecht nach unten gerichtete Koordinate bezeichnet. Unter Beachtung der in ▸ Abb. 2.8 **b** dargestellten Flächenkoordinaten (x, y) und mit $z' = y \sin \alpha$ erhalten wir

$$F = \int_A \left(p_0 + \rho g y \sin \alpha\right) dA = p_0 A + \rho g \sin \alpha \underbrace{\int_A y\, dA}_{=y_S A}$$

$$= (p_0 + \rho g \underbrace{y_S \sin \alpha}_{z'_S = h_S})A = (p_0 + \rho g h_S)A = p_S A\,, \tag{2.19}$$

wobei y_S die y-Koordinate des Flächenschwerpunkts[9] ist (vom Flüssigkeitsniveau aus gerechnet) und p_S der Druck im Flächenschwerpunkt. Die nur von der Flüssigkeit herrührende Kraft $F_{\mathrm{Fluid}} = \rho g h_S A$ entspricht der Gewichtskraft eines Flüssigkeitsvolumens der Grundfläche A und der Höhe h_S des Höhenschwerpunkts. Die horizontale und vertikale Komponente der gesamten Kraft ergibt sich durch die Projektion von (2.19) zu $p_S A \cos \alpha$ bzw. $p_S A \sin \alpha$.

Da der Druck nicht homogen ist, sondern mit der Höhe variiert, greift die resultierende Kraft nicht im Flächenschwerpunkt S an, sondern im Schwerpunkt der Druckverteilung. Dieser wird *Druckmittelpunkt D* genannt. Er ergibt sich analog zum Schwerpunkt[10]

$$\boldsymbol{x}_D := \frac{1}{F} \int_A \boldsymbol{x}\, dF\,. \tag{2.20}$$

Wenn wir annehmen, dass außerhalb des Behälters auch der Umgebungsdruck p_0 herrscht, brauchen wir nur den von der Flüssigkeit verursachten Druck zu betrachten. Dann erhalten wir die Koordinaten des Druckmittelpunkts folgendermaßen.

---

9 Zur Erinnerung: Der Schwerpunkt eines Körpers mit Masse M und Volumen V ist definiert als

$$\boldsymbol{x}_S = \frac{1}{M} \int_V \boldsymbol{x}\, dm \stackrel{\substack{dm = \rho\, dV \\ \rho = \mathrm{const.}}}{=} \frac{\rho}{M} \int_V \boldsymbol{x}\, dV = \frac{1}{V} \int_V \boldsymbol{x}\, dV\,.$$

Für $\rho = $ const. fällt also der Massenschwerpunkt mit dem Volumenschwerpunkt zusammen. In zwei Dimensionen ist der Flächenschwerpunkt $\boldsymbol{x}_S = A^{-1} \int_A \boldsymbol{x}\, dA$.

10 Wir können in (2.20) skalare Kräfte betrachten, weil alle vektoriellen Kräfte $d\boldsymbol{F} = \boldsymbol{e}\, dF$ in dieselbe Richtung $\boldsymbol{e}$ senkrecht zur Fläche zeigen. Deshalb können wir den Momentensatz schreiben als

$$\boldsymbol{M} = \boldsymbol{x}_D \times \boldsymbol{e}F = \int_A \boldsymbol{x} \times \boldsymbol{e}\, dF\,.$$

Da $\boldsymbol{e} \perp \boldsymbol{x}$ für alle Punkte der Seitenwand gilt, in welcher der Druckmittelpunkt $\boldsymbol{x}_D$ liegen muss, liefert das Kreuzprodukt mit $\boldsymbol{e}$

$$\boldsymbol{e} \times (\boldsymbol{x}_D \times \boldsymbol{e}F) = \int_A \boldsymbol{e} \times (\boldsymbol{x} \times \boldsymbol{e})\, dF \xrightarrow{\text{(A.7)}} \boldsymbol{x}_D F = \int_A \boldsymbol{x}\, dF.$$

y-Koordinate: Mit $dF = \rho g y \sin\alpha \, dA$ gilt nach (2.20)

$$y_D = \frac{1}{F}\int_A y \, dF = \frac{1}{\rho g y_S \sin\alpha \, A}\int_A y \, \rho g y \sin\alpha \, dA = \frac{1}{y_S A}\underbrace{\int_A y^2 \, dA}_{=I_x} = \frac{I_x}{y_S A} \,. \quad (2.21)$$

Hierbei ist $I_x = \int_A y^2 \, dA$ gerade das Flächenträgheitsmoment I_x der Fläche A bezogen auf die x-Achse. Das Flächenträgheitsmoment I_x um die x-Achse kann man mit Hilfe des Satzes von Steiner durch das Flächenträgheitsmoment um die zu $\boldsymbol{e}_x$ parallele Achse ausdrücken, die durch den Flächenschwerpunkt geht.[11] Mit $I_x = I_x^{(S)} + A y_S^2$ erhalten wir für die y-Koordinate des Druckmittelpunkts

$$y_D = \frac{I_x}{y_S A} = y_S + \frac{I_x^{(S)}}{y_S A} \,. \quad (2.22)$$

Für eine schräge ebene Wand (▶ Abb. 2.8**b**) der Länge L und konstanter Breite B erhalten wir mit $A = BL$ und $y_S = L/2$ aus (2.21) direkt

$$y_D = \frac{1}{y_S A}\int_A y^2 \, dA = \frac{2}{BL^2}\int_{-B/2}^{B/2} dx \int_0^L y^2 \, dy = \frac{2}{L^2}\frac{L^3}{3} = \frac{2}{3}L \,. \quad (2.23)$$

x-Koordinate: Für die x-Koordinate gilt entsprechend

$$x_D = \frac{1}{F}\int_A x \, dF = \frac{1}{y_S A}\underbrace{\int_A xy \, dA}_{=I_{xy}} = \frac{I_{xy}}{y_S A} \,, \quad (2.24)$$

wobei I_{xy} das Flächen-Deviationsmoment bezogen auf die Koordinatenachsen x und y ist. Der Integrand von $I_{xy} = \int_A xy \, dA$ ist linear in x. Wenn die seitlichen Begrenzungen der Fläche symmetrisch sind und man die y-Achse symmetrisch legt, verschwindet das Integral I_{xy}. In diesem Fall liegt die x-Komponente des Angriffspunkts bei $x_D = 0$ in der Mitte, wie auch die x-Komponente des Flächenschwerpunkts ($x_S = 0$).

Zusammengefaßt erhalten wir für den Druckmittelpunkt

$$\boldsymbol{x}_D = \begin{pmatrix} x_D \\ y_D \end{pmatrix} = \frac{1}{y_S A}\begin{pmatrix} I_{xy} \\ I_x \end{pmatrix} = \frac{1}{y_S A}\begin{pmatrix} I_{xy} \\ y_S^2 A + I_x^{(S)} \end{pmatrix} \,. \quad (2.25)$$

Auftrieb

Wir betrachten einen beliebig geformten und mit Flüssigkeit gefüllten Behälter mit einem langen Einfüllstutzen, der sehr hoch gefüllt sei (▶ Abb. 2.9). Zusätzlich zum Umgebungsdruck p_0 herrscht dann im Tank der lokale Überdruck $p = \rho g z$, wobei die z-Achse von der Flüssigkeitsoberfläche nach unten gerichtet ist.

---

11 Der Satz von Steiner lautet: Das Trägheitsmoment um eine bestimmte Achse E ist gleich dem Trägheitsmoment um eine dazu parallele Achse durch den Schwerpunkt plus dem Trägheitsmoment bzgl. E, das sich ergeben würde, wenn man die gesamte Masse (in unserem Fall die mit der Einheitsmasse belegte Fläche) im Schwerpunkt vereinigen würde.

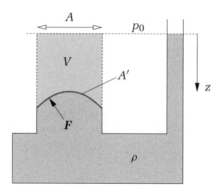

Abb. 2.9: Aufkraft von der Unterseite gegen einen Deckel mit der Fläche A' (blau) in einem gefüllten Behälter.

Auf ein Flächenelement dA' des Deckels wirkt dann die Druckkraft

$$dF = p\,dA'\,. \tag{2.26}$$

Für die vertikale Komponente dF_z ist die Projektion des Flächenelements auf die Horizontale maßgeblich, also $dA = \cos\alpha\,dA'$ (vgl. (2.14)). Wenn wir über die gesamte Fläche des Deckels integrieren, erhalten wir damit die vertikale Kraftkomponente

$$F_z = \int_A dF_z = \int_A p\,dA = \rho g \int_A z\,dA = \rho g V\,. \tag{2.27}$$

Die Aufkraft entspricht also genau dem Gewicht, das eine Fluidmasse hätte, die genau das senkrechte Volumen V *oberhalb* des Deckels bis zum Flüssigkeitsspiegel $z = 0$ ausfüllen würde (grau in ▶ Abb. 2.9).

Kraft auf eine gekrümmte Wand

Zur Berechnung der Kraft auf eine gekrümmte Wand wird die Kraft in eine horizontale ($F_x\mathbf{e}_x$) und eine vertikale Komponente ($F_y\mathbf{e}_y$) zerlegt. In zwei Dimensionen ist dann die Gesamtkraft

$$\mathbf{F} = F_x\mathbf{e}_x + F_y\mathbf{e}_y \tag{2.28}$$

mit dem Betrag $F = \sqrt{F_x^2 + F_y^2}$. Die beiden Komponenten F_x und F_y kann man erhalten, wenn man beachtet, dass für die Druckkraft in eine bestimmte Raumrichtung nur die Projektion des Flächenelements dA auf den betreffenden Einheitsvektor maßgeblich ist. Nach Bestimmung der Druckmittelpunkte von Horizontal- und Vertikalkraft, wie oben bei der Seitenkraft, ergibt sich der Angriffspunkt der Gesamtkraft $\mathbf{F}$ durch den Schnittpunkt der beiden Wirkungslinien von Horizontal- und Vertikalkraft. Diese Zerlegung läßt sich auch auf drei Dimensionen erweitern.

2.3   Variable Dichte

2.3.1   Ideales Gas

In der Statik und Dynamik kompressibler Fluide treten Variationen von Druck und Dichte auf. Über diese Zustandsänderungen ist die Strömungsmechanik sehr eng mit der Thermodynamik verbunden. Bei unseren Betrachtungen kompressibler Medien gehen wir im folgenden immer davon aus, dass es sich um Gase handelt, die in guter Näherung als ideale Gase approximiert werden können.

Für ein ideales Gas mit konstanten spezifischen Wärmen c_p und c_V gilt die einfache Zustandsgleichung

$$p = \rho R T \tag{2.29}$$

für den Zusammenhang zwischen p, ρ und T. Hierbei ist T die absolute Temperatur. Die Gaskonstante ergibt sich aus $R = k_B/m$, wobei $k_B = 1.3805 \times 10^{-23}$ J/K die Boltzmann-Konstante ist und m die durchschnittliche Masse eines Moleküls.[12] Mit Hilfe der spezifischen Wärmen und deren Verhältnis $\varkappa = c_p/c_V$ können wir die Gaskonstante auch schreiben als

$$R = c_p - c_V = \frac{\varkappa - 1}{\varkappa} c_p \,. \tag{2.30}$$

Für die spezifischen Wärmen eines idealen Gases aus einfachen Molekülen gilt

$$c_V = \frac{n}{2} R \,, \qquad c_p = \left(\frac{n}{2} + 1 \right) R \,, \tag{2.31}$$

wobei n die Anzahl der Freiheitsgrade der Bewegung der Moleküle des Gases ist. Für ein sphärisches einatomiges Gas liefern die drei Freiheitsgrade der Translation $n = 3$. Für zweiatomige Moleküle kommen noch zwei Freiheitsgrade der Rotation hinzu, so dass $n = 5$ ist, wobei wir Freiheitsgrade der Vibration vernachlässigt haben. Das Verhältnis der spezifischen Wärmen für diese beiden wichtigen Fälle lautet damit

$$\varkappa = \frac{c_p}{c_V} = 1 + \frac{2}{n} = \begin{cases} 5/3 = 1.667 & \text{(einatomiges Gas)} \,, \\ 7/5 = 1.4 & \text{(zweiatomiges Gas)} \,. \end{cases} \tag{2.32}$$

Die Zustandsgleichung (2.29) gilt für Gase im thermodynamischen Gleichgewicht, das durch eine homogene Temperaturverteilung charakterisiert ist. Dies ist aber in der Strömungsmechanik kompressibler Fluide praktisch nie der Fall. Wir werden die Zustandsgleichung daher nur *lokal* unter der Annahme verwenden, dass ein *lokales thermodynamisches Gleichgewicht* herrscht[13]. Zur Beschreibung verwenden wir dann Größen $T(\mathbf{x}, t)$, $p(\mathbf{x}, t)$ und $\rho(\mathbf{x}, t)$, für welche die Zustandsgleichung *punktweise* gilt.

2.3.2 Ruhende Atmosphäre

Der wichtigste Fall der *Hydro-* bzw. *Aerostatik* eines Fluids variabler Dichte betrifft die Erdatmosphäre. Die Verteilungen von Druck, Dichte und Temperatur in der Atmosphäre hängen von vielen Faktoren ab (Zeit, Ort, Feuchte, Strömung etc.). Wenn der Druck nicht zu hoch ist, liefert die Zustandsgleichung des idealen Gases (2.29) eine sehr gute Näherung.

---

12 Für Luft erhält man $R_{\text{Luft}} = 287.06$ J/kg K.

13 Lokales thermodynamisches Gleichgewicht bedeutet, dass in den kleinsten betrachteten Volumina Druck, Dichte und Temperatur wohldefiniert sind und sich auf Zeitskalen einstellen, die wesentlich kleiner sind als alle für die Strömungsmechanik relevanten Zeitskalen (siehe auch Abschnitt 1.2.1).

Wir betrachten im folgenden den aerostatischen Fall, bei dem $p(z)$, $\rho(z)$ und $T(z)$ nur von der vertikalen Koordinate abhängen. Für Zustandsänderungen der Atmosphäre werden im wesentlichen drei Fälle unterschieden,

1   die gleichförmige Atmosphäre mit $\rho = $ const.,

2   die isotherme Atmosphäre mit $T = $ const., d. h. mit $p \sim \rho$ und

3   die polytrope Atmosphäre mit $p = \kappa \rho^n$.

Hierbei ist κ eine Konstante und $n \geq 1$ der *Polytropenexponent*. Die Fälle **1** und **2** sind in **3** enthalten, denn der Begriff *polytrop* ist eine Verallgemeinerung von isobar, isotherm (Fall 2), isochor (Fall 1) und isentrop. Alle Kurven, die im (p, V)- bzw. (p, ρ)-Diagramm Zustandsänderungen vom Typ $p/\rho^n = $ const. beschreiben, werden *Polytropen* genannt.[14] Sonderfälle der Polytropen sind Isobaren ($n = 0$), Isothermen ($n = 1$), Isochoren ($n \to \infty$, d. h. $\rho/\rho_0 = (p/p_0)^{1/n} \to 1$) und Isentropen ($n = \varkappa = c_p/c_v$).

Wir gehen nun vom allgemeinen Fall einer polytropen Atmosphäre

$$\frac{p}{p_0} = \left(\frac{\rho}{\rho_0}\right)^n \tag{2.33}$$

aus. Diese Relation ermöglicht es, die Dichte aus der hydrostatischen Gleichgewichtsbedingung $\nabla p = -\rho g \mathbf{e}_z$ (2.3) zu eliminieren. Aus der Gleichgewichtsbedingung erhalten wir

$$d\left(\frac{p}{p_0}\right) = -\frac{\rho g}{p_0} \, dz \stackrel{(2.33)}{=} -\left(\frac{p}{p_0}\right)^{\frac{1}{n}} \frac{\rho_0 g}{p_0} \, dz \,. \tag{2.34}$$

Trennung der Variablen liefert

$$\frac{d\left(\dfrac{p}{p_0}\right)}{\left(\dfrac{p}{p_0}\right)^{\frac{1}{n}}} = -\underbrace{\frac{\rho_0 g}{p_0}}_{H_0^{-1}} dz = -\frac{dz}{H_0} \,. \tag{2.35}$$

Diese Gleichung können wir für die oben genannten Fälle sofort integrieren und erhalten die folgenden Ergebnisse, die auch in ▶ Abb. 2.10 graphisch dargestellt sind.

Gleichförmige Atmosphäre: $n \to \infty$ Für konstante Dichte, also $n \to \infty$, erhalten wir nach Integration von (2.35) mit $p(z = 0) = p_0$

$$\frac{p}{p_0} = 1 - \frac{z}{H_0} \,. \tag{2.36}$$

H_0 ist also die Dicke der gleichförmigen Atmosphäre, bei welcher der Druck auf Null abgesunken ist (vgl. auch (2.5)). Wenn man Standardbedingungen[15] einsetzt, erhält man $H_0 \approx 8\,400$ m.

---

14 Die Polytropen sind durch eine feste Wärmekapazität charakterisiert, die sich aus c_p, c_v und n ergibt.

15 Die von der ICAO definierte internationale Standardatmosphäre entspricht $p_0 = 1\,\text{atm} = 101\,325\,\text{N/m}^2$ (Meereshöhe), $T_0 = 15\,°\text{C}$ und einer Dichte der Luft von $\rho_0\,(15\,°\text{C}, 1\,\text{atm}) = 1.225\,\text{kg/m}^3$. Daraus ergibt sich die Gaskonstante zu $R = 287.0\,\text{m}^2/\text{s}^2\text{K}$. Die Schallgeschwindigkeit ist $c_0\,(15\,°\text{C}, 1\,\text{atm}) = 340.2941\,\text{m/s}$.

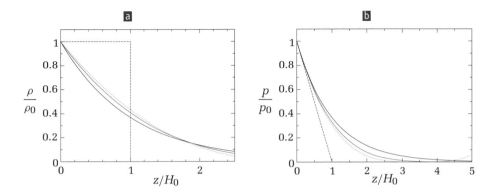

Abb. 2.10: Dichte- **a** und Druckprofile **b** verschiedener Atmosphären: gleichförmige Atmosphäre ($n \to \infty$, gestrichelt), isotherme Atmosphäre ($n = 1$, durchgezogen), Standard-Atmosphäre ($n = 1.235$, durchgezogen), isentrope Atmosphäre ($n = 1.405$, gepunktet). In **b** wurde der Druck für die isentrope Atmosphäre ($n = 1.405$) über das Minimum $p = 0$ hinaus geplottet, um das Minimum sichtbar zu machen.

Isotherme Atmosphäre: $n = 1$ Für eine isotherme Atmosphäre erhalten wir aus (2.35) mit $z_0 = 0$

$$\ln\left(\frac{p}{p_0}\right) = -\frac{z}{H_0} \quad \Rightarrow \quad \frac{p}{p_0} = \exp\left(-\frac{z}{H_0}\right). \tag{2.37}$$

Der Druck nimmt exponentiell mit der Höhe ab. Im Gegensatz zur endlich dicken gleichförmigen Atmosphäre ist die isotherme Atmosphäre unendlich ausgedehnt.

Polytrope Atmosphäre: $n \neq 1$ Im allgemeinen Fall einer polytropen Atmosphäre ergibt sich nach Integration von (2.35) mit $p(z = 0) = p_0$

$$\left(1 - \frac{1}{n}\right)^{-1} \left[\left(\frac{p}{p_0}\right)^{1-\frac{1}{n}} - 1\right] = -\frac{z}{H_0}$$

$$\left(\frac{p}{p_0}\right)^{1-\frac{1}{n}} = 1 - \left(1 - \frac{1}{n}\right)\frac{z}{H_0} \tag{2.38}$$

$$\frac{p}{p_0} = \left[1 - \frac{n-1}{n}\frac{z}{H_0}\right]^{\frac{n}{n-1}}.$$

Für $n > 1$ ist der Druck $p(z)$ eine Parabel der Ordnung $n/(n-1)$. Er verschwindet im Ursprung der Parabel, also bei

$$z = \frac{n}{n-1}H_0. \tag{2.39}$$

Wenn man $n = 1.2$ wählt, erhält man ungefähr die wirkliche Dicke der Atmosphäre. Die sogenannte *Standard-Atmosphäre* ist definiert als eine polytrope Atmosphäre mit $n = 1.235$. Sie gilt in guter Näherung bis zu einer Höhe von 11 km. Für $z > 11$ km liefert die isotherme Atmosphäre eine gute Approximation der wirklichen Verhältnisse.[16]

---

16 Unter http://aero.stanford.edu/StdAtm.html gibt es ein Java-Script zur Berechnung von Atmosphären-Daten.

Aus dem idealen Gasgesetz (2.29) folgt für die polytrope Atmosphäre

$$\frac{T}{T_0} = \frac{\dfrac{p}{p_0}}{\dfrac{\rho}{\rho_0}} = \frac{\dfrac{p}{p_0}}{\left(\dfrac{p}{p_0}\right)^{\frac{1}{n}}} = \left(\frac{p}{p_0}\right)^{\frac{n-1}{n}} . \qquad (2.40)$$

Zusammen mit (2.38) liefert dies die Abhängigkeit der Temperatur von der Höhe z

$$\frac{T}{T_0} = 1 - \left(\frac{n-1}{n}\right) \frac{z}{H_0} . \qquad (2.41)$$

Die polytrope Atmosphäre besitzt demnach einen konstanten Temperaturgradienten $\partial T / \partial z = -(n-1) T_0 / n H_0$.[17]

2.4 Kapillarität

In Abschnitt 1.2.4 wurde die molekulare Ursache der Grenzflächenspannung beschrieben. Die Grenzflächenspannung σ ist eine Energie pro Fläche und damit äquivalent zu einer Kraft pro Länge. Damit ist die Grenzflächenspannung auch die Kraft, die von einer Grenzfläche auf eine Berandungslinie pro Länge ausgeübt wird (▶ Abb. 2.11 a).

Die Oberfläche eines kleinen sphärischen Tröpfchens mit Radius R besitzt keine Berandung. Daher gleichen sich die tangentialen Kapillarkräfte in jedem Punkt aus. Aufgrund der Krümmung resultiert aber in jedem Punkt eine kleine Kraft-Komponente, die ins Innere zum Zentrum des Tröpfchens gerichtet ist. Dasselbe gilt für Bläschen, da beide Systeme bestrebt sind, die Oberfläche und damit die Grenzflächenenergie zu minimieren. Daraus resultiert ein um $\Delta p = p_i - p_a$ erhöhter Innendruck p_i im Vergleich zum Umgebungsdruck p_a.

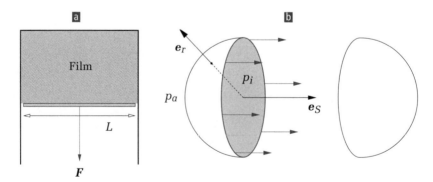

Abb. 2.11: a Demonstration der Oberflächenspannung als Kraft/Länge: $\sigma = F/L$. b Gleichgewicht zwischen den Druckkräften auf den halben Tropfen und den entlang der gedachten Schnittfläche (hier ein Großkreis, blau) wirkenden Kapillarkräften.

---

17 Der polytrope Exponent n kann daher auch durch Temperaturmessung bestimmt werden. Für die Standard-Atmosphäre ist $n = 1.235$, was einer Temperaturänderung von $-0.65\,\mathrm{K}$ auf $100\,\mathrm{m}$ Höhendifferenz entspricht.

Durch ein Gedankenexperiment kann man den Innendruck p_i berechnen. Wenn wir uns einen Schnitt durch das Zentrum des Tröpfchens denken (▶ Abb. 2.11**b**), dann wirkt auf die Umfangslinie die Kapillarkraft $2\pi R \times \sigma$, die der Vergrößerung der Oberfläche entgegensteht. Im Gleichgewicht muss diese Kraft durch die Druckkraft kompensiert werden, die auf jede Kalotte wirkt. Aus Symmetriegründen brauchen wir nur die Kraft-Komponente senkrecht zur Schnittebene zu betrachten, in Richtung des Einheitsvektors $\boldsymbol{e}_S$. Mit dem vektoriellen Oberflächenelement $\mathrm{d}\boldsymbol{A} = R^2 \sin\theta\,\mathrm{d}\theta\,\mathrm{d}\varphi\,\boldsymbol{e}_r$ (Kugelkoordinaten (r,θ,φ) mit radialem Einheitsvektor $\boldsymbol{e}_r$) erhalten wir die Kräftebalance

$$2\pi R \sigma = -\boldsymbol{e}_S \cdot \int_{A/2} \Delta p\,\mathrm{d}\boldsymbol{A} = R^2 \Delta p \underbrace{\int_0^{2\pi} \mathrm{d}\varphi}_{2\pi} \int_0^{\pi/2} \underbrace{-\boldsymbol{e}_S \cdot \boldsymbol{e}_r}_{\underbrace{\cos\theta}_{1/2}} \sin\theta\,\mathrm{d}\theta = \pi R^2 \Delta p\,. \quad (2.42)$$

Dieses Ergebnis hätten wir mit (2.12) auch direkt erhalten, denn bei konstanter Druckdifferenz Δp ist die Kraft auf eine Oberfläche gerade $A_\perp \Delta p$, wobei hier $A_\perp = \pi R^2$ die Projektion der Oberfläche der Halbkugel auf die Schnittebene ist. Aus der resultierenden Balance erhalten wir den *Kapillardruck* eines sphärischen Tröpfchens oder eines Bläschens

$$\Delta p = \frac{2\sigma}{R}\,. \quad (2.43)$$

2.4.1 Laplace-Druck

Grenzflächen zwischen zwei nicht mischbaren Fluiden sind nicht immer sphärisch. Für ein Gleichgewicht müssen in jedem Punkt $\boldsymbol{x}$ der Grenzfläche alle dort angreifenden Kräfte balanciert sein. Dies gilt insbesondere für die Normalspannungen. Sie sind für die Form der Grenzfläche maßgeblich. Um die lokale Gleichgewichtsbedingung zu erhalten, betrachten wir ein infinitesimales Element der Grenzfläche mit den Kantenlängen $\mathrm{d}s_1$ und $\mathrm{d}s_2$, in dessen Zentrum der betrachtete Punkt $\boldsymbol{x}$ liegt (▶ Abb. 2.13). An der Berandung der Länge $\mathrm{d}s_1$ greift die Kraft $\sigma\,\mathrm{d}s_1$ an. Sie ist tangential zur Grenzfläche und senkrecht zu $\mathrm{d}s_1$. Diese Kraft ist aber nicht genau parallel zur Tangentialebene im betrachteten Punkt $\boldsymbol{x}$. Für den Anteil γ der Kraft $\sigma\,\mathrm{d}s_1$, der senkrecht zur Tangentialebene in $\boldsymbol{x}$ ist, gilt (siehe ▶ Abb. 2.12)[18]

$$\gamma = \sigma\,\mathrm{d}s_1 \sin(\mathrm{d}\alpha_2) \overset{\mathrm{d}\alpha_2 \ll 1}{=} \sigma\,\mathrm{d}s_1\,\mathrm{d}\alpha_2\,. \quad (2.44)$$

---

18 Für die hier betrachteten kleinen Winkel $\mathrm{d}\alpha_i \ll 1$ gilt $\sin(\mathrm{d}\alpha_i) \approx \mathrm{d}\alpha_i$ und $\cos(\mathrm{d}\alpha_i) \approx 1$.

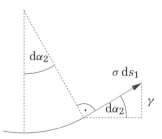

Abb. 2.12: Berechnung der Normalkomponente der durch die Grenzflächenspannung verursachten Kraft (übertrieben dargestellt).

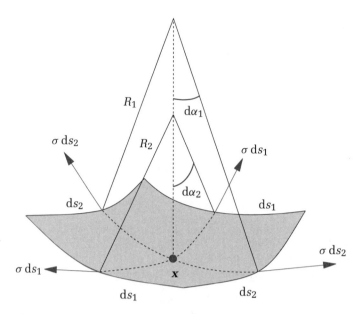

Abb. 2.13: Grenzflächenelement mit angreifenden Kräften zur Berechnung des Drucks aus der Grenzflächenspannung.

Damit ist $\sigma\,\mathrm{d}s_1\,\mathrm{d}\alpha_2$ die vom Linienelement $\mathrm{d}s_1$ stammende Normalkraft im Punkt $\mathbf{x}$. Wenn man die Beiträge aller vier Berandungen des Flächenelements addiert und fordert, dass die resultierende normale Kapillarkraft im Gleichgewicht steht mit der Kraft $\Delta p\,\mathrm{d}s_1\,\mathrm{d}s_2$ des Drucks, dann erhalten wir

$$\Delta p\,\mathrm{d}s_1\,\mathrm{d}s_2 = 2\sigma\,\mathrm{d}s_1\,\mathrm{d}\alpha_2 + 2\sigma\,\mathrm{d}s_2\,\mathrm{d}\alpha_1\ . \tag{2.45}$$

Die Winkel $\mathrm{d}\alpha_i = \mathrm{d}s_i/2R_i$ lassen sich durch Radien R_i zweier Kreise ausdrücken, die im Punkt $\mathbf{x}$ tangential zur Oberfläche sind und senkrecht aufeinander stehen. Diese beiden Krümmungsradien bestimmen die lokale Krümmung der Oberfläche (▶ Abb. 2.13).[19] Damit erhalten wir

$$\Delta p\,\mathrm{d}s_1\,\mathrm{d}s_2 = \sigma\,\mathrm{d}s_1\,\frac{\mathrm{d}s_2}{R_2} + \sigma\,\mathrm{d}s_2\,\frac{\mathrm{d}s_1}{R_1}\ , \tag{2.46}$$

also

$$\Delta p = \sigma\left(\frac{1}{R_1} + \frac{1}{R_2}\right)\ . \tag{2.47}$$

---

19 Die Krümmung des Kreises $y = \pm\sqrt{R^2 - x^2}$ bei $x = 0$ beträgt $y''(0) = \mp R^{-1}$. Die Taylor-Entwicklung um $x = 0$ ergibt $y = \pm R \mp R^{-1}x^2/2 + O(x^4)$. Eine Funktion f kann daher in der Umgebung eines Punktes durch einen Kreis mit Radius R approximiert werden, dessen Mittelpunkt im senkrechten Abstand R von dem Kurvenpunkt liegt. Für die Krümmung der Kurve gilt dann $f'' = R^{-1}$, wenn man Koordinaten verwendet, die parallel bzw. orthogonal zur Tangente in dem Kurvenpunkt sind. In zwei Dimensionen ist die Krümmung in einem Punkt der Fläche $f(x, y)$ durch zwei zweite Ableitungen (f_{xx} und f_{yy}) und daher durch zwei Krümmungsradien (R_1 und R_2) charakterisiert. Im allgemeinen sind die Krümmungsradien voneinander verschieden. Wenn sie unterschiedliche Vorzeichen haben, hat man einen Sattelpunkt.

Dies ist die bekannte *Young-Laplace-Gleichung* für den *Laplace-Druck* Δp, d. h. den Drucksprung zwischen beiden Seiten einer gekrümmten Grenzfläche. Da der Drucksprung Δp unabhängig ist von der Orientierung des betrachteten Flächenstücks, kann man die beiden senkrechten Krümmungskreise beliebig wählen. Insbesondere kann man die beiden Hauptkrümmungsradien verwenden. Sie gehören zu den beiden Kreisen mit dem größten und dem kleinsten Radius.

Im Gleichgewicht ist der Druck auf der konkaven Seite immer höher als auf der konvexen. Wenn die Grenzfläche eben ist, verschwindet der Kapillardruck ($\Delta p = 0$), weil dann $|R_{1,2}| \rightarrow \infty$. Der Laplace-Druck verschwindet auch für sattelförmig deformierte Grenzflächen, wenn beide Krümmungsradien betragsmäßig gleich groß sind, aber ein unterschiedliches Vorzeichen haben ($R_1 = -R_2$). Beachte, dass Seifenblasen aus einem dünnen Flüssigkeitsfilm bestehen, der zwei Grenzflächen besitzt. Daher ist der Drucksprung bei Seifenblasen doppelt so groß wie bei Tropfen oder einfachen Blasen.

Pierre-Simon Laplace
1749–1827

Zur Berechnung einer Grenzfläche, die sich im hydrostatischen Gleichgewicht befindet, kann man die Gesamtenergie des Systems (potentielle Energie, Grenzflächenenergie und eventuell noch andere Terme) minimieren.[20] Mathematisch ist dies ein Variationsproblem unter Nebenbedingungen. Die Nebenbedingungen umfassen i. a. die Massenerhaltung und gewisse Randbedingungen, die am Rand der Grenzfläche erfüllt sein müssen. Wenn die Flüssigkeit gleichzeitig mit einem Festkörper und einem Gas in Kontakt ist, wird die Grenzfläche durch eine Kontaktlinie berandet. Je nach Beschaffenheit der Oberfläche des Festkörpers (glatt oder rauh) stellt sich dann ein bestimmter Kontaktwinkel ein (Abschnitt 2.4.2), wobei die Kontaktlinie beweglich ist, oder die Kontaktlinie haftet an scharfen Kanten der Festkörperoberfläche.

2.4.2 Kontaktwinkel

Wenn ein Öltröpfchen auf dem Wasser schwimmt, grenzen entlang der Umfangslinie drei fluide Phasen aneinander. Lokal ist dies ein zweidimensionales Problem. Für ein Kräftegleichgewicht entlang dieser *Kontaktlinie* müssen sich die drei Grenzflächenkräfte entsprechend den drei Grenzflächenspannungen σ_{12}, σ_{13} und σ_{23} (1: Luft, 2: Öl, 3: Wasser) ausgleichen. Da die Länge, an der die Kräfte angreifen, für alle Grenzflächen identisch ist, brauchen wir nur die Grenzflächenspannungen zu betrachten (▶ Abb. 2.14a). Das Kräftegleichgewicht erfordert daher

$$\sigma_{12}\boldsymbol{e}_{12} + \sigma_{13}\boldsymbol{e}_{13} + \sigma_{23}\boldsymbol{e}_{23} = 0 \,, \qquad (2.48)$$

wobei $\boldsymbol{e}_{ij}$ die tangentialen Einheitsvektoren im Dreiphasenpunkt sind.

Falls nun an die Stelle des Wassers (Index 3) ein ebener Festkörper tritt (▶ Abb. 2.14b), dann sorgt bei den geringen Kapillarkräften schon der Festkörper für ein Kräftegleichgewicht in vertikaler Richtung. Wir brauchen also nur die Kräfte in tangentialer Richtung zu betrachten. Dazu projizieren wir die Spannungsbalance (2.48)

---

20 Es können verschiedene stabile Gleichgewichtslagen möglich sein, die jeweils einem lokalen Energieminimum entsprechen.

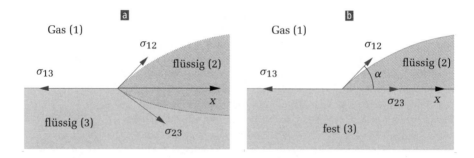

Abb. 2.14: Grenzflächenspannungen, die an der Kontaktlinie angreifen **a** und Definition des Kontaktwinkels α für einen Tropfen auf einer festen ebenen Fläche **b**.

auf den horizontalen Einheitsvektor $\boldsymbol{e}_x$

$$\sigma_{12}\underbrace{\boldsymbol{e}_{12}\cdot\boldsymbol{e}_x}_{=\cos\alpha}+\sigma_{13}\underbrace{\boldsymbol{e}_{13}\cdot\boldsymbol{e}_x}_{=-1}+\sigma_{23}\underbrace{\boldsymbol{e}_{23}\cdot\boldsymbol{e}_x}_{=1}=0\,. \tag{2.49}$$

Wenn α der Winkel ist, den die Phasengrenze zwischen Luft (1) und Flüssigkeit (2) mit der festen Ebene bildet, dann erhalten wir für den *Kontaktwinkel* α die Beziehung

$$\cos\alpha=\frac{\sigma_{13}-\sigma_{23}}{\sigma_{12}}\,. \tag{2.50}$$

Für $|\sigma_{13}-\sigma_{23}|>\sigma_{12}$ ist kein Kräftegleichgewicht möglich. Dann zieht sich der Flüssigkeitstropfen entweder zurück ($\sigma_{23}>\sigma_{13}+\sigma_{12}$, die Flüssigkeit ist *nicht benetzend*) oder er breitet sich auf der Festkörperoberfläche aus ($\sigma_{13}>\sigma_{23}+\sigma_{12}$, die Flüssigkeit ist *vollständig benetzend*).[21] In ▸ Tabelle 2.1 sind einige Grenzflächenspannungen für verschiedene Fluid-Kombinationen angegeben.

Tabelle 2.1: Grenzflächenspannung in Einheiten von $[10^{-3}\,\mathrm{N/m}]$ zwischen verschiedenen Fluiden und Luft bzw. Wasser bei 20 °C (nach Batchelor 1967).

	H_2O	Hg	Ethanol	CCl_4	Olivenöl	Benzin	Glyzerin
Luft	72.8	487	22	27		29	63
H_2O		375	< 0	45	20	35	< 0

2.4.3   Steighöhe in Kapillaren

Wenn keine Volumenkräfte wirken, muss der Druck im Innern eines Fluids nach (2.2) konstant sein. Dies bedeutet aber auch, dass der Laplacesche Drucksprung über eine

---

21 Der Kontaktwinkel ist ein makroskopisches Konzept. Auf der mikroskopischen Skala kann das wirkliche Verhalten in der Umgebung der Kontaktlinie komplizierter sein. Ist zum Beispiel die Oberfläche des Festkörpers nicht atomar eben, sondern rauh, ist ein Kräftegleichgewicht für einen gewissen Bereich von Kontaktwinkeln möglich. Dieser Bereich wird auf der makroskopischen Skala dann durch den *advancing* und *receding contact angle* begrenzt.

Grenzfläche konstant sein muss. Mit (2.47) folgt, dass die Grenzfläche im Gleichgewicht eine konstante mittlere Krümmung aufweist: $R_1^{-1} + R_2^{-1} = $ const. Obwohl die Summe der inversen Krümmungsradien konstant ist, können R_1 und R_2 noch vom Ort abhängen. Wenn die Randlinie aber ein Kreis mit Radius a ist, dann ist die Fläche konstanter Krümmung und minimaler Grenzflächenenergie das Segment einer Kugeloberfläche und es ist $R_1 = R_2 = R$, wobei im allgemeinen $R \neq a$ ist.

In einem Röhrchen mit einem sehr kleinen Durchmesser ist die Gewichtskraft der Flüssigkeit in der Nähe des Meniskus verschwindend klein im Vergleich zur Kapillarkraft (siehe auch Abschnitt 2.4.4). Daher wird sich in einem teilgefüllten zylindrischen Röhrchen auch unter dem Gravitationseinfluß eine Grenzfläche mit $R_1 = R_2 = R$ einstellen. Bei einer benetzenden Flüssigkeit ist der Druck auf der Flüssigkeitsseite geringer als auf der Gasseite, während bei einer nicht benetzenden Flüssigkeit der Druck auf der Flüssigkeitsseite höher ist als auf der Gasseite.

Wenn wir nun ein dünnes Röhrchen mit Radius a in eine benetzende Flüssigkeit (z. B. H$_2$O/Glas) mit Dichte ρ_2 eintauchen, sorgt der Kapillareffekt an der Grenzfläche zur umgebenden Atmosphäre mit Dichte ρ_1 für einen Unterdruck in dem mit Flüssigkeit gefüllten Teil des Röhrchens. Dadurch steigt der Flüssigkeitsspiegel in der Kapillaren so lange an, bis die reduzierte Gewichtskraft, gebildet mit $\rho_2 - \rho_1$, der im Röhrchen befindlichen Flüssigkeit die Kapillarkraft kompensiert (▶ Abb. 2.15 a). Bei einer nicht benetzenden Flüssigkeit (z. B. Hg/Glas) wird das Flüssigkeitsniveau im Röhrchen gegenüber dem Reservoir abgesenkt (▶ Abb. 2.15 c).

Die Höhendifferenz h erhalten wir aus der Forderung, dass die Differenz des hydrostatischen Druckabfalls innerhalb und außerhalb des Röhrchens gerade den kapillaren Drucksprung kompensiert (▶ Abb. 2.15 b). Unter Berücksichtigung des kapillaren

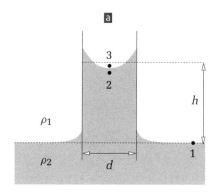
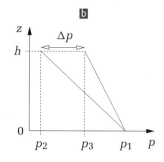
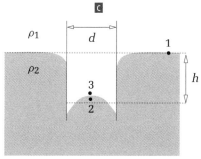

Abb. 2.15: **a** Anstieg des Meniskus in einer Kapillare, die in eine benetzende Flüssigkeit eintaucht, und die zugehörige Druckverteilung **b**. **c** zeigt die Verdrängung einer nicht benetzenden Flüssigkeit aus einer Kapillaren.

Drucksprungs $2\sigma/R$ erhalten wir sowohl für benetzende wie auch für nicht benetzende Flüssigkeiten dieselbe Balance zwischen hydrostatischer Druckdifferenz und dem Kapillardruck

$$(\rho_2 - \rho_1)gh = \frac{2\sigma}{R} \, . \tag{2.51}$$

Dabei ist R der Betrag des Krümmungsradius. Im Gleichgewicht kompensiert die Gewichtskraft $(\rho_2 - \rho_1)gh \times \pi a^2$ der erzeugten bzw. verdrängten Flüssigkeitssäule gerade die Kapillarkraft $(2\sigma/R)\pi a^2$.

Es bleibt die Frage, wie groß der Krümmungsradius R ist. Bei vollständig benetzenden (Kontaktwinkel $\alpha = 0$) oder vollständig nicht benetzenden Flüssigkeiten ($\alpha = \pi$) ist R identisch mit dem Radius der Kapillaren: $R = a$. Andernfalls ergibt sich durch einfache geometrische Betrachtung $a = R\cos\alpha$, wobei α der Kontaktwinkel ist. Dann kann man die Steighöhe durch den Radius a des Röhrchens und den Kontaktwinkel ausdrücken

$$h = \frac{2\sigma\cos\alpha}{(\rho_2 - \rho_1)ga} \, . \tag{2.52}$$

2.4.4 Ausblick auf die kapillare Dynamik

Für die Realisierung von statischen Gleichgewichtszuständen reicht es nicht aus, dass ein solcher Zustand *existiert*. Er muss darüber hinaus auch *stabil* sein. Dies ist sofort klar bei der labilen Gleichgewichtslage einer Kugel auf der Kuppe eines Berges (▶ Abb. 2.16). Sehr kleine Abweichungen von Gleichgewicht, die in der Natur immer vorhanden sind, führen zu einer zeitlichen Entwicklung, die das System von der Gleichgewichtslage entfernt. Dieses Konzept läßt sich im Prinzip auch auf kompliziertere Probleme der Strömungsmechanik übertragen.

Ein alltäglich zu beobachtendes Kapillarphänomen ist der Zerfall eines Wasserstrahls mit Radius R_1 in einzelne Tropfen. Der Kapillardruck in einem zylindrischen Strahl beträgt $\Delta p = \sigma/R_1$, da der zweite Krümmungsradius in axialer Richtung unendlich groß ist ($R_2 \to \infty$). Falls der Strahl durch eine zufällige oder erzwungene Störung eingeschnürt wird, verringert sich der Radius R_1 in der Umgebung der Einschnürungen, während er sich an den Verdickungen vergrößert. Bei langwelligen Störungen spielt die Änderung von R_2 keine Rolle. Daher ist der Laplace-Druck unter den Einschnürungen höher als unter den Verdickungen des Strahls. Der daraus resultierende axiale Druckgradient treibt nun die Flüssigkeit von den Einschnürungen zu den Verdickungen, wodurch sich der Strahl noch weiter einschnürt.

John William Strutt
Lord Rayleigh
1842–1919[†]

Dieser Rückkopplungsprozeß, der auch *Rayleigh-Instabilität* genannt wird, führt schließlich zum Zerfall des Strahls in einzelne Tröpfchen (▶ Abb. 2.17). Bei Tintenstrahl-Druckern wird diese Instabilität technisch genutzt.

Zur Abschätzung der relativen Bedeutung von Kapillarkräften im Vergleich zu den Gewichtskräften kann man einen Tropfen oder ein Bläschen betrachten, das nur

---

[†]Mit freundlicher Genehmigung von AIP Emilio Segre Visual Archives, Physics Today Collection.

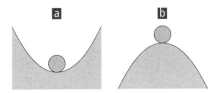

Abb. 2.16: Stabiler a und labiler b Gleichgewichtszustand.

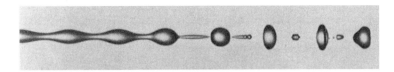

Abb. 2.17: Aufbrechen eines Wasserstrahls in Luft (Rutland & Jameson 1971) (aus Van Dyke 1982). Durch eine axiale Vibration der Düse kann man die Wellenlänge λ der Störung vorgeben. Hier beträgt die Wellenlänge $\lambda = 4.6\,d$, wobei d der Durchmesser der Düse ist. Neben den Haupttropfen entstehen noch kleinere sogenannte Satellitentropfen.

wenig von der sphärischen Form abweicht. Die Größenordnung der Kapillarkräfte kann man dann mit $R^2(\sigma/R) = \sigma R$ abschätzen, wobei R der mittlere Radius ist. Die Gewichtskräfte sind von der Größenordnung $\Delta\rho R^3 g$. Mit der Längenskala $L = R$ definiert man die *Bond-Zahl* als

$$\text{Bo} = \frac{\text{Gewichtskraft}}{\text{Kapillarkraft}} = \frac{\Delta\rho g L^2}{\sigma} \qquad (2.53)$$

als das Verhältnis von Gewichtskraft zur Kapillarkraft. Beide Kräfte sind von gleicher Größenordnung, wenn der Radius R der *Kapillarlänge*

$$L_{\text{kap}} = \sqrt{\frac{\sigma}{\Delta\rho g}} \qquad (2.54)$$

entspricht. Auf großen Längenskalen $L \gg L_{\text{kap}}$ überwiegen die Gewichtskräfte, während für $L \ll L_{\text{kap}}$ die Kapillareffekte dominieren. Beispiele für den letztgenannten Mikrobereich sind Tintenstrahldrucker, Treibstoffeinspritzung oder die Wasseraufbereitung. Auch der Charakter von Wasserwellen hängt davon ab, ob die Wellenlänge $\lambda \gg L_{\text{kap}}$ oder $\lambda \ll L_{\text{kap}}$ ist (siehe Abschnitt 5.5.2).

▶ Abbildung 2.18 zeigt ein Beispiel aus dem Bereich der Mikrofluidmechanik. Bei der Strömung durch eine Düse wird ein Wasserstrahl durch einen umgebenden koaxialen Ölstrahl fokussiert. In dem gezeigten Fall bricht der fokussierte Wasserstrahl auf, wodurch sich Tröpfchen gleicher Größe bilden, die jenseits der Düse gesammelt werden können. Diese Methode kann in abgewandelter Form in der Biotechnologie eingesetzt werden, wenn kleine Fluid-Volumina manipuliert und dosiert werden müssen.

Auch in der Biologie spielen kapillare Effekte eine wichtige Rolle. Beispielsweise erlauben sie dem Wasserläufer (▶ Abb. 2.19), auf der Wasseroberfläche zu laufen. Ohne die Oberflächenspannung des Wassers würde er viel tiefer einsinken oder gar untergehen. Da seine Extremitäten jedoch für Wasser nicht benetzend sind, kann

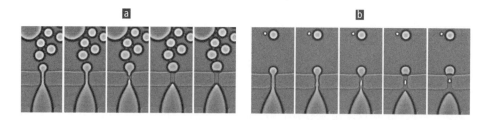

Abb. 2.18: Tröpfchenbildung bei der Strömung eines von Öl umgebenen Wasserstrahls durch eine Mikrodüse in Abhängigkeit von der Durchflußrate: [a] monodisperse Tröpfchen ohne Satellitentröpfchen ($\Delta t = 1\,000\,\mu$s), [b] Bildung von Satellitentröpfchen ($\Delta t = 166\,\mu$s). Die Dicke der planaren Struktur ist 117 µm, der Düsenspalt ist 43.5 µm weit. Der Einlaß für das Wasser ist schwach am unteren Bildrand zu sehen. Beachte das Aufbrechen des Strahls in der Düse (nach Anna et al. 2003, Copyright 2003, American Institute of Physics).

Abb. 2.19: Wasserläufer bei der Paarung (Aufnahme: M. Gayda).

seine geringe Gewichtskraft durch Oberflächenspannungskräfte kompensiert werden, die aus der Deformation der ebenen Wasseroberfläche resultieren, wenn seine Extremitäten auf die Wasseroberfläche drücken.

Die Oberflächenspannung $\sigma(T, c)$ hängt unter anderem von der Temperatur T und der Konzentration c eines gelösten Stoffes ab. Dies kann zu Gradienten $\boldsymbol{e}_{\parallel} \cdot \nabla \sigma \neq 0$ der Grenzflächenspannung[22] führen und ein Ungleichgewicht der Schubspannungen bewirken. In diesem Fall treiben tangentiale Oberflächenkräfte eine Strömung beiderseits der Grenzfläche an. Wenn die Variationen der Grenzflächenspannungen durch Temperaturvariationen bewirkt werden, spricht man vom *thermokapillaren Effekt*. Er spielt eine wichtige Rolle bei der Kristallzucht aus der Schmelze (Czochralski-Verfahren, Zonenschmelzen).

---

22 Mit $\boldsymbol{e}_{\parallel}$ wird der Einheitsvektor tangential zur Grenzfläche bezeichnet.

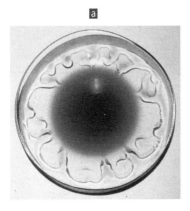

Abb. 2.20: Marangoni-Effekte: **a** Die Tränen des Weins werden durch die Abhängigkeit der Oberflächenspannung von der Alkoholkonzentration verursacht (Aufnahme: J. W. M. Bush, MIT). **b** Hexagonales Konvektionsmuster in einer freien Flüssigkeitsschicht, die von unten geheizt und von oben gekühlt wird. Ursache ist die Bénard-Marangoni-Instabilität, bei welcher die Abhängigkeit der Oberflächenspannung von der Temperatur entscheidend ist. Die Aufnahme stammt von M. G. Velarde, M. Yuste und J. Salan (Van Dyke 1982).

Konzentrationsgradienten des Alkohols sind die Ursache für das Hochkriechen schweren Weins an den Wänden von Weingläsern und für die Bildung sogenannter Tränen des Weins[23] durch den solutokapillaren Effekt. Dies ist in ▶ Abb. 2.20**a** gezeigt (siehe auch Hosoi & Bush 2001). Auch ein ungleichmäßiges Eintrocknen schnell verdunstender Farbfilme kann auf solutokapillare Strömungen in der dünnen Farbschicht zurückzuführen sein, die besonders gut bei Metallic-Lacken zu beobachten sind (siehe auch ▶ Abb. 2.20**b**). Alle Effekte, die mit einer Variation der Oberflächenspannung im Zusammenhang stehen, werden heutzutage *Marangoni-Effekte* genannt (Marangoni 1871).

Carl Marangoni
1840–1925

---

23 Die Ursache dafür wurde schon von James Thomson, dem älteren Bruder von William Thomson (Lord Kelvin), erkannt und in einer Arbeit mit einem bezeichnenden Titel publiziert (Thomson 1855).

Zusammenfassung

Im hydrostatischen Gleichgewicht befindet sich ein Fluid in Ruhe: $\boldsymbol{u}(\boldsymbol{x}, t) = 0$. Damit diese Bedingung erfüllt ist, muss in jedem Raumpunkt $\boldsymbol{x}$ für alle Zeiten t ein exaktes Kräftegleichgewicht herrschen. Dies ist nur möglich, wenn alle angreifenden externen Kräfte durch die Druckkraft pro Volumen $-\nabla p(\boldsymbol{x})$ kompensiert werden können. Falls nur Gewichtskräfte angreifen, kann die Gleichgewichtsbedingung erfüllt werden und liefert eine Bestimmungsgleichung für den hydrostatischen Druck. Bei einem inkompressiblen Fluid variiert dieser linear mit der Höhe. Die Form des Behälters spielt keine Rolle. Weil die pro Volumen wirkende Gewichtskraft kompressibler Fluide von der Dichte abhängt, wird die statische Druckverteilung in Gasen von der Zustandsgleichung des Gases ab. (Abschnitte 2.1, 2.2.1)

Zur Berechnung der hydrostatischen Kräfte, die auf die Oberfläche fester Körper einwirken, ist nur der Druck an der Oberfläche des Körpers sowie die Orientierung der Oberfläche relevant. Vollständig in eine inkompressible Flüssigkeit eingetauchte Körper erfahren eine Auftriebskraft, die dem Gewichts der verdrängten Flüssigkeitsmasse entspricht (Prinzip von Archimedes). Die Kraft eines ruhenden Fluids auf eine feste Wand ergibt sich durch Integration des hydrostatischen Drucks über die betreffende, orientierte Oberfläche. (Abschnitt 2.2.2)

Der Druck zwischen zwei Seiten einer kapillaren Grenzfläche unterscheidet sich um den Laplace-Druck. Er ist das proportional zur Grenzflächenspannung σ und zur Summe der beiden inversen Hauptkrümmungsradien der Grenzfläche. Wenn die Masse einer Flüssigkeit und damit auch die auf die Flüssigkeit wirkende Gewichtskraft sehr klein ist, kann der Laplace-Druck zu einem beträchtlichen Anstieg der Flüssigkeit in einer Kapillare führen. (Abschnitt 2.4.1)

Drei nicht mischbare Fluide können eine gemeinsame Kontaktlinie bilden. Im hydrostatischen Gleichgewicht muss die resultierende Kraft senkrecht zur jedem Segment der gemeinsamen Kontaktlinie verschwinden. Ist eine der drei Phasen ein ebener Festkörper, so entspricht diese Bedingung einem bestimmten Kontaktwinkel. Ist der Kontaktwinkel α zwischen einer Flüssigkeit und einem ebenen Festkörper kleiner als $90°$, so nennt man die Flüssigkeit benetzend. Andernfalls ist die Flüssigkeit nicht benetzend. (Abschnitt 2.4.2)

Aufgaben

Aufgabe 2.1: Goethe-Barometer

Ein abgeschlossenes zylindrisches Volumen (Querschnittsfläche A_0) ist zum Teil mit Luft und zum Teil mit Wasser gefüllt, das und über ein Steigrohr (Querschnittsfläche A) als kommunizierende Röhre mit der umgebenden Atmosphäre in Verbindung steht (▶ Abb. 2.21). Bei dem Umgebungsdruck $p_a = p_0$ und bei einer Temperatur $T = T_0$ befinden sich beide Flüssigkeitsspiegel auf gleichem Niveau (Null-Linie 0). Das eingeschlossene Gasvolumen beträgt dann V_0. Bei einer Änderung des Luftdrucks $p_a \neq p_0$ und/oder der Temperatur $T = T_0 + \Delta T$ ändert sich die Höhendifferenz $h + \epsilon$.

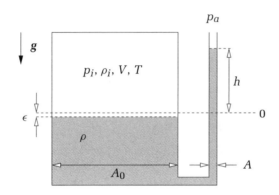

Abb. 2.21: Goethe-Barometer.

a) In welchem Zusammenhang stehen steht die Absenkung ϵ des Flüssigkeitsspiegels im Reservoir mit dem Anstieg h des Flüssigkeitsspiegels im Steigrohr?

b) Drücken Sie den Innendruck p_i in der Gasphase durch p_0, $\Delta T/T_0$ und $\Delta V/V_0$ aus, wobei ΔT und ΔV die Änderungen der Temperatur und des Gasvolumens gegenüber T_0 und V_0 sind.

c) Wie lautet die hydrostatische Druckdifferenz $p_a - p_i$?

d) Berechnen Sie mit Hilfe der vorangegangenen Teilaufgaben die Druckänderung $p_a - p_0$ als Funktion von ρ, g, h, A, A_0, p_0, V_0 und $\Delta T/T_0$.

e) Welcher Druckänderung $p_a - p_0$ entspricht ein Anstieg des Flüssigkeitsniveaus im Steigrohr um $h = 5\,\text{cm}$, wenn man die Absenkung ϵ vernachlässigt, die Temperatur konstant ist ($\Delta T = 0$) und die restlichen Daten gegeben sind durch $p_0 = 10^5\,\text{N/m}^2$, $\rho = 1\,\text{g/cm}^3$, $g = 9.8\,\text{m/s}^2$, $A = 0.5\,\text{cm}^2$, $A_0 = 10\,\text{cm}^2$ und $V_0 = 100\,\text{cm}^3$. Diskutieren Sie die relative Bedeutung der Druckabsenkung im Gasvolumen und des hydrostatischen Drucks der Wassersäule.

Aufgabe 2.2: Kraft auf eine vertikale Trennwand

Eine vertikale ebene Wand der Breite L trennt zwei Becken, die mit verschiedenen Flüssigkeiten der Dichten ρ_i unterschiedlich hoch (Füllstände h_i) gefüllt sind (▶ Abb. 2.22). Der Einfluß des Luftdrucks kann vernachlässigt werden.

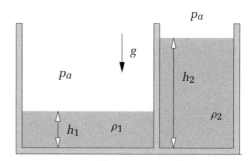

Abb. 2.22: Zwei benachbarte Becken mit unterschiedlichem Füllstand.

Gegeben: $L = 1\,\mathrm{m}$, $h_1 = 2\,\mathrm{m}$, $h_2 = 5\,\mathrm{m}$, $\rho_1 = 10^3\,\mathrm{kg/m^3}$, $\rho_2 = 1.2 \times 10^3\,\mathrm{kg/m^3}$ und $g = 9.8\,\mathrm{m/s^2}$.

a)   Bestimmen Sie den Betrag der resultierenden Kraft F_{ges} auf die Wand.

b)   Bestimmen Sie den Druckmittelpunkt z_D.

Aufgabe 2.3: Eingetauchte Kugel

Eine Kugel homogener Dichte ρ_K mit Radius R schwimmt an einer Grenzfläche zweier Flüssigkeiten mit den Dichten $\rho_1 < \rho_K$ und $\rho_2 > \rho_K$ (▶ Abb. 2.23). Bestimmen Sie die Eintauchtiefe der Kugel in dem dichteren Fluid. Das infinitesimale Volumenelement in Zylinderkoordinaten ist $r\,\mathrm{d}r\,\mathrm{d}\varphi\,\mathrm{d}z$.

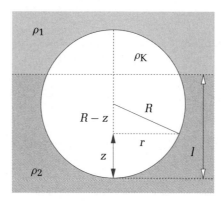

Abb. 2.23: Schwimmende Kugel an der Grenzfläche zweier Fluide.

Aufgabe 2.4: Kraft auf eine zylindrische Klappe

Ein mit Wasser gefüllter offener rechteckiger Behälter der Höhe $h = 2R$ und Breite B sei an einem Ende mit einer halbzylindrischen Klappe verschlossen, die am unteren Ende in einem Gelenk drehbar gelagert ist (▶ Abb. 2.24). Der Umgebungsdruck p_0 kann als konstant angesehen werden.

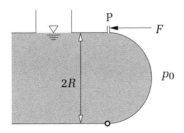

Abb. 2.24: Behälter, der mit einer halbzylindrischen Klappe verschlossen ist.

a) Berechne die resultierende Kraft auf die halbzylindrische Klappe.

b) Bestimmen Sie Betrag und Richtung der Gesamtkraft.

c) Zeigen Sie, dass die Wirkungslinie der Kraft durch das Zentrum des Kreises geht, der durch die Klappe beschrieben wird.

d) Wie groß ist die Haltekraft im oberen Punkt P, wenn $\rho = 10^3 \, \text{kg/m}^3$, $R = 0.5 \, \text{m}$ und $B = 1 \, \text{m}$ ist?

Aufgabe 2.5: Isotherme Kompression

Aus einem sehr großen offenen Vorratsbehälter wird Wasser ($\rho = 10^3 \, \text{kg/m}^3$) in einen kleinen zylindrischen Tank abgelassen (▶ Abb. 2.25). Vor dem Öffnen des Ventils hat die Gasphase über dem Wasser im Tank zunächst eine Höhe von $h = 1 \, \text{m}$ und es herrscht ein Druck von $p_1 = 5 \times 10^4 \, \text{N/m}^2$. Um welche Länge δ hebt sich der Wasserspiegel im Tank nach dem Öffnen des Ventils, wenn der anfängliche Höhenunterschied $H = 4 \, \text{m}$ ist und der Temperaturausgleich abgewartet wird? Der Umgebungsdruck beträgt $p_0 = 10^5 \, \text{N/m}^2$. Betrachten Sie die Gasphase als ein ideales Gas.

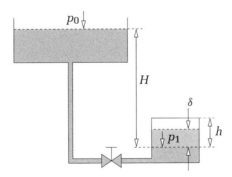

Abb. 2.25: Isotherme Kompression eines Gases (grau) durch Wasser (blau), das unter einem hohen Druck steht.

Aufgabe 2.6: Druckkraft auf einen Behälter mit einer gekrümmten Wand

Berechnen Sie die Kräfte und deren Angriffspunkte, die auf die verschiedenen Seitenflächen des abgebildeten Behälters ausgeübt werden. Die Wände sind vertikal bis auf einen Abschnitt der rechten Seite, der durch einen Viertelzylinder mit Radius R gebildet wird. Die Tiefe L (senkrecht zur Zeichenebene) sei konstant. Der Umgebungsdruck p_0 sei ebenfalls konstant. Zerlegen Sie das Volumen zur Berechnung in einen oberen kubischen Teil und einen unteren Teil mit der gekrümmten Wand.

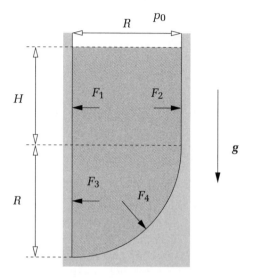

Abb. 2.26: Behälter mit einer gekrümmten Wand in Form eines Viertelzylinders.

a) Welche Kräfte werden von dem oberen rechteckigen Teilvolumen auf die Wände und die darunter liegende Fluidmasse ausgeübt und wo liegt der Druckmittelpunkt?

b) Welche horizontalen Kräfte werden auf die beiden Seitenwände der Höhe R des unteren Teilvolumens ausgeübt und wo liegt deren Druckmittelpunkt?

c) Welche Kraft übt das untere Teilvolumen in vertikaler Richtung aus?

d) Wie lautet die gesamte Kraft auf die gekrümmte Wand und unter welchem Winkel greift sie an? Wo liegt der Druckmittelpunkt für die Kraft, die das untere Teilvolumen ausübt?

Hydrodynamische Grundlagen

3

ÜBERBLICK

>> Die wichtigsten Konzepte zur Beschreibung der Dynamik von Fluiden werden eingeführt. Neben den Begriffen Geschwindigkeits-, Druck- und Temperaturfeld wird die Eulersche und die Lagrange Beschreibungsweise der Dynamik von Fluiden erklärt. Auch die Konzepte eines substantiellen Fluidelements und der substantiellen Ableitung werden vorgestellt. Zur Beschreibung von Strömungen und zur richtigen Interpretation von Strömungsvisualisierungen werden verschiedene Linien im Fluid definiert. Die Stromröhre und der Stromfaden sind wichtige Hilfsmittel für die näherungsweise Berechnung von Strömungen. Die Strömungsformen der Translation, Rotation und Dehnung sind von elementarer Bedeutung. Man kann sie durch die Analyse der Strömung in der Nähe eines festen Punktes gewinnen. Als Grundlage für die mathematische Beschreibung der zeitlichen Entwicklung von Strömungen wird das Reynoldssche Transport-Theorem abgeleitet. Es liefert die universelle Form der Erhaltungsgleichungen für Masse, Impuls und Energie eines reibungsfreien Fluids sowohl in differentieller als auch in integraler Gestalt. <<

Zur mathematischen Beschreibung makroskopischer Strömungsvorgänge können wir unter Beachtung der in Abschnitt 1.2.1 diskutierten Einschränkungen von einem Kontinuum ausgehen. Dabei werden jedem Raumpunkt x zu jedem Zeitpunkt t ein Geschwindigkeitsvektor $u(x, t)$, ein Druck $p(x, t)$, eine Temperatur $T(x, t)$ und ggf. noch andere Größen zugeordnet.

In der Hydrostatik ging es lediglich darum, die skalare Druckverteilung $p(x)$ nach (2.2) zu bestimmen, wobei der Druck meist nur von einer Raumrichtung abhängt. Wenn die angreifenden Kräfte nicht durch einen hydrostatischen Druckgradienten kompensiert werden können, beginnt das Fluid zu fließen. Um die mit strömenden Fluiden verbundenen vielfältigen Phänomene verstehen und nutzbar machen zu können, ist es erforderlich, neben der Dynamik des *Druckfelds* $p(x, t)$ auch diejenige des vektoriellen *Geschwindigkeitsfeldes* $u(x, t)$ mathematisch zu beschreiben. Dazu bedient man sich im allgemeinen der Newtonschen Mechanik. Eine gewisse Komplikation besteht darin, dass beispielsweise der Impuls, an dessen Änderung man interessiert ist, selbst an das sich bewegende Fluid gebunden ist. Bevor wir uns jedoch der Dynamik zuwenden, sollen zunächst einige rein geometrische Betrachtungen über das Geschwindigkeitsfeld $u(x, t)$ angestellt werden.

3.1 Kinematik

Am einfachsten stellt man den Geschwindigkeitsvektor $u(x, t)$ mit Hilfe kartesischer Koordinaten (x_1, x_2, x_3) dar. Dann ist $x = x_1 e_1 + x_2 e_2 + x_3 e_3$ und $u = u_1 e_1 + u_2 e_2 + u_3 e_3$ mit den kartesischen Einheitsvektoren e_i, $i = 1, 2, 3$. Manchmal ist auch die Verwendung anderer Koordinaten (Polarkoordinaten, Kugelkoordinaten etc.) sinnvoll, wenn diese der Geometrie des Problems besser angepaßt sind. Besonders einfach werden die Gleichungen in einer koordinatenunabhängigen Darstellung mit Hilfe des Nabla-Operators (siehe auch Anhang A).

Generell haben sich zwei verschiedene Beschreibungsweisen von Strömungen als sinnvoll erwiesen.

1 *Eulersche Beschreibung*: Zur vollständigen Beschreibung der Bewegung eines Fluids wird zu jedem Zeitpunkt t das Geschwindigkeitsfeld an *jedem Punkt* angegeben: $u(x, t)$. Man verfolgt also die zeitliche Entwicklung von u an allen festen Ortspunkten x. Diese Beschreibung ist recht intuitiv.

2 *Lagrangesche Beschreibung*: Sie basiert auf der Angabe *sämtlicher Bahnlinien* $X(t)$ (Trajektorien) aller individuellen Fluidteilchen. Die Fluidpartikel werden durch ihren jeweiligen Startpunkt $x_0 = X(t = t_0)$ bei $t = t_0$ unterschieden. Man kann sich vorstellen, dass alle Fluidteilchen zum Zeitpunkt $t = t_0$ markiert und danach ihre Bahnen im Raum verfolgt werden.

Wie wir in Abschnitt 3.1.2 sehen werden, ist die Unterscheidung zwischen diesen Beschreibungsweisen unter anderem wichtig für die Interpretation von Photographien von Fluidteilchen, die zum Zwecke der Strömungsvisualisierung markiert werden. Bei der mathematischen Beschreibung wird aber meist die Eulersche Beschreibung verwendet.

3.1.1 Substantielle Ableitung

Einen wichtigen Zusammenhang zwischen der Eulerschen (fester Ort) und der Lagrangeschen Betrachtung (festes Teilchen, mit der Strömung bewegt) kann man anhand der Beschleunigung eines Fluidteilchens diskutieren. Es sei u die Geschwindigkeit eines markierten Fluidteilchens. Dann ist die Beschleunigung des mit der Strömung mitbewegten Teilchens *per definitionem* gegeben durch (siehe auch ▶ Abb. 3.1)

$$a(x, t) = \lim_{\Delta t \to 0} \frac{u(x + \Delta x, t + \Delta t) - u(x, t)}{\Delta t} . \tag{3.1}$$

Wenn man die Taylor-Entwicklung bis zur ersten Ordnung[1]

$$u(x + \Delta x, t + \Delta t) = u(x, t) + \Delta t \frac{\partial u(x, t)}{\partial t} + \Delta x \cdot \nabla u(x, t) + O\left[(\Delta t)^2, \Delta t \Delta x, (\Delta x)^2\right] \tag{3.2}$$

einsetzt, erhält man die Beschleunigung

$$a(x, t) = \lim_{\Delta t \to 0} \left(\frac{\partial u(x, t)}{\partial t} + \frac{\Delta x}{\Delta t} \cdot \nabla u(x, t) \right) = \frac{\partial u}{\partial t} + u \cdot \nabla u =: \frac{Du}{Dt} . \tag{3.3}$$

Im letzten Schritt haben wir zur Abkürzung den Ableitungsoperator

$$\frac{D}{Dt} = \frac{\partial}{\partial t} + u \cdot \nabla \tag{3.4}$$

---

1 Der in linearer Ordnung auftretende Term ∇u ist nichts anderes als die (transponierte) Jacobi-Matrix

$$\nabla u = \frac{\partial u_j}{\partial x_i} = \begin{pmatrix} \dfrac{\partial u_1}{\partial x_1} & \dfrac{\partial u_1}{\partial x_2} & \dfrac{\partial u_1}{\partial x_3} \\[2mm] \dfrac{\partial u_2}{\partial x_1} & \dfrac{\partial u_2}{\partial x_2} & \dfrac{\partial u_2}{\partial x_3} \\[2mm] \dfrac{\partial u_3}{\partial x_1} & \dfrac{\partial u_3}{\partial x_2} & \dfrac{\partial u_3}{\partial x_3} \end{pmatrix} .$$

Der Tensor (die Matrix) ∇u darf nicht mit der Divergenz von u

$$\nabla \cdot u = \sum_{i=1}^{3} \frac{\partial u_i}{\partial x_i} = \frac{\partial u_1}{\partial x_1} + \frac{\partial u_2}{\partial x_2} + \frac{\partial u_3}{\partial x_3}$$

verwechselt werden. Der Punkt '·', der das Skalarprodukt anzeigt, ist wesentlich.

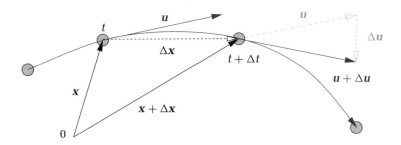

Abb. 3.1: Zur Berechnung der Beschleunigung eines substantiellen Fluidelements.

definiert. Die Ableitung D/Dt nennt man *substantielle Ableitung*. Es ist die totale zeitliche Ableitung im Lagrangeschen Sinne[2] und setzt sich additiv zusammen aus der *partiellen Ableitung* $\partial/\partial t$ (zeitliche Ableitung am festen Ort im Eulerschen Sinn) und der *konvektiven Ableitung* $\boldsymbol{u} \cdot \nabla = u_1 \partial_1 + u_2 \partial_2 + u_3 \partial_3$.[3] Die zeitliche Änderung einer Größe f in einem Bezugssystem, das sich mit dem Fluidpartikel bewegt (Df/Dt), ergibt sich dadurch, dass sich die Größe f am festen Ort zeitlich ändert ($\partial f/\partial t$), plus einem Anteil, der durch die Bewegung des mit dem Fluidpartikel mitbewegten Koordinatensystems kommt ($\boldsymbol{u} \cdot \nabla f$).

Zur Verdeutlichung betrachten wir eine stationäre homogene Strömung ($\boldsymbol{u} = u\boldsymbol{e}_x =$ const.), wobei die Temperatur in Stromrichtung variieren möge (▶ Abb. 3.2), ähnlich wie z. B. bei einer stationären Diffusionsflamme. In diesem stationären Fall ist die Temperatur an einem festen Ort zeitlich konstant: $\partial T/\partial t = 0$. Die Temperaturänderung, die von einem Fluidelement *gesehen* wird, das in der Zeit Δt den Weg $u\Delta t$ zurücklegt, ist $\Delta T \approx u\Delta t(\partial T/\partial x)$. Damit ist $\Delta T/\Delta t \approx DT/Dt = u(\partial T/\partial x)$. Im betrachteten Spezialfall eines stationären Felds $T(x)$ ist also die substantielle Ableitung gleich der konvektiven Ableitung. Die zeitliche Änderung der Temperatur des Fluidpartikels ist proportional zur Geschwindigkeit und dem Temperaturgradienten in Richtung der Geschwindigkeit.[4]

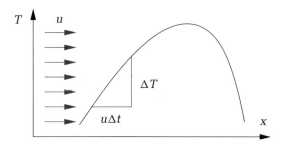

Abb. 3.2: Beispiel zur Verdeutlichung der konvektiven Ableitung $\boldsymbol{u} \cdot \nabla T$. In einer Dimension ist $\boldsymbol{u} \cdot \nabla T = u\partial_x T$.

---

2 Mathematisch besteht zwischen der substantiellen Ableitung D/Dt und der totalen Ableitung d/dt kein Unterschied.

3 Hierbei ist ∂_i die Kurzform für $\partial/\partial x_i$.

4 Beachte, dass im allgemeinen Fall ∇T selbst vom Geschwindigkeitsfeld $\boldsymbol{u}$ abhängt (siehe Abschnitt 7.1.3).

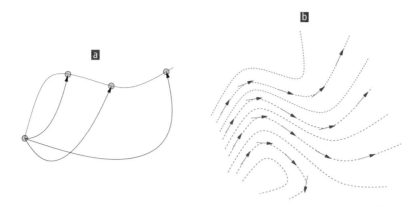

Abb. 3.3: **a** Streichlinie (blau), die im blauen Punkt entstanden ist, sowie Trajektorien (schwarz), die zu unterschiedlichen Zeiten vom Ausgangspunkt (blau) ausgegangen sind. **b** Zusammenhang zwischen Stromlinien (gestrichelt) und der Richtung der Geschwindigkeitsvektoren (blau), die für jede zweite Stromlinie gezeichnet sind (der Betrag der Geschwindigkeit ist nicht richtig dargestellt).

3.1.2 Linien in einem strömenden Fluid

Es gibt verschiedene Linien, mit denen man eine Strömung anschaulich, aber auch mathematisch, beschreiben kann. Der Unterschied zwischen den verschiedenen Linientypen ist in ▶ Abb. 3.4 am Beispiel der Zylinderumströmung dargestellt. Im einzelnen sind dies

- *Trajektorien*: Eine Trajektorie ist die Bahn, die ein bestimmtes (markiertes) Fluidteilchen im Laufe der Zeit im Raum beschreibt (▶ Abb. 3.3**a**. Man kann sich die Projektion einer Trajektorie als Ergebnis einer *Langzeitbelichtung* vorstellen, bei der ein markiertes Fluidelement eine Spur auf dem Film hinterläßt. Mathematisch ergibt sich die Trajektorie $X(t; x_0)$ eines Teilchens, das sich zum Zeitpunkt t_0 bei x_0 befand, aus der Integration von $dX/dt = u(X, t)$. Dazu muss man natürlich $u(x, t)$ kennen.

- *Stromlinien*: Dies sind Linien im Raum, die zu einem gegebenen Zeitpunkt in jedem Raumpunkt tangential zum Geschwindigkeitsvektor u sind (▶ Abb. 3.3**b**. Da der Geschwindigkeitsvektor keine Komponente senkrecht zur Tangente an die Stromlinie besitzt, gilt für Stromlinien $u(x, t) \times dx = 0$, wobei dx ein Linienelement der Stromlinie ist.[5] Wenn man diese Relation in kartesischen Komponenten schreibt, erhält man

$$u \times dx = \begin{pmatrix} u_2 \, dx_3 - u_3 \, dx_2 \\ u_3 \, dx_1 - u_1 \, dx_3 \\ u_1 \, dx_2 - u_2 \, dx_1 \end{pmatrix} = 0 \, .$$

Daraus folgt

$$\frac{dx_i}{dx_j} = \frac{u_i}{u_j} \, .$$

---

5 Das Kreuzprodukt zweier zueinander orthogonaler Vektoren verschwindet.

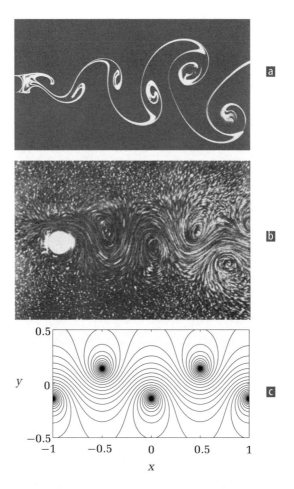

Abb. 3.4: Darstellung verschiedener Linientypen anhand der Kármánschen Wirbelstraße hinter einem angeströmten Zylinder (in [a] und [b] links im Bild). Die Strömung selbst ist durch die Reynolds-Zahl charakterisiert (Abschnitt 7.1.4). [a] Momentaufnahme von Streichlinien bei einer Reynolds-Zahl Re $= 140$ (Abbildung auf dem Umschlag des Buches von Van Dyke (1982); Aufnahme: S. Taneda). [b] zeigt kurze Trajektorien für Re $= 250$ in einem Koordinatensystem, in dem das Fluid für $|x| \rightarrow \infty$ in Ruhe ist (Prandtl & Tietjens 1957a). Für kurze Belichtungszeiten sind die Trajektorien identisch mit den Stromlinien. In [c] ist die analytische Näherung der Stromlinien der Kármánschen Wirbelstraße durch zwei versetzte Reihen entgegengesetzt rotierender aber gleichstarker Fadenwirbel (siehe Abschnitt 5.4.2) gezeigt. Das Verhältnis des Abstands der beiden Reihen zum Wirbelabstand innerhalb einer Reihe beträgt $k = 0.2801$ (siehe auch von Kármán (1912) und Lamb (1932)).

Die Steigungen (Richtungen) einer Stromlinie verhalten sich wie das Verhältnis der entsprechenden Geschwindigkeitskomponenten. Wenn das Geschwindigkeitsfeld stationär (d. h. zeitunabhängig) ist, dann sind auch die Stromlinien stationär. Bei instationären Strömungen ändern sich die Stromlinien mit der Zeit.

■ *Streichlinien*: Wenn man markierte Fluidteilchen über einen Zeitraum Δt von einer festen Stelle x_0 in die Strömung freigibt, liefert eine *Momentaufnahme* aller markierten Teilchen eine Streichlinie (z. B. die Rauchfahne aus einem Schlot).

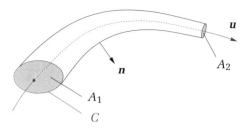

Abb. 3.5: Stromröhre mit definierender geschlossener Kurve C.

Gelegentlich wird dieses Verfahren in Experimenten eingesetzt. Die einzelnen Liniensegmente einer Streichlinie sind alle zu unterschiedlichen Zeiten bei $x = x_0$ entstanden. Bei zeitabhängigen Strömungen unterscheiden sich die Trajektorien von früh gestarteten Teilchen von denjenigen, die später gestartet sind (▸ Abb. 3.3a).

Beachte: Bei *stationären Strömungen* sind Stromlinien, Trajektorien und Streichlinien identisch. Bei *instationären Strömungen* sind alle drei Linientypen verschieden voneinander.

Ein wichtiges Konzept in der Strömungsmechanik ist die *Stromröhre*. Eine Stromröhre ist ein röhrenförmiges Volumen, dessen Berandung durch eine Menge von Stromlinien gebildet wird, die alle durch eine ortsfeste geschlossene Raumkurve C gehen (▸ Abb. 3.5). Genau wie die Stromlinien, so ändert sich i. a. auch eine Stromröhre mit der Zeit, wenn die Strömung instationär ist. In einer stationären Strömung sind alle Stromröhren stationär. Wenn die Querschnittsfläche der definierenden Raumkurve C verschwindend klein ist, erhält man einen *Stromfaden*.

Das Konzept des Stromfadens ist von großer praktischer Bedeutung für die näherungsweise Lösung einfacher Strömungsprobleme. Der Querschnitt eines Stromfadens kann sich in Längsrichtung verringern oder erweitern.[6] Entscheidend ist, dass die definierende Kurve C immer so klein gewählt wird, dass die Querschnittsfläche des Stromfadens auch an der weitesten Stelle immer noch klein genug ist, um alle relevanten Größen (Dichte, Druck, Temperatur, Geschwindigkeit etc.) über den Querschnitt des Stromfadens als konstant ansehen zu können. Alle Größen hängen dann nur von der Position s entlang des Stromfadens ab. Dies bedeutet eine signifikante Vereinfachung für die mathematische Behandlung, da mit Hilfe dieses Konzepts das ursprünglich dreidimensionale Problem auf ein eindimensionales reduziert wird.

3.1.3 Visualisierung und Messung der Bewegung eines Fluids

Um die Bewegung eines Fluids sichtbar zu machen, möchte man bestimmte Fluidteilchen markieren, um dann ihre Bewegung verfolgen zu können. Eine sehr alte Methode ist die Markierung von Fluidteilchen durch Tinte (siehe z. B. ▸ Abb. 7.14b–d). Auch kann man sehr kleine reflektierende Aluminium-Plättchen (Flitter) in eine Flüssigkeitsströmung einbringen. In einem strömenden Fluid rotieren diese Plättchen und richten sich im zeitlichen Mittel in einer Vorzugsrichtung aus, die vom lokalen

---

6 Für eine beschleunigte, inkompressible Strömung ist dies aufgrund der Massenerhaltung unmittelbar klar.

Geschwindigkeitsgradienten abhängt. Bei einseitiger Beleuchtung resultieren Hellig-keitsunterschiede, wodurch insbesondere reguläre Strömungsmuster gut visualisiert werden. Beispiele sind in ▶ Abb. 2.20b und 7.12 gezeigt. Eine andere Möglichkeit besteht in der Erzeugung sehr kleiner Wasserstoffbläschen an feinsten Drähten durch Elektrolyse (in ▶ Abb. 7.11e wurden Luftbläschen verwendet). In Gasen kann man Rauch einsetzen (▶ Abb. 3.4a), der auf feinen Drähten verdampft oder durch chemi-sche Reaktionen erzeugt wird. Teilchen oder Bläschen, die in ein Fluid eingebracht werden, können der Bewegung des Fluids aufgrund von Auftriebskräften und Kräf-ten, die durch die Umströmung der Teilchen entstehen, nicht exakt folgen. Diese Probleme können vermieden werden, wenn man dem Fluid photochrome Substan-zen zugibt. Nach einer Anregung durch UV-Licht emittieren diese Substanzen das Licht einer sichtbaren Wellenlänge für eine gewisse Zeit, wodurch die Bewegung der markierten Fluidelemente sehr genau bestimmt werden kann (siehe zum Beispiel ▶ Abb. 7.13). Weitere visuelle Methoden und einen guten Überblick über die gesamte Strömungsmeßtechnik findet man in Eckelmann (1997).

Zur Bestimmung der Strömungsgeschwindigkeit kann man die robusten Pitot-Sonden einsetzen (Abschnitt 4.3.4). Für eine genaue quantitative Messung sind diese Sonden aber zu ungenau. In sauberen Strömungen werden daher meist Hitzdraht-Sonden verwendet. Diese bestehen aus einem sehr feinen Draht aus Platin oder Wolf-ram (Länge $\approx 2\,\mathrm{mm}$, typischer Durchmesser $5\,\mu\mathrm{m}$), der zwischen zwei Haltespitzen eingespannt ist. Der Draht, dessen elektrischer Widerstand temperaturabhängig ist, wird nun durch einen elektrischen Strom geheizt. Durch die meist kältere Strömung erfährt der Draht eine konvektive Kühlung, die sich als Widerstandsänderung mit Hilfe einer Wheatstoneschen Brücke messen läßt. Auf diesem Meßprinzip beruht die *Hitzdrahtanemometrie*. Da Hitzdrähte sehr schnell reagieren, können damit sehr schnelle Geschwindigkeitsschwankungen gemessen werden (bis zu 10^5 Hz). Deshalb sind diese Sonden zur punktweisen Messung schneller Fluktuationen in turbulen-ten Strömungen prädestiniert. Durch Integration mehrerer verschieden orientierter Hitzdähte auf einem Sondenkörper können nach entsprechender Kalibrierung alle drei Geschwindigkeitskomponenten ermittelt werden. Bruun (1995) ist ein ausführ-liches Handbuch zu dieser Meßtechnik.

Neben der Hitzdrahtanemometrie ist in den letzten Jahren auch die *Laser-Doppler-Anemometrie* (LDA) getreten. Bei der LDA-Methode werden Lichtsignale (*bursts*) aus-gewertet, die von kleinsten Partikeln stammen (häufig reicht schon der Staub aus), während sie mit der Strömung durch ein Interferenzmuster transportiert werden, das durch zwei gekreuzte Laserstrahlen erzeugt wird (▶ Abb. 3.6). Die Pulsationsfrequenz entspricht dabei genau der Frequenzverschiebung aufgrund des Dopplereffekts, die man für das Streulicht messen würde, wenn sich das Teilchen nur in einem einzigen Laserstrahl bewegte.

Anders als das LDA-Punktmeßverfahren wird bei der *Particle–Imaging Velocimetry* (PIV) das Geschwindigkeitsfeld in einer ganzen Ebene simultan erfaßt. Dazu werden zwei schnell hintereinander angefertigte Aufnahmen von Partikeln ausgewertet, wäh-rend sie mit der Strömung durch die Meßebene transportiert werden. Typischerweise wird die Meßebene durch ein relativ schmales Lichtband realisiert, das durch Auf-weitung gepulster Laserstrahlen erzeugt wird. Weitere Details und die verschiedenen Modifikationen der optischen Meßverfahren sind in Albrecht et al. (2003) und Raffel et al. (1998) zu finden.

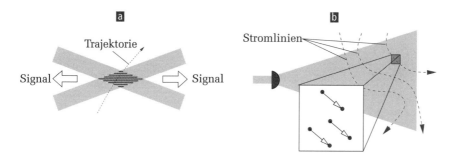

Abb. 3.6: **a** Beim LDA-Verfahren werden zwei kohärente Laserstrahlen (grau) gekreuzt und erzeugen ein Interferenzmuster in einem möglichst kleinen Volumen (typisch: $O(1\,\text{mm})$). Wenn sich ein Streupartikel senkrecht zu dem Interferenzmuster bewegt, reflektiert es ein pulsierendes Lichtsignal (*burst*), das in Vorwärts- oder Rückwärtsrichtung detektiert werden kann. **b** Beim PIV-Verfahren wird mittels Laserpulsen in schneller Folge eine Doppelbelichtungsaufnahme von Tracerpartikeln in einem dünnen Lichtband gemacht, das man mit einem mittels Zylinderlinse aufgeweiteten Laserstrahl erzeugen kann. Aus der Korrelationsfunktion des resultierenden Musters kann man die lokale Verschiebung der Tracer und damit die lokale Geschwindigkeit ermitteln.

3.1.4 Lokale Deformation eines Fluids

Durch die Strömung wird ein Fluid im allgemeinen in komplizierter Weise deformiert (siehe z. B. ▶ Abb. 3.10). Um die dabei auftretenden elementaren Bewegungen zu verstehen, ist es sinnvoll, die Deformation eines kleinen Fluid-Volumens zu untersuchen, das sich für eine kurze Zeit unter dem Einfluß des Geschwindigkeitsfelds bewegt. Dazu betrachten wir das momentane Geschwindigkeitsfeld $\boldsymbol{u}$ in Abhängigkeit vom Ort $\boldsymbol{x}$, wobei wir für das Geschwindigkeitsfeld $\boldsymbol{u} = u_i$ mit $i \in [1,2,3]$ die *Index-Schreibweise* verwenden. Zur Analyse der Bewegung des Fluids in der Nähe eines festen Punktes $\boldsymbol{x}^{(0)}$ betrachten wir die Taylor-Entwicklung des Geschwindigkeitsvektors u_i nach dem kleinen Abstand $\Delta\boldsymbol{x}$ von $\boldsymbol{x}^{(0)}$ (siehe ▶ Abb. 3.7)

$$
u_i\left(\boldsymbol{x}^{(0)} + \Delta\boldsymbol{x}\right) = u_i\left(\boldsymbol{x}^{(0)}\right) + \Delta u_i = u_i^{(0)} + \sum_{j=1}^{3} \left.\frac{\partial u_i}{\partial x_j}\right|_{\boldsymbol{x}^{(0)}} \Delta x_j + \ldots
$$

$$
= u_i^{(0)} + \sum_{j=1}^{3} \underbrace{\frac{1}{2}\left(\frac{\partial u_i}{\partial x_j} + \frac{\partial u_j}{\partial x_i}\right)_{\boldsymbol{x}^{(0)}}}_{:=e_{ij},\ \text{symm.}\ i\leftrightarrow j} \Delta x_j + \sum_{j=1}^{3} \underbrace{\frac{1}{2}\left(\frac{\partial u_i}{\partial x_j} - \frac{\partial u_j}{\partial x_i}\right)_{\boldsymbol{x}^{(0)}}}_{:=\Omega_{ij},\ \text{antisymm.}\ i\leftrightarrow j} \Delta x_j + \ldots
$$

$$
= \underbrace{u_i^{(0)}}_{\text{Translation}} + \underbrace{\sum_{j=1}^{3} e_{ij}\Delta x_j}_{\text{Dehnung:}\ \Delta u_i^{\text{Dehn}}} + \underbrace{\sum_{j=1}^{3} \Omega_{ij}\Delta x_j}_{\text{Rotation:}\ \Delta u_i^{\text{rot}}} + \ldots
\tag{3.5}
$$

Hiermit haben wir das gesamte Geschwindigkeitsfeld in drei elementare, qualitativ unterschiedliche Geschwindigkeitsfelder zerlegt. Das Geschwindigkeitsfeld $u_i^{(0)} = u_i(\boldsymbol{x}^{(0)})$ nullter Ordnung in $\Delta\boldsymbol{x}$ ist konstant und beschreibt die Rate der *Translation* eines Fluidelements, also die zurückgelegte Strecke pro Zeit. Die beiden Terme erster Ordnung $\sum_j e_{ij}\Delta x_j$ und $\sum_j \Omega_{ij}\Delta x_j$ stellen die *Dehnung* des Fluidelements pro Zeit

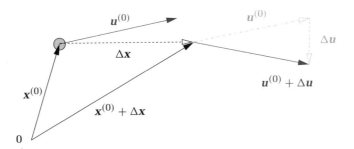

Abb. 3.7: Die momentane Strömung (blau) in der Nähe eines Punktes.

bzw. die *Rotation* des Fluidelements pro Zeit dar. Die Tensoren (Matrizen) e_{ij} und Ω_{ij} haben die Dimension s^{-1} und sind daher *Raten* (Dehn- und Rotationsrate).

Zur Verdeutlichung betrachten wir die *ebene Scherströmung* (▸ Abb. 3.8**a**)

$$u_i = a \begin{pmatrix} x_2 \\ 0 \\ 0 \end{pmatrix} , \tag{3.6}$$

mit dem Geschwindigkeitsgradienten $a = \partial u_1 / \partial x_2$. Neben der Translation mit Geschwindigkeit $u_i(\mathbf{x}^{(0)})$ erfährt ein Fluidelement die Dehnung und die Rotation $\Delta u_i = \sum_j (e_{ij} + \Omega_{ij}) \Delta x_j$, wobei $\Delta x_j = \Delta \mathbf{x}$ der Abstandsvektor relativ zum betrachteten Punkt $\mathbf{x}^{(0)}$ ist. Zu den partiellen Ableitungen trägt in diesem Beispiel nur der Term $\partial u_1 / \partial x_2 = a$ bei. Die *Dehnrate* ist daher räumlich konstant und unabhängig von $\mathbf{x}^{(0)}$

$$e_{ij} = \frac{1}{2} \left(\frac{\partial u_i}{\partial x_j} + \frac{\partial u_j}{\partial x_i} \right) = \frac{a}{2} \begin{pmatrix} 0 & 1 & 0 \\ 1 & 0 & 0 \\ 0 & 0 & 0 \end{pmatrix} \quad \Rightarrow \quad \Delta u_i^{\mathrm{Dehn}} = \frac{a}{2} \begin{pmatrix} \Delta x_2 \\ \Delta x_1 \\ 0 \end{pmatrix} . \tag{3.7}$$

Das Dehnfeld $\Delta u_i^{\mathrm{Dehn}}$ ist in ▸ Abb. 3.8**b** dargestellt. Das Geschwindigkeitsfeld einer reinen ebenen Dehnströmung der Stärke λ lautet also

$$\begin{pmatrix} u_1 \\ u_2 \end{pmatrix} = \frac{\lambda}{2} \begin{pmatrix} x_2 \\ x_1 \end{pmatrix} . \tag{3.8}$$

Für unser Beispiel einer ebenen Scherströmung läßt sich auch die Rotationsrate leicht berechnen

$$\Omega_{ij} = \frac{1}{2} \left(\frac{\partial u_i}{\partial x_j} - \frac{\partial u_j}{\partial x_i} \right) = \frac{a}{2} \begin{pmatrix} 0 & 1 & 0 \\ -1 & 0 & 0 \\ 0 & 0 & 0 \end{pmatrix} . \tag{3.9}$$

Das zugehörige Geschwindigkeitsfeld (▸ Abb. 3.8**c**) ergibt sich als

$$\Delta u_i^{\mathrm{rot}} = \begin{pmatrix} \Delta u_1^{\mathrm{rot}} \\ \Delta u_2^{\mathrm{rot}} \\ \Delta u_3^{\mathrm{rot}} \end{pmatrix} = \sum_{j=1}^{3} \Omega_{ij} \Delta x_j = \frac{a}{2} \begin{pmatrix} \Delta x_2 \\ -\Delta x_1 \\ 0 \end{pmatrix} . \tag{3.10}$$

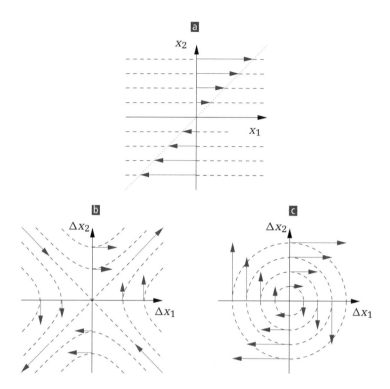

Abb. 3.8: Zerlegung einer ebenen Scherströmung $\boxed{a}$ in eine Superposition von ebener Dehnströmung $\boxed{b}$ und einer Festkörperrotation $\boxed{c}$. Die Stromlinien sind gestrichelt dargestellt.

In unserem Beispiel setzt sich der Rotationsratentensor Ω_{ij} zusammen aus einer Matrix, die den Ortsvektor um 90° um die 3-Achse dreht (die Geschwindigkeit steht senkrecht auf dem Ortsvektor)[7] und einem Faktor (hier $-a/2$), der die Winkelgeschwindigkeit angibt. Das Geschwindigkeitsfeld, das einer reinen Festkörperrotation mit Winkelgeschwindigkeit Ω um die 3-Achse entspricht, lautet also[8]

$$\begin{pmatrix} u_1 \\ u_2 \\ 0 \end{pmatrix} = \Omega \begin{pmatrix} -x_2 \\ x_1 \\ 0 \end{pmatrix} = \begin{pmatrix} 0 \\ 0 \\ \Omega \end{pmatrix} \times \begin{pmatrix} x_1 \\ x_2 \\ 0 \end{pmatrix}. \tag{3.11}$$

Bei einer reinen Rotation werden die Fluidpartikel nicht relativ zueinander verschoben. Deshalb treten bei einer reinen Festkörperrotation keine Reibungsverluste auf.

---

7 Beachte, dass eine Drehung eines Vektors x_0 um den Winkel ϕ in zwei Dimensionen durch die Multiplikation mit der (antisymmetrischen) Drehmatrix dargestellt werden kann

$$\mathbf{x}' = \begin{pmatrix} \cos\phi & -\sin\phi \\ \sin\phi & \cos\phi \end{pmatrix} \cdot \mathbf{x}_0.$$

Die Matrix in (3.9) stellt eine Drehung von $-90°$ um die 3-Achse dar. Entsprechendes gilt natürlich auch für Drehungen um die beiden anderen orthogonalen Achsen.

8 Für den Zusammenhang zwischen dem Rotationsratentensor und der Wirbeldichte siehe Abschnitt 5.2.1.

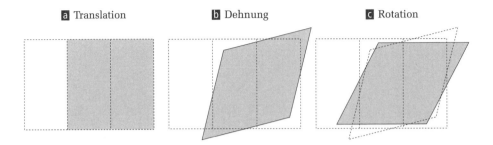

a Translation   **b** Dehnung   **c** Rotation

Abb. 3.9: Deformation eines quadratischen Fluidelements in einer ebenen Scherströmung als Überlagerungen von Deformationen, die von den drei elementaren Strömungsformen verursacht werden. Beachte, dass die angedeuteten Deformationen streng genommen nur für infinitesimale Deformationen gelten. Deshalb ist die Raute in **c** etwas geschrumpft.

Die totale Deformation eines kleinen, anfänglich quadratischen Fluidelements in einer ebenen Scherströmung ist in ▶ Abb. 3.9 dargestellt als eine Überlagerung der Deformationen, die von den drei elementaren Strömungsformen bewirkt werden.

Bei dem Beispiel der Scherströmung handelt es sich um eine inkompressible Strömung, da die Divergenz des Geschwindigkeitsfelds (3.6) verschwindet[9]

$$\nabla \cdot \boldsymbol{u} = \begin{pmatrix} \partial/\partial x_1 \\ \partial/\partial x_2 \\ \partial/\partial x_3 \end{pmatrix} \cdot \begin{pmatrix} u_1 \\ u_2 \\ u_3 \end{pmatrix} = \frac{\partial u_1}{\partial x_1} + \frac{\partial u_2}{\partial x_2} + \frac{\partial u_3}{\partial x_3} \overset{(3.6)}{=} 0 \,. \tag{3.12}$$

---

9 Die Divergenz eines Geschwindigkeitsfelds gibt die Rate der relativen Volumenänderung durch die Strömung $\boldsymbol{u}$ an. Dazu betrachte man ein kleines Volumen $V = \Delta x_1 \Delta x_2 \Delta x_3$ am Ort (x_1, x_2, x_3), dessen Oberfläche aus markierten Teilchen besteht. Dann ist die Änderung des von den markierten Teilchen eingeschlossenen Volumens pro Zeiteinheit durch das Oberflächenintegral über die Oberfläche A von V

$$\dot{V} = \int_A \boldsymbol{u} \cdot \mathrm{d}\boldsymbol{A} = \left[\overbrace{u_1(x_1, x_2, x_3) + \frac{\partial u_1}{\partial x_1} \Delta x_1}^{u_1(x_1 + \Delta x_1)} - u_1(x_1, x_2, x_3) \right] \Delta x_2 \Delta x_3$$
$$+ \left[u_2(x_1, x_2, x_3) + \frac{\partial u_2}{\partial x_2} \Delta x_2 - u_2(x_1, x_2, x_3) \right] \Delta x_1 \Delta x_3$$
$$+ \left[u_3(x_1, x_2, x_3) + \frac{\partial u_3}{\partial x_3} \Delta x_3 - u_3(x_1, x_2, x_3) \right] \Delta x_1 \Delta x_2 + O(\Delta^4)$$

gegeben, wobei $O(\Delta^4)$ Terme der vierten Ordnung in Δx_i bezeichnet. Damit ist

$$\frac{1}{V} \int_A \boldsymbol{u} \cdot \mathrm{d}\boldsymbol{A} = \frac{\partial u_1}{\partial x_1} + \frac{\partial u_2}{\partial x_2} + \frac{\partial u_3}{\partial x_3} + O(\Delta) \,.$$

Im Limes $V \to 0$ erhalten wir

$$\lim_{V \to 0} \frac{1}{V} \int_A \boldsymbol{u} \cdot \mathrm{d}\boldsymbol{A} = \frac{\partial u_1}{\partial x_1} + \frac{\partial u_2}{\partial x_2} + \frac{\partial u_3}{\partial x_3} =: \nabla \cdot \boldsymbol{u} \,.$$

Wir können also die Divergenz des Geschwindigkeitsfeldes als die relative Änderungsrate des Volumens am Ort $\boldsymbol{x}$ auffassen.

Abb. 3.10: Momentaufnahme der Mischung zweier Fluidschichten, die sich mit unterschiedlicher Horizontalgeschwindigkeit bewegen. Der unteren Schicht wurde ein fluoreszierender Farbstoff zugesetzt und vertikal mit einem schmalen Lichtband (Lichtschnitt) beleuchtet. Die anfänglich ebene Scherschicht ist instabil und die Mischung der beiden Fluide wird durch sogenannten Kelvin-Helmholtz-Wirbel eingeleitet. Dadurch werden einzelne Fluidelemente sehr stark gedehnt und um die Wirbelzentren gewickelt. Im weiteren Verlauf der Strömung wird diese turbulent, wodurch die gedehnten Fluidfilamente immer weiter und in irregulärer Weise umeinandergewickelt werden. Schließlich sind die Filamente so dünn, dass die molekulare Diffusion in relativ kurzer Zeit eine vollständige Mischung bewirkt (Aufnahme: F. A. Roberts, P. E. Dimotakis und A. Roshko); (aus Van Dyke 1982).

An dieser Form von $\nabla \cdot \boldsymbol{u}$ sieht man leicht, dass die Divergenz von $\boldsymbol{u}$ identisch ist mit der Spur[10] des Tensors der Dehnrate e_{ij}. Folgerichtig verschwindet auch die Spur von e_{ij} in (3.7). Man kann also an der Spur des Tensors der Dehnrate einer Strömung auch ablesen, ob das Fluid lokal expandiert oder kontrahiert. Dies ist besonders für Gasströmungen relevant.

Da eine Rotation benachbarte Fluidelemente nicht gegeneinander verschiebt, ist einzig die Dehnung, ob nun volumenerhaltend oder nicht, von zentraler Bedeutung für Mischvorgänge. Um eine effiziente Mischung zu erzielen, müssen alle Fluidelemente sehr stark in die Länge gezogen (gedehnt) werden, damit sich möglichst feine Filamente bilden. Nur wenn die Filamente hinreichend fein sind, kann die molekulare Diffusion schnell genug eine vollständige Mischung herbeiführen. Ein typisches Beispiel ist in ▸ Abb. 3.10 gezeigt.

3.2 Reynolds' Transport-Theorem

Um die Dynamik physikalischer Größen beschreiben zu können, müssen wir wissen, wie sich eine Größe im Laufe der Zeit verändert. Dazu betrachten wir irgendein *substantielles Volumen* V und eine physikalische Größe ϵ, die im Volumen V definiert ist. Uns interessiert, wie sich die integrale Größe $E = \int_V \epsilon \, dV$ zeitlich ändert. Offenbar ist ϵ die Dichte von E. Wenn E zum Beispiel die Masse des Fluids im Volumen V repräsentiert, ist ϵ die Massendichte. E kann aber auch eine vektorielle Größe sein, zum Beispiel der Impuls. Dann hätte ϵ die Bedeutung einer Impulsdichte $\rho\boldsymbol{u}$.

Osborne Reynolds
1842–1912

Bei der Berechnung von $\dot{E}$ müssen wir beachten, dass nicht nur die Dichte $\epsilon(t)$, sondern auch das substantielle Volu-

---

10 Die Spur eines Tensors a_{ij} ist die Summe seiner Diagonalelemente: $\mathrm{Sp}\left(a_{ij}\right) = \sum_i a_{ii} = a_{11} + a_{22} + a_{33}$.

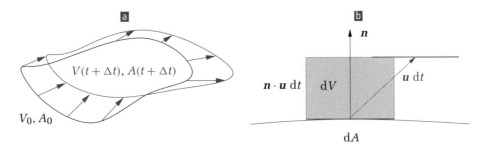

Abb. 3.11: **a** Deformation eines substantiellen Volumens durch die Strömung. **b** Lokale Änderung dV des Volumens durch die Verschiebung des Oberflächenelements dA um die Strecke u dt.

men $V(t)$ zeitabhängig ist. Denn das substantielle Volumen wird von der Strömung u transportiert und während der Bewegung deformiert. Wir suchen nun die *substantielle Änderung* von E, d.h. die Änderung von E in dem mit der Strömung bewegten Volumen $V(t)$,[11]

$$\frac{dE(t)}{dt} = \frac{d}{dt} \int_{V(t)} \epsilon(t)\, dV .$$ (3.13)

Die Größe dE/dt ist deshalb interessant, weil wir später die Erhaltungsgleichungen in der Form $dE/dt = Q$ verwenden wollen, wobei Q die Quellterme der Größe E symbolisiert. Leider können wir die Ableitung nach der Zeit nicht einfach ausführen, da das Integrationsgebiet $V(t)$ zeitabhängig ist. Wir werden daher das Integral in (3.13) auf eine Integration über ein *ortsfestes Volumen* V_0 zurückführen, das zum Zeitpunkt t mit dem substantiellen Volumen $V(t)$ identisch ist.

Betrachten wir also das Zeitintervall Δt, in dem sich das Volumen von $V(t) = V_0$ zu $V(t+\Delta t) = V_0 + \Delta V$ entwickelt (▶ Abb. 3.11 **a**). Dabei kann sich ΔV sowohl aus *positiven* als auch aus *negativen* Beiträgen zusammensetzen. Es sei A_0 die geschlossene Oberfläche von V_0. Dann gilt *per definitionem*[12]

$$\frac{dE}{dt} := \lim_{\Delta t \to 0} \frac{1}{\Delta t} \left\{ \int_{V_0 + \Delta V} \epsilon(t+\Delta t)\, dV - \int_{V_0} \epsilon(t)\, dV \right\}$$

$$= \lim_{\Delta t \to 0} \frac{1}{\Delta t} \left\{ \int_{V_0} [\epsilon(t+\Delta t) - \epsilon(t)]\, dV + \int_{\Delta V} \epsilon(t+\Delta t)\, dV \right\}$$

$$= \int_{V_0} \lim_{\Delta t \to 0} \frac{\epsilon(t+\Delta t) - \epsilon(t)}{\Delta t}\, dV + \lim_{\Delta t \to 0} \frac{1}{\Delta t} \int_{\Delta V} \left[\epsilon(t) + \underbrace{\Delta t \frac{\partial \epsilon}{\partial t} + \ldots}_{\to 0} \right] dV$$

$$= \int_{V_0} \frac{\partial \epsilon(t)}{\partial t}\, dV + \lim_{\Delta t \to 0} \frac{1}{\Delta t} \int_{\Delta V} \epsilon(t)\, dV$$

$$\overset{dV = dA \cdot u\, dt}{=} \int_{V_0} \frac{\partial \epsilon}{\partial t}\, dV + \int_{A_0} \epsilon\, u \cdot dA .$$ (3.14)

---

11 Die Abhängigkeit der Dichte $\epsilon(x, t)$ von x wird im folgenden nicht explizit hingeschrieben.
12 Wir setzen hier die Existenz der jeweiligen Grenzwerte und Integrale voraus.

Dies ist das *Reynoldssche Transport-Theorem*[13]

$$\frac{\mathrm{d}}{\mathrm{d}t} \int_{V(t)} \epsilon \, \mathrm{d}V = \int_{V_0} \frac{\partial \epsilon}{\partial t} \, \mathrm{d}V + \int_{A_0} \epsilon \, \boldsymbol{u} \cdot \mathrm{d}\boldsymbol{A} \, . \tag{3.15}$$

Die totale zeitliche Änderung einer Größe E in einem Volumen, das sich mit der Strömung bewegt, ist gleich der zeitlichen Änderung in dem momentanen Volumen V_0 plus dem Strom dieser Größe durch die momentane Oberfläche A_0.

Wenn die Größe E einem Erhaltungssatz genügt, dann folgt mit dem Quellterm $Q = \mathrm{d}E/\mathrm{d}t$ direkt

$$\int_{V_0} \frac{\partial \epsilon}{\partial t} \, \mathrm{d}V + \int_{A_0} \epsilon \, \boldsymbol{u} \cdot \mathrm{d}\boldsymbol{A} = Q \tag{3.16}$$

oder nach Anwendung des Gaußschen Satzes (siehe A.18)

$$\int_{V_0} \frac{\partial \epsilon}{\partial t} \, \mathrm{d}V + \int_{V_0} \nabla \cdot (\epsilon \, \boldsymbol{u}) \, \mathrm{d}V = Q \, . \tag{3.17}$$

Von dieser integralen Gleichung können wir zu einer differentiellen Form des Reynoldsschen Transport-Theorems kommen, wenn wir das Volumen gegen Null gehen lassen. Für $V_0 \to 0$ erhalten wir

Johann Carl
Friedrich Gauß
1777–1855

$$\frac{\partial \epsilon}{\partial t} + \nabla \cdot (\epsilon \boldsymbol{u}) = q \, , \tag{3.18}$$

wobei $Q = \int_{V_0} q \, \mathrm{d}V$. Die differentielle Erhaltungsgleichung (3.18) muss an jedem Raumpunkt $\boldsymbol{x}$ erfüllt sein. Demnach ist die Änderung einer *Dichte* ϵ gleich der Änderung am festen Ort (partielle Ableitung) plus der Divergenz der zugehörigen *Stromdichte* $\epsilon\boldsymbol{u}$. Die Stromdichte einer Größe ist immer das Produkt aus der Dichte der Größe und dem Geschwindigkeitsvektor.[14] Gegebenenfalls muss auch noch eine Quelldichte q berücksichtigt werden.

3.3 Erhaltungsgleichungen für reibungsfreie Fluide

3.3.1 Massenerhaltung

Sei $E = M = \int_{V(t)} \rho \, \mathrm{d}V$ die im substantiellen Volumen $V(t)$ befindliche Masse und $\epsilon = \rho$ die Massendichte. Aus der differentiellen Form des Reynoldsschen Transport-Theorems (3.18) erhalten wir damit die *Kontinuitätsgleichung*

$$\frac{\partial \rho}{\partial t} + \nabla \cdot (\rho \boldsymbol{u}) = 0 \, . \tag{3.19}$$

---

13 Eine alternative Ableitung des Reynoldsschen Transport-Theorems ist in Aris (1989) zu finden.

14 Damit hat die Stromdichte einer bestimmten Größe immer die Dimension der betreffenden Größe pro Fläche und pro Zeit. Die Stromdichte einer skalaren Größe ist ein Vektor, da die Geschwindigkeit $\boldsymbol{u}$ ein Vektor ist. Der Betrag der Stromdichte gibt an, wieviel der betrachteten Größe pro Zeit und pro Fläche durch eine Fläche senkrecht zur Stromrichtung hindurch tritt ($\boldsymbol{n}\|\boldsymbol{u}$). Der Strom der Größe durch ein beliebiges Flächenstück A ist durch $\int_A (\epsilon \boldsymbol{u}) \cdot \mathrm{d}\boldsymbol{A}$ gegeben. Im allgemeinen Fall ist also noch der Richtungskosinus zwischen $\boldsymbol{u}$ und $\mathrm{d}\boldsymbol{A}$ zu berücksichtigen.

Die rechte Seite der Gleichung verschwindet, da für ein *substantielles* Volumen aufgrund der Massenerhaltung gilt $\dot{M} = 0$. Die Massenstromdichte $\rho \boldsymbol{u}$ hat die Dimension [Masse/(Fläche × Zeit)]. Im Spezialfall einer inkompressiblen Strömung ($\rho =$ const.) vereinfacht sich die Kontinuitätsgleichung zu

$$\nabla \cdot \boldsymbol{u} = 0 \, . \tag{3.20}$$

Die integrale Form der Massenerhaltung lautet nach (3.16)

$$\frac{\mathrm{d}M_0}{\mathrm{d}t} + \int_{A_0} \rho \boldsymbol{u} \cdot \mathrm{d}\boldsymbol{A} = 0 \, . \tag{3.21}$$

Hier bezeichnet $M_0(t) = \int_{V_0} \rho \, \mathrm{d}V$ die im *momentanen* Volumen V_0 enthaltene Masse. Sie kann sich im Gegensatz zur Masse in einem substantiellen Volumen ändern, indem Masse durch die momentane Oberfläche A_0 ein- oder ausströmt.

3.3.2 Impulserhaltung

Nach dem Newtonschen Aktionsprinzip ist die Änderung des Impulses durch die Summe der angreifenden Kräfte gegeben. Damit können wir die Bilanz für die Impulsdichte $\rho \boldsymbol{u}$ ($= \epsilon$) schreiben als

$$\frac{\partial(\rho \boldsymbol{u})}{\partial t} + \nabla \cdot (\rho \boldsymbol{u} \boldsymbol{u}) = \boldsymbol{q} \, , \tag{3.22}$$

wobei $\boldsymbol{q}$ die Dichte der angreifenden Kräfte symbolisiert. Den Ausdruck $\rho \boldsymbol{u} \boldsymbol{u}$ kann man als eine *Impulsstromdichte* (Impuls pro Fläche und pro Zeit) auffassen. Er ist ein Tensor zweiter Stufe (ein zweifach indiziertes Objekt), den man als Matrix darstellen

kann. Denn sowohl der Impuls als auch die Fläche, durch die der Impuls strömt, sind Vektoren, die eine Richtung besitzen.[15]

Bei den angreifenden Kräften handelt es sich einerseits um äußere Kräfte, die auf das Fluid einwirken, wie zum Beispiel die Gravitationskraft. Andererseits wirken auch Druck-, und Reibungskräfte, die erst durch die Bewegung des Fluids verursacht werden. Wenn wir nur die Druckkraftdichte $-\nabla p$ explizit hinschreiben (siehe 2.2), Reibungskräfte vernachlässigen und alle anderen Kraftdichten durch $\rho \boldsymbol{f}$ symbolisieren,[16]

Leonhard Euler
1707–1783

erhalten wir

$$\frac{\partial(\rho \boldsymbol{u})}{\partial t} + \nabla \cdot (\rho \boldsymbol{u} \boldsymbol{u}) = -\nabla p + \rho \boldsymbol{f} \, . \tag{3.23}$$

---

15 Der Impuls, der durch das Geschwindigkeitsfeld $\boldsymbol{u}$ durch ein orientiertes Flächenelement $\mathrm{d}\boldsymbol{A}$ transportiert wird, ist $\rho \boldsymbol{u} \boldsymbol{u} \cdot \mathrm{d}\boldsymbol{A}$ – also ein Vektor. Diesem Impulsstrom entspricht die Impulsstromdichte $\rho \boldsymbol{u} \boldsymbol{u}$.
Den Ausdruck $\nabla \cdot (\rho \boldsymbol{u} \boldsymbol{u})$ kann man so interpretieren, dass man zunächst formal das Skalarprodukt zwischen ∇ und $\rho \boldsymbol{u}$ bildet, ohne die Ableitungen auszuführen und danach $\boldsymbol{u}$ mit dem resultierenden skalaren Ausdruck multipliziert und ableitet. Es ist darauf zu achten, dass die Ableitungen auf alle Variablen wirken, die rechts von ∇ stehen. Äquivalent dazu kann man das Produkt $\rho \boldsymbol{u} \boldsymbol{u} = \rho u_i u_j = A_{ij}$ auch als einen Tensor auffassen, der sich aus aus dem dyadischen Produkt der Vektoren ρu_i und u_j ergibt. Anschließend wird der Tensor $\rho \boldsymbol{u} \boldsymbol{u}$ von links skalar mit $\nabla = \partial_i$ multipliziert.
16 $\boldsymbol{f}$ ist hier eine Kraft pro Masse.

Im Falle eines ruhenden Fluides ($u = 0$) ergibt sich in konsistenter Weise die hydrostatische Gleichgewichtsbedingung (2.2). Die Druckkraftdichte $-\nabla p = \nabla \cdot (-p\mathsf{I})$ kann man auch als Divergenz eines Tensors schreiben, bei dem der Druck auf der Diagonalen steht und die restlichen Elemente gleich Null sind (hier ist $\mathsf{I} = \delta_{ij}$ die 3×3-Identitätsmatrix). Auch der Tensor $p\mathsf{I}$ stellt einen Beitrag zur Impulsstromdichte dar. Die vollständige Impulsstromdichte eines reibungsfreien Fluids ist somit $p\mathsf{I} + \rho uu$.[17]

Unter Verwendung der Kontinuitätsgleichung (3.19) können wir den nichtlinearen Term in (3.23) umformen zu

$$\nabla \cdot (\rho uu) = u \underbrace{\nabla \cdot (\rho u)}_{-\partial\rho/\partial t} + \rho u \cdot \nabla u \overset{(3.19)}{=} -u \frac{\partial\rho}{\partial t} + \rho u \cdot \nabla u \,. \tag{3.24}$$

Eingesetzt in (3.23) ergibt sich nach Division durch ρ

$$\frac{\partial u}{\partial t} + u \cdot \nabla u = -\frac{1}{\rho}\nabla p + f \,. \tag{3.25}$$

Dies ist die berühmte *Euler-Gleichung* für reibungsfreie Strömungen.

Die integrale Version der Impulsbilanz erhält man durch Integration von (3.23) über das momentane Volumen V_0 mit der Oberfläche A_0 (Gaußscher Satz)

$$\underbrace{\frac{\partial}{\partial t}}_{\to \mathrm{d}/\mathrm{d}t} \int_{V_0} \rho u \, \mathrm{d}V + \int_{A_0} \rho uu \cdot \mathrm{d}A = -\int_{A_0} p \, \mathrm{d}A + F \,. \tag{3.26}$$

Unter F wurden alle sonstigen Kräfte zusammengefaßt, die entweder im Volumen wirken (z. B. die Gewichtskraft $\int_{V_0} \rho g \, \mathrm{d}V$) oder die an der Oberfläche des Volumens angreifen wie beispielsweise äußere Druckkräfte. Wenn wir den Impuls $P = \int_{V_0} \rho u \, \mathrm{d}V$ des Fluids im momentanen Volumen V_0 verwenden, lautet die integrale Impulsbilanz

$$\frac{\mathrm{d}P}{\mathrm{d}t} + \int_{A_0} \rho uu \cdot \mathrm{d}A + \int_{A_0} p \, \mathrm{d}A = F \,. \tag{3.27}$$

3.3.3 Drallerhaltung

In analoger Weise kann man die Bilanz für den Drall (Drehimpuls) ableiten. Sie ist vor allem bei rotierenden Strömungen nützlich. Wenn wir ϵ in (3.18) mit der Dralldichte (Drehimpulsdichte) $\rho x \times u$ identifizieren, erhalten wir die differentielle Erhaltungsgleichung für den Drall

$$\frac{\partial(\rho x \times u)}{\partial t} + \nabla \cdot [\rho u (x \times u)] = \rho m \,, \tag{3.28}$$

wobei m hier das Moment pro Masse und ρm die Dichte der angreifenden Momente ist. Wie schon die Impulsstromdichte, so ist auch die Drallstromdichte (Drall pro Fläche und pro Zeit) $u (\rho x \times u)$ ein Tensor.

---

17 Für viskose Strömungen muss die Impulsstromdichte noch erweitert werden; siehe (7.4).

Mit dem Drall $\boldsymbol{D} = \int_{V_0} \rho \boldsymbol{x} \times \boldsymbol{u} \, dV$ des Volumens V_0 lautet die integrale Drallerhaltung

$$\frac{d\boldsymbol{D}}{dt} + \int_{A_0} (\rho \boldsymbol{x} \times \boldsymbol{u})\boldsymbol{u} \cdot d\boldsymbol{A} = \boldsymbol{M} \, . \tag{3.29}$$

Hierbei bezeichnet $\boldsymbol{M} = \int_{V_0} \rho \boldsymbol{m} \, dV$ die an dem Volumen angreifenden Momente.[18]

3.3.4 Erhaltung der Gesamtenergie

Zur gesamten Energiedichte eines Fluids tragen die kinetische Energiedichte $\rho \boldsymbol{u}^2/2$, die Dichte der inneren Energie ρe und die potentielle Energiedichte im Schwerefeld $\rho g z$ bei. Damit lautet die integrale Bilanz der Gesamtenergie nach (3.16)

$$\int_{V_0} \frac{\partial}{\partial t} \left[\rho \left(\frac{\boldsymbol{u}^2}{2} + e + gz \right) \right] dV + \int_{A_0} \rho \left(\frac{\boldsymbol{u}^2}{2} + e + gz \right) \boldsymbol{u} \cdot d\boldsymbol{A} = \dot{Q}' \, , \tag{3.30}$$

wobei $\dot{Q}'$ die dem Volumen V_0 pro Zeit zugeführte Energie ist, also die von außen zugeführte Leistung. Von der gesamten Leistung $\dot{Q}'$ können wir die Leistung der Druckkräfte separieren. Die an dem Flächenelement $d\boldsymbol{A}$ angreifende Druckkraft ist $-p \, d\boldsymbol{A}$. Damit wird dem Volumen über das Flächenelement $d\boldsymbol{A}$ die Leistung $-p \, d\boldsymbol{A} \cdot \boldsymbol{u}$ zugeführt. Wir erhalten daher

$$\int_{V_0} \frac{\partial}{\partial t} \left[\rho \left(\frac{\boldsymbol{u}^2}{2} + e + gz \right) \right] dV + \int_{A_0} \rho \left(\frac{\boldsymbol{u}^2}{2} + e + gz \right) \boldsymbol{u} \cdot d\boldsymbol{A} = - \int_{A_0} p\boldsymbol{u} \cdot d\boldsymbol{A} + \dot{Q} \, . \tag{3.31}$$

Wenn man die Leistung des Drucks auf die linke Seite bringt und die Enthalpie pro Masseneinheit $h = e + p/\rho$ verwendet, erhält man die Energiegleichung in der Form

$$\int_{V_0} \frac{\partial}{\partial t} \left[\rho \left(\frac{\boldsymbol{u}^2}{2} + e + gz \right) \right] dV + \int_{A_0} \rho \left(\frac{\boldsymbol{u}^2}{2} + h + gz \right) \boldsymbol{u} \cdot d\boldsymbol{A} = \dot{Q} \, . \tag{3.32}$$

Die differentielle Form der Erhaltung der Gesamtenergie ergibt sich nach Anwendung des Gaußschen Satzes auf das Oberflächenintegral und im Limes $V_0 \to 0$

$$\frac{\partial}{\partial t} \left[\rho \left(\frac{\boldsymbol{u}^2}{2} + e + gz \right) \right] + \nabla \cdot \underbrace{\left[\rho \boldsymbol{u} \left(\frac{\boldsymbol{u}^2}{2} + h + gz \right) \right]}_{\text{Energiestromdichte}} = \rho \dot{q} \, , \tag{3.33}$$

wobei $\dot{q}$ die von außen zugeführte Leistung pro Masse ist, die von äußeren Wärmequellen, chemischen Reaktionen oder auch viskoser Dissipation[19] stammen kann.

---

18 Durch Anwendung der Produktregel erkennt man den Zusammenhang ($r = |\boldsymbol{x}|$)

$$\boldsymbol{x} \times \boldsymbol{u} = -\frac{1}{2} r^2 \boldsymbol{\omega} + \frac{1}{2} \nabla \times \left(r^2 \boldsymbol{u} \right)$$

zwischen dem Drall pro Masse $\boldsymbol{x} \times \boldsymbol{u}$ und der Vortizität $\boldsymbol{\omega} = \nabla \times \boldsymbol{u}$.

19 Unter Dissipation versteht man die irreversible Umsetzung von kinetischer Energie makroskopischer Freiheitsgrade in mikroskopische Freiheitsgrade, d. h. in thermische Energie. In Fluiden sind dafür Reibungskräfte verantwortlich.

Die Energiestromdichte $\rho\boldsymbol{u}\left(\boldsymbol{u}^2/2 + h + gz\right)$ kann man sofort ablesen. Sie gibt die Energie pro Zeit an, die aufgrund der Strömung pro Querschnittsfläche ($\mathrm{d}\boldsymbol{A}\|\boldsymbol{u}$) transportiert wird.

3.3.5 Thermodynamische Energie

Um zur thermodynamischen Energie zu kommen, könnte man von der Gesamtenergie die mechanische Energie subtrahieren. Man erhält die Änderungsrate der mechanischen Energie durch skalare Multiplikation der Euler-Gleichung mit $\boldsymbol{u}$. Für ein reibungsfreies Fluid kommt man aber zu demselben Ergebnis, wenn man für ein substantielles Fluidelement ein lokales thermodynamisches Gleichgewicht fordert. Mit $T\,\mathrm{d}s = \mathrm{d}q$, wobei s die Entropie pro Masse ist und $\mathrm{d}q$ die zugeführte Wärme pro Masse, können wir die differentielle Gleichung für die thermische Energie schreiben als

$$T\frac{\mathrm{D}s}{\mathrm{D}t} = -\frac{1}{\rho}\nabla\cdot\boldsymbol{j}_W + \dot{q}_{\mathrm{ext}}\,. \tag{3.34}$$

Hierbei haben wir schon die Leistung pro Masse, die durch die Wärmeleitung bedingt ist, durch die Wärmestromdichte $\boldsymbol{j}_W$ ausgedrückt.[20] Alle anderen Leistungen durch externe Quellen sind in $\dot{q}_{\mathrm{ext}}$ enthalten. Mit Hilfe des Fourierschen Gesetzes $\boldsymbol{j}_W = -\lambda\nabla T$ und der thermodynamischen Relation $T\,\mathrm{d}s = c_p\,\mathrm{d}T - \alpha T\,\mathrm{d}p/\rho$, wobei $\alpha = V^{-1}(\partial V/\partial T)_p$ der Ausdehnungskoeffizient ist, erhalten wir

$$\frac{\mathrm{D}T}{\mathrm{D}t} = \underbrace{\frac{\partial T}{\partial t} + \boldsymbol{u}\cdot\nabla T}_{\text{Konvektion}} = \underbrace{\frac{1}{\rho c_p}\nabla\cdot(\lambda\nabla T)}_{\text{Wärmeleitung}} + \underbrace{\frac{\alpha T}{\rho c_p}\frac{\mathrm{D}p}{\mathrm{D}t}}_{\text{Kompression}} + \frac{\dot{q}_{\mathrm{ext}}}{c_p}\,. \tag{3.35}$$

Die Temperatur an einem festen Ort ändert sich durch konvektiven Wärmetransport, Wärmeleitung, Kompressionsleistung und ggf. andere Prozesse der Energiezufuhr (chemische Reaktion, Strahlung). Bei reibungsbehafteten Strömungen ist insbesondere noch die Erwärmung durch die Dissipation mechanischer Energie zu berücksichtigen (siehe Abschnitt 7.1.3). Wenn die Wärmeleitfähigkeit λ konstant ist, kann man sie aus dem Integral ziehen und die Temperaturleitfähigkeit oder Wärmediffusivität $\kappa = \lambda/\rho c_p$ definieren. Für reibungsfreie inkompressible Fluide ohne äußere Wärmequellen gilt dann die vereinfachte Temperaturgleichung

$$\frac{\partial T}{\partial t} + \boldsymbol{u}\cdot\nabla T = \kappa\nabla^2 T\,. \tag{3.36}$$

3.4 Bemerkungen zur Euler-Gleichung

Die oben abgeleitete Euler-Gleichung (3.25) gilt für reibungsfreie Fluide und beschreibt Strömungen, die von Trägheitseffekten dominiert sind. Die Trägheit kommt durch den Term $\mathrm{D}\boldsymbol{u}/\mathrm{D}t = \partial\boldsymbol{u}/\partial t + \boldsymbol{u}\cdot\nabla\boldsymbol{u}$ zum Ausdruck, der die Beschleunigung eines substantiellen Fluidvolumens beschreibt (siehe (3.3)). Die in fast allen Flui-

---

20 Die Wärmeleitung ist ein molekularer (diffusiver) Prozess, unabhängig vom konvektiven Wärmetransport. Die negative Divergenz der Wärmestromdichte $-\nabla\cdot\boldsymbol{j}_W$ ist die Leistung, die dem Fluid pro Volumen zugeführt wird.

den vorhandenen Reibungseffekte sind nicht enthalten.[21] Trotzdem stellt die Euler-Gleichung unter gewissen Voraussetzungen ein gutes Modell für reale Strömungen dar. Reibungseffekte werden in Kap. 7 behandelt.

Wegen des nichtlinearen konvektiven Terms $u \cdot \nabla u$ ist es meist nicht möglich die Lösung der Euler-Gleichung für gegebene Randbedingungen in geschlossener Form anzugeben. Wenn auch die Viskosität berücksichtigt wird (siehe Abschnitt 7.1.2), sind exakte Lösungen sogar nur für wenige Spezialfälle bekannt (siehe z. B. Berker 1963, Wang 1991). Insbesondere verhindert die Nichtlinearität, neue Lösungen durch eine Superposition bereits bekannter Lösungen zu konstruieren. Neben einer numerischen Lösung bleibt daher nur der Ausweg einer näherungsweisen Berechnung, wofür man vereinfachende Annahmen treffen muss. Ein wichtiges Konzept ist hierbei die Stromfadentheorie, die im nächsten Kapitel (Kap. 4) behandelt wird.[22]

Um die Strömung für ein gegebenes Problem zu berechnen, muss man die zugrundeliegenden differentiellen Erhaltungsgleichungen für bestimmte Randbedingungen lösen. Die Anzahl der erforderlichen Randbedingungen richtet sich nach dem Typus der Differentialgleichung. Sie hängen davon ab, ob die Strömung reibungsbehaftet ist oder nicht, kompressibel oder inkompressibel und ob die Strömungsgeschwindigkeit kleiner oder größer ist als die Schallgeschwindigkeit (sub- oder supersonisch). Außerdem kommt es darauf an, ob das Fluid an einem Rand des Gebietes ein- oder ausströmt.

Auf keinen Fall kann ein Fluid eine impermeable Wand durchströmen. An solchen Berandungen muss deshalb die Normalkomponente der Geschwindigkeit verschwinden, d. h. $u \cdot n = 0$. Dies ist auch die einzige Randbedingung, die man für die Euler-Gleichung an festen impermeablen Wänden fordern kann. Die tangentialen Komponenten der Geschwindigkeit an der Wand ergeben sich aus der jeweiligen Lösung $u(x, t)$. Im allgemeinen sind die Tangentialgeschwindigkeiten eines reibungsfreien Fluids und einer begrenzenden Wand verschieden voneinander. Neben diesem Schlupf an Wänden können in reibungsfreien Fluiden auch tangentiale Diskontinuitäten im Volumen auftreten, bei denen sich die Tangentialgeschwindigkeit sprunghaft ändert. Derartige Trennflächen sind möglich, da der Impuls bei der Euler-Gleichung nur in Stromrichtung transportiert wird. In einem realen viskosen Fluid würde eine solche tangentiale Unstetigkeitsfläche (Scherschicht) sehr schnell durch einen transversalen viskosen Impulstransport durch die Trennfläche geglättet, wobei sich die Scherschicht aufweitet (vgl. auch Abschnitt 7.4).

Für die im folgenden behandelte Stromfadentheorie nehmen wir an, dass die Geschwindigkeit über den Querschnitt des Stromfadens konstant ist. Dies entspricht der Annahme, dass die Viskosität realer Fluide die Strömung glättet und insbesondere Sprünge der Tangentialgeschwindigkeit unterbindet. Der Reibungseffekt selbst bleibt aber vorerst unberücksichtigt.

---

21 Für Temperaturen $T < T_\lambda = O(2\mathrm{mK})$ unterhalb des sogenannten λ-Punkts findet man bei ^{3}He und ^{4}He den Zustand der Superfluidität, in welchem die Reibungskräfte vollständig verschwinden. Superfluides ^{4}He wird auch Helium-II genannt. Normalfluides Helium heißt im Gegensatz dazu Helium-I.

22 Auch für viskose Strömungen lassen sich unter bestimmten Voraussetzungen Näherungslösungen finden; siehe zum Beispiel Abschnitt 7.4.1.

Zusammenfassung

Zur Beschreibung der Dynamik von Fluiden gibt es zwei verschiedene Konzepte: (I) Meist wird die Eulersche Betrachtungsweise verwendet. Dabei verfolgt man die zeitliche Entwicklung der Geschwindigkeit $u(x, t)$ an jedem festen Raumpunkt x.

(II) Bei der Lagrangeschen Betrachtungsweise gibt man für jedes substantielle Fluidelement den Ort $X(t, X_0)$ als Funktion der Zeit und des Startwerts an. Man muss also im Prinzip die Trajektorien aller Fluidelemente verfolgen.

Ein Fluidelement, das sich mit der Strömung bewegt, nennt man substantielles Fluidelement. Jede physikalische Eigenschaft T, zum Beispiel die Temperatur, eines substantiellen Fluidelements kann sich durch zwei Prozesse ändern: Einerseits kann die physikalische Größe T selbst explizit zeitabhängig sein (partielle Zeitableitung $\partial T/\partial t$). Andererseits kann sich der Wert T des substantiellen Fluidelements dadurch ändern, dass es durch ein Gebiet transportiert wird, in dem die Größe T räumlich variiert (konvektive Ableitung, $u \cdot \nabla T$). Die totale Änderungsrate einer dem substantiellen Fluidelement anhaftenden Größe ergibt sich aus der substantielle Ableitung $D/Dt = \partial/\partial t + u \cdot \nabla$. (Abschnitt 3.1.1)

Strömungen können durch Trajektorien substantieller Fluidelemente, durch Stromlinien oder durch Streichlinien charakterisiert werden. Bei einer stationären Strömung sind all diese Linien identisch. Bei instationären Strömungen sind sie verschieden voneinander. Eine Stromröhre ist das Fluidvolumen, welches durch eine Fläche tritt, die von einer gedachten geschlossenen Linie definiert wird. Der Vektor der Strömungsgeschwindigkeit ist immer tangential zur Oberfläche einer Stromröhre. Ist die Querschnittsfläche einer Stromröhre infinitesimal klein, ergibt sich ein Stromfaden. Alle physikalischen Größen eines Stromfadens hängen dann nur von der Bogenlänge entlang dem Stromfaden ab. (Abschnitt 3.1.2)

Wenn man das Geschwindigkeitsfeld in der Nähe eines festen Punktes in einer Taylor-Reihe entwickelt, kann man die Bewegung in der Nähe dieses Punktes in eine Translation, eine Rotation und eine Dehnung zerlegen. Die Rotationsrate ist proportional zur Vortizität. Dieser Teil der Bewegung kann nicht zu Reibungseffekten führen, da sich verschiedene Fluidelemente bei einer starren Rotation nicht relativ zueinander bewegen. Für Reibungseffekte relevant ist die Dehnung. Andererseits trägt sie nichts zur Vortizität bei. (Abschnitt 3.1.4)

Die üblichen integralen Erhaltungssätze für Masse, Impuls und Energie beziehen sich auf ein substantielles Volumen. Dieses ist in einem strömenden Fluid zeitabhängig. Das Reynoldssche Transport-Theorem überführt die Integration über das bewegte substantielle Volumen in eine Integration über ein ortsfestes Volumen. Damit erhält man eine systematische Formulierung aller Erhaltungsgleichungen in integraler und differentieller Form. Die generische differentielle Form lautet

$$\frac{\partial \epsilon}{\partial t} + \nabla \cdot (\epsilon u) = q \,,$$

wobei ϵ die Dichte irgendeiner physikalischen Größe ist und ϵu die zugehörige Stromdichte. Die jeweiligen Quellterme sind mit q bezeichnet. Durch Einsetzen von ϵ und q ergeben sich die Kontinuitätsgleichung (Massenerhaltung), Euler-Gleichung (Impulserhaltung für ein reibungsfreies Fluid) und die Energiegleichung. (Abschnitte 3.2–3.4)

Aufgaben

Aufgabe 3.1: Inkompressible Quellenströmung

Welche funktionale Abhängigkeit vom Abstand r muss eine stationäre *inkompressible* Strömung $u(r)$ haben, die (a) senkrecht und homogen aus einer Kugel strömt, (b) senkrecht und homogen aus einem Zylinder strömt und (c) senkrecht und homogen aus einer Fläche strömt?

Aufgabe 3.2: Strömungsfelder

Skizzieren Sie die folgenden zweidimensionalen Strömungsfelder. Berechnen Sie auch die Vortizität $\omega = \nabla \times u$ und bestimmen Sie, ob die Strömungen inkompressibel sind oder nicht.

a) $u = x e_x - y e_y$,

b) $u = y e_x - x e_y$,

c) $u = r/r^2$.

Aufgabe 3.3: Lineare Strömungen

Gegeben sei eine zweidimensionale lineare Strömung

$$u = \mathsf{A} \cdot x = \begin{pmatrix} a & \epsilon - \Omega/2 \\ \epsilon + \Omega/2 & 0 \end{pmatrix} \cdot x \qquad (3.37)$$

mit $a, \Omega, \epsilon \in \mathbb{R}$ und $\Omega, \epsilon > 0$. Verwenden Sie, wenn möglich, die Index-Notation für Vektoren und Matrizen.

a)   Welche Bedingung muss A erfüllen, damit u inkompressibel ist? Was folgt daraus für die Konstanten a, ϵ und Ω?

b)   Zeigen Sie, dass u eine Lösung der Euler-Gleichung (3.25) ist.

c)   Zeigen Sie, dass u auch eine Lösung der Navier-Stokes-Gleichung (7.7) für inkompressible Fluide ist.

d)   Zerlegen Sie A in den symmetrischen und antisymmetrischen Anteil. Vergleichen Sie das Ergebnis mit der Taylor-Entwicklung (3.5) eines beliebigen Geschwindigkeitsfelds. Identifizieren Sie Dehn-, Rotations- und Expansionsrate.

e)   Wie groß sind die Vortizität $\omega = \nabla \times u$?

f)   Berechnen Sie für $a = 0$ die Stromfunktion $\psi(x_1, x_2)$, indem Sie beide Gleichungen (5.1)a und (5.1)b integrieren. Von welchem geometrischen Typus ist die Gleichung $\psi(x_1, x_2) = $ const.?

g)   Skizzieren Sie für $a = 0$ die Stromlinien für die drei Fälle (a): $\epsilon < \Omega/2$, (b): $\epsilon = \Omega/2$ und (c): $\epsilon > \Omega/2$.

Aufgabe 3.4: Galilei-Transformation

Prüfen Sie, ob die Euler-Gleichung (3.25) ihre Form ändert, wenn man zu einem Koordinatensystem Σ' übergeht, das sich mit konstanter Geschwindigkeit U relativ zum ursprünglichen Koordinatensystem Σ in positiver x-Richtung bewegt.

a) Wie lauten die Transformationsgleichungen für $\boldsymbol{x}$, t und $\boldsymbol{u}$?

b) Transformieren Sie die Euler-Gleichung in das System Σ'.

c) Welche Bedeutung hat die Galilei-Invarianz?

Bewegung entlang von Stromfäden und Stromlinien

4

ÜBERBLICK

>> Die differentiellen Erhaltungsgleichungen für Masse, Impuls und Energie eines reibungsfreien Fluids werden über ein Stromfadenvolumen integriert, um einfache algebraische Relationen für die Geschwindigkeit, den Druck und die Temperatur entlang von Stromfäden zu erhalten. Damit können Kräften auf das Fluid relativ einfach approximiert werden. Es wird gezeigt, wie man die Bernoulli-Gleichung durch Integration der Euler-Gleichung entlang einer Stromlinie erhält. Der Zusammenhang zwischen der Bernoulli- und der Energiegleichung wird diskutiert. Die Anwendung der Bernoulli-Gleichung auf einige elementare Strömungen liefert wichtige Erkenntnisse über die Zusammenhänge zwischen Druck, Geschwindigkeit und potentieller Energie. Anhand verschiedener Strömungsprobleme wird demonstriert, wie man durch näherungsweise Integration der differentiellen Erhaltungsgleichungen über geeignete Kontrollvolumina grundlegende Relationen über Kräfte, Momente, Wirkungsgrade und andere Größen erhalten kann. <<

Die Erhaltungsgleichungen können wesentlich vereinfacht werden, wenn man die Bewegung entlang eines Stromfadens betrachtet, denn alle Geschwindigkeitskomponenten senkrecht zu einem Stromfaden verschwinden. Außerdem können alle Größen über den Querschnitt des Stromfadens als konstant angesehen werden. Mit Hilfe dieser Stromfadentheorie lassen sich in vielen Fällen brauchbare Näherungen erzielen. Zum Beispiel kann man eine grobe Näherung für die Strömung durch ein Rohr erhalten, wenn man das Rohr durch einen Stromfaden approximiert. Man muss sich aber immer im klaren darüber sein, dass die bisherigen Betrachtungen *keine Reibungseffekte* beinhalten. Der Einfluß der Reibung kann jedoch in vielen Fällen phänomenologisch berücksichtigt werden (siehe auch Abschnitt 7.3.2 und 7.6).

4.1 Stromfadentheorie

4.1.1 Massenerhaltung für einen stationären Stromfaden

Für einen Stromfaden kann man die integrale Massenerhaltung (3.21)

$$\frac{\mathrm{d}M}{\mathrm{d}t} + \underbrace{\int_{A_0} \rho \boldsymbol{u} \cdot \mathrm{d}\boldsymbol{A}}_{=\rho_2 u_2 A_2 - \rho_1 u_1 A_1} = 0 \tag{4.1}$$

leicht auswerten, da nur die Stirnflächen des betrachteten Volumens zum Oberflächenintegral beitragen. Denn auf der Mantelfläche ist $\boldsymbol{u} \perp \mathrm{d}\boldsymbol{A}$ (siehe ► Abb. 4.1). Wenn die Strömung stationär ist, gilt $\mathrm{d}M/\mathrm{d}t = 0$ und wir erhalten

$$\rho_2 u_2 A_2 = \rho_1 u_1 A_1 = \text{const.} \tag{4.2}$$

Die Masse, die von der einen Seite pro Zeit in das Kontrollvolumen einströmt, muss an der anderen Seite auch wieder ausströmen. Daher muss bei einer stationären Strömung der *Massenstrom* $\dot{m}$ durch jeden Stromfadenquerschnitt entlang eines Stromfadens konstant sein

$$\dot{m} = \rho u A = \text{const.} \tag{4.3}$$

Falls es sich darüber hinaus um ein inkompressibles Fluid handelt ($\rho = \text{const.}$), muss auch der *Volumenstrom* $\dot{V}$

$$\dot{V} = uA = \text{const.} \tag{4.4}$$

entlang des Stromfadens konstant sein.

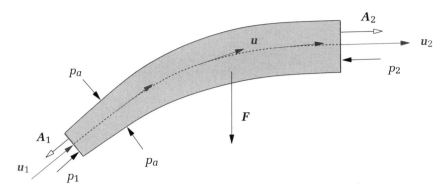

Abb. 4.1: Skizze eines Stromfadens zur Bilanzierung der Massen-, Impuls- und Energieströme im Rahmen der Stromfadentheorie sowie zur Berechnung der Kraftwirkung einer reibungsfreien Strömung auf einen Rohrabschnitt.

4.1.2 Impulserhaltung bei der Rohrströmung

Wir approximieren nun einen Abschnitt eines durchströmten Rohres als Stromfaden. Für das durchströmte Volumen V_0 muss die integrale Impulsbilanz (3.27)

$$\int_{V_0} \frac{\partial(\rho\boldsymbol{u})}{\partial t}\,dV + \underbrace{\int_{A_0} \rho\boldsymbol{uu} \cdot d\boldsymbol{A} + \int_{A_0} p\,d\boldsymbol{A}}_{\text{gesamter Impulsstrom durch }A_0} = \boldsymbol{F} \tag{4.5}$$

erfüllt sein (siehe auch Abschnitt 4.5.1). Hierbei beinhaltet $\boldsymbol{F}$ die Schwerkraft $\int_{V_0} \rho\boldsymbol{g}$ dV und ggf. auch viskose Kräfte. Einige Integrale können wir sofort ausführen und erhalten mit der Konvention, dass das Fluid von 1 nach 2 strömt,

$$\int_{V_0} \frac{\partial(\rho\boldsymbol{u})}{\partial t}\,dV + \underbrace{\rho_2\boldsymbol{u}_2\boldsymbol{u}_2 \cdot \boldsymbol{A}_2 + \rho_1\boldsymbol{u}_1\boldsymbol{u}_1 \cdot \boldsymbol{A}_1}_{\int_{A_0} \rho\boldsymbol{uu}\cdot d\boldsymbol{A}} + \underbrace{p_2\boldsymbol{A}_2 + p_1\boldsymbol{A}_1 + \boldsymbol{F}_i}_{\int_{A_0} p\,d\boldsymbol{A}} = \boldsymbol{F}. \tag{4.6}$$

Hierbei bezeichnet $\boldsymbol{F}_i = \int_{\text{Mantel}} p\,d\boldsymbol{A}$ die auf den gesamten Mantel der Stromröhre von innen einwirkende Kraft.

Wenn wir wieder von einer stationären Strömung ausgehen und die Tangentialvektoren in Richtung der Strömung bei 1 und 2 mit $\boldsymbol{e}_1$ und $\boldsymbol{e}_2$ bezeichnen, dann gilt $\boldsymbol{u}_i = u_i\boldsymbol{e}_i$, $(i = 1, 2)$. Wegen der Orientierung der vektoriellen Flächen ist $\boldsymbol{A}_2 = A_2\boldsymbol{e}_2$ und $\boldsymbol{A}_1 = -A_1\boldsymbol{e}_1$. So erhalten wir die Balance der Impulsströme

$$\left(p_2 + \rho_2 u_2^2\right) A_2\boldsymbol{e}_2 - \left(p_1 + \rho_1 u_1^2\right) A_1\boldsymbol{e}_1 = \boldsymbol{F} - \boldsymbol{F}_i. \tag{4.7}$$

Im folgenden sind wir an der Kraft $\boldsymbol{F}_{\text{Mantel}}$ interessiert, die auf das betrachtete Segment des Mantels der Stromröhre wirkt bzw. auf einen entsprechenden Rohrabschnitt. Mit der Kenntnis von u_i, p_i, ρ_i, A_i und der angreifenden Kräfte (Gewichtskraft) können wir mit (4.7) die Kraft $\boldsymbol{F}_i$ berechnen, die von *innen* auf die Rohrwand wirkt. Um die gesamte Kraft auf den Rohrabschnitt zu berechnen, benötigen wir nur noch die von *außen* auf das Rohr wirkende Kraft $\boldsymbol{F}_a$. Für einen konstanten Außendruck p_a verschwindet aber die resultierende Kraft des ruhenden äußeren Fluids auf den Rohrabschnitt. Es gibt keinen Auftrieb. Wenn wir nun diese in Summe verschwindenden,

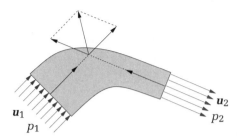

Abb. 4.2: Kraft auf einen Krümmer.

von außen einwirkenden Druckkräfte in Beiträge aufteilen, die vom Zylindermantel (F_a) und von den beiden Stirnflächen stammen, erhalten wir

$$0 = -\int_{A_0} p_a \, d\mathbf{A} = \mathbf{F}_a - p_a A_2 \mathbf{e}_2 + p_a A_1 \mathbf{e}_1 \quad \Rightarrow \quad \mathbf{F}_a = p_a A_2 \mathbf{e}_2 - p_a A_1 \mathbf{e}_1 \,. \tag{4.8}$$

Damit ergibt sich für die gesamte Kraft auf den Rohrabschnitt

$$\mathbf{F}_{\text{Mantel}} = \mathbf{F}_i + \mathbf{F}_a = \left(p_1 - p_a + \rho_1 u_1^2\right) A_1 \mathbf{e}_1 - \left(p_2 - p_a + \rho_2 u_2^2\right) A_2 \mathbf{e}_2 + \mathbf{F} \,. \tag{4.9}$$

Der erste Summand in (4.9) ist die Kraft, die der eintretende Strahl auf das Rohrsegment ausübt. Der zweite ist die Kraft, mit der sich der austretende Strahl vom betrachteten Rohrsegment abstößt (▶ Abb. 4.2).

Mit (4.9) kann nun die Kraft eines Fluids auf einen Rohrabschnitt berechnet werden, wenn zum Beispiel die Ein- und Austrittsflächen und/oder die Orientierung der Flächen verschieden sind (Krümmer). Dabei ist klar, dass für den Anteil der Kraft, der vom Druck stammt, der Relativdruck $p - p_a$ maßgeblich ist. Man muss lediglich die mittleren Drücke und die Geschwindigkeiten am Ein- und Austritt des Rohrstücks kennen.[1]

4.1.3 Energieerhaltung entlang eines Stromfadens

Jetzt betrachten wir noch die integrale Energieerhaltung (3.32) für stationäre Strömungen ($\partial/\partial t = 0$)

$$\int_{A_0} \rho \left(\frac{\mathbf{u}^2}{2} + h + gz\right) \mathbf{u} \cdot d\mathbf{A} = \dot{Q} \,. \tag{4.10}$$

Unter Berücksichtigung der Richtungen von $\mathbf{u}$ und $\mathbf{A}$ (siehe ▶ Abb. 4.1) erhalten wir nach Integration über die Oberfläche des Stromfadensegments

$$\rho_2 \left(\frac{u_2^2}{2} + h_2 + gz_2\right) \underbrace{\mathbf{u}_2 \cdot \mathbf{A}_2}_{u_2 A_2} + \rho_1 \left(\frac{u_1^2}{2} + h_1 + gz_1\right) \underbrace{\mathbf{u}_1 \cdot \mathbf{A}_1}_{-u_1 A_1} = \dot{Q} \,. \tag{4.11}$$

Mit der Massenerhaltung (4.3) $\dot{m} = \rho u A = $ const. bekommen wir den allgemeinen Energiesatz für einen Stromfaden

$$\left(\frac{u_2^2}{2} + h_2 + gz_2\right) - \left(\frac{u_1^2}{2} + h_1 + gz_1\right) = \frac{\dot{Q}}{\dot{m}} = q \,. \tag{4.12}$$

---

1 Viskose Effekte können in $\mathbf{F}$ berücksichtigt werden.

Für Strömungen ohne Energieaustausch mit der Umgebung über die Mantelfläche ($\dot{Q} = 0$) lautet die Energieerhaltung also

$$\frac{u_2^2}{2} + h_2 + gz_2 = \frac{u_1^2}{2} + h_1 + gz_1 \ . \tag{4.13}$$

Von besonderem Interesse ist der Energiesatz für ein ideales Gas. Für die Enthalpie gilt[2] (alle extensiven Größen sind pro Masse zu verstehen)

$$h = e + \frac{p}{\rho} = c_p T \overset{(2.30)}{=} \frac{\varkappa}{\varkappa - 1} \frac{p}{\rho} \ . \tag{4.14}$$

Eingesetzt in den Energiesatz (4.13) erhalten wir so

$$\frac{u_2^2}{2} + \underbrace{\frac{\varkappa}{\varkappa - 1} \frac{p_2}{\rho_2}}_{c_p T_2} + gz_2 = \frac{u_1^2}{2} + \underbrace{\frac{\varkappa}{\varkappa - 1} \frac{p_1}{\rho_1}}_{c_p T_1} + gz_1 \ . \tag{4.15}$$

Diese Energiegleichung bezieht sich auf stationäre Strömungen eines idealen Gases. Sie gilt auch für Strömungen mit Reibungsverlusten, bei denen kinetische Energie in Wärmeenergie umgesetzt wird (Temperaturerhöhung), Energie aber nicht mit der Umgebung ausgetauscht wird ($\dot{Q} = 0$).[3]

4.2 Integration längs und senkrecht zu Stromlinien

Im vorangegangenen Abschnitt haben wir den Energiesatz für die Gesamtenergie eines ideales Gases (4.15) abgeleitet, indem wir die integrale Energieerhaltung (3.32) auf einen Stromfaden anwandten. Der Energiesatz (4.15) stellt einen Zusammenhang zwischen u, p und ρ entlang eines Stromfadens her.[4] Ein anderer Zugang zur Energiegleichung ergibt sich über die Integration der Euler-Gleichung (3.25) entlang einer Stromlinie. Als Ergebnis erhält man die wichtige Bernoulli-Gleichung für die Variation von u, p und ρ entlang einer Stromlinie. Weil wir bei der Ableitung von der Euler-Gleichung ausgehen, gilt die resultierende Energie- bzw. Bernoulli-Gleichung nicht für die *Gesamtenergie*, sondern nur für die *mechanische Energie* eines reibungsfreien Fluids.

4.2.1 Bernoulli-Gleichung

Zur Analyse der Euler-Gleichung (3.25) entlang einer Stromlinie ist es sinnvoll, Koordinaten zu verwenden, die einer beliebigen Stromlinie angepaßt sind. Tatsächlich

---

2 Die Enthalpie Masse ist definiert als $h = e + p/\rho$. Weiter gilt $c_p = \left(\partial h / \partial T\right)_p$ und $c_v = \left(\partial e / \partial T\right)_p$. Für ein ideales Gas mit konstanten spezifischen Wärmen gilt damit $h = c_p T$ und $e = c_v T$.

3 Die Energiegleichung (4.15) stellt eine Verallgemeinerung der Bernoulli-Gleichung (4.21) dar, die für reibungsfreie (isentrope, $ds = 0$) und inkompressible ($dV = d\rho = 0$) Fluide gilt. Für reibungsfreie inkompressible Fluide bleibt die innere Energie e konstant, $de = T ds - p dV = 0$, und fällt aus der Energiebilanz heraus.

4 Wenn man (3.32) auf eine Stromröhre mit endlichem Querschnitt anwendet, gilt der Energiesatz (4.12) nur noch approximativ.

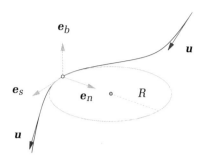

Abb. 4.3: Lokale Koordinaten entlang einer Stromlinie mit Tangentialvektor e_s, Normalenvektor e_n und Binormalenvektor e_b. R bezeichnet den Radius des Krümmungskreises am betrachteten Punkt.

gibt es orthogonale Koordinaten, die einer beliebigen Raumkurve angepaßt sind (siehe z. B. Saffman 1992). Hierbei ist eine Koordinatenrichtung (e_s) immer tangential zur Kurve, hier der Stromlinie (► Abb. 4.3).[5] Die Koordinate s mißt dabei die Bogenlänge entlang der Stromlinie.

Wenn wir die Euler-Gleichung (3.25) für die Impulserhaltung auf den tangentialen Einheitsvektor e_s projizieren, erhalten wir

$$e_s \cdot \frac{\partial \boldsymbol{u}}{\partial t} + e_s \cdot (\boldsymbol{u} \cdot \nabla \boldsymbol{u}) = -\frac{1}{\rho} e_s \cdot \nabla p + e_s \cdot \boldsymbol{f} \,. \tag{4.16}$$

Mit der Geschwindigkeit der Strömung $\boldsymbol{u} = u e_s$, $\partial e_s / \partial t \perp e_s$, $e_s \cdot \nabla = \partial / \partial s$, $\boldsymbol{u} \cdot \nabla = u e_s \cdot \nabla = u \partial / \partial s$ und unter Berücksichtigung der Schwerebeschleunigung $\boldsymbol{f} = \boldsymbol{g} = -g e_z = -\nabla \Phi$, die wir als Gradient eines Potentials $\Phi = gz$ schreiben können, folgt[6]

$$\frac{\partial u}{\partial t} + e_s \cdot \left[u \frac{\partial}{\partial s} (u e_s) \right] = -\frac{1}{\rho} \frac{\partial p}{\partial s} - \frac{\partial \Phi}{\partial s} \,. \tag{4.17}$$

Wegen der Fresnet-Serret-Formeln[7] gilt für die Ableitung $\mathrm{d}e_s / \mathrm{d}s = e_n / R$ (R: Krümmungsradius). Deshalb bleibt vom nichtlinearen Term (zweiter Summand der linken Seite) nur der Ausdruck $u \partial u / \partial s$ übrig und wir erhalten

$$\frac{\partial u}{\partial t} + u \frac{\partial u}{\partial s} = -\frac{1}{\rho} \frac{\partial p}{\partial s} - \frac{\partial \Phi}{\partial s} \,. \tag{4.18}$$

Dies ist die Euler-Gleichung für eine Stromlinie.

---

5 Die beiden anderen orthogonalen Koordinatenrichtungen stehen senkrecht zu e_s.

6 Die Bernoulli-Gleichung (4.21) kann man für jedes konservative Kraftfeld $\boldsymbol{f}$ ableiten. Ein Kraftfeld heißt konservativ, wenn es sich aus Potential ableiten läßt, d. h. $\boldsymbol{f} = -\nabla \Phi$.

7 Jean Frédéric Fresnet (1816–1900), Joseph Alfred Serret (1819–1885). Eine beliebige Raumkurve wird zweckmäßigerweise mit Hilfe der Bogenlänge s parametrisiert (► Abb. 4.3). Für die Kurve $\boldsymbol{x}(s)$ gelten dann die Fresnet-Serret-Formeln (Ableitungen nach dem Parameter s)

$$\frac{\mathrm{d}\boldsymbol{x}}{\mathrm{d}s} = e_s \,, \quad \frac{\mathrm{d}e_s}{\mathrm{d}s} = \frac{e_n}{R} \,, \quad \frac{\mathrm{d}e_n}{\mathrm{d}s} = -\frac{e_s}{R} + \tau e_b \,, \quad \frac{\mathrm{d}e_b}{\mathrm{d}s} = -\tau e_n \,.$$

Hierbei bilden die drei orthogonalen Einheitsvektoren e_s, e_n und e_b ein Rechtssystem. Sie zeigen in tangentiale (e_s), normale (e_n) und binormale Richtung (e_b). R ist der Krümmungsradius der Kurve $\boldsymbol{x}(s)$ in der Tangentialebene und τ die Torsionsrate der Tangentialebene.

Für stationäre Strömungen ($\partial/\partial t = 0$) sind $u(s)$ und $p(s)$ nur noch Funktionen von s allein und es folgt nach Multiplikation mit $\mathrm{d}s$

$$u \underbrace{\frac{\mathrm{d}u}{\mathrm{d}s}\,\mathrm{d}s}_{\mathrm{d}u} = -\frac{1}{\rho}\underbrace{\frac{\mathrm{d}p}{\mathrm{d}s}\,\mathrm{d}s}_{\mathrm{d}p} - \underbrace{\frac{\mathrm{d}\varPhi}{\mathrm{d}s}\,\mathrm{d}s}_{\mathrm{d}\varPhi} \quad \Rightarrow \quad u\,\mathrm{d}u = -\frac{1}{\rho}\mathrm{d}p - \mathrm{d}\varPhi\,. \qquad (4.19)$$

Diese Gleichung für die Differentiale können wir entlang der Stromlinie zwischen zwei beliebigen Punkten 1 und 2 integrieren mit dem Ergebnis[8]

$$\frac{u_2^2}{2} - \frac{u_1^2}{2} = -\int_1^2 \frac{\mathrm{d}p}{\rho} - g(z_2 - z_1)\,. \qquad (4.20)$$

Für den wichtigen Spezialfall eines inkompressiblen Fluids ($\rho = $ const.) erhalten wir die *Bernoulli-Gleichung* für stationäre Strömungen

$$\frac{u_2^2}{2} + \frac{p_2}{\rho} + gz_2 = \frac{u_1^2}{2} + \frac{p_1}{\rho} + gz_1 = C = \text{const.} \qquad (4.21)$$

Daniel Bernoulli
1700–1782

Die *Bernoulli-Konstante* C ist entlang der gesamten Stromlinie konstant. Sie kann jedoch für jede Stromlinie einen anderen Wert besitzen. Dies ist insbesondere dann der Fall, wenn die Stromlinien verschiedenen Ursprung haben. Falls die Stromlinien jedoch alle aus einem Raumgebiet kommen, in dem statische Verhältnisse herrschen ($\boldsymbol{u} = 0$), dann ist C auch räumlich konstant und für alle Stromlinien gleich.

4.2.2 Bemerkungen zur Bernoulli-Gleichung

Interpretation

Die Bernoulli-Gleichung wurde aus der Euler-Gleichung mit Dimension [Beschleunigung] bzw. [Kraft/Masse] abgeleitet. Da wir die Gleichung entlang einer Stromlinie integriert haben, hat die Bernoulli-Gleichung die Dimension [Energie/Masse].

Multipliziert man die Bernoulli-Gleichung (4.21) mit ρ, wird daraus eine Druckgleichung

$$\rho\frac{u_2^2}{2} + p_2 + \rho gz_2 = \rho\frac{u_1^2}{2} + p_1 + \rho gz_1\,. \qquad (4.22)$$

Wenn $u \equiv 0$ ist, erkennt man in p den *statischen Druck*. Der Term $\rho u^2/2$ ist ein zusätzlicher, *dynamischer Druck*, der nur durch die Strömung zustandekommt. Die Summe aus statischem und dynamischem Druck wird *Gesamtdruck* genannt. Wenn sich eine Strömung auf gleicher Höhe z entlang einer Stromlinie verlangsamt, steigt der statische Druck. Wenn das Fluid beschleunigt wird, sinkt der statische Druck entlang der Stromlinie.

Schließlich kann man die Bernoulli-Gleichung auch noch als eine Höhengleichung

$$\frac{u_2^2}{2g} + \frac{p_2}{\rho g} + z_2 = \frac{u_1^2}{2g} + \frac{p_1}{\rho g} + z_1 \qquad (4.23)$$

auffassen, wenn man (4.21) durch g dividiert.

---

8 $\int_1^2 \mathrm{d}\varPhi = \varPhi_2 - \varPhi_1 = g(z_2 - z_1)$.

Bezug zur Gesamtenergie

Die Bernoulli-Gleichung beschreibt die Änderung der mechanischen Energie entlang der Stromlinie und ist prinzipiell unabhängig von der Gleichung für die Gesamtenergie (4.12) bzw. (4.13). Den Zusammenhang zwischen mechanischer Energie und Gesamtenergie entlang einer Stromlinie erhält man, wenn man dp in (4.19) thermodynamisch auffaßt: $dh = T\,ds + dp/\rho$, wobei ds hier das Differential der Entropie bezeichnet. Wenn man nach dp/ρ auflöst und in die differentielle Bernoulli-Gleichung (4.19) einsetzt, erhält man

$$u\,du + dh + d\Phi = T\,ds\,. \tag{4.24}$$

Dies ist die differentielle Form des allgemeinen Energiesatzes für eine stationäre Strömung (4.12), wobei im Schwerefeld $\Phi = gz$. Falls keine Energiezufuhr stattfindet ($dq = T\,ds = 0$), ist (4.24) die differentielle Form von (4.13).

Eine reibungsfreie Strömung ohne Energiezufuhr von außen ($T\,ds = 0$) verläuft isentrop. In diesem Fall gilt $dh = dp/\rho$. Dann sind Bernoulli-Gleichung (4.20) und Energiegleichung (4.13) äquivalent. Die Energie wird in diesem Fall nur zwischen mechanischen Größen ausgetauscht, d. h. zwischen kinetischer Energie, Druckenergie und potentieller Energie.

Erweiterung auf zeitabhängige Strömungen

Die Bernoulli-Gleichung kann man auf zeitabhängige Strömungen erweitern, wenn sich das Geschwindigkeitsfeld $\boldsymbol{u} = \nabla\phi$ als Gradient eines Potentials darstellen läßt. Diese Bedingung an $\boldsymbol{u}$ ist äquivalent dazu, dass die Strömung *wirbelfrei* ist. Eine Strömung wird wirbelfrei genannt, wenn die *Vortizität* $\boldsymbol{\omega} := \nabla \times \boldsymbol{u} = 0$ verschwindet. Inkompressible wirbelfreie Strömungen heißen Potentialströmungen (siehe Abschnitt 5.3), weil sie der Potentialgleichung $\nabla^2\phi = 0$ genügen. Aus der Wirbelfreiheit folgt[9] $\boldsymbol{u} \cdot \nabla\boldsymbol{u} = \frac{1}{2}\nabla\boldsymbol{u}^2$. Damit läßt sich die Euler-Gleichung (3.25) für inkompressible Fluide unter einem konservativen Kraftfeld mit Potential Φ in der Form

$$\nabla\left(\frac{\partial\phi}{\partial t} + \frac{\boldsymbol{u}^2}{2} + \frac{p}{\rho} + \Phi\right) = 0 \tag{4.25}$$

schreiben. Diese Gleichung können wir sofort zwischen zwei beliebigen Punkten integrieren, die nicht unbedingt auf derselben Stromlinie liegen müssen,[10] und erhal-

---

9 Allgemein gilt die Relation (Entwicklungssatz, siehe (A.7))

$$\boldsymbol{u} \cdot \nabla\boldsymbol{u} = \frac{1}{2}\nabla\boldsymbol{u}^2 - \boldsymbol{u} \times (\nabla \times \boldsymbol{u})\,.$$

Wegen des Terms $-\boldsymbol{u} \times (\nabla \times \boldsymbol{u})$ konnten wir den konvektiven Term in (4.16) nicht einfach als Gradienten schreiben und damit die Euler-Gleichung zwischen zwei *beliebigen* Punkten integrieren, wie es hier für Potentialströmungen möglich ist. Im allgemeinen ist $\nabla \times \boldsymbol{u} \neq 0$. Dann kann man die Integration wie in Abschnitt 4.2.1 nur entlang einer Stromlinie durchführen, d. h. zwischen zwei Punkten, die auf *derselben* Stromlinie liegen.

10 Das Linienintegral über ein totales Differential ist wegunabhängig,

$$\int_1^2 (\nabla f) \cdot d\boldsymbol{r} = f(2) - f(1)\,.$$

ten die instationäre Bernoulli-Gleichung für zeitabhängige Potentialströmungen

$$\dot{\phi} + \frac{\boldsymbol{u}^2}{2} + \frac{p}{\rho} + \Phi = C(t) \,. \tag{4.26}$$

Die Bernoulli-Konstante $C(t)$ ist hier eine beliebige Funktion der Zeit und wird normalerweise durch die Randbedingungen festgelegt. Mit $\phi \to \phi + \int_0^t C(t') \, \mathrm{d}t'$ kann man sie aber auch in das Potential hineinziehen.

4.2.3 Impulsbilanz senkrecht zur Stromlinie

Die Bernoulli-Gleichung ist von Bedeutung für Strömungen, bei denen sich der Betrag der Strömungsgeschwindigkeit im wesentlichen *entlang* einer Stromlinie ändert. Wenn sich der Betrag der Geschwindigkeit entlang der Stromlinien aber nur wenig ändert, sondern hauptsächlich senkrecht zu den Stromlinien, wie z. B. bei einem Hurrikan oder irgendeinem anderen Wirbel, dann ist die Impulsbilanz *senkrecht* zu den Stromlinien wichtig.

Für jeden Punkt einer gekrümmten Stromlinie im Raum kann man einen Krümmungskreis angeben, der die Stromlinie lokal approximiert (▶ Abb. 4.3). Der Krümmungskreis ist in dem betrachteten Punkt tangential zur Stromlinie. Die Ebene, in welcher der Krümmungskreis liegt, wird Tangentialebene genannt. Der Einheitsvektor, der vom Aufpunkt zum Mittelpunkt des Krümmungskreises zeigt, ist der Normalenvektor $\boldsymbol{e}_n$.

Wir projizieren nun die Euler-Gleichung (3.25) auf den Normalenvektor $\boldsymbol{e}_n$ und erhalten

$$\boldsymbol{e}_n \cdot \frac{\partial \boldsymbol{u}}{\partial t} + \boldsymbol{e}_n \cdot (\boldsymbol{u} \cdot \nabla \boldsymbol{u}) = -\frac{1}{\rho} \boldsymbol{e}_n \cdot \nabla p + \boldsymbol{e}_n \cdot \boldsymbol{f} \,. \tag{4.27}$$

Im stationären Fall ($\partial/\partial t = 0$) und mit $\boldsymbol{u} = u \boldsymbol{e}_s$ erhalten wir

$$\boldsymbol{e}_n \cdot \left[u \frac{\partial}{\partial s} (u \boldsymbol{e}_s) \right] = \boldsymbol{e}_n \cdot \left(u^2 \frac{\partial \boldsymbol{e}_s}{\partial s} + \boldsymbol{e}_s u \frac{\partial u}{\partial s} \right) = -\frac{1}{\rho} \boldsymbol{e}_n \cdot \nabla p + \boldsymbol{e}_n \cdot \boldsymbol{f} \,. \tag{4.28}$$

Nach den Fresnet-Serret-Formeln gilt wieder $\mathrm{d}\boldsymbol{e}_s/\mathrm{d}s = \boldsymbol{e}_n/R$, wobei R der Krümmungsradius der Stromlinie ist.[11] Auf der linken Seite der Gleichung überlebt also nur der erste Summand mit dem Ergebnis

$$\frac{u^2}{R} = -\frac{1}{\rho} \frac{\partial p}{\partial n} + \boldsymbol{e}_n \cdot \boldsymbol{f} \,. \tag{4.29}$$

Wenn das äußere Kraftfeld (pro Masse) $\boldsymbol{f}$ senkrecht zur Tangentialebene steht, zum Beispiel bei einer kreisförmigen Bewegung um die Vertikale im Schwerefeld, verbleibt für die Impulsbilanz senkrecht zur Stromlinie lediglich

$$\frac{u^2}{R} = -\frac{1}{\rho} \frac{\partial p}{\partial n} \,. \tag{4.30}$$

---

11 Für einen Kreisbogen wird dies unter Verwendung von Polarkoordinaten direkt klar: Mit den Identifikationen $\boldsymbol{e}_n \to -\boldsymbol{e}_r$, $\boldsymbol{e}_s \to \boldsymbol{e}_\varphi$, $s = r \, \mathrm{d}\varphi$ und mit $\mathrm{d}\boldsymbol{e}_\varphi/\mathrm{d}\varphi = -\boldsymbol{e}_r$ erhalten wir

$$\frac{\mathrm{d}\boldsymbol{e}_s}{\mathrm{d}s} = \frac{\mathrm{d}\boldsymbol{e}_\varphi}{r \, \mathrm{d}\varphi} = -\frac{\boldsymbol{e}_r}{r} = \frac{\boldsymbol{e}_n}{r} \,.$$

Beachte, dass der Normalenvektor e_n radial nach innen zeigt (zum Zentrum des Krümmungskreises). Der Druckgradient $\partial p/\partial n$ ist daher radial nach innen zu verstehen. Gleichung (4.30) drückt somit das Gleichgewicht aus zwischen der nach innen gerichteten radialen Druckkraftdichte $-\partial p/\partial n$ und der nach außen gerichteten Zentrifugalkraftdichte $\rho u^2/R$.

Da die linke Seite von (4.30) immer positiv ist, muss der Druck radial nach außen hin zunehmen. Die Zunahme ist umso stärker, je stärker die Krümmung der Stromlinien ist ($R \to 0$). Bei einer geradlinigen, reibungsfreien Strömung ($R \to \infty$) kann es also keinen Druckgradienten senkrecht zur Strömungsrichtung geben.

Die Bernoulli-Gleichung (4.21) und die Impulsbilanz (Kräfte) senkrecht zur Stromlinie (4.30) kann man auch direkt aus der Newtonschen Bewegungsgleichung ableiten (siehe z. B. Oertel jr. & Böhle 2002). Hier haben wir sie durch die Projektion der Euler-Gleichung berechnet, denn die Euler-Gleichung enthält schon die gesamte Information über die Impulsänderung. Die Zentrifugalkraft ergibt sich hier automatisch aus der Geometrie der Stromlinie und muss nicht erst als Kraft in der Newtonschen Gleichung angesetzt werden.

Ein Phänomen, bei dem der Druckabfall senkrecht zu den gekrümmten Stromlinien wichtig ist, ist der *Coandă-Effekt*. Damit bezeichnet man die Tendenz eines Strahls, der tangential zu einer Körperoberfläche strömt, auch konvexen Körperkonturen zu folgen und sich an die Oberfläche des Körpers anzulegen. Durch die gekrümmten Stromlinien entsteht ein Unterdruck an der festen Oberfläche, wodurch der Körper eine entsprechende Kraft erfährt. Entscheidend ist dabei, dass es sich um einen Strahl handelt. Denn in einer homogenen Strömung wird der Druck auf den Körper im wesentlichen durch die Beschleunigung und Verlangsamung der Strömung aufgrund der Kontur des Körpers (Massenerhaltung) verursacht und die Strömung separiert eher von der Oberfläche (siehe auch Abschnitt 7.4.3) als bei einem tangentialen Strahl.

Henri Marie Coandă
1886–1972[†]

4.3   Anwendungen der Bernoulli-Gleichung

Mit Hilfe der Bernoulli-Gleichung bzw. der Gleichungen für einen Stromfaden kann man verschiedene wichtige Aussagen über reibungsfreie Strömungen erhalten, ohne dass man das Geschwindigkeitsfeld explizit kennen muss. Es werden oft nur die (mittleren) Geschwindigkeiten am Ein- und am Auslaß einer Stromröhre benötigt.

4.3.1   Bernoulli-Konstante für eine homogene Anströmung

Bei der Anströmung eines Körpers ist das Geschwindigkeitsfeld weit weg vom Körper meist homogen $u = u_\infty e_x$. In der Nähe des Körpers werden die Stromlinien jedoch gekrümmt sein (▶ Abb. 4.4). Wir betrachten zunächst die Impulsbilanz senkrecht zu den Stromlinien für eine stationäre inkompressible Strömung. Für einen weit entfernten Punkt ($x \to -\infty$) ist der Krümmungsradius für jede Stromlinie $R = \infty$ und

[†]Mit freundlicher Genehmigung von Patrick Flanagan, http://www.phisciences.com.

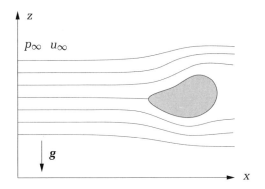

Abb. 4.4: Stromlinien um einen homogen angeströmten Körper.

die Normalenrichtung ist $\mathbf{e}_n = \mathbf{e}_z$ (positive Vertikalrichtung). Mit $\mathbf{e}_n \cdot \mathbf{f} = \mathbf{e}_z \cdot \mathbf{f} = -g$ erhalten wir aus (4.29)

$$0 = -\frac{1}{\rho}\frac{\partial p_\infty}{\partial z} - g \,. \tag{4.31}$$

Nach Integration ergibt sich ($\rho = $ const.)

$$p_\infty + \rho g z_\infty = C' \,, \tag{4.32}$$

wobei C' eine *globale* Konstante ist und $z_\infty = z(x \to -\infty)$ die z-Koordinate der jeweiligen Stromlinie für $x \to -\infty$. Da $\rho u_\infty^2/2$ eine Konstante ist, können wir diesen Term auf beiden Seiten addieren, was auf

$$\rho\frac{u_\infty^2}{2} + p_\infty + \rho g z_\infty = \underbrace{C' + \rho\frac{u_\infty^2}{2}}_{=\text{const.}} := C \stackrel{\text{Bernoulli}}{=} \rho\frac{u^2}{2} + p + \rho g z \tag{4.33}$$

führt, wobei auch C eine globale Konstante ist. Damit ist C für *jede* Stromlinie konstant, unabhängig von der z-Koordinate, von der sie im Unendlichen ausgeht.

4.3.2 Strömung längs einer festen Wand

Um Informationen über eine Strömung zu erhalten, kann man den Druck an der Oberfläche fester Körper mit Hilfe feiner Anbohrungen messen (▶ Abb. 4.5). Bei reibungsfreien Fluiden würde dies kein Problem darstellen, da sich der Druck an der Oberfläche des Körpers entsprechend der Tangentialgeschwindigkeit einstellt. Bei Strömungen realer viskoser Fluide muss jedoch die Geschwindigkeit an der Körperoberfläche verschwinden, da ein viskoses Fluid an der Oberfläche eines festen Körpers haftet. Wenn die äußere Strömung sehr schnell ist, existiert um einen schlanken Körper eine dünne *Grenzschicht*, innerhalb der die Geschwindigkeit vom Wert u_∞ in der freien Strömung bis auf den Wert Null an der Oberfläche des Körpers abfällt. Unter diesen Bedingungen kann man zeigen (siehe Abschnitt 7.4.1), dass sich der statische Druck in der schnellen äußeren Strömung nahezu ungestört bis auf die Oberfläche des Körpers fortpflanzt. Daher *sieht* die Öffnung der Anbohrung den statischen Druck p, der in der freien Strömung über der Anbohrung herrscht. Die Anbohrung muss jedoch

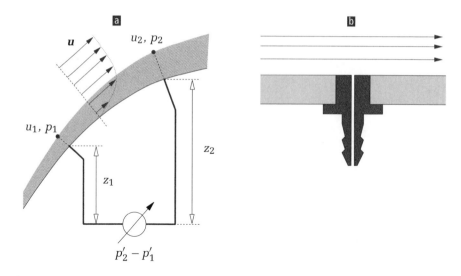

Abb. 4.5: **a** Messung der Differenz dynamischer Drücke. Die Grenzschicht (hellblau) ist übertrieben dick dargestellt. **b** Technische Ausführung einer Druckbohrung.

sehr exakt (ohne Grat und Facette) und senkrecht zur Wand ausgeführt sein, da sonst die Messung verfälscht wird.

Wenn man zwei derartige Bohrungen, deren Durchmesser meist zwischen 0.2 und 0.8 mm liegt, an ein Manometer anschließt, mißt man die Differenz der Drücke p_1' und p_2' (▶ Abb. 4.5). Sie sind gegenüber den statischen Drücken in der Strömung um den hydrostatischen Druck in den Zuleitungen erhöht

$$p_1' = p_1 + \rho g z_1 \,, \tag{4.34a}$$

$$p_2' = p_2 + \rho g z_2 \,. \tag{4.34b}$$

Nach der Bernoulli-Gleichung (4.21) entlang einer Stromlinie in Wandnähe, aber außerhalb der Grenzschicht, gilt nun

$$\rho \frac{u_2^2}{2} + p_2 + \rho g z_2 = \rho \frac{u_1^2}{2} + p_1 + \rho g z_1 \,. \tag{4.35}$$

Der am Manometer abgelesene Differenzdruck ist also

$$p_2' - p_1' = p_2 - p_1 + \rho g(z_2 - z_1) = \frac{\rho}{2} \left(u_1^2 - u_2^2 \right) \,. \tag{4.36}$$

Das Manometer mißt daher genau die (negative) Differenz der dynamischen Drücke. Diesen Sachverhalt kann man zur Messung der Geschwindigkeitsänderung nutzen.

4.3.3 Venturi-Rohr

Wir betrachten die Strömung durch ein Rohr mit einer Verengung. Ein derartiges Rohr nennt man Venturi-Rohr (▶ Abb. 4.6). Wenn wir die mittleren Strömungsgeschwindigkeiten betrachten, gilt aufgrund der Massenerhaltung (4.3) für die Punkte (0) im

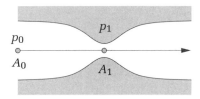

Abb. 4.6: Venturi-Rohr und zentrale Stromlinie.

Bereich ohne Verengung und (1) an der engsten Stelle für ein inkompressibles Fluid (ρ = const.) $u_0 A_0 = u_1 A_1$. Wenn wir diesen Wert für u_1 in die Bernoulli-Gleichung einsetzen, erhalten wir (z = const.)

$$\frac{u_0^2}{2} + \frac{p_0}{\rho} \overset{\text{Bernoulli}}{=} \frac{u_1^2}{2} + \frac{p_1}{\rho} \overset{\text{Kont.}}{=} \left(\frac{A_0}{A_1}\right)^2 \frac{u_0^2}{2} + \frac{p_1}{\rho} . \qquad (4.37)$$

Es folgt

$$u_0^2 = \frac{p_0 - p_1}{\frac{\rho}{2}\left[\left(\frac{A_0}{A_1}\right)^2 - 1\right]} . \qquad (4.38)$$

Mit $A_0 > A_1$ ist $p_0 > p_1$. Durch Messung der Druckabsenkung an einer Verengung (zum Beispiel durch Druckbohrungen und Manometer) ist es also möglich, die Strömungsgeschwindigkeit u_0 im Rohr zu messen, wenn man die Dichte des Fluids und die Querschnitte des Venturi-Rohres kennt.

Giovanni Battista Venturi, 1746–1822

Neben der Messung der Strömungsgeschwindigkeit findet das Prinzip des Venturi-Rohres auch überall dort Anwendung, wo mit Hilfe eines lokalen Unterdrucks Fluid durch eine Bohrung an der engsten Stelle angesaugt (Wasserstrahlpumpe) und mit dem Hauptstrom vermischt werden soll (z. B. in Vergasern).

4.3.4 Prandtlsches Staurohr

Wenn sich ein Körper in einem unbegrenzten Fluid mit konstanter Geschwindigkeit u_∞ bewegt oder ein ruhender Körper mit der homogenen Geschwindigkeit u_∞ angeströmt wird,[12] existiert eine Stromlinie, die an einem Punkt an der Vorderseite des Körpers endet (siehe ▶ Abb. 4.7). Dies ist der *Staupunkt* (Index 0). An ihm ist

---

12 Wegen der Galilei-Invarianz der Euler-Gleichung sind beide Situationen äquivalent.

Abb. 4.7: Umströmung eines schlanken symmetrischen Körpers mit Stromlinien (blau), Grenzschicht (hellblau) und Staupunkt (Index 0).

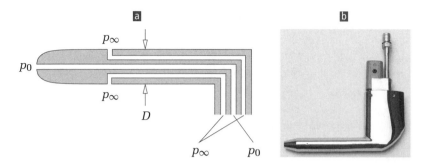

Abb. 4.8: **a** Schnittskizze durch ein Prandtl-Rohr und **b** Pitot-Rohr PH1100 im ausgebauten Zustand (mit freundlicher Genehmigung von Aero-Instruments Co., LLC).

$u = u_0 = 0$. Wenn wir die Bernoulli-Gleichung auf diese Stromlinie anwenden, erhalten wir ($u_0 = 0, z = $ const.)

$$\frac{u_\infty^2}{2} + \frac{p_\infty}{\rho} = \frac{p_0}{\rho} . \tag{4.39}$$

Im Staupunkt ist der statische Druck identisch mit dem Gesamtdruck. Er wird *Staudruck* p_0 genannt. Man kann ihn direkt durch eine Druckbohrung messen, die genau im Staupunkt liegt. Die Messung wird mit einem sogenannten *Pitot-Rohr*[13] durchgeführt (▶ Abb. 4.8**b**).

Die Anströmgeschwindigkeit ist nach (4.39)

$$u_\infty = \sqrt{\frac{2(p_0 - p_\infty)}{\rho}} . \tag{4.40}$$

Wenn man neben p_0 auch noch den statischen Druck p_∞ bestimmt, kann man die Anströmgeschwindigkeit u_∞ berechnen. Zur Bestimmung des statischen Drucks p_∞ kann man einen schlanken axisymmetrischen Körper, z. B. ein dünnes Rohr, verwenden und den statischen Druck im Punkt 2 messen (▶ Abb. 4.7). Denn für einen schlanken Körper ist in guter Näherung p_2 gleich p_∞, da die Geschwindigkeit im Punkt 2 näherungsweise der Anströmgeschwindigkeit entspricht: $u_2 \approx u_\infty$. Dies gilt nicht nur für reibungsfreie Strömungen, sondern auch für schnelle viskose Strömungen, bei denen sich der statische Druck ungestört durch die Grenzschicht fortpflanzt (vgl. Abschnitt 4.3.2 und 7.4.1).

Diese Idee ist im *Prandtlschen Staurohr*[14] realisiert (▶ Abb. 4.8**a**). Da auch ein schlanker Körper das Fluid in einem gewissen Ausmaß verdrängt, wird das Fluid in der reibungsfreien Außenströmung in der Nähe der Nase des Körpers über u_∞ hinaus beschleunigt. Dieser Effekt verschwindet, je weiter die Druckbohrung von der Nase entfernt ist. Umgekehrt wird das Fluid zum Ende des schlanken Körpers aus Kontinuitätsgründen (und durch den Sondenhalter) unter u_∞ abgebremst. Erst hinter dem Körper wird dann wieder u_∞ erreicht. Die beiden gegenläufigen Effekte ($u > u_\infty$ weit vorne und $u < u_\infty$ weit hinten) kann man ausnutzen, um den Fehler der statischen

---

13 Henri de Pitot (1695–1771).
14 Das Prandtlsche Staurohr wird in der angelsächsischen Literatur auch als Pitot-Rohr bezeichnet.

Druckmessung zu minimieren (Eckelmann 1997). Generell sollte der Krümmungsradius der Stromlinien möglichst groß sein. Typischerweise befindet sich die seitliche Bohrung zur Messung von p_∞ um $3D$ stromabwärts vom Staupunkt, wobei D der Durchmesser des Prandtl-Rohres ist.

4.3.5 Verlustloses Ausströmen aus einem Behälter

Stationäres Ausströmen

Wir betrachten einen bis zur Höhe h mit einer Flüssigkeit gefüllten großen Behälter, aus dem am unteren Ende die Flüssigkeit durch eine kleine Öffnung austritt (▶ Abb. 4.9). Das Verhältnis der Querschnittsfläche der Austrittsöffnung zu derjenigen des Behälters sei sehr klein, so dass man den Füllstand h näherungsweise als konstant ansehen darf. Wenn wir die Bernoulli-Gleichung auf eine Stromlinie anwenden, die von der Oberfläche der Flüssigkeit ausgeht und durch die Austrittsöffnung führt (von 0 nach 1 in ▶ Abb. 4.9**a**), erhalten wir

$$\underbrace{\frac{u^2(z=h)}{2}}_{=0} + \frac{p_0}{\rho} + gh = \frac{u^2(z=0)}{2} + \frac{p_0}{\rho} + 0 \ . \tag{4.41}$$

Die Ausflußgeschwindigkeit beträgt also

$$u = \sqrt{2gh} \ . \tag{4.42}$$

Dies ist die berühmte Formel von *Torricelli*, die er jedoch ohne Bernoullis Gleichung erhielt.[15] Die Ausflußformel (4.42) besagt, dass die potentielle Energie pro Masse gh vollständig in kinetische Energie umgesetzt wird. Durch eine vertikale Ausrichtung des Strahls kann man die potentielle Energie wiedergewinnen (▶ Abb. 4.9**b**). In (4.42) wurde der Druck in der Austrittsöffnung durch den Umgebungsdruck approximiert, was einer Vernachlässigung des Laplace-Drucks und der Stromlinienkrümmung entspricht.

Evangelista Torricelli 1608–1647

In Realität schnürt sich der Strahl hinter der Öffnung etwas ein und der Strahldurchmesser nimmt kurz hinter der Öffnung ein Minimum an. Diese *Kontraktion*, auch *vena contracta* genannt, rührt daher, dass bei einem einfachen Loch in einer dünnen Wand die Fluidelemente radial auf das Loch zuströmen und hinter diesem nicht einfach in Richtung der Strahlachse umgelenkt werden können. Das Verhältnis der minimalen Strahlquerschnittsfläche $A_{\min}$ im Vergleich zum Öffnungsquerschnitt A wird *Kontraktionsziffer* genannt. Ihr Wert beträgt

---

15 Bernoulli (1700–1782) lebte nach Torricelli. Torricelli nahm an, dass der Flüssigkeitsstrahl durch einen nach oben gekrümmten Ausfluß wieder bis zur Höhe h aufsteigen würde (freier Fall eines Flüssigkeitselements entlang der Stromlinie, vgl. ▶ Abb. 4.9**b**). Dann kann er Newtons Gleichungen für die gleichförmig beschleunigte Bewegung verwenden

$$u = gt \quad \text{und} \quad h = \frac{1}{2}gt^2 \quad \Rightarrow \quad h = \frac{1}{2}\frac{u^2}{g} \ ,$$

woraus (4.42) folgt.

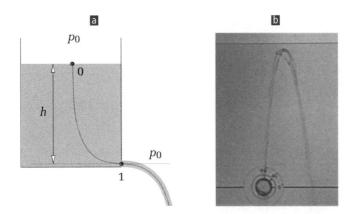

Abb. 4.9: **a** Ausfluß aus einem Behälter mit einer einfachen Öffnung. **b** Flüssigkeitsstrahl, der aus einem offenen Behälter austritt, dessen Öffnung nach oben zeigt. Die Flüssigkeitsoberfläche ist als dunkler horizontaler Streifen am oberen Bildrand zu sehen. (Experiment von H. Rouse aus seinem Film *Fluid Motion in a Gravitational Field*, Iowa Institute of Hydraulic Research).

$\mu = A_{\min}/A \approx 0.61 \ldots 0.64$. Da sich die Torricelli-Geschwindigkeit auf den minimalen Strahlquerschnitt bezieht, ist der tatsächliche Volumenstrom durch die Ausflußöffnung um den Faktor μ reduziert (siehe auch ▶ Tabelle 7.5 in Abschnitt 7.6.1)

$$\dot{V} = A_{\min}\sqrt{2gh} = \mu A\sqrt{2gh}\,. \tag{4.43}$$

Wenn die Öffnung des Behälters hinreichend abgerundet ausgeführt ist, tritt keine Strahlkontraktion mehr auf.

Quasistationäres Ausströmen

Beim Ausströmen einer Flüssigkeit aus einem Behälter durch eine kleine Öffnung stellt sich relativ schnell die Torricelli-Geschwindigkeit ein. Nach längerer Zeit wird sich das Absinken des Flüssigkeitsspiegels bemerkbar machen. Um die Entleerzeit abzuschätzen, nach welcher die gesamte Flüssigkeit aus dem Behälter ausgeströmt sein wird, kann man annehmen, dass sich die Torricelli-Geschwindigkeit immer sofort zur momentanen Füllhöhe einstellt.

Es sei A_2 die Fläche, durch welche die Flüssigkeit ausströmt und A_1 die Querschnittsfläche eines zylindrischen Behälters, der anfänglich bis zur Höhe H gefüllt ist. Dann gilt für den Volumenstrom aufgrund der Massenerhaltung

$$A_1\frac{\mathrm{d}s}{\mathrm{d}t} = A_2 u(t)\,. \tag{4.44}$$

Dabei ist $s(t)$ die Absenkung des Flüssigkeitsspiegels und $u(t) = \sqrt{2gh(t)} = \sqrt{2g\,[H - s(t)]}$ die momentane Torricelli-Geschwindigkeit. Durch Integration erhalten wir für die Entleerzeit

$$T = \int_0^T \mathrm{d}t \stackrel{(4.44)}{=} \frac{A_1}{A_2}\int_0^H \frac{\mathrm{d}s}{\sqrt{2g\,(H - s)}} \stackrel{x=H-s}{=} \frac{A_1}{A_2}\frac{1}{\sqrt{2g}}\underbrace{\int_0^H \frac{\mathrm{d}x}{\sqrt{x}}}_{2\sqrt{x}\,\big|_0^H} = \frac{A_1}{A_2}\sqrt{\frac{2H}{g}}\,. \tag{4.45}$$

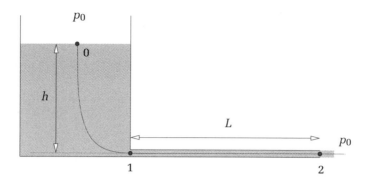

Abb. 4.10: Skizzen zum Ausfluß aus einem Behälter, an den sich ein langes Rohr anschließt.

Diese Näherung liefert für alle Ausflußöffnungen $A_2/A_1 \ll 1$ recht gute Ergebnisse für die Entleerzeit T. Der zeitliche Verlauf des Ausflußvorgangs wird für $A_2/A_1 < 0.2$ gut wiedergegeben.[16]

Instationäres Ausströmen durch ein langes Rohr

Wenn sich die gesamte Flüssigkeit zum Zeitpunkt $t = 0$ in Ruhe befindet, wird die Strömung durch den Ausfluß erst nach einer gewissen Zeit den Torricelli-Wert erreichen, da die Flüssigkeit einer jeden Stromröhre erst beschleunigt werden muss. Dies ist besonders dann wichtig, wenn sich an die Öffnung noch eine längere Rohrleitung anschließt (▶ Abb. 4.10). Zur Vereinfachung nehmen wir an, dass das Rohr sehr lang ist im Vergleich zur Höhe des Behälters, so dass fast nur diejenige Flüssigkeit beschleunigt werden muss, die sich im Rohr befindet.[17]

Um den Effekt der Beschleunigung der inkompressiblen Flüssigkeit zu berücksichtigen, die sich im Rohr zwischen den Punkten 1 und 2 befindet, verwenden wir anstelle der stationären Bernoulli-Gleichung (4.21) die Euler-Gleichung für eine Stromlinie (4.18), die noch den instationären Term $\partial u/\partial t$ enthält, und integrieren sie entlang der geraden Stromlinie von 1 nach 2

$$1 \rightarrow 2: \qquad \int_1^2 \frac{\partial u}{\partial t}\, ds + \frac{u_2^2}{2} + \frac{p_2}{\rho} + gz_2 = \frac{u_1^2}{2} + \frac{p_1}{\rho} + gz_1 \,. \qquad (4.46)$$

Für ein horizontales Rohr ($z_1 = z_2$) der Länge L mit konstantem Querschnitt gilt für eine inkompressible Flüssigkeit $u = u_1 = u_2$ und damit $\partial u/\partial t = du/dt$, denn u kann hier nicht mehr von x abhängen. Damit erhalten wir

$$L\frac{du}{dt} = \frac{p_1 - p_2}{\rho} = \frac{p_1 - p_0}{\rho} \,. \qquad (4.47)$$

Im letzten Schritt haben wir angenommen, dass der Druck p_2 am Ende der Leitung gleich dem Umgebungsdruck p_0 sei. Der Druck $p_1[u(t)]$ am Anfang des Rohres hängt

---

16 Weitere Details zur instationären Entleerung von Behältern sind in Truckenbrodt (1996) zu finden.
17 Wenn man auch die Beschleunigung der im Behälter befindlichen Flüssigkeit berücksichtigen wollte, müßte man die instationäre Bernoulli-Gleichung verwenden (siehe Abschnitt 4.2.2). Dazu wäre das Potential ϕ der Strömung zu berechnen, worauf wir hier verzichten.

aber noch von der Geschwindigkeit ab. Um ihn zu eliminieren, verwenden wir die (stationäre) Bernoulli-Gleichung für eine Stromlinie von 0 nach 1[18]

$$0 \to 1: \quad \frac{u^2}{2} + \frac{p_1}{\rho} = \frac{p_0}{\rho} + gh \,. \tag{4.48}$$

Durch Einsetzen von $(p_1 - p_0)/\rho$ erhalten wir die nichtlineare gewöhnliche Differentialgleichung für u

$$L\frac{du}{dt} = gh - \frac{u^2}{2} \,. \tag{4.49}$$

Trennung der Variablen und Verwendung der stationären Endgeschwindigkeit $u_s :=$ $u(t \to \infty) = \sqrt{2gh}$ (Torricelli) liefert

$$\frac{du}{2gh - u^2} = \frac{dt}{2L} \quad \Rightarrow \quad \frac{d(u/u_s)}{1 - u^2/u_s^2} = \frac{u_s\, dt}{2L} \tag{4.50}$$

und nach Integration[19]

$$\ln\left(\frac{1 + u/u_s}{1 - u/u_s}\right) = \frac{u_s t}{L} + C \,. \tag{4.51}$$

Wegen $u(t = 0) = 0$ ist die Integrationskonstante $C = 0$ und wir erhalten

$$\frac{u(t)}{u_s} = \frac{\exp\left(\dfrac{u_s t}{L}\right) - 1}{\exp\left(\dfrac{u_s t}{L}\right) + 1} = \tanh\left(\frac{u_s t}{2L}\right) \,. \tag{4.52}$$

Die zeitliche Entwicklung der Geschwindigkeit ist in ▸ Abb. 4.11 a dargestellt.

Mit Kenntnis der Geschwindigkeit $u(t)$ können wir auch die zeitliche Entwicklung des Drucks $p_1(t)$ am Anfang des Rohres bestimmen. Aus der Bernoulli-Gleichung für den Behälter $0 \to 1$ (4.48) erhalten wir

$$\frac{p_1(t) - p_0}{\rho gh} = 1 - \frac{u^2}{2gh} = 1 - \frac{u^2}{u_s^2} = 1 - \tanh^2\left(\frac{u_s t}{2L}\right) \,. \tag{4.53}$$

Mit der Funktion $p_1(t)$ und der um den zeitabhängigen Term erweiterten Bernoulli-Gleichung (4.46) können wir den Druck $p(x, t)$ (anstelle von p_2) für eine beliebige Position x entlang des Rohres berechnen ($z_1 = z_2, u_1 = u_2$)

$$\underbrace{\int_{x_1}^x \frac{du}{dt}\, ds}_{x\,(du/dt)} + \frac{p(x,t)}{\rho} = \frac{p_1(t)}{\rho} \,. \tag{4.54}$$

Der Druck ist also eine lineare Funktion von x und muss deshalb die Form haben (betrachte $x = 0$ und $x = L$)

$$p(x, t) = p_1(t) - \frac{x}{L}\left[p_1(t) - p_0\right] \,. \tag{4.55}$$

---

18 Die Verwendung der stationären Bernoulli-Gleichung für $0 \to 1$ entspricht der Annahme, dass sich die Strömung im Behälter immer sofort entsprechend der Strömung im Rohr anpaßt. Die Trägheit der Flüssigkeit in dem Teil der gesamten Stromröhre, der im Behälter liegt, wird vernachlässigt.

19 Es ist $\int \left(1 - x^2\right)^{-1} dx = \frac{1}{2} \ln\left[(1 + x)/(1 - x)\right]$.

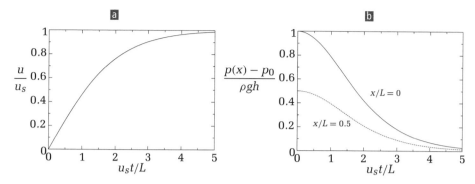

Abb. 4.11: Instationärer Ausfluß durch ein horizontales Rohr der Länge L. a Geschwindigkeitsentwicklung nach einem plötzlichen Öffnen. b Zeitliche Entwicklung des Drucks am Einlaß des Rohres ($x/L = 0$) und in der Mitte ($x/L = 0.5$) nach dem Öffnen.

Dies können wir in die reduzierte Form bringen

$$\frac{p(x,t) - p_0}{\rho g h} = \left(1 - \frac{x}{L}\right) \frac{p_1(t) - p_0}{\rho g h} \overset{(4.53)}{=} \left(1 - \frac{x}{L}\right) \left[1 - \tanh^2\left(\frac{u_s t}{2L}\right)\right] . \qquad (4.56)$$

Der entsprechende zeitliche Druckverlauf ist für den Anfang ($x/L = 0$) und für die Mitte des Rohres ($x/L = 0.5$) in ▶ Abb. 4.11b dargestellt.[20]

4.4 Energiesatz für kompressible Strömungen

4.4.1 Thermodynamische Größen im Staupunkt

Den Energiesatz (4.15) für ein ideales Gas können wir für $z_1 = z_0$ in der Form

$$\frac{u_1^2}{2} + c_p T_1 = \frac{u_0^2}{2} + c_p T_0 \qquad (4.57)$$

schreiben. Im Staupunkt (Index 0) eines mit u_1 angeströmten Körpers ist $u_0 = 0$ (siehe ▶ Abb. 4.7) und es gilt

$$\frac{u_1^2}{2} + c_p T_1 = c_p T_0 . \qquad (4.58)$$

Hieraus können wir sofort die Temperaturerhöhung $T_0 - T_1$ im Staupunkt berechnen. Die kinetische Energie pro Masse wird bei Annäherung an den Staupunkt in thermische Energie umgesetzt. Unter der Annahme einer isentropen Zustandsänderung

---

20 Die hier getroffene Annahme einer inkompressiblen Strömung impliziert, dass die Schallgeschwindigkeit unendlich ist (siehe Abschnitt 6.1.1). Dann stellt sich der Druck immer sofort gemäß der Bernoulli-Gleichung ein. Bei einer endlichen, wenn auch hohen Schallgeschwindigkeit kommt es beim plötzlichen Öffnen eines Ventils am Ende der Rohrleitung zu einer plötzlichen Druckabsenkung. Diese Druckvariation läuft mit Schallgeschwindigkeit vom Ende zum Anfang des Rohres, wo sie reflektiert wird, und so weiter. Dies führt letztendlich dazu, dass die berechneten kontinuierlichen Geschwindigkeits- und Druckverläufe in Realität feine Treppenfunktionen sind. Siehe dazu auch § 4.3.3.3 von Truckenbrodt (1992).

lassen sich aus der Temperaturerhöhung auch die Druck- und Dichteänderungen im Staupunkt angeben. Denn für isentrope Zustandsänderungen, d. h. $p_1/p_0 = (\rho_1/\rho_0)^{\varkappa}$, gelten für ein ideales Gas die Relationen

$$\frac{p_0}{p_1} = \left(\frac{T_0}{T_1}\right)^{\varkappa/(\varkappa-1)} \quad \text{und} \quad \frac{\rho_0}{\rho_1} = \left(\frac{T_0}{T_1}\right)^{1/(\varkappa-1)} . \tag{4.59}$$

4.4.2 Wärmezufuhr bei konstantem Druck

Wir betrachten einen Gas-Strahl der Geschwindigkeit $u < c$ (c: Schallgeschwindigkeit), der sich in einem anderen Gas ausbreitet, in dem ein konstanter Druck p_a herrscht. Wenn wir annehmen, dass die Stromlinien des Strahls nur schwach gekrümmt sind, so pflanzt sich der Umgebungsdruck p_a praktisch ungehindert bis in den Strahl fort, denn der Druckgradient senkrecht zu schwach gekrümmten Stromlinien ist klein (siehe (4.30)). Entlang den Stromlinien gilt dann $p \approx p_a = $ const.

Andererseits gilt für eine stationäre reibungsfreie Strömung entlang einer Stromlinie die differentielle Form der Bernoulli-Gleichung (hier ohne Schwerefeld, vgl. (4.19))

$$u \, du = -\frac{dp}{\rho} . \tag{4.60}$$

Mit $dp \approx 0$ ist der Betrag der Geschwindigkeit $u \approx $ const. konstant und es fallen die Terme der kinetischen Energie pro Masse $u^2/2$ aus der Energiegleichung (4.12) heraus. Unter Vernachlässigung der potentiellen Energie bleibt lediglich ($h = c_p T$)

$$c_p T_2 = c_p T_1 + q \quad \Rightarrow \quad \frac{T_2}{T_1} = 1 + \frac{q}{c_p T_1} > 1 , \tag{4.61}$$

wobei $q > 0$ die pro Masse zwischen zwei Punkten 1 und 2 zugeführte Energie ist, zum Beispiel durch chemische Reaktion (Verbrennung). Für ein ideales Gas mit der Zustandsgleichung $p/\rho = (c_p - c_v)T$ folgt aus dem Temperaturverhältnis ($p = $ const.)

$$\frac{A_2}{A_1} \overset{(*)}{=} \frac{\rho_1}{\rho_2} = \frac{T_2}{T_1} > 1 . \tag{4.62}$$

Hierbei wurde in $(*)$ zusätzlich die Massenerhaltung $\rho_1 A_1 = \rho_2 A_2$ (4.3) für $u = $ const. verwendet.

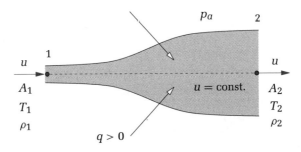

Abb. 4.12: Expansion eines Freistrahls bei Wärmezufuhr (z. B. durch Verbrennung) zwischen 1 und 2 bei konstantem Umgebungsdruck p_a.

Durch die Wärmezufuhr bei konstantem Druck weiten sich die Stromlinien auf (▶ Abb. 4.12). Dabei vergrößert sich die Querschnittsfläche im Verhältnis der Temperaturen. Das Verhältnis der Dichten ist umgekehrt proportional zum Temperaturverhältnis.

4.5 Anwendung des Impulssatzes

4.5.1 Strahlimpuls

Zur Berechnung von Kräften, die durch strömende Fluide verursacht werden, wird häufig die integrale Impulserhaltung benutzt. Die Integration der Kraftdichte über ein Kontrollvolumen V_0 mit Oberfläche A_0 (Impulserhaltung (3.27)) führt im stationären Fall auf

$$\underbrace{\int_{A_0} \rho\boldsymbol{uu} \cdot \mathrm{d}\boldsymbol{A} + \int_{A_0} p \, \mathrm{d}\boldsymbol{A}}_{\text{Impulsstrom durch } A_0} = \int_{V_0} \rho\boldsymbol{f} \, \mathrm{d}V = \boldsymbol{F} \,. \tag{4.63}$$

Der Impulsstrom durch die geschlossene Fläche A_0 ist dann im Gleichgewicht mit der auf das Volumen V_0 wirkenden Kraft $\boldsymbol{F}$.

Als einfachen Fall betrachten wir einen Freistrahl, der aus einem Behälter austritt und dessen Geschwindigkeit u kleiner ist als die Schallgeschwindigkeit c (▶ Abb. 4.13). An der Strahlgrenze herrsche der konstante Umgebungsdruck p_a.[21] Falls die Stromlinien geradlinig sind, wird der Druck nicht über den Querschnitt variieren (Abschnitt 4.2.3). Wegen des konstanten Drucks verschwindet die in (4.63) enthaltene Druckkraft auf den geradlinigen Strahl. Die Kraft, die auf das Kontrollvolumen V_0 wirkt, das den Behälter umschließt, ist daher allein durch den konvektiven Transport von Impuls durch die Oberfläche von V_0 bedingt

$$\boldsymbol{F} = \int_{A_0} \rho\boldsymbol{uu} \cdot \mathrm{d}\boldsymbol{A} \,. \tag{4.64}$$

---

21 Bei zweiphasigen Strömungen kann der Laplace-Druck vernachlässigt werden, da der Drucksprung für das System Wasser/Luft ($\sigma \approx 73 \, \mathrm{mN/m}$) unter normalen Bedingungen $\Delta p = \sigma/R = 0.73 \times 10^{-4}$ bar/r beträgt, wobei r der Radius des Strahls in cm ist.

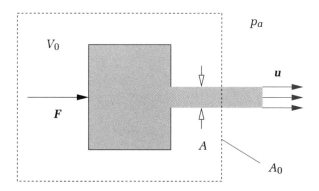

Abb. 4.13: Die Haltekraft $\boldsymbol{F}$ ergibt sich aus dem Impulsstrom durch die Oberfläche A_0 des Kontrollvolumens V_0.

Die Kraft F wird *Haltekraft* genannt. Sie ist auch die Kraft, die ein Strahl auf eine Fläche ausübt, auf die er senkrecht auftrifft. Die Kraft, mit der sich der Strahl vom Behälter abstößt, ist $-F$. Bei einem Strahl mit Querschnittsfläche A und homogener Geschwindigkeitsverteilung ist der Betrag der Kraft einfach

$$F = \rho u^2 A. \tag{4.65}$$

4.5.2 Strahlablenkung an einer Schneide

Wenn ein ebener Flüssigkeitsstrahl[22] auf eine scharfe Kante trifft, wird der Strahl geteilt. Ein Teil des Strahls verläuft parallel zur Schneide. Ein anderer Teil wird um einen bestimmten Winkel von der Einfallsrichtung abgelenkt (▶ Abb. 4.14).

Wir betrachten im folgenden eine stationäre, reibungsfreie Strömung einer inkompressiblen Flüssigkeit ($\rho =$ const). Weit weg von der Schneide, die den Strahl teilt und ablenkt, seien der einfallende Strahl wie auch die beiden abgelenkten Teilstrahlen parallel. Dann herrscht dort auch über den gesamten Strahlquerschnitt der konstante Umgebungsdruck $p = p_a$. Aus der Bernoulli-Gleichung folgt, dass in hinreichender Entfernung von der Schneide auch die Geschwindigkeit der abgelenkten Strahlen identisch ist mit der Geschwindigkeit u des einfallenden Strahls.

Ferner nehmen wir an, dass der einfallende Strahl senkrecht auf die Schneide trifft. Dann gilt für den um den Winkel β abgelenkten Teilstrahl $u = u\cos\beta e_x + u\sin\beta e_y$. Wenn wir den vektoriellen Impulsstrom (4.64) in seine Komponenten zerlegen, erhalten wir für die x- und die y-Komponenten (siehe ▶ Abb. 4.14)

$$x\text{-Komponente:} \qquad -A\rho u^2 + \epsilon A\rho u^2 \cos\beta = F, \tag{4.66a}$$

$$y\text{-Komponente:} \qquad \epsilon A\rho u^2 \sin\beta - (1-\epsilon)\,A\rho u^2 = 0. \tag{4.66b}$$

---

22 Wir verwenden hier ein zweidimensionales Modell.

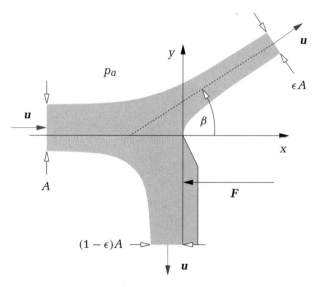

Abb. 4.14: Strahlablenkung an einer Schneide.

Hierbei wurde berücksichtigt, dass die Schneide keine Kraft tangential zu ihrer Oberfläche (in y-Richtung) auf ein reibungsfreies Fluid ausüben kann. Weiter ist $\epsilon \in$ [0.5, 1] der Anteil des Impulsstroms $A\rho u^2$, der an der Schneide vorbeigeht. Der Anteil muss mindestens 0.5 sein, denn wenn der Strahl die Schneide in voller Breite trifft, wird genausoviel Masse und Impuls nach oben wie nach unten abgelenkt.

Aus der y-Komponente des Impulsstroms erhalten wir den Ablenkwinkel β als Funktion des abgelenkten Anteils ϵ des Strahls

$$\sin \beta = \frac{1 - \epsilon}{\epsilon} \, . \tag{4.67}$$

Die x-Komponente des Impulsstroms liefert die Kraft der Schneide auf das Fluid

$$F = -A\rho u^2 \left(1 - \epsilon \cos \beta \right) , \tag{4.68}$$

die betragsmäßig gleich groß ist mit der vom Strahl auf die Schneide ausgeübten Kraft. Die Grenzfälle sind plausibel. Für $\epsilon = 1$ haben wir den ungestörten Strahl, der an der Scheide vorbeigeht ($\beta = F = 0$). Für $\epsilon = 0.5$ wird die Scheide voll getroffen und es sind $\beta = \pi/2$ und $F = -A\rho u^2$.[23]

4.5.3 Pelton-Schaufelrad

Als nächstes betrachten wir einen Strahl, der auf die Schaufeln eines Pelton-Turbinenrades trifft (▶ Abb. 4.22, S. 116). Da der Druck im einfallenden und im reflektierten Strahl gleich dem Umgebungsdruck ist, spricht man von einer *Gleichdruckturbine*. In ▶ Abb. 4.15[a] ist die Strömung in der Schaufel schematisch dargestellt und zwar in einem Koordinatensystem, das sich mit der Geschwindigkeit der Schaufel u_R mitbewegt. Im mitbewegten Koordinatensystem ist der Betrag der Geschwindigkeit der abgelenkten Strahlen identisch mit dem Betrag der Geschwindigkeit $u - u_R$ des einfallenden Strahls ($u > u_R$). Die Argumentation ist analog zu derjenigen in Abschnitt 4.5.2.

Einzelschaufel

Wir wollen nun die Kraft auf eine einzelne Schaufel zu dem Zeitpunkt bestimmen, an dem die Pelton-Schaufel voll getroffen wird. Zur Berechnung der Kraft, d. h. des Impulsstroms, müssen wir die Impulsdichten mit der Ein- bzw. Austrittsgeschwindigkeit in das Kontrollvolumen multiplizieren und über die Oberfläche A integrieren. Aus Symmetriegründen gibt es nur eine Komponente in x-Richtung, die wir aus der

---

23 Für den hier betrachteten homogenen Strahl mit konstanter Geschwindigkeit haben wir im Prinzip die Kontinuitätsgleichung verwendet, um die beiden unbekannten Querschnittsflächen der abgelenkten Teilstrahlen durch nur einen unbekannten Parameter ϵ auszudrücken. Mit der Impulsbilanz (4.66) stehen uns dann nur noch zwei Gleichungen zur Verfügung. Dies reicht aber nicht aus, um die drei Unbekannten ϵ, β und F zu bestimmen. In welchem Verhältnis ϵ der Strahl aufgeteilt wird, hängt von der Lage der Schneide relativ zum einfallenden Strahl ab. Diese Abhängigkeit können wir aber innerhalb unserer Approximation, bei der wir nur die Strömung weit weg vom Aufprall betrachten, nicht bestimmen. Man benötigt Informationen über die detaillierte Strömung nahe der Schneide. In den Fällen, in denen der Ablenkwinkel β vorgegeben ist, wie etwa beim Aufprall gegen eine schräggestellte ebene Platte, ergibt sich das Verhältnis ϵ aus dem Winkel β.

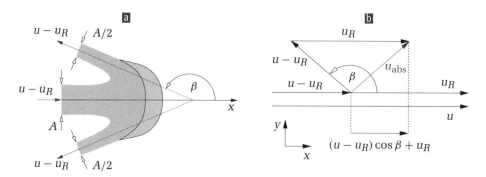

Abb. 4.15: **a** Strömung in einer Pelton-Schaufel in einem Koordinatensystem, das sich mit der Geschwindigkeit u_R mit der Schaufel mitbewegt. **b** Geschwindigkeitsvektoren im Absolutsystem.

Bilanzierung der Impulsströme durch das mitbewegte Kontrollvolumen erhalten,

$$\underbrace{-\rho A \left(u - u_R\right)^2}_{\text{ein-}} + \underbrace{2\rho\frac{A}{2}\left[\left(u - u_R\right)^2 \cos\beta\right]}_{\text{austretender Impulsstrom}} = F . \tag{4.69}$$

Daraus ergibt sich die Kraft auf die Schaufel

$$F_{\text{Schaufel}} = -F = \rho A \left(u - u_R\right)^2 \left(1 - \cos\beta\right) . \tag{4.70}$$

Und für die Leistung der Schaufel erhalten wir

$$P_{\text{Schaufel}} = F_{\text{Schaufel}} u_R = \rho A u_R \left(u - u_R\right)^2 \left(1 - \cos\beta\right) . \tag{4.71}$$

Die extremale Leistung wird für $\partial P_{\text{Schaufel}}/\partial u_R = \partial P_{\text{Schaufel}}/\partial \beta = 0$ erbracht. Diese Bedingung ist erfüllt bei einer vollständigen Strahlumkehr ($\beta = \pi$) und für die Geschwindigkeit des Pelton-Rades $u_R = u/3$.

Schaufelrad

Lester Allan Pelton
1829–1908

Da sich die Pelton-Schaufel in dieselbe Richtung bewegt wie der einfallende Strahl, die Relativgeschwindigkeit ist $u - u_R$, kann die einzelne Pelton-Schaufel nicht den gesamten Impulsstrom $\rho A u^2$ des Strahls nutzen. Wenn man aber annimmt, dass viele Schaufeln in einem quasikontinuierlichen Prozess überlappend in den Strahl eintauchen und jede Schaufel nur kurze Zeit vollständig getroffen wird, kann praktisch der gesamte einfallende Impulsstrom genutzt werden. Um das zu sehen, betrachten wir die Impulsbilanz in einem ortsfesten Koordinatensystem.

Im Absolutsystem werden die beiden symmetrischen Strahlen nicht nach hinten abgelenkt wie in ▶ Abb. 4.15**a**, sondern in Vorwärtsrichtung, was aus der Betrachtung der Geschwindigkeitsvektoren in ▶ Abb. 4.15**b** hervorgeht. Die Abbildung zeigt die grafische Berechnung des Geschwindigkeitsvektors $\boldsymbol{u}_{\text{abs}}$ des zur positiven y-Seite abgelenkten Strahls im Absolutsystem. Aus der graphischen Betrachtung erhält man die x-Komponente der Impulsdichte eines jeden der abgelenkten Strahlen als $\rho\left[(u - u_R)\cos\beta + u_R\right]$. Die eintretende Impulsdichte in x-Richtung ist ρu.

Die Querschnittsfläche der austretenden Strahlen im Laborsystem ist aber nicht $A/2$, wie im mitbewegten Koordinatensystem, so dass man zur Berechnung des gesamten Impulsstroms nicht einfach mit den Flächen multiplizieren kann. Wir können aber annehmen, dass die Impulsdichte über der Querschnittsfläche konstant ist. Dann kann man die Impulsdichten aus dem Integral ziehen und es verbleibt lediglich der Volumenstrom $\int \boldsymbol{u} \cdot d\boldsymbol{A} = uA$ für jede der relevanten Flächen. Aufgrund der Massenerhaltung muss für den gesamten ein- wie auch für den austretenden Volumenstrom gelten $\dot{V} = Au = \text{const}$. Damit erhalten wir die Bilanz für den Impulsstrom (4.64) in x-Richtung unter Beachtung der Orientierung der Flächen

$$-\rho u \overbrace{Au}^{\dot{V}} + \rho\left[(u - u_R)\cos\beta + u_R\right] \overbrace{Au}^{\dot{V}} = \rho Au(u - u_R)(\cos\beta - 1) = F \qquad (4.72)$$

$$\underbrace{\qquad\qquad}_{\text{ein-}} \underbrace{\qquad\qquad\qquad\qquad}_{\text{austretender Impulsstrom}}$$

und wir erhalten die Leistung des gesamten Pelton-Rades

$$P_{\text{Rad}} = -Fu_R = \rho Auu_R(u - u_R)(1 - \cos\beta) \ . \qquad (4.73)$$

Wenn man dies ins Verhältnis setzt zu der Leistung des einfallenden Strahls $P_{\text{Strahl}} = \dot{m}u^2/2 = \rho Au^3/2$, erhalten wir den Wirkungsgrad des Pelton-Rades

$$\eta = \frac{P_{\text{Rad}}}{P_{\text{Strahl}}} = \frac{2u_R(u - u_R)}{u^2}(1 - \cos\beta) \ . \qquad (4.74)$$

Der optimale Wirkungsgrad wird wie bei (4.71) für $\beta = \pi$ erreicht. Aus $\partial\eta/\partial u_R = 0$ folgt für den kontinuierlichen Prozess aber $u_R^{\text{opt}} = u/2$. Im optimalen Fall trifft der Strahl also mit der doppelten Geschwindigkeit des Rades auf und er wird in Rückwärtsrichtung abgelenkt. Im Absolutsystem wird der Strahl damit auf $u = 0$ abgebremst. Der optimale Wirkungsgrad im Rahmen unseres Modells ist dann $\eta = 1$. Heutige Pelton-Turbinen erreichen einen mechanischen Wirkungsgrad von ca. 92 %.

Die maximale Leistung des gesamten Pelton-Rades ist für $u = 2u_R$ gleich $P_{\text{Rad}}^{\text{max}} = 2\rho Auu_R^2 = 2\dot{m}u_R^2$ doppelt so hoch wie für die Einzelschaufel unter denselben Bedingungen (d. h. für $u = 2u_R$). Dieser Unterschied rührt daher, dass die Einzelschaufel wegen der Relativbewegung nicht den gesamten Impulsstrom nutzen kann.

4.5.4 Schub und Leistung eines Strahls

Antriebssysteme wie Propeller oder Strahlantriebe beruhen auf dem Rückstoßprinzip. Hinter ihnen findet sich ein Bereich, in dem die Geschwindigkeit erheblich höher ist als die homogene Anströmung aufgrund der Vorwärtsbewegung. Auch kann die Dichte und die Temperatur im Strahl von den Umgebungswerten abweichen. Um den Zusammenhang zwischen dem Schub und der Strömung herzustellen, nehmen wir vereinfachend an, dass der Strahl parallel ist und dass die Geschwindigkeit an der Strahlgrenze sprungartig variiert, wie in ▶ Abb. 4.16 dargestellt.

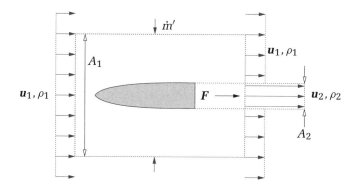

Abb. 4.16: Idealisierte Strömungsverhältnisse um einen durch Schub angetriebenen Körper.

Strahl ohne Zufuhr von Masse

Wir betrachten ein größeres Kontrollvolumen V_0 mit Oberfläche A_0 um den angetriebenen Körper und wenden die Massen- und Impulserhaltung für dieses Volumen an. Zunächst setzen wir voraus, dass der angetriebene Körper dem betrachteten Volumen keine zusätzliche Masse zuführt. Unter dieser Bedingung lautet die Massenerhaltung

$$\int_{A_0} \rho \boldsymbol{u} \cdot \mathrm{d}\boldsymbol{A} = 0 \, . \tag{4.75}$$

Nach ▸ Abb. 4.16 lauten die einzelnen Beiträge zu diesem Integral

$$-\underline{A_1 \rho_1 u_1} - \dot{m}' + A_2 \rho_2 u_2 + \underline{(A_1} - A_2)\rho_1 u_1 = -\dot{m}' + A_2 \rho_2 u_2 - A_2 \rho_1 u_1 = 0 \, . \tag{4.76}$$

Wegen der erhöhten Geschwindigkeit im Strahl muss bei konstanter Masse im Kontrollvolumen der zusätzliche Massenstrom

$$\dot{m}' = A_2 \left(\rho_2 u_2 - \rho_1 u_1 \right) \tag{4.77}$$

durch die Seitenflächen in das Kontrollvolumen eintreten.

Wenn wir wie in Abschnitt 4.5.1 beachten, dass keine Druckkräfte auf das Volumen V_0 wirken ($p_{\text{Strahl}} = p_a$), erhalten wir aus der Impulsbilanz (4.64) die Kraft auf das im Volumen V_0 befindliche Fluid (parallel zur Hauptstromrichtung)

$$F = \underline{A_1 \rho_1 u_1^2} + A_2 \rho_2 u_2^2 + \underline{(A_1} - \underline{A_2)} \rho_1 u_1^2 - \underbrace{A_2 \left(\rho_2 u_2 - \underline{\rho_1 u_1} \right) u_1}_{\dot{m}'} \, . \tag{4.78}$$

Der letzte Term ist erforderlich, da der seitliche Zustrom dem Kontrollvolumen Impuls zuführt. Der mit dem Massenstrom $\dot{m}'$ verbundene Impulsstrom ($\sim$ Kraft) ist $-\dot{m}' u_1$. Für die Kraft auf das im Volumen V_0 befindliche Fluid folgt

$$F = \underbrace{A_2 \rho_2 u_2}_{} (u_2 - u_1) = \dot{m} (u_2 - u_1) \, . \tag{4.79}$$

Hierbei ist $\dot{m} = A_2 \rho_2 u_2$ der Massenstrom des Strahls. Die Schubkraft des Strahls ist $-F$.

In analoger Weise ergibt sich die Leistung P, die dem Fluid zugeführt wird. Dazu betrachten wir die stationäre Energiegleichung unter der Annahme, dass der Druck und die Temperatur über die Oberfläche des Kontrollvolumens konstant sind und die potentielle Energie vernachlässigt werden kann. Aus (4.10) ergibt sich dann für den kinetischen Energiestrom

$$\int_{A_0} \rho \frac{u^2}{2} \, u \cdot \mathrm{d}A = P \,. \tag{4.80}$$

Die Auswertung der Integrale liefert wie oben

$$P = \underline{-A_1 u_1 \rho_1 \frac{u_1^2}{2}} + A_2 \rho_2 u_2 \frac{u_2^2}{2} + \underline{(A_1 - A_2)} \, \rho_1 u_1 \frac{u_1^2}{2} - \underbrace{A_2 \left(\rho_2 u_2 - \underline{\rho_1 u_1}\right)}_{\dot{m}'} \frac{u_1^2}{2} \,, \tag{4.81}$$

woraus mit $\dot{m} = A_2 \rho_2 u_2$ die dem Fluid zugeführte Leistung folgt

$$P = \dot{m} \left(\frac{u_2^2}{2} - \frac{u_1^2}{2} \right) \,. \tag{4.82}$$

Raketenantrieb

Bei einem Raketenantrieb (▶ Abb. 4.16) haben wir noch den zusätzlichen Massenstrom $\dot{m}_T$ zu berücksichtigen, der durch den verbrannten und ausgestoßenen Treibstoff entsteht. Daher ist der gesamte Massenstrom aus dem Kontrollvolumen positiv. Hier nehmen wir an, dass der Strahl vollständig aus dem vom Treibstoff erzeugten Massenstrom besteht, d. h. $\dot{m}_T = A_2 \rho_2 u_2$. Wenn wir berücksichtigen, dass die heißen Gase des Antriebs eine andere Dichte (ρ_2) haben als die umgebende Atmosphäre (ρ_1), so lautet die integrale Massenerhaltung für einen stationären Antrieb

$$\int_{A_0} \rho u \cdot \mathrm{d}A = \underbrace{A_2 \rho_2 u_2}_{\dot{m}_T} \,. \tag{4.83}$$

Wenn wir das Integral auf der linken Seite wie üblich auswerten, erhalten wir

$$-\underline{A_1 \rho_1 u_1} + A_2 \rho_2 u_2 + \underline{(A_1 - A_2)} \, \rho_1 u_1 - \dot{m}' = A_2 \rho_2 u_2 \,. \tag{4.84}$$

Hieraus ergibt sich der Massenstrom, der seitlich in das Kontrollvolumen eintritt

$$\dot{m}' = -A_2 \rho_1 u_1 \,. \tag{4.85}$$

Er ist negativ, da das von der Rakete verdrängte Fluid seitlich entweichen muss. Der Impulssatzes (4.64) (der Druck im Strahl sei gleich dem Umgebungsdruck p_a)

$$\int_{A_0} \rho u u \cdot \mathrm{d}A = F \tag{4.86}$$

liefert für die x-Komponente

$$-\underline{A_1 \rho_1 u_1^2} + A_2 \rho_2 u_2^2 + \underline{(A_1 - A_2)} \, \rho_1 u_1^2 + \underbrace{A_2 \rho_1 u_1}_{-\dot{m}'} u_1 = F \,. \tag{4.87}$$

Hieraus ergibt sich die Kraft auf das Kontrollvolumen

$$F = A_2 \rho_2 u_2^2 = \dot{m}_\mathrm{T} u_2 \,. \tag{4.88}$$

Das Ergebnis ist plausibel: Die Kraft auf das Fluid entspricht der Kraft der mit u_2 pro Zeit ausgestoßenen Masse.

4.5.5 Propeller und Windturbine

Die obigen Betrachtungen wollen wir jetzt auf einen Propellerantrieb und dessen Umkehrung, die Windturbine, anwenden. Ein Propeller besteht aus einer Anzahl von Rotorblättern, wobei jedes Rotorblatt wie ein Tragflügel wirkt (siehe Abschnitt 7.6.3). Dabei wird eine Kraft senkrecht zur Rotorebene und parallel zur Rotorachse erzeugt, die von der Druckdifferenz zwischen der Vorder- und der Rückseite der Rotorblätter herrührt. Diese Druckdifferenz bewirkt einen Strahl durch die Rotorebene, wodurch der Schub entsteht. Weit entfernt vom Propeller wird sich der Druck wieder völlig ausgleichen. Die Spitze eines jeden Rotorblatts erzeugt einen Spiralwirbel, der hinter dem Rotor mit der Strömung transportiert wird (▶ Abb. 4.17). Wenn die Rotorblätter dicht aneinandergereiht sind, dann bilden die von den Spitzen der Rotorblätter ausgehenden Wirbel eine zylindrische Wirbelschicht, die den Strahl von dem umgebenden Fluid separiert.[24]

Für die Analyse verwenden wir ein Koordinatensystem, das fest mit der Rotorachse verbunden ist. Außerdem wählen wir ein Kontrollvolumen mit der Oberfläche A_0 um den Rotor herum, das hinreichend weit vom Rotor entfernt ist, so dass der Druck $p = p_a$ dort konstant ist (▶ Abb. 4.18).

Wir werden nun eine Idealisierung des Propellers betrachten, die auch als das *Rankine-Modell* des Propellers bekannt ist. Dazu nehmen wir an, dass der Rotor

---

24 In einer reibungsfreien Strömung können Fluidmassen mit unterschiedlicher Geschwindigkeit aneinander entlanggleiten. Dann nimmt die Tangentialgeschwindigkeit auf beiden Seiten der Trennfläche unterschiedliche Werte an. Eine solche Fläche nennt man Wirbelschicht.

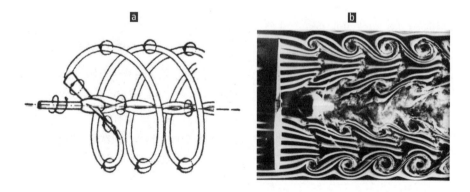

Abb. 4.17: Wirbelstruktur der Strömung hinter einem Propeller. ⓐ zeigt eine Prinzipskizze von Prandtl (1960) und ⓑ die Visualisierung der Strömung mittels Rauch in einen Schnitt parallel zur Rotorachse (Aufnahme: F. N. M. Brown, mit freundlicher Genehmigung von T. J. Mueller, University of Notre Dame, siehe auch Brown (1971) und Van Dyke (1982)). Die Geschwindigkeit in der Propellerebene beträgt 15 m/s; die Rotationsgeschwindigkeit des Propellers ist $4080 \, \mathrm{min}^{-1}$.

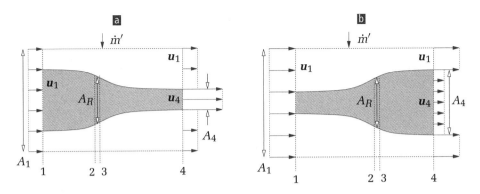

Abb. 4.18: Strömungsverhältnisse beim Propeller **a** und bei der Windturbine **b**. Die Stromlinien sind in hellblau gezeichnet.

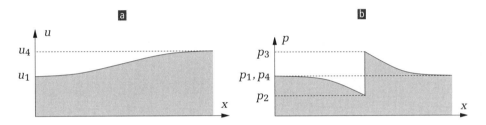

Abb. 4.19: Geschwindigkeits- **a** und Druckverlauf **b** entlang der verlängerten Rotorachse x eines Propellers.

aus einer sehr großen Anzahl dicht angeordneter Rotorblätter besteht. Dann kann man eine effektive zirkulare Rotorfläche A_R definieren, an welcher der Druck einen Sprung macht. Weiter nehmen wir an, dass wir das Fluid als inkompressibel betrachten können ($\rho = $ const.), was bei hinreichend langsamen Strömungen erlaubt ist. Aus Kontinuitätsgründen muss dann die Geschwindigkeit durch die Rotorfläche stetig sein (► Abb. 4.19). In unserer Idealisierung bleibt die Rotation des Strahls allerdings unberücksichtigt. Die Stromlinien, die die Strahlgrenze bilden, sind in ► Abb. 4.18 blau eingezeichnet.

Zunächst wenden wir die Massenerhaltung an. Danach muss der Massenstrom $\dot{m}$ des Strahls durch den Propeller bzw. Rotor (blaue Stromlinien in ► Abb. 4.18) konstant sein

$$\dot{m} = A_R \rho u_2 = A_R \rho u_3 = A_4 \rho u_4 \, . \tag{4.89}$$

Insbesondere muss die Geschwindigkeit unmittelbar vor und hinter der Rotorebene kontinuierlich sein: $u_2 = u_3$.

Die vom Propeller/Rotor ausgeübte Kraft auf das Fluid (bzw. mit anderem Vorzeichen die auf ihn wirkende Kraft) ergibt sich aus den Druckverhältnissen unmittelbar vor und hinter der Rotorfläche A_R

$$F_R = A_R(p_3 - p_2) \, . \tag{4.90}$$

Für den Propeller ist sie positiv und zeigt in Stromrichtung. Für die Windturbine ist sie negativ und zeigt entgegen der Stromrichtung. Um die Druckdifferenz $p_3 - p_2$ zu bestimmen, wenden wir die Bernoulli-Gleichung an, auf eine Stromlinie vor $(1 \to 2)$ und hinter $(3 \to 4)$ dem Propeller/Rotor. Wir erhalten

$$\rho \frac{u_3^2}{2} + p_3 = \rho \frac{u_4^2}{2} + p_4 \, , \tag{4.91a}$$

$$\rho \frac{u_2^2}{2} + p_2 = \rho \frac{u_1^2}{2} + p_1 \, . \tag{4.91b}$$

Weit weg vom Rotor, wo das Fluid in der Anströmung wie auch im Strahl parallel strömt, ist $p_1 = p_4 = p_a$. Mit $u_2 = u_3$ ergibt sich aus der Differenz beider Gleichungen

$$p_3 - p_2 = \rho \left(\frac{u_4^2}{2} - \frac{u_1^2}{2} \right) \, . \tag{4.92}$$

Aus der Druckdifferenz über die Rotorfläche können wir die Kraft des Rotors auf das Fluid (4.90) durch die Geschwindigkeiten weit vor und hinter vom Rotor ausdrücken[25]

$$F_R = (p_3 - p_2) A_R = \rho A_R \left(\frac{u_4^2}{2} - \frac{u_1^2}{2} \right) \, . \tag{4.93}$$

Alternativ können wir aus der Impulsgleichung (4.64) für ein Kontrollvolumen, an dessen Oberfläche der Druck konstant ist (gestrichelt in ▶ Abb. 4.18), einen anderen Ausdruck für die Kraft des Rotors auf das Fluid gewinnen. Nach (4.79) gilt

$$F_R = \dot{m} \, (u_4 - u_1) \stackrel{(4.89)}{=} \rho u_2 A_R \, (u_4 - u_1) \, . \tag{4.94}$$

Durch den Vergleich der Ausdrücke (4.93) und (4.94) erhalten wir die Geschwindigkeit in der Rotorebene als Mittelwert

$$u_2 = u_3 = \frac{u_4 + u_1}{2} \, . \tag{4.95}$$

Wirkungsgrad eines Propellers

Zur Bestimmung der Leistung und des Wirkungsgrades müssen wir zwischen Propeller und Windturbine unterscheiden. Die Nutzleistung des Propellers berechnet sich aus der aufgewandten Kraft des Rotors zusammen mit der Fortbewegungsgeschwindigkeit

$$P_{\text{Propeller}} = F_R u_1 \stackrel{(4.79)}{=} \dot{m} \, (u_4 - u_1) \, u_1 \, . \tag{4.96}$$

Diese Nutzleistung müssen wir ins Verhältnis zur Leistung $P = u_2 F_R$ setzen, die dem Fluid zugeführt wird (siehe auch (4.82)),

$$P = u_2 F_R \stackrel{(4.93)}{=} \underbrace{\rho u_2 A_R}_{\dot{m}} \left(\frac{u_4^2}{2} - \frac{u_1^2}{2} \right) \, . \tag{4.97}$$

Die gesamte Leistung entspricht also dem gesamten Massenstrom des Strahls $\dot{m}$ mal dem Gewinn (Propeller) oder Verlust (Turbine) an kinetischer Energie pro Masse im Strahl.

---

25 Die Schubkraft des Strahls ist betragsmäßig gleich der Kraft F_R des Rotors auf das Fluid.

Damit erhalten wir den theoretischen Wirkungsgrad des Propellers

$$\eta = \frac{P_{\text{Propeller}}}{P} = \frac{\dot{m}\,(u_4 - u_1)\,u_1}{\dot{m}\,\left(u_4^2/2 - u_1^2/2\right)} = \frac{2u_1}{u_4 + u_1} = \frac{2}{1 + u_4/u_1}\,. \tag{4.98}$$

Der Wirkungsgrad ist also umso höher, je geringer die Geschwindigkeitserhöhung im Strahl ist. Prandtl (1960) drückte dies so aus: *Es gilt also, tunlichst große Massen zu erfassen und diesen eine kleine Geschwindigkeit zu erteilen. ...Dazu muss der Rotordurchmesser groß sein.*[26] Dem sind aber relativ enge Grenzen gesetzt, da die Geschwindigkeit der Spitzen der Rotorblätter unterhalb der Schallgeschwindigkeit bleiben soll. Außerdem werden die Kräfte auf die Rotorblätter mit wachsendem Durchmesser größer. Hinzu kommen eine Verringerung des Wirkungsgrads durch Reibungseffekte und die Rotation der Strömung hinter dem Propeller, die hier unberücksichtigt blieb.

Wirkungsgrad einer Windturbine

Die Turbinenleistung ist die Leistung, die der Strömung im Kontrollvolumen entzogen wird,

$$P_{\text{Turbine}} = -P \overset{(4.97)}{=} A_R \rho u_2 \left(\frac{u_1^2}{2} - \frac{u_4^2}{2}\right)\,. \tag{4.99}$$

Mit (4.95) gilt $u_4 = 2u_2 - u_1$ und damit

$$u_1^2 - u_4^2 = u_1^2 - (2u_2 - u_1)^2 = 4u_1 u_2 - 4u_2^2 = 4u_1 u_2 \left(1 - \frac{u_2}{u_1}\right)\,. \tag{4.100}$$

Eingesetzt ergibt sich die Leistung der Turbine

$$P_{\text{Turbine}} = 2A_R \rho u_1 u_2^2 \left(1 - \frac{u_2}{u_1}\right) = 2A_R \rho u_1^3 \left(\frac{u_2}{u_1}\right)^2 \left(1 - \frac{u_2}{u_1}\right)\,. \tag{4.101}$$

Der Wirkungsgrad ist das Verhältnis der Turbinenleistung P_{Turbine} zu derjenigen Leistung des Fluids, die sich ergeben würde, wenn das Fluid bei Abwesenheit des Rotors ungestört durch die fiktive Rotorfläche strömen würde. Diese Leistung ist $P = A_R \rho u_1^3/2$. Damit erhalten wir

$$\eta = \frac{P_{\text{Turbine}}}{P} = 4\left(\frac{u_2}{u_1}\right)^2 \left(1 - \frac{u_2}{u_1}\right)\,. \tag{4.102}$$

Die Bedingung für ein Maximum des Wirkungsgrads ist also identisch mit derjenigen für eine maximale Turbinenleistung. Das Maximum[27] liegt bei $u_2/u_1 = 2/3$. Damit ist

$$\eta_{\max} = \frac{16}{27} \approx 60\,\%\,. \tag{4.103}$$

---

[26] Dies ist auch der Grund, warum bei zivilen Strahltriebwerken heute ein hohes Nebenstromverhältnis angestrebt wird, wodurch ein möglichst großer Luftmassenstrom relativ langsam vom Triebwerk ausgestoßen wird.

[27] Es ist

$$f'(x) = \left[x^2\,(1 - x)\right]' = \left[x^2 - x^3\right]' = 2x - 3x^2 = 0\,, \quad \text{falls} \quad x = 0,\ \frac{2}{3}\,.$$

Die maximale Turbinenleistung

$$P_{\text{Turbine}}^{\max} = P_{\text{Turbine}}\left(\frac{u_2}{u_1} = \frac{2}{3}\right) = \frac{8}{27} A_R \rho u_1^3 \qquad (4.104)$$

steigt mit der dritten Potenz der Anströmgeschwindigkeit an. Dieses Resultat gilt für eine frei laufende Turbine, nicht für eine Mantelturbine. Aufgrund der Reibung entfällt bei einer Mantelturbine ein erheblicher Teil der Kraftwirkung auf den Mantel selbst.

4.5.6 Turbinen und Pumpen

Turbinen sind Strömungsmaschinen, bei denen der Impulsstrom von Fluiden in ein nutzbares Drehmoment umgewandelt wird. Bei inkompressiblen Strömungen spricht man von *hydraulischen Strömungsmaschinen*, bei kompressiblen Strömungen von *thermischen Strömungsmaschinen*. Einige Grundlagen der Strömungsmaschinen sollen anhand einer Radialrad-Wasserturbine erläutert werden.

Wasserturbinen

Bei Wasserkraftmaschinen wird die potentielle Energie des Wassers mit einer Energiedichte (Energie pro Masse) gH genutzt, um Leistung an der Welle einer Turbine zu erbringen. Bei *Gleichdruckturbinen* wird dabei die potentielle Energie vollständig in kinetische Energie umgesetzt, bevor das Wasser in die Turbine eintritt. Ein Beispiel hierfür ist die Pelton-Turbine (siehe Abschnitt 4.5.3). Zur Minimierung der Reibung wird dabei auch Luft durch die Schaufelräder geführt, so dass nur die Vorderseite der Schaufeln mit Wasser überströmt wird. Bei *Überdruckturbinen* wird nur ein geringer Teil der potentiellen Energie vor der Turbine in kinetische Energie umgesetzt. Das Wasser tritt nach dem Verlassen einer Leitvorrichtung mit einem erheblichen Überdruck und ohne Luft in das Schaufelrad ein. Der verbleibende Teil der potentiellen Energie wird erst in den sich verengenden Kanälen der Turbine in kinetische Energie umgesetzt.

Als Beispiel betrachten wir den in ▸ Abb. 4.20 dargestellten Schnitt durch eine Idealisierung des Radialrads einer Überdruckturbine. Wir gehen davon aus, dass die Schaufeln sehr dicht aneinandergereiht sind, so dass die Geschwindigkeitsverteilung des Wassers axisymmetrisch ist und der Richtungsvektor der Geschwindigkeit nahezu tangential zu den Turbinenschaufeln.[28] Außerdem berücksichtigen wir nur die zweidimensionale Bewegung parallel zur Ebene des Rades. Die axiale Ausströmung soll im folgenden vernachlässigt werden. Das Schaufelrad rotiere mit der Winkelgeschwindigkeit $\boldsymbol{\omega} = \omega \boldsymbol{e}_z$. Dann ist die Umfangsgeschwindigkeit $\boldsymbol{u} = \boldsymbol{\omega} \times \boldsymbol{r}$.

Das Wasser tritt von außen kommend bei $r = r_1$ mit der Absolutgeschwindigkeit $\boldsymbol{c}_1$ in das Schaufelrad ein. Relativ zum Schaufelrad ist die Einströmgeschwindigkeit $\boldsymbol{w}_1 = \boldsymbol{c}_1 - \boldsymbol{u}_1$. Diese Relativgeschwindigkeit ist nahezu tangential zu den Schaufelrädern. Dasselbe gilt für die relative Austrittsgeschwindigkeit $\boldsymbol{w}_2 = \boldsymbol{c}_2 - \boldsymbol{u}_2$ bei $r = r_2$ (nicht in ▸ Abb. 4.20 dargestellt).

---

28 In Realität gibt es Abweichungen zwischen den Richtungen, mit denen das Fluid ein- bzw. ausströmt, und den Tangenten an die Schaufeln. Tatsächlich wird die Flüssigkeit weniger abgelenkt, als man es von der Ausrichtung der Schaufeln erwarten würde, denn man muss die Schaufeln als Flügel betrachten. Darüber hinaus beeinflussen sich die Schaufeln auch noch gegenseitig.

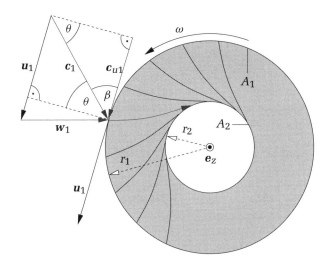

Abb. 4.20: Strömung durch das Schaufelgitter einer Überdruckturbine. Im mitrotierenden System strömt das Fluid mit der Geschwindigkeit w_1 ungefähr tangential zu den Schaufeln. Die absolute Geschwindigkeit $c_1 = w_1 + u_1$ ergibt sich durch Addition der Umfangsgeschwindigkeit u_1. Beachte, dass nur die radiale Bewegung gezeigt ist. Bei der Francis-Turbine (siehe ▶ Abb. 4.22**b**) erfolgt zusätzlich eine Umlenkung in axialer Richtung (aus der gezeigten Ebene heraus).

Aufgrund der Massenerhaltung (4.3) muss der Durchfluß (Masse/Zeit) durch alle konzentrischen zylindrischen Oberflächen gleich sein

$$\dot{m} = -\rho_1 A_1 c_1 \cdot e_r = -\rho_2 A_2 c_2 \cdot e_r > 0 \,, \qquad (4.105)$$

wobei A_i die zylindrischen Flächen des Ein- und Austritts sind und e_r der radiale Einheitsvektor.

Um das am Schaufelrad angreifende Drehmoment zu berechnen, wenden wir die Drehimpuls- oder auch Drallerhaltung (3.29) an, wobei wir als Kontrollvolumen das annulare Gebiet zwischen der Eintrittsfläche ins Schaufelrad A_1 und der Austrittsfläche A_2 wählen (grau in ▶ Abb. 4.20). Die Dichte des Drehimpulses (Dralls) ist

$$\rho \boldsymbol{r} \times \boldsymbol{c} = \rho r \underbrace{c \sin\theta}\, \boldsymbol{e}_z = \rho r \underbrace{c \cos\beta}_{c_u}\, \boldsymbol{e}_z = \rho r c_u \boldsymbol{e}_z \,, \qquad (4.106)$$

wobei $\theta = \angle(-\boldsymbol{r}, \boldsymbol{c})$ der von $-\boldsymbol{r}$ und $\boldsymbol{c}$ eingeschlossene Winkel ist und $\beta = \angle(\boldsymbol{c}, \boldsymbol{e}_\varphi)$ derjenige, den $\boldsymbol{c}$ mit der Bewegungsrichtung des Rades (Tangentialvektor $\boldsymbol{e}_\varphi$) einschließt. Für die Drehmomente relevant sind natürlich genau die tangentialen Komponenten $c_{u_i} = c_i \cos\beta_i$ der Absolutgeschwindigkeiten $\boldsymbol{c}_j$. Nach (3.29) ist das gesamte vom Rad auf die Flüssigkeit wirkende Drehmoment im stationären Betrieb ($\partial/\partial t = 0$) gegeben durch

$$\boldsymbol{M}' = \underbrace{[r_1 c_{u_1} \overbrace{(\rho_1 \boldsymbol{c}_1 \cdot \boldsymbol{e}_r A_1)}^{-\dot{m}} + r_2 c_{u_2} \overbrace{(-\rho_2 \boldsymbol{c}_2 \cdot \boldsymbol{e}_r A_2)}^{\dot{m}}] \boldsymbol{e}_z}_{\int_{A_0} \rho (\boldsymbol{r} \times \boldsymbol{c}) \boldsymbol{c} \cdot d\boldsymbol{A}} = \dot{m} \left(r_2 c_{u_2} - r_1 c_{u_1} \right) \boldsymbol{e}_z \,. \quad (4.107)$$

Das Minuszeichen ergibt sich aus der Orientierung der Flächen $\mathrm{d}\boldsymbol{A}_1 = \boldsymbol{e}_r\,\mathrm{d}A_1$ und $\mathrm{d}\boldsymbol{A}_2 = -\boldsymbol{e}_r\,\mathrm{d}A_2$. Im stationären Zustand erhalten wir damit das Drehmoment $\boldsymbol{M} = -\boldsymbol{M}'$, das die Flüssigkeit auf das Schaufelrad ausübt, als

$$\boldsymbol{M} = \dot{m}\left(r_1 c_{u_1} - r_2 c_{u_2}\right)\boldsymbol{e}_z = \dot{m}\left(r_1 c_1 \cos\beta_1 - r_2 c_2 \cos\beta_2\right)\boldsymbol{e}_z\,. \tag{4.108}$$

Es ist gleich der Differenz der Drallströme zwischen den Seiten 1 und 2. Die Nutzleistung des Turbinenrades erhalten wir aus[29]

$$P = \boldsymbol{\omega}\cdot\boldsymbol{M} = \dot{m}\omega\left(r_1 c_{u_1} - r_2 c_{u_2}\right) = \dot{m}\left(u_1 c_{u_1} - u_2 c_{u_2}\right)\,. \tag{4.109}$$

Dies ist die *Turbinengleichung von Euler*. Nach Möglichkeit werden Strömungsmaschinen so ausgelegt, dass der Drall auf der Abströmseite verschwindet. Dann ist $(c_{u_2} = 0)$ bzw. $\beta_2 = \pi/2$ und es gilt

$$P = \dot{m}u_1 c_1 \cos\beta_1\,. \tag{4.110}$$

Die gesamte Leistung der potentiellen Energie ist $P_0 = \dot{m}gH$. Deshalb definiert man den *hydraulischen Wirkungsgrad* als das Verhältnis

$$\eta_{\text{Turbine}} = \frac{P}{P_0} = \frac{u_1 c_{u_1} - u_2 c_{u_2}}{gH}\,. \tag{4.111}$$

Die Leistung, die dem Fluid von der Turbine entnommen wird, kann auch vollständig durch die drei Geschwindigkeiten $\boldsymbol{c}$ (Absolutgeschwindigkeit), $\boldsymbol{u}$ (Umfangsgeschwindigkeit) und $\boldsymbol{w}$ (Relativgeschwindigkeit) ausgedrückt werden. Dazu beachte

$$\boldsymbol{w}^2 = (\boldsymbol{c} - \boldsymbol{u})^2 = c^2 + u^2 - 2\boldsymbol{c}\cdot\boldsymbol{u} = c^2 + u^2 - 2u\underbrace{c\cos\beta}_{c_u}\,. \tag{4.112}$$

James Bicheno
Francis
1815–1892

Es folgt

$$uc_u = \frac{c^2 + u^2 - w^2}{2}\,. \tag{4.113}$$

Aus der Eulerschen Turbinengleichung (4.109) wird damit[30]

$$P = \frac{\dot{m}}{2}\left[\left(c_1^2 - c_2^2\right) + \left(u_1^2 - u_2^2\right) - \left(w_1^2 - w_2^2\right)\right]\,. \tag{4.114}$$

Hieran sieht man, dass die Leistung der Turbine nicht nur von der Änderungsrate der kinetischen Energie $\dot{m}\left(c_1^2 - c_2^2\right)/2$ abhängt. Denn es ist auch noch die Druckenergie zu berücksichtigen. Für inkompressible Strömungen können wir die Bernoulli-Gleichung (4.21) zur Berechnung der Drücke verwenden, denn sie beschreibt ja die Erhaltung der *mechani-*

---

29 Entsprechend $P = \boldsymbol{u}\cdot\boldsymbol{F}$.

30 Bei Abwesenheit von Reibungsverlusten und bei vollständiger Umsetzung der potentiellen Energie ist $P/\dot{m} = P_0/\dot{m} = gH$, also $\eta = 1$. Dann gilt für die potentielle Energie pro Masse
$$2gH = \left(c_1^2 - c_2^2\right) + \left(u_1^2 - u_2^2\right) - \left(w_1^2 - w_2^2\right)\,.$$

schen Energie. Wir müssen lediglich einen weiteren Term einführen, der die Energieabgabe an das Turbinenrad berücksichtigt. Mit der vom Turbinenrad entnommenen Energie pro Masse $q = P/\dot{m}$ erhalten wir so

$$\frac{c_1^2}{2} + \frac{p_1}{\rho} + gz_1 = \frac{c_2^2}{2} + \frac{p_2}{\rho} + gz_2 + \frac{P}{\dot{m}} \, . \tag{4.115}$$

Unter Verwendung von (4.114) ergibt sich daraus

$$\frac{w_1^2}{2} - \frac{u_1^2}{2} + \frac{p_1}{\rho} + gz_1 = \frac{w_2^2}{2} - \frac{u_2^2}{2} + \frac{p_2}{\rho} + gz_2 \, , \tag{4.116}$$

eine Beziehung zwischen den Drücken, den Umfangsgeschwindigkeiten u_i und den Ein- bzw. Austrittsgeschwindigkeiten w_i im mitrotierenden System.

Aufgrund der Strömungsverhältnisse haben bei gleichem Gefälle H Gleichdruckturbinen eine geringere Umfangsgeschwindigkeit als Überdruckturbinen. Daher kommen Gleichdruckturbinen (Pelton-Turbinen) vor allem bei hohem Gefälle zur Anwendung (siehe ▶ Abb. 4.21). Bei mittlerem bis geringem Gefälle werden in der Regel Überdruckturbinen eingesetzt. Für mittleres Gefälle eignet sich vor allem die Francis-Turbine. Um eine hinreichend hohe Drehzahl realisieren zu können, wird bei geringem Gefälle die axial durchströmte Kaplan-Turbine verwendet. Alle oben gemachten Betrachtungen können ohne formale Änderungen auch auf Axialräder übertragen werden. Einige Laufräder sind in ▶ Abb. 4.22 gezeigt.

Viktor Kaplan
1876–1934

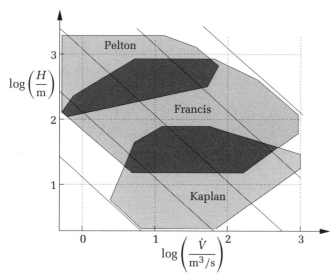

Abb. 4.21: Einsatzbereiche der verschiedenen Turbinentypen als Funktion der Fallhöhe (in m) und des Volumenstroms (in m³/s). Die Diagonalen sind Linien konstanter Leistung von 0.1, 1, 10, 10^2 und 10^3 MW (von links unten nach rechts oben).

Abb. 4.22: **a** Doppel-Pelton-Rad für Gleichdruckturbinen. **b** Francis-Rad für Überdruckturbinen. Hierbei tritt das Wasser seitlich in das Laufrad ein und verläßt es in axialer Richtung auf der Seite, die man auch im Bild sieht. **c** Kaplan-Rad für axiale Durchströmung beim Einbau. Mit freundlicher Genehmigung von *Andritz VA Tech Hydro* (a,b) und *Litostroj E. I.* (c).

Pumpen

Eine Pumpe ist gewissermaßen die Umkehrung einer Turbine. Eine Francis-Turbine kann zum Beispiel auch als Pumpe eingesetzt werden, was oft in Pumpspeicherkraftwerken ausgenutzt wird.

Bei Zentrifugalpumpen strömt die Flüssigkeit von innen in das Flügelrad ein und wir nach außen geschleudert. Wenn man nun die innere zylindrische Eintrittsfläche mit A_1 und die äußere mit A_2 bezeichnet und die Umkehr der Strömungsrichtung beachtet, dann erhält man für das Drehmoment M', das auf das Fluid ausgeübt wird, wieder genau (4.107). Die zum Pumpen erforderliche Leistung lautet deshalb

$$P_{\text{Pumpe}} = \omega \cdot M' = \dot{m}\omega\left(r_2 c_{u_2} - r_1 c_{u_1}\right) = \dot{m}\left(u_2 c_{u_2} - u_1 c_{u_1}\right) . \tag{4.117}$$

Der Wirkungsgrad einer Pumpe ist das Verhältnis von erzielter (P_0) zur aufgewandten Leistung (P_{Pumpe}). Die erzielte Leistung läßt sich durch die pro Zeit auf die Höhe H gebrachte Masse ausdrücken; sie ist $P_0 = \dot{m}gH$. Damit lautet der *Pumpenwirkungsgrad*

$$\eta_{\text{Pumpe}} = \frac{P_0}{P_{\text{Pumpe}}} = \frac{gH}{u_2 c_{u_2} - u_1 c_{u_1}} . \tag{4.118}$$

Die zum Pumpen erforderliche Leistung läßt sich damit schreiben als

$$P_{\text{Pumpe}} = \frac{P_0}{\eta_{\text{Pumpe}}} = \frac{\dot{m}gH}{\eta_{\text{Pumpe}}} . \tag{4.119}$$

Im Vergleich zur Leistung der Turbine (siehe (4.111))

$$P_{\text{Turbine}} = P_0 \eta_{\text{Turbine}} = \dot{m}gH\eta_{\text{Turbine}} \tag{4.120}$$

geht der Wirkungsgrad umgekehrt proportional ein.

Kompressible Strömungen

Für kompressible Strömungen müssen wir anstelle der Bernoulli-Gleichung (4.115) die Energiegleichung (4.12) verwenden. Bei Berücksichtigung der von der Turbine entnommenen Energie pro Masse $P/\dot{m}$ erhalten wir

$$\frac{c_1^2}{2} + h_1 + gz_1 = \frac{c_2^2}{2} + h_2 + gz_2 + \frac{P}{\dot{m}} \, . \tag{4.121}$$

Mit der Abkürzung für die pro Masse entnommene Energie $q = P/\dot{m}$ können wir schreiben

$$q = \underbrace{\left(\frac{c_1^2}{2} + h_1 \right)}_{h_{10}} - \underbrace{\left(\frac{c_2^2}{2} + h_2 \right)}_{h_{20}} + \underbrace{g \, (z_1 - z_2)}_{\approx 0} \, , \tag{4.122}$$

was man unter Verwendung der Ruhe-Enthalpien h_{10} und h_{20} schreiben kann als

$$\frac{q}{g} = \frac{h_{10} - h_{20}}{g} = H_i \, . \tag{4.123}$$

Hierbei ist H_i die der entnommenen Energie pro Masse entsprechende genutzte Höhe. Sie setzt sich zusammen aus einem Anteil $(c_1^2 - c_2^2)/2g$, der aus der kinetischen Energie stammt, und einem Anteil $(h_1 - h_2)/g$, der durch die Änderung der Enthalpie bedingt ist.

Aufgrund von Reibung entstehen in der Turbine Verluste, die mit einer Temperaturerhöhung des Fluids verbunden sind. Daher schreibt man die tatsächlich nutzbare Höhe (mit inneren Verlusten) als $H_i = \eta_i H_{is}$, wobei H_{is} die Höhe ist, die man nutzen könnte, wenn die Zustandsänderung zwischen den Zuständen 1 und 2 adiabatisch verlaufen würde (ohne innere Verluste). η_i ist hier der *innere Wirkungsgrad*. Damit reduziert sich die im idealen Fall erzielbare Leistung $\dot{m}gH_{is}$ auf die effektive Leistung

$$P^{\text{eff}}_{\text{Turbine}} = \eta_{\text{mech}} \dot{m}gH_i = \underbrace{\eta_{\text{mech}}\eta_i}_{\eta_{\text{ges}}} \dot{m}gH_{is} \tag{4.124}$$

mit dem *mechanischen* und dem *gesamten Wirkungsgrad* η_{mech} und η_{ges}.

In analoger Weise kann man die Wirkungsgrade für Kompressoren (Pumpen für kompressible Fluide) definieren. Dann ist

$$P^{\text{eff}}_{\text{Kompressor}} = \frac{\dot{m}gH_i}{\eta_{\text{mech}}} = \frac{\dot{m}gH_{is}}{\eta_{\text{mech}}\eta_i} = \frac{\dot{m}gH_{is}}{\eta_{\text{ges}}} \tag{4.125}$$

die Leistung, die zum Erzielen der äquivalenten adiabatischen Nutzleistung von $\dot{m}gH_{is}$ benötigt wird.

Zusammenfassung

Eine Integration der differentiellen Erhaltungsgleichungen für Masse, Impuls und Energie über das Volumen eines Abschnitts eines Stromfadens erlaubt es, die Erhaltungsgleichungen in Form algebraischer Relationen für die Variation der mittleren Größen u, ρ, p, T und der Querschnittsfläche A anzugeben. (Abschnitt 4.1)

Die Euler-Gleichung kann man im Fall einer stationären Strömung entlang einer beliebigen Stromlinie integrieren. Aus der differentiellen Impulsbilanz eines inkompressiblen Fluids erhält man so eine exakte Energiegleichung pro Masse, die Bernoulli-Gleichung. Sie gibt an, wie sich die mechanische Energie (Summe aus der kinetischen, potentiellen und Druck-Energie) entlang einer Stromlinie einer stationären Strömung ändert. Damit läßt sich beispielsweise die räumliche Änderung der Strömungsgeschwindigkeit mit Hilfe von Druckmessungen bestimmen. Auch das Ausfließen aus Behältern kann in verschiedenen Näherungen berechnet werden. (Abschnitte 4.2.1, 4.2.2, 4.3.5)

Wenn man die stationäre Euler-Gleichung senkrecht zu den Stromlinien integriert, ergibt sich ein Gleichgewicht zwischen der Zentrifugalkraftdichte und der Druckkraftdichte senkrecht zur Strömungsrichtung. Diese Relation stellt einen wichtigen Zusammenhang zwischen der Stromlinienkrümmung und dem senkrechten Druckgradienten her. (Abschnitt 4.2.3)

An Hand verschiedener Beispiele mit Schwerpunkt auf isothermen Strömungen in Turbinen-Modellen wird die Anwendung der integralen Impulserhaltung für geeignet gewählte Kontrollvolumina gezeigt. Mit Kenntnis des Drucks und der Geschwindigkeitsverteilung an der Oberfläche des jeweiligen Kontrollvolumens lassen sich die auf das Volumen einwirkenden Kräfte berechnen. (Abschnitt 4.5)

Aufgaben

Aufgabe 4.1: Senkrechter Ausfluß aus einem Behälter

Ein Flüssigkeitsstrahl strömt unter dem Einfluß der Erdschwere senkrecht und reibungsfrei durch eine Öffnung mit der geometrischen Querschnittsfläche A_0 aus einem Behälter, dessen Füllstand h konstant gehalten wird. Berechne die Querschnittsfläche $A(x)$ eines Strahls als Funktion des Abstands von der Behälteröffnung x, wobei der Umgebungsdruck p_a konstant sei und unter der Annahme, dass Kapillarkräfte und Strahlkontraktion vernachlässigbar sind (▶ Abb. 4.23).

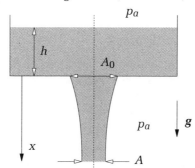

Abb. 4.23: Stationärer senkrechter Ausfluß.

Aufgabe 4.2: Ausströmen mit Hebeleitung

Aus einem Behälter mit konstantem Füllstand strömt eine inkompressible Flüssigkeit aus einer Öffnung aus, die um die Höhe H unterhalb des Flüssigkeitsspiegels liegt (▶ Abb. 4.24). Zur Erhöhung der Strömungsgeschwindigkeit wurde der Rohrdurch-

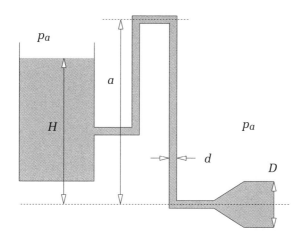

Abb. 4.24: Ausfluß aus einem Behälter mit Hebung der Leitung und Erweiterung der Ausflußöffnung.

messer d am Ende der Leitung auf den Durchmesser D erweitert. Sämtliche Verluste (Ein- und Austritt, Reibung, Umlenkung) sind zu vernachlässigen.

a) Wie groß ist die Ausflußgeschwindigkeit?

b) Wie groß ist die Strömungsgeschwindigkeit in der Leitung mit Durchmesser d?

c) An welcher Stelle der Rohrleitung wird der Druck minimal?

d) Wie groß darf die Diffusoröffnung sein, wenn der minimale Druck nicht unter den Wert p_{min} absinken soll?

e) Wie groß ist dann der Volumenstrom?

f) Wie groß ist damit die maximale Geschwindigkeit in der Rohrleitung?

Aufgabe 4.3: Wasserstrahlpumpe

Mit einer Wasserstrahlpumpe (▶ Abb. 4.25) soll Wasser mit Dichte $\rho = $ const. aus einem großen Behälter gepumpt werden. Das äußere Rohr der Pumpe habe eine Querschnittsfläche A_0 und das Saugrohr eine Querschnittsfläche $A_2 = nA_0$, $n \in [0,1]$. Betrachten Sie einen reibungsfreien und quasistationären Prozess.

a) Wie hängt die mittlere Geschwindigkeit u_0 an der Stelle x_0 mit den Geschwindigkeiten u_1 und u_2 an der Stelle x_1 zusammen?

b) Berechnen Sie den Unterdruck $(p_1 - p_0)/\rho$ an der Saugstelle x_1 mit Hilfe der x-Komponente der integralen Impulsbilanz. Eliminieren Sie u_0 mit Hilfe von Ergebnis a).

c) Welchen Unterdruck erhält man im Falle $u_2 = 0$ (keine Rückströmung)? Für welches Flächenverhältnis n_{opt} erhält man dann den maximalen Unterdruck?

d) Bis zu welcher Höhe kann man für n_{opt} Wasser abpumpen?

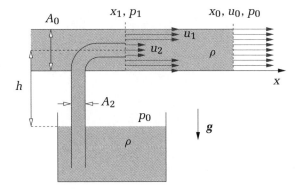

Abb. 4.25: Strömung in einer Strahlpumpe, die Fluid aus einem tiefer gelegenen Reservoir abpumpt.

Aufgabe 4.4: Instationäre Ausströmung

Ein inkompressibles Fluid ströme aus einer kleinen Öffnung mit Querschnitt A_1 in einem anfänglich bis zur Höhe h gefüllten zylindrischen Behälter mit Querschnittsfläche A_1 (▶ Abb. 4.26). Die Höhe z des Füllstandes sinkt im Laufe des Ausfließens

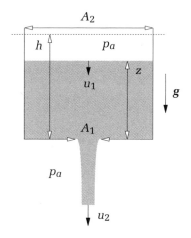

Abb. 4.26: Instationäre Ausströmung aus einem Behälter.

bis auf Null ab. Der Umgebungsdruck p_a möge konstant sein und die Kontraktionsziffer sei μ. Bei diesem instationären Problem ist im Prinzip die Zeitabhängigkeit der Strömung zu berücksichtigen. Es können jedoch verschiedene Näherungen gemacht werden.

a) Wie lautet die Kontinuitätsgleichung für die beiden Geschwindigkeiten u_1 und u_2?

b) Berechne den Zeitverlauf von $z(t)$ unter der Annahme, dass sich zu jedem Zeitpunkt instantan die Torricelli-Geschwindigkeit einstellt. Diese Näherung wird quasistationär genannt. Verwenden Sie das Ergebnis von Teilaufgabe (a).

c) Die obige Näherung hat den Defekt, dass die Strömung zum Zeitpunkt $t = 0$ schon mit einer endlichen Geschwindigkeit strömt, was unrealistisch ist. Eine bessere Näherung besteht darin, eine zeitabhängige Bernoulli-Gleichung durch Integration von (4.18) zu verwenden. Wie lautet diese zeitabhängige Bernoulli-Gleichung hier?

d) Zur Approximation des instationären Terms könne Sie annehmen, dass die Geschwindigkeit u entlang einer in dem Behälter liegenden Stromlinie identisch ist mit u_1 (siehe Auch Abschnitt 4.3.5). Schreiben Sie die Bernoulli-Gleichung unter Verwendung von

$$\frac{du_1}{dt} = \frac{dz}{dt}\frac{du_1}{dz} = -u_1\frac{du_1}{dz} = -\frac{1}{2}\frac{du_1^2}{dz} \tag{4.126}$$

als eine Differentialgleichung in z für u_1^2. Zeigen Sie, dass diese Differentialgleichung lautet

$$\frac{du_1^2}{dz} - K\frac{u_1^2}{z} = -2g\,, \tag{4.127}$$

mit der Abkürzung

$$K = \left[\left(\frac{A_1}{\mu A_2}\right)^2 - 1\right]. \tag{4.128}$$

e) Zur Lösung der inhomogenen Differentialgleichung für u_1^2 suchen Sie zunächst eine Lösung u_{hom} des homogenen Problems

$$\frac{du_{hom}^2}{dz} - K\frac{u_{hom}^2}{z} = 0 \, , \tag{4.129}$$

mit Hilfe des Potenzansatzes

$$u_1^2 = az^\alpha \, . \tag{4.130}$$

Welche Bedingung muss α erfüllen? Verwenden Sie zur Bestimmung der partikulären Lösung wieder den Potenzansatz. Die allgemeine Lösung des inhomogenen Problems ist die Superposition der Lösung des homogenen Problems mit einer partikulären Lösung, $u_1 = u_{hom} + u_{part}$. Bestimmen Sie die verbleibende Amplitude von u_{hom} mit Hilfe der Anfangsbedingung $u_1(t = 0) = 0$ und zeigen Sie

$$u_1^2(z) = \frac{2gz}{K-1}\left[1 - \left(\frac{z}{h}\right)^{K-1}\right] . \tag{4.131}$$

f) Bestimmen Sie das Flüssigkeitsniveau z_{max}, bei dem die Ausflußgeschwindigkeit (und auch ihr Quadrat) das Maximum annimmt.

g) Wenn die Öffnung A_2 klein ist, wird das Maximum der Ausflußgeschwindigkeit schnell, d. h. schon bei einer geringen Absenkung des Flüssigkeitsniveaus, erreicht. Bestimmen Sie die relative Absenkung des Flüssigkeitsniveaus $\Delta h/h = (h - h_{max})/h$ und entwickeln Sie dieses für kleine Werte von $\epsilon = K^{-1} \ll 1$. Zeigen Sie

$$\frac{\Delta z}{h} \simeq \frac{\ln K}{K} \, . \tag{4.132}$$

Bei welcher Niveauabsenkung wird für $K = 1\,000$ die Maximalgeschwindigkeit erreicht?

h) Approximieren Sie die exakte Lösung (4.131) für $z < h - \Delta z$ und zeigen Sie, dass im Limes die quasistationäre Näherung gilt.

i) Berechnen Sie die Entleerzeit T durch formale Integration von $u_1(z) = -dz/dt$.

Aufgabe 4.5: Ebener Strahl

Ein Strahl entweicht zwischen zwei parallelen Platten in die unbegrenzte Umgebung. Weit weg vom Austritt des ebenen Strahls herrsche der Umgebungsdruck p_∞. Welche Kraft wird auf jede der beiden Platten pro Fläche ausgeübt?

Aufgabe 4.6: Stromlinien sind nicht Trajektorien

Betrachte die zweidimensionale zeitabhängige Strömung

$$u(t) = u_0 \, , \quad v(t) = ct \, , \tag{4.133}$$

wobei u_0 und c Konstanten sind.

a) Skizziere die Stromlinien zu für kleine und für große Zeiten t.

b) Berechne die Trajektorie $\mathbf{x}(t)$ für ein substantielles Fluidelement, das bei $t = 0$ am Ort $\mathbf{x}_0$ in die Strömung entlassen wurde.

c) Berechne und skizziere die Trajektorie $y[x(t)]$ des oben genannten substantiellen Fluidelements.

Aufgabe 4.7: Änderung der Zustandsgrößen im Staupunkt

Ein Flugzeug fliegt mit $u_1 = 900\,\text{km/h} = 250\,\text{m/s}$ auf niedriger Höhe ($T_1 = 270\,\text{K}$). Berechne die Temperaturerhöhung im Staupunkt (Index 0) an der Nasenspitze des Flugzeugs (isentrope Zustandsänderung, $c_p = 1004\,\text{J/(kg K)}$, $\varkappa = 1.401$). Wie groß sind die Verhältnisse p_0/p_1 und ρ_0/ρ_1?

Aufgabe 4.8: Schiefer Stoss eines Strahls

Eine inkompressible Flüssigkeit trifft in einem Strahl mit Querschnittsfläche A_0 und der Strömungsgeschwindigkeit U_0 unter einem Winkel α auf eine ebene Wand (▸ Abb. 4.27). Gravitationseffekte sollen vernachlässigt werden.

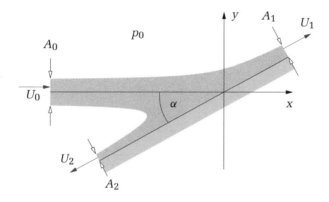

Abb. 4.27: Schräges Auftreffen eines Strahls auf eine ebene Wand.

a) Wie groß sind die Geschwindigkeiten U_1 und U_2 der beiden abgelenkten Strahlen, wenn der Umgebungsdruck p_0 konstant und die Strömung weit weg vom Auftreffbereich parallel zur Wand ist?

b) Welche Beziehung besteht zwischen beiden Querschnittsflächen der abgelenkten Strahlen?

c) Welche Bedingung zwischen den Komponenten der Kraft auf die Wand folgt aus der Tatsache, dass die Strömung reibungsfrei ist?

d) Berechne die Kraft auf die Wand in Abhängigkeit des Auftreffwinkels.

Strömungen mit und ohne Vortizität

5

ÜBERBLICK

>> Die Vortizität ist eine wichtige Eigenschaft von Wirbelströmungen. Nach Einführung der Stromfunktion und der Vortizität werden die Helmholtz-Gleichung für die Entwicklung der Vortizität sowie das Zirkulationstheorem von Kelvin abgeleitet. Inkompressible und reibungsfreie Strömungen ohne Vortizität können durch eine Potentialgleichung beschrieben werden. Der Bezug zweidimensionaler Potentialströmungen zu analytischen Funktionen einer komplexen Variablen wird hergestellt. Er liefert ein mächtiges Instrument zur Berechnung einer Vielzahl reibungsfreier, inkompressibler Strömungen. Schließlich wird die Gleichung für Oberflächenwellen auf einer reibungsfreien und inkompressiblen Flüssigkeit unter der Annahme einer verschwindenden Vortizität abgeleitet und der Einfluß von Oberflächenspannung und Tiefe der Flüssigkeitsschicht auf die Wellen erklärt. <<

In allen fluiden Medien können Strömungen in Form von *Wirbeln* auftreten. Früheste Zeugnisse sind schon in der Antike zu finden. Ein Beleg aus jüngerer Zeit sind die Wirbel in vielen Zeichnungen von Leonardo da Vinci (▶ Abb. 5.1). Einige Beispiele aus Natur und Technik wurden in ▶ Abb. 1.1 illustriert. Auch bedeutende Naturforscher wurden immer wieder in ihren Bann gezogen. So schreibt Kelvin, Lord (1880): *Crowds of exceedingly interesting cases present themselves. . . .* Bei Lamb (1932) klingt es allerdings ernüchternd: *The motion of a solid in a liquid endowed with vorticity is a problem of considerable interest, but is unfortunately not very tractable.*

Für Wirbel gibt es keine eindeutige und allgemeingültige Definition. Etwas vage könnte man einen Wirbel als eine kollektive Fluidbewegung um ein gemeinsames Zentrum bezeichnen (Lugt 1979). Die Rotationsrate eines infinitesimalen Fluidelements um sich selbst ist proportional zur *Vortizität* $\boldsymbol{\omega} := \nabla \times \boldsymbol{u}$, auch *Wirbeldichte* genannt (siehe (3.9)). Sie spielt bei der mathematischen Beschreibung von Wirbelströmungen eine zentrale Rolle. Mathematisch präziser könnte man also formulieren: Ein Wirbel ist ein begrenztes Gebiet, in dem die Vortizität konzentriert ist.

Andererseits sind gerade Strömungen ohne Vortizität von besonderem Interesse. Denn dann vereinfacht sich die mathematische Beschreibung erheblich. Falls im gesamten Raum $\boldsymbol{\omega} = 0$ ist, läßt sich das Geschwindigkeitsfeld aus einem Potential ableiten, das der Laplace- bzw. Potentialgleichung genügt. Ihre Lösungen sind bei entsprechenden Randbedingungen eindeutig und lassen sich in vielen Fällen mit analytischen Methoden in geschlossener Form darstellen.

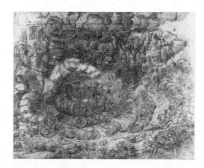

Abb. 5.1: *Die Sintflut* von Leonardo da Vinci. The Royal Collection ©2006 Her Majesty Queen Elizabeth II.

5.1 Die Stromfunktion

Unabhängig von der Vortizität ist die Stromfunktion für ebene inkompressible Strömungen eine wichtige und aufschlußreiche Größe. Wenn eine inkompressible Strömung nur von den beiden Koordinaten x und y abhängt, kann man die inkompressible Kontinuitätsgleichung (3.20) erfüllen, wenn man die Komponenten des Geschwindigkeitsvektors $\boldsymbol{u} = (u, v)^{\mathrm{T}}$ in der Form

$$u = \frac{\partial \psi}{\partial y}, \qquad v = -\frac{\partial \psi}{\partial x} \tag{5.1}$$

darstellt. Diese Gleichungen definieren eine skalare Funktion $\psi(x, y, t)$, die *Stromfunktion*. Sie ist nur bis auf eine beliebige additive Konstante festgelegt. Der Vorteil bei Verwendung der Stromfunktion liegt darin, dass die Kontinuitätsgleichung $\nabla \cdot \boldsymbol{u} = 0$ immer identisch erfüllt ist. Dies sieht man leicht, wenn man u und v aus (5.1) einsetzt.

Mit (5.1) kann man im Prinzip u und v aus der Euler-Gleichung (3.25) (oder im viskosen Fall auch aus den Navier-Stokes-Gleichungen (7.8)) zugunsten der Variablen ψ eliminieren (siehe z. B. Abschnitt 7.4.2). Als Preis zahlt man eine erhöhte Ordnung der Differentialgleichung. Vielfach ist dies jedoch von Vorteil, da man sich dann nicht mehr um die Kontinuitätsgleichung zu kümmern braucht.

Die physikalische Bedeutung der Stromfunktion für stationäre Strömungen erkennt man, wenn man das Differential entlang einer Linie $\psi = $ const. bildet,

$$0 = \mathrm{d}\psi(x, y) = \frac{\partial \psi}{\partial x}\,\mathrm{d}x + \frac{\partial \psi}{\partial y}\,\mathrm{d}y = -v\,\mathrm{d}x + u\,\mathrm{d}y\,. \tag{5.2}$$

Es folgt

$$\frac{\mathrm{d}y}{\mathrm{d}x} = \frac{v}{u}\,. \tag{5.3}$$

Die Linien $\psi = $ const. sind also immer tangential zur Geschwindigkeit. Es sind Stromlinien. Die Funktion ψ wird auch *Stokessche Stromfunktion* genannt.[1] Ein Beispiel ist in ▶ Abb. 5.2**a** gezeigt.

Die Funktion $|\nabla \psi|$ ist ein Maß für die Änderung der Stromfunktion. Dementsprechend ist die Dichte äquidistanter Isolinien von ψ ein Maß für die Strömungsgeschwindigkeit. Zum Beispiel erkennt man an der Stromliniendichte in ▶ Abb. 5.2**a**, dass die schnelle horizontale Strömung bei $y = 1$, die durch eine tangentiale Bewegung der Wand bei $y = 1$ induziert wird, in einen abwärtsgerichteten Strahl in der Nähe der rechten Wand umgelenkt wird. Die Intensität des Wandstrahls nimmt dabei mit dem Abstand von der rechten oberen Ecke ab.

Eine ähnliche Eigenschaft erhält man, wenn man $\nabla \psi$ integriert. Die Differenz der Stromfunktion zwischen zwei beliebigen Punkten 1 und 2 ergibt genau den Volumenstrom (pro Länge L in der dritten Dimension), der durch irgendeine Verbindungslinie zwischen den beiden Punkten fließt (▶ Abb. 5.2**b**). Dies sieht man folgendermaßen: Es sei $\mathrm{d}\boldsymbol{x} = (\mathrm{d}x, \mathrm{d}y)^{\mathrm{T}}$ das Linienelement tangential zur Stromlinie. Dann

---

1 Um die Kontinuitätsgleichung zu erfüllen, kann man auch andere Stromfunktionen definieren. Jedoch fallen nur die Isolinien der *Stokesschen* Stromfunktion mit den Stromlinien zusammen.

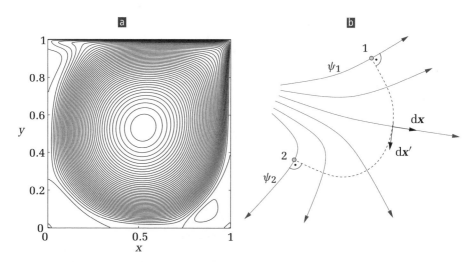

Abb. 5.2: a Beispiel für Stromlinien einer zweidimensionalen viskosen Strömung in einem quadratischen Behälter, dessen Deckel bei $y = 1$ mit konstanter Geschwindigkeit in positiver x-Richtung bewegt wird. Die Reynolds-Zahl beträgt Re $= 5000$ (siehe Abschnitt 7.1.4). Die Stromlinien sind für äquidistante Werte gezeichnet. Daher gibt ihre Dichte die Geschwindigkeit an. Man erkennt einen starken Hauptwirbel, der im Uhrzeigersinn rotiert. In den beiden unteren Ecken und nahe der Ecke links oben findet man je eine Stromlinie, die von einem Punkt auf einer ruhenden Wand ausgeht und auch wieder auf einer Wand endet. Diese separierenden Stromlinien trennen den starken Hauptwirbel von sehr schwachen Wirbeln, die entgegen dem Uhrzeigersinn drehen (siehe Abschnitt 7.2.1). b Stromlinien $\psi = $ const. und Integrationsweg zwischen 1 und 2 senkrecht zu den Stromlinien (siehe Text).

ist $\mathrm{d}\mathbf{x}' = \left(\mathrm{d}y, -\mathrm{d}x\right)^{\mathrm{T}}$ das Linienelement senkrecht dazu, denn $\mathrm{d}\mathbf{x} \cdot \mathrm{d}\mathbf{x}' = 0$. Damit können wir die Änderung der Stromfunktion zwischen den Punkten 1 und 2 durch Integration in $\mathrm{d}\mathbf{x}'$-Richtung senkrecht zu den Stromlinien ausdrücken als

$$\psi_2 - \psi_1 = [\psi]_1^2 = \int_1^2 \nabla\psi \cdot \mathrm{d}\mathbf{x}' = \int_1^2 \left(\underbrace{\frac{\partial\psi}{\partial x}}_{-v}\, \mathrm{d}y - \underbrace{\frac{\partial\psi}{\partial y}}_{u}\, \mathrm{d}x \right) \tag{5.4}$$

$$= -\int_1^2 \left(v\,\mathrm{d}y + u\,\mathrm{d}x \right) = -\int_1^2 \left(\begin{array}{c} u \\ v \end{array} \right) \cdot \mathrm{d}\mathbf{x} = -\int_1^2 \mathbf{u} \cdot \frac{\mathrm{d}\mathbf{A}}{L} = -\frac{\dot{V}_{12}}{L}\,.$$

Hierbei ist $\mathrm{d}\mathbf{A} = L\,\mathrm{d}\mathbf{x}$ das vektorielle Oberflächenelement der durchströmten Fläche.[2]

5.2 Wirbeldynamische Grundlagen

5.2.1 Vortizität

Eine wichtige Größe zur Beschreibung von Wirbelströmungen ist die *Wirbeldichte* oder *Vortizität*. Sie ist definiert als

$$\boldsymbol{\omega} = \nabla \times \mathbf{u} = \left(\begin{array}{c} \partial/\partial x \\ \partial/\partial y \\ \partial/\partial z \end{array} \right) \times \left(\begin{array}{c} u \\ v \\ w \end{array} \right) = \left(\begin{array}{c} \partial w/\partial y - \partial v/\partial z \\ \partial u/\partial z - \partial w/\partial x \\ \partial v/\partial x - \partial u/\partial y \end{array} \right)\,. \tag{5.5}$$

---

2 Beachte, dass $|\mathrm{d}\mathbf{x}| = |\mathrm{d}\mathbf{x}'|$.

Anschaulich beschreibt die Vortizität die Stärke der Eigenrotation (mit Rotationsrate $\boldsymbol{\Omega}$) von infinitesimalen Fluidelementen. Denn es gilt[3]

$$\boldsymbol{\omega} = 2\boldsymbol{\Omega} \ . \tag{5.6}$$

Die Rotationsrate $\boldsymbol{\Omega}$ steht im Zusammenhang mit dem *Rotationsratentensor* Ω_{ij} (vgl. (3.9))

$$\Omega_{ij} := \frac{1}{2}\left(\frac{\partial u_i}{\partial x_j} - \frac{\partial u_j}{\partial x_i}\right) = -\frac{1}{2}\epsilon_{ijk}\omega_k \quad \text{bzw.} \quad \omega_i = -\epsilon_{ijk}\Omega_{jk} \ , \tag{5.7}$$

wobei die Summenzeichen entsprechend der Einstein-Konvention unterdrückt wurden. Insbesondere entspricht die Winkelgeschwindigkeit einer starren Rotation dem halben Betrag der Vortizität.

5.2.2 Helmholtz-Gleichung

Manchmal ist es am einfachsten, eine reibungsfreie Strömung mit Hilfe der Vortizität zu beschreiben. Um die dynamische Gleichung für die Vortizität zu erhalten, bilden wir die Rotation der Euler-Gleichung (3.25). Unter der Annahme eines barotropen Fluids[4] und konservativer äußerer Kräfte erhalten wir die *Wirbeltransportgleichung*

$$\left(\frac{\partial}{\partial t} + \boldsymbol{u} \cdot \nabla\right)\boldsymbol{\omega} = \boldsymbol{\omega} \cdot \nabla\boldsymbol{u} - \boldsymbol{\omega}(\nabla \cdot \boldsymbol{u}) \ . \tag{5.8}$$

Ersetzt man hierin $\nabla \cdot \boldsymbol{u}$ unter Verwendung der Kontinuitätsgleichung (3.19), so folgt nach wenigen Umformungen die Helmholtz-Gleichung

$$\frac{\mathrm{D}}{\mathrm{D}t}\left(\frac{\boldsymbol{\omega}}{\rho}\right) = \frac{\boldsymbol{\omega}}{\rho} \cdot \nabla\boldsymbol{u} \ . \tag{5.9}$$

Den in der Helmholtz-Gleichung (5.9) auftretenden *Geschwindigkeitsgradiententensor* $\nabla\boldsymbol{u} = e_{ij} + \Omega_{ij}$ kann man wie in Abschnitt 3.1.4 in eine Dehn- (e_{ij}) und in eine Rotationsrate (Ω_{ij}) zerlegen. Deshalb kann man die Helmholtz-Gleichung (5.9) auch schreiben als[5]

$$\frac{\mathrm{D}}{\mathrm{D}t}\left(\frac{\omega_i}{\rho}\right) = e_{ij}\frac{\omega_j}{\rho} \ , \tag{5.10}$$

---

3 Die mittlere Winkelgeschwindigkeit Ω um einen infinitesimalen Kreis (Radius R, Fläche S, Kontur C) kann man als die Komponente $\omega_\perp$ der Vortizität auffassen, die senkrecht zur Kreisebene steht, denn

$$\Omega = \frac{1}{2\pi R}\oint_C \frac{\boldsymbol{u}}{R} \cdot \mathrm{d}\boldsymbol{x} \overset{\text{Stokes}}{=} \frac{1}{2\pi R^2}\int_S \mathrm{d}\boldsymbol{S} \cdot \underbrace{\nabla \times \boldsymbol{u}}_{=\boldsymbol{\omega}} = \frac{\omega_\perp}{2} \ .$$

4 Für ein barotropes Fluid hängt die Dichte nur vom Druck ab, $\rho = \rho(p)$. Dann läßt sich der Term $\nabla p/\rho$ aus einem Potential ableiten.

5 Denn es ist $\Omega_{ij}\omega_j = -\frac{1}{2}\epsilon_{ijk}\omega_k\omega_j = -\frac{1}{2}\boldsymbol{\omega} \times \boldsymbol{\omega} = 0$. Das Produkt eines bzgl. der Vertauschung von j und k symmetrischen ($\omega_k\omega_j$) und eines diesbezüglich antisymmetrischen Tensors (ϵ_{ijk}) verschwindet.

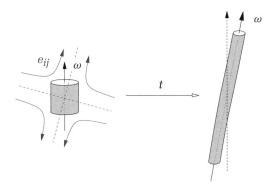

Abb. 5.3: Symbolische Darstellung des Streckens und Kippens der Vortizität (grau) einer Strömung $\boldsymbol{u}$ durch die in der Strömung ggf. auch vorhandene Dehnung (blau). Wenn die Dehnung eben ist, erfolgt das Strecken und Kippen des Wirbels nur in der gezeigten Ebene.

Die Vortizität eines Fluidpartikels in einer reibungsfreien Strömung wird also durch den *Dehnratentensor* e_{ij} geändert. Dabei sind zwei Prozesse wichtig. Um das zu sehen, nehmen wir o. B. d. A an, dass $\boldsymbol{\omega} = \omega \boldsymbol{e}_z$ in z-Richtung ausgerichtet ist. Mit $\boldsymbol{u} = (u, v, w)^T$ lautet die Helmholtz-Gleichung (5.9) dann

$$\frac{\mathrm{D}}{\mathrm{Dt}} \left(\frac{\boldsymbol{\omega}}{\rho} \right) = \frac{\omega}{\rho} \frac{\partial \boldsymbol{u}}{\partial z} = \underbrace{\frac{\omega}{\rho} \frac{\partial w}{\partial z} \boldsymbol{e}_z}_{\text{Strecken}} + \underbrace{\frac{\omega}{\rho} \left(\frac{\partial u}{\partial z} \boldsymbol{e}_x + \frac{\partial v}{\partial z} \boldsymbol{e}_y \right)}_{\text{Kippen}} . \qquad (5.11)$$

Der erste Summand beschreibt die Verstärkung (Abschwächung) der Wirbeldichte ω (*vortex stretching*). Der zweite Summand bewirkt eine Änderung der Richtung der Wirbeldichte (*vortex tilting*). Dies ist symbolisch in ► Abb. 5.3 verdeutlicht. Wenn die Vortizität parallel zur Hauptdehnrichtung ist, konzentriert sich die Vortizität und es können sehr intensive Wirbel entstehen.

Die *Wirbelstreckung* ist ein wesentlicher Mechanismus bei Abflußwirbeln oder bei Tornados. Bei Tornados (► Abb. 1.1 e) steigt feucht-warme Luft aufgrund thermischen Auftriebs bis in hohe Atmosphärenschichten. Aus Kontinuitätsgründen muss weitere Luft in Bodennähe zum Zentrum strömen. Dadurch entsteht eine uniaxiale Dehnströmung in vertikaler Richtung, die eine anfängliche, weit verteilte Vortizität durch Streckung sehr stark erhöht und lokalisiert. Dies kann zu Windgeschwindigkeiten von bis zu 500 km/h führen.

Die Wirbelstreckung ist aber nur in echt dreidimensionalen Strömungen möglich. Bei ebenen zweidimensionalen Strömungen ist $w = \partial_z = 0$ und die Stromlinien und Trajektorien liegen in der (x, y)-Ebene. Dann ist die Vortizität

$$\boldsymbol{\omega} = \begin{pmatrix} 0 \\ 0 \\ \partial_x v - \partial_y u \end{pmatrix} = \omega \boldsymbol{e}_z \qquad (5.12)$$

senkrecht zu $\boldsymbol{u}$ und es ist auch $\boldsymbol{\omega} \perp \nabla \boldsymbol{u}$. Daher ist in (5.9)

$$\frac{\boldsymbol{\omega}}{\rho} \cdot \nabla \boldsymbol{u} = 0 . \qquad (5.13)$$

Aus diesem Grund gibt es bei ebenen Strömungen keine Wirbelstreckung und (5.9) vereinfacht sich zu

$$\frac{D}{Dt}\left(\frac{\omega}{\rho}\right) = 0 \,. \qquad (5.14)$$

In inkompressiblen (ρ = const.) zweidimensionalen Strömungen ist die Vortizität deshalb ein *passiver Skalar*. Dies ist die Bezeichnung für eine Größe f, deren Dynamik durch $Df/Dt = 0$ beschrieben wird. Das Feld eines passiven Skalars ändert sich allein durch den Transport mit der Strömung.

Hermann Ludwig Ferdinand von Helmholtz 1821–1894

5.2.3 Helmholtzsche Wirbelsätze

Auf Grundlage von (5.9) stellte Helmholtz (1858) die folgenden Wirbelsätze auf:

1 Wenn ein substantielles Fluidelement wirbelfrei ist, dann bleibt es auch für alle Zeiten wirbelfrei: $\omega(t = 0) = 0 \Rightarrow \omega(t > 0) = 0$.

2 Wenn ein substantielles Fluidelement für $t = 0$ auf einer Wirbellinie liegt, dann liegt es für alle Zeiten auf dieser Wirbellinie, d. h. Wirbellinien bewegen sich mit der Strömung.

3 Die Stärke einer Wirbelröhre ist zeitlich konstant.

Hierbei sind die Begriffe Wirbellinie und Wirbelröhre wie in Abschnitt 3.1.2 ganz analog zu Stromlinien und Stromröhren definiert ($u \to \omega$).

Der erste Helmholtzsche Wirbelsatz hat weitreichende Konsequenzen. Denn wenn ein Fluid zu einem Zeitpunkt $t = 0$ im gesamten Raumgebiet wirbelfrei ist, so ist es für *alle* Zeiten $t > 0$ im gesamten Raum wirbelfrei.[6] Diese Feststellung ist auch die Grundlage für sämtliche Potentialströmungen (Abschnitt 5.3).

Wann aber kann man die Annahme einer wirbelfreien Strömung treffen? Wenn ein Fluid zum Zeitpunkt t_0 in Ruhe ist, gilt sicher $\omega(x, t_0) = 0$. Denn aus $u = 0$ folgt auch $\omega = \nabla \times u = 0$. Damit sind alle reibungsfreien Strömungen um einen aus der Ruhe in Bewegung gesetzten Körper, z. B. um einen Tragflügel, für alle Zeiten wirbelfrei.[7]

5.2.4 Zirkulationstheorem von Kelvin

Eine integrale Größe, die eng mit der Vortizität zusammenhängt, ist die *Zirkulation* Γ. Sie ist definiert als der *Fluß* von ω durch eine Fläche A

$$\Gamma := \int_A \omega \cdot dA = \int_A (\nabla \times u) \cdot dA \overset{\text{Stokes}}{=} \oint_C u \cdot dx \,. \qquad (5.15)$$

Hierbei haben wir mit Hilfe des Stokesschen Satzes (Anh. A.4) das Flächenintegral über A in ein Linienintegral entlang der geschlossenen Kontur C von A umgewandelt. Eine alternative Formulierung der Helmholtzschen Wirbelsätze bietet dann das Zirkulationstheorem von Kelvin (1869). Es lautet:

---

6 Nach Sommerfeld (1978) hat Lejeune Dirichlet eine anschauliche Interpretation der Helmholtzschen Wirbelsätze gegeben. In Dirichlets Nachlaß fanden sich die Worte *Wirbel können nicht entstehen* und Wirbel *können nicht vergehen*. Sie sind in dessen gesammelten Werken, herausgegeben von Dedekind, abgedruckt.

7 In Realität wird jedoch Vortizität durch Reibungseffekte an festen Wänden generiert.

> In einer reibungsfreien Ströumg ist die Zirkulation Γ entlang einer geschlossenen substantiellen Kurve $C(t)$ zeitlich konstant, d. h. $d\Gamma/dt = 0$.

Beachte, dass sich eine substantielle geschlossene Kurve $C(t)$ mit der Strömung bewegt. Um das *Zirkulationstheorem* zu beweisen, müssen wir die Zeitableitung in das Integral ziehen. Dazu betrachten wir eine Parametrisierung des Weges $\boldsymbol{x} = \boldsymbol{x}(s, t) \in C(t)$, wobei der Parameter s entlang $C(t)$ von 0 bis 1 variieren möge. Mit Hilfe der Kettenregel $d\boldsymbol{x} = (\partial\boldsymbol{x}/\partial s)\,ds$ ist dann

$$\frac{d\Gamma}{dt} = \frac{d}{dt}\oint_{C(t)} \boldsymbol{u}\cdot d\boldsymbol{x} = \frac{d}{dt}\int_0^1 \boldsymbol{u}\cdot\frac{\partial\boldsymbol{x}}{\partial s}\,ds = \int_0^1 \left(\frac{d\boldsymbol{u}}{dt}\cdot\frac{\partial\boldsymbol{x}}{\partial s} + \boldsymbol{u}\cdot\frac{\partial}{\partial s}\frac{d\boldsymbol{x}}{dt}\right)ds$$

$$= \oint_{C(t)} \frac{d\boldsymbol{u}}{dt}\cdot d\boldsymbol{x} + \int_0^1 \boldsymbol{u}\cdot\frac{\partial\boldsymbol{u}}{\partial s}\,ds \stackrel{(3.25)}{=} \oint_{C(t)}\left(-\frac{1}{\rho}\nabla p + \boldsymbol{f}\right)\cdot d\boldsymbol{x} + \frac{1}{2}\int_0^1 \frac{\partial\boldsymbol{u}^2}{\partial s}\,ds$$

$$= \oint_{C(t)} \nabla\left(-\frac{p}{\rho} + \Phi\right)\cdot d\boldsymbol{x} + \frac{1}{2}\underbrace{\left[\boldsymbol{u}^2\right]_{C(t)}}_{\to 0} = \left[-\frac{p}{\rho} + \Phi\right]_{C(t)} = 0. \tag{5.16}$$

William Thomson
(Lord Kelvin)
1824–1907

Die ausintegrierten Ausdrücke verschwinden, weil in den eckigen Klammern eindeutige Funktionen stehen. Dabei haben wir angenommen, dass die Kraftdichte $\boldsymbol{f}$ konservativ ist und dass $\rho = $ const. ist oder das Fluid barotrop.

Für einen Wirbel der Länge L und Radius R in starrer Rotation mit Winkelgeschwindigkeit Ω ist die Vortizität $\omega = 2\Omega = $ const. (vgl. (5.6)). Falls ein solcher Wirbel in einem inkompressiblen Fluid in z-Richtung gedehnt wird, so bleibt das eingenommene Volumen $\pi R^2 L = $ konstant. Das Kelvinsche Zirkulationstheorem besagt, dass die Zirkulation um den Wirbel $\Gamma(R)$ erhalten bleibt. Daher ist $\Gamma = \pi R^2\omega = $ const. Bei einer Wirbelstreckung nimmt die Vortizität ω also genau wie die Länge des Wirbels mit R^{-2} zu. Dieses Resultat ist Ausdruck der Erhaltung des Drehimpulses eines rotierenden Fluids.

5.3 Potentialströmungen

Eine beträchtliche Vereinfachung der Beschreibung zweidimensionaler Strömungen läßt sich erzielen, wenn das Fluid *wirbelfrei* ist, also wenn $\boldsymbol{\omega} = 0$. Nach dem Fundamentalsatz der Vektoranalysis (siehe Abschnitt A.3) folgt aus der Bedingung $\boldsymbol{\omega} = \nabla\times\boldsymbol{u} = 0$, dass man $\boldsymbol{u} = \nabla\phi$ als Gradienten eines Potentials ϕ darstellen kann; denn wegen der Vertauschbarkeit der partiellen Ableitungen gilt immer die Identität $\nabla\times\nabla\phi = 0$, ganz unabhängig von ϕ. Zusammen mit der Kontinuitätsgleichung $\nabla\cdot\boldsymbol{u} = 0$ für inkompressible Fluide folgt dann

$$\nabla^2\phi = 0. \tag{5.17}$$

Dies ist die wohlbekannte Potentialgleichung. Aus ihrer Lösung erhält man das Geschwindigkeitsfeld einfach durch Bilden der Ableitung $\boldsymbol{u} = \nabla\phi$. Strömungen, die (5.17) genügen, heißen *Potentialströmungen*. Auf die Potentialgleichung (5.17) kann man das gesamte Arsenal der Methoden der Theorie analytischer Funktionen loslassen. Damit können sehr viele inkompressible und wirbelfreie Strömungen analytisch berechnet werden (siehe Abschnitt 5.3.2).

5.3.1 Cauchy-Riemannsche Differentialgleichungen

Wir betrachten zweidimensionale, inkompressible, stationäre, reibungsfreie und wirbelfreie Strömungen. Wegen der Wirbelfreiheit läßt sich der Geschwindigkeitsvektor mit Komponenten u und v als Gradient eines Potentials ϕ schreiben

$$u = \frac{\partial \phi}{\partial x}, \quad v = \frac{\partial \phi}{\partial y} . \tag{5.18a}$$

Für einfach zusammenhängende Gebiete ist das Geschwindigkeitspotential ϕ eindeutig. Da wir inkompressible Strömungen betrachten, die der Kontinuitätsgleichung $\nabla \cdot \boldsymbol{u} = 0$ genügen, können wir außer (5.18a) die Geschwindigkeitskomponenten u und v auch aus einer Stromfunktion ψ ableiten (siehe (5.1))

$$u = \frac{\partial \psi}{\partial y}, \quad v = -\frac{\partial \psi}{\partial x} . \tag{5.18b}$$

Augustin Louis
Cauchy 1789–1857

In Abschnitt 3.1.2 haben wir gesehen, dass die Bewegung der Fluidpartikel entlang den Stromlinien ($\psi = $ const.) erfolgt. An (5.18a) sieht man, dass sie außerdem senkrecht zu den Potentiallinien ($\phi = $ const.) ist. In jedem Raumpunkt schneiden sich daher Stromlinien und Potentiallinien unter einem rechten Winkel. Dies ist auch mathematisch klar, wenn man beachtet, dass $\nabla \phi$ senkrecht zu den Linien $\phi = $ const. ist und $\nabla \psi$ senkrecht zu den Linien $\psi = $ const. Es ist nämlich

$$\nabla \phi \cdot \nabla \psi = \begin{pmatrix} u \\ v \end{pmatrix} \cdot \begin{pmatrix} -v \\ u \end{pmatrix} = 0 . \tag{5.19}$$

Aus (5.18a) und (5.18b) folgt

$$\frac{\partial \phi}{\partial x} = \frac{\partial \psi}{\partial y}, \quad \frac{\partial \phi}{\partial y} = -\frac{\partial \psi}{\partial x} . \tag{5.20}$$

Der Clou an diesen Beziehungen zwischen dem Geschwindigkeitspotential und der Stromfunktion besteht darin, dass sie identisch sind mit den *Cauchy-Riemannschen Differentialgleichungen* der Theorie analytischer Funktionen. Der Zusammenhang ist folgender: Es sei $f(z)$ irgendeine Funktion der komplexen Variablen $z = x + \mathrm{i}y$ mit Realteil $\Re(f) = \phi(z)$ und Imaginärteil $\Im(f) = \psi(z)$,

$$f(z) = f(x + \mathrm{i}y) = \phi(x + \mathrm{i}y) + \mathrm{i}\psi(x + \mathrm{i}y) = \phi + \mathrm{i}\psi . \tag{5.21}$$

Die Funktionen $\phi(z)$ und $\psi(z)$, die zunächst noch nichts mit der Stromfunktion und dem Potential zu tun haben, werden konjugierte Funktionen genannt. Offensichtlich gilt ganz allgemein für die partiellen Ableitungen nach x und y

$$\frac{\partial \phi}{\partial x} + \mathrm{i}\frac{\partial \psi}{\partial x} = \frac{\partial f}{\partial x} = f'(z)\frac{\partial z}{\partial x} = f'(z) , \tag{5.22a}$$

$$\frac{\partial \phi}{\partial y} + \mathrm{i}\frac{\partial \psi}{\partial y} = \frac{\partial f}{\partial y} = f'(z)\frac{\partial z}{\partial y} = \mathrm{i}f'(z) . \tag{5.22b}$$

Georg Friedrich
Bernhard Riemann
1826–1866

Wenn man f' eliminiert, folgt daraus

$$\mathrm{i}\left(\frac{\partial \phi}{\partial x} + \mathrm{i}\frac{\partial \psi}{\partial x}\right) = \frac{\partial \phi}{\partial y} + \mathrm{i}\frac{\partial \psi}{\partial y}. \tag{5.23}$$

Betrachten wir den Real- und den Imaginärteil dieser Gleichung, erhalten wir genau die Cauchy-Riemannschen Differentialgleichungen (5.20).

Wenn $\phi(x, y)$ und $\psi(x, y)$ die Cauchy-Riemann-Bedingungen (5.20) erfüllen und alle ihre partiellen Ableitungen stetig sind, kann man zeigen, dass $f(z) = \phi(z) + \mathrm{i}\psi(z)$ eine *holomorphe Funktion* ist. Eine holomorphe Funktion $f(z)$ ist dadurch definiert, dass sie im Innern einer Fläche, die durch eine geschlossene Kurve C in der komplexen Ebene gegeben ist,

1 eindeutig und endlich (nicht divergent) ist und

2 eine eindeutige und endliche komplexe Ableitung[8]

$$f'(z) = \lim_{z_1 \to z} \frac{f(z_1) - f(z)}{z_1 - z} \tag{5.24}$$

besitzt.

Beispiele für holomorphe Funktionen in jedem endlichen Gebiet sind z^n mit $n \in \mathbb{N}^+$, e^z, $\sin(z)$, $\cos(z)$, $\sinh(z)$ und $\cosh(z)$. Weiter ist z^{-n} mit $n \in \mathbb{N}^+$ holomorph in jedem endlichen Gebiet, das nicht den Ursprung enthält. Auch $\log(z)$ ist holomorph auf einer Fläche, die nicht den Ursprung einschließt und wenn $\log(z)$ an einem bestimmten Punkt festgelegt wird (Winkel φ von $z = r\,\mathrm{e}^{\mathrm{i}\varphi}$).

Die Äquivalenz der Differentialgleichungen für eine Potentialströmung und für eine holomorphe Funktion hat eine bedeutende Konsequenz:

Jede holomorphe Funktion $f = \phi + \mathrm{i}\psi$ über der komplexen Ebene $z = x + \mathrm{i}y$ entspricht einer Potentialströmung mit dem Geschwindigkeitspotential ϕ und der Stromfunktion ψ in der (x, y)-Ebene.

Wir können somit sofort jede Menge analytischer Lösungen für Potentialströmungen angeben, nämlich die oben genannten Beispiele für holomorphe Funktionen. Die Komponenten des Geschwindigkeitsvektors ergeben sich aus dem *komplexen Potential* $f(z)$ nach (5.22a) einfach durch die *komplexe Ableitung*

$$f'(z) - \frac{\partial \phi}{\partial x} + \mathrm{i}\frac{\partial \psi}{\partial x} = u - \mathrm{i}v. \tag{5.25}$$

---

[8] Die Ableitung einer Funktion der komplexen Variablen z definiert man nach (5.24) in Analogie zur Ableitung nach einer reellen Variablen. Beispielsweise ist

$$\frac{\mathrm{d}}{\mathrm{d}z}z^n = \lim_{z_1 \to z}\frac{z_1^n - z^n}{z_1 - z} = \lim_{z_1 \to z}\frac{(z_1 - z)(z_1^{n-1} + z_1^{n-2}z + \ldots + z^{n-1})}{z_1 - z} = nz^{n-1}.$$

Daraus ergibt sich, dass die Ableitung eines Polynoms nach denselben Regeln erfolgt wie für reelle Variablen. Allgemein kann man zeigen, dass die Ableitung einer Funktion $f(z)$, die man in einer Taylor-Reihe entwickeln kann, durch die gliedweise Ableitung der Taylor-Reihe gegeben ist.

5.3.2 Komplexe Darstellung von Potentialströmungen

Um uns ein Bild von den einfachsten Potentialströmungen zu machen, betrachten wir die einfachsten holomorphen Funktionen $f(z)$. Da die Stromfunktion $\psi = \Im[f(z)]$ durch den Imaginärteil von $f(z)$ gegeben ist, erhalten wir die Stromlinien aus $\Im[f(z)] = $ const. Zweckmäßigerweise verwenden wir die *Polardarstellung*

$$z = x + \mathrm{i}y = r\mathrm{e}^{\mathrm{i}\varphi} = r\,(\cos\varphi + \mathrm{i}\sin\varphi)\,. \tag{5.26}$$

In ▶ Tabelle 5.1 sind einige elementare Strömungsformen aufgelistet. Umfangreichere Aufstellungen finden sich in verschiedenen Lehrbüchern (z. B. Truckenbrodt 1992).

Da die Potentialgleichung (5.17) linear in ϕ ist, kann man aus der Superposition zweier Potentialströmungen eine neue Potentialströmung erhalten. Damit erschließen sich auch komplexere Potentialströmungen. Als Beispiel zeigt ▶ Abb. 5.4 die

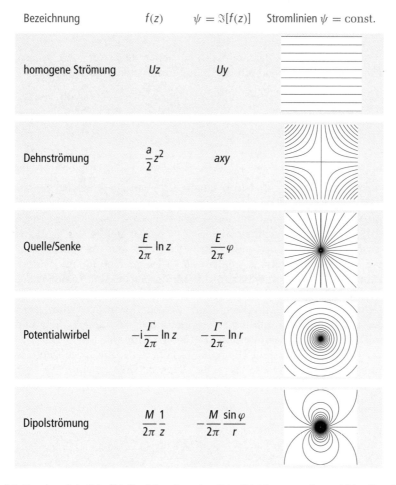

Bezeichnung	$f(z)$	$\psi = \Im[f(z)]$	Stromlinien $\psi = $ const.
homogene Strömung	Uz	Uy	
Dehnströmung	$\dfrac{a}{2}z^2$	axy	
Quelle/Senke	$\dfrac{E}{2\pi}\ln z$	$\dfrac{E}{2\pi}\varphi$	
Potentialwirbel	$-\mathrm{i}\dfrac{\Gamma}{2\pi}\ln z$	$-\dfrac{\Gamma}{2\pi}\ln r$	
Dipolströmung	$\dfrac{M}{2\pi}\dfrac{1}{z}$	$-\dfrac{M}{2\pi}\dfrac{\sin\varphi}{r}$	

Tabelle 5.1: Komplexe Potentiale $f(z)$ für einige elementare Potentialströmungen, die zugehörige Stromfunktion ψ und die Darstellung der zugehörigen Stromlinien. $\Im$ bezeichnet den Imaginärteil und U, a, E, Γ und M sind Konstanten, welche die Stärke der jeweiligen Strömung angeben.

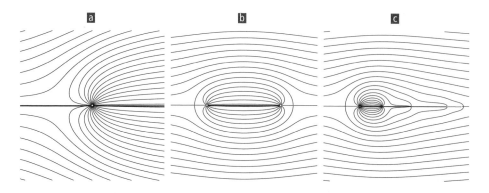

Abb. 5.4: Überlagerung einer homogenen Potentialströmung mit verschiedenen Quellen und Senken mit komplexen Potentialen gemäß (5.27).

Stromlinien der Überlagerungen einer homogenen Strömung mit verschiedenen Quell- bzw. Senkenströmungen mit den komplexen Potentialen

$$f_1(z) = z + 0.4 \times \ln z, \qquad (\blacktriangleright \text{Abb. 5.4a}) \quad (5.27a)$$

$$f_2(z) = z + 0.2 \times \ln\left(x - 0.5 + iy\right) - 0.2 \times \ln\left(x + 0.5 + iy\right), \quad (\blacktriangleright \text{Abb. 5.4b}) \quad (5.27b)$$

$$f_3(z) = z + \sum_{i=1}^{5} a_i \ln\left(x - b_i + iy\right). \qquad (\blacktriangleright \text{Abb. 5.4c}) \quad (5.27c)$$

Die Koeffizienten a_i und b_i sind in ▶ Tabelle 5.2 angegeben. In der Strömung nach ▶ Abb. 5.4a erkennt man einen Staupunkt vor der Quelle. Wenn man weiter stromabwärts eine gleichstarke Senke plaziert, ergibt sich ein vollständig separiertes Gebiet (▶ Abb. 5.4b). Läßt man den Abstand $l \to 0$ zwischen Quelle und Senke schrumpfen und erhöht die Quell- und Senkenstärke $\pm E$ derart, dass $M = El = $ const. bleibt, erhält man die Dipolströmung (▶ Tabelle 5.1). Durch eine feinere Verteilung von Quellen und Senken ist es möglich, die Form des separierten Gebietes zu formen. ▶ Abbildung 5.4c zeigt ein Beispiel mit fünf diskreten Quellen/Senken. Mit einer kontinuierlichen Verteilung von Quellen und Senken lassen sich reibungsfreie Potentialströmungen um eine Vielzahl von Körperkonturen beschreiben, z. B. um Tragflügelprofile. Dies ist das sogenannte *Singularitäten-Verfahren*.

Beachte, dass die komplexen Potentiale des Potentialwirbels, der Quell- bzw. Senkenströmung sowie der Dipolströmung im Ursprung singulär sind. Die zugehörigen Strömungen sind daher nur außerhalb des Ursprungs holomorphe Funktionen und nur dort Potentialströmungen.

i	1	2	3	4	5
a_i	0.3	−0.2	−0.05	−0.03	−0.02
b_i	0.5	0.2	−0.2	−0.7	−0.9

Tabelle 5.2: Koeffizienten der superponierten Potentialströmung in (5.27c)

5.4   Ebene Wirbelströmungen

Die Stromlinien von Wirbeln sind meist mehr oder weniger kreisförmig. Im einfachsten Fall ist die Strömung axisymmetrisch, wobei die Geschwindigkeit $\boldsymbol{u} = v(r)\boldsymbol{e}_\varphi$ nur eine azimutale Komponente besitzt und der Betrag der Geschwindigkeit nur vom radialen Abstand r von der Rotationsachse abhängt. Man kann leicht nachprüfen, dass dieses Geschwindigkeitsfeld die Kontinuitätsgleichung erfüllt. Die Euler-Gleichung ist dann eine Gleichung für den Druck.[9] In reibungsfreien Fluiden kann das radiale Profil $v(r)$ im Prinzip beliebig sein, da fluide Schichten reibungsfrei aneinander vorbeigleiten können. Entsprechend der Struktur von $v(r)$ kann man verschiedene Wirbeltypen unterscheiden.

5.4.1   Festkörperrotation

Die einfachste Wirbelbewegung ist die Festkörperrotation mit Rotationsrate Ω. Aus dem Geschwindigkeitsfeld $v(r) = \Omega r$ ergibt sich die Vortizität[10]

$$\boldsymbol{\omega} = \nabla \times \boldsymbol{u} = \nabla \times v(r)\boldsymbol{e}_\varphi = \frac{1}{r}\frac{\partial}{\partial r}rv(r)\boldsymbol{e}_z = 2\Omega\boldsymbol{e}_z \, . \tag{5.28}$$

Die Vortizität ist für eine Festkörperrotation also konstant. Wie die gesamte Strömung, so rotiert auch jedes substantielle Fluidelement mit der Rate Ω um sich selbst.

5.4.2   Potentialwirbel

Der *Potentialwirbel* mit dem komplexen Potential $f(z) = -\mathrm{i}(\Gamma/2\pi)\ln z$ ist nur für $z \neq 0$ eine Potentialströmung, denn $f(z)$ divergiert bei $z = 0$ und ist dort nicht holomorph. Aus diesem Grund ist das Geschwindigkeitsfeld des Potentialwirbels nur für $z \neq 0$ wirbelfrei, d. h. $\omega = 0$. Im Ursprung ist divergiert die Vortizität.

Um die Struktur des Potentialwirbels zu untersuchen, betrachten wir sein Geschwindigkeitsfeld, das wir aus der Stromfunktion (siehe ▶ Tabelle 5.1 und Anh. B) ableiten können. Wir erhalten

$$v = -\frac{\partial \psi}{\partial r} = \frac{\Gamma}{2\pi r} \, , \quad u = \frac{1}{r}\frac{\partial \psi}{\partial \varphi} = 0 \, . \tag{5.29}$$

Hierbei ist Γ die Zirkulation um eine beliebige geschlossene Kurve C, die den Ursprung einschließt. Denn wenn man für C einen konzentrischen Kreis mit beliebigem Radius r um den Ursprung wählt, erhält man

$$\oint_C \boldsymbol{u} \cdot \mathrm{d}\boldsymbol{r} = \oint_C v\boldsymbol{e}_\varphi \cdot (\boldsymbol{e}_r \, \mathrm{d}r + \boldsymbol{e}_\varphi r \, \mathrm{d}\varphi) = \int_0^{2\pi} vr \, \mathrm{d}\varphi = \Gamma \, . \tag{5.30}$$

Durch Bilden der Rotation von (5.29) kann man die Wirbelfreiheit $\omega = 0$ für $r \neq 0$ bestätigen. Da die Vortizität nur im Ursprung konzentriert ist, setzen wir $\omega =$

---

9 Mit $\boldsymbol{u} = v(r)\boldsymbol{e}_\varphi$ ergibt sich aus der Euler-Gleichung (3.25) $\rho^{-1}\nabla p = v^2\boldsymbol{e}_r/r$. Dies ist genau die senkrechte Impulsbilanz (4.30).

10 Für den Nabla-Operator in Zylinderkoordinaten siehe Anh. B.

$\Omega\delta(x)\delta(y)$, wobei $\delta(x)$ und $\delta(y)$ *Diracsche Delta-Funktionen* sind. Mit Hilfe des Stokesschen Satzes bzw. dem Zirkulations-Theorem von Kelvin (5.15) erhält man

$$\Gamma = \oint_C \boldsymbol{u} \cdot \mathrm{d}\boldsymbol{r} \overset{\text{Stokes}}{=} \int_A \boldsymbol{\omega} \cdot \mathrm{d}\boldsymbol{A} = \int_A \Omega\delta(x)\delta(y)\,\mathrm{d}x\,\mathrm{d}y = \Omega\,. \tag{5.31}$$

Hierbei ist A die Fläche, die von der Kontur C berandet ist. Das Vortizitätsfeld eines Potentialwirbels ist also

$$\omega(x,y) = \Gamma\delta(x)\delta(y)\,. \tag{5.32}$$

Für zweidimensionale Potentialströmungen läßt sich eindeutig definieren, was ein Wirbel ist. Denn die Vortizität darf in Potentialströmungen nur in singulären Punkten von Null verschieden sein. Man bezeichnet einen isolierten Potentialwirbel deshalb auch als *Punkt-* oder *Fadenwirbel*. Falls sich ein Fadenwirbel in einem Geschwindigkeitsfeld befindet, das von anderen Potentialen herrühren kann, wird seine singuläre Vortizität mit der Strömung transportiert und genügt den Helmholtzschen Wirbelsätzen (Abschnitt 5.2.3). Nach (5.14) werden Wirbelfäden in zwei Dimensionen daher wie passive Skalare transportiert.[11]

5.4.3 Rankine-Wirbel

William John
Macquorn Rankine
1820–1872[†]

Ein realistischeres Modell für die Struktur realer Wirbel ist der *Rankine-Wirbel*

$$v(r) \approx v_a \begin{cases} r/a, & r \le a\,, \\ a/r, & r > a\,. \end{cases} \tag{5.33}$$

Er besteht aus einer starren Rotation im Zentrum und einem Potentialwirbel außerhalb. Der Schnittpunkt der beiden Geschwindigkeitsprofile definiert den Wirbelradius a. Für den Rankine-Wirbel kann man die Druckverteilung mit Hilfe der Impulsbilanz senkrecht zu den Stromlinien (4.30) berechnen. Für konstante Dichte ergibt sich mit $\partial/\partial n = -\partial/\partial r$ und Krümmungsradius $R = r$

$$\frac{\partial p}{\partial r} = \rho\frac{v^2(r)}{r} = \rho v_a^2 \begin{cases} \dfrac{r}{a^2}, & r \to 0\,, \\[2mm] \dfrac{a^2}{r^3}, & r \to \infty\,. \end{cases} \tag{5.34}$$

Der Druckgradient ist bei $r = a$ stetig. Nach Integration erhalten wir die Druckverteilung (c_i sind Integrationskonstanten)

$$p(r) = \rho v_a^2 \begin{cases} \dfrac{r^2}{2a^2} + c_2, & r \to 0 \\[2mm] -\dfrac{a^2}{2r^2} + c_1, & r \to \infty \end{cases} = p(a) + \frac{\rho v_a^2}{2} \begin{cases} \dfrac{r^2}{a^2} - 1, & r \to 0\,, \\[2mm] 1 - \dfrac{a^2}{r^2}, & r \to \infty\,. \end{cases} \tag{5.35}$$

---

11 Die gegenseitige Beeinflussung mehrerer Fadenwirbel kann zu einer komplizierten und oft chaotischen Dynamik führen (Lamb 1932, Aref 1983).

[†]Mit freundlicher Genehmigung der Glasgow Digital Library, University of Strathclyde.

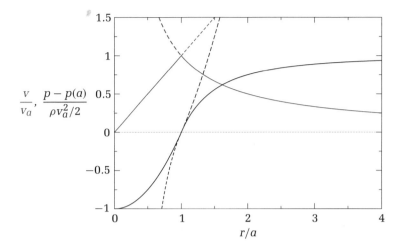

Abb. 5.5: Geschwindigkeits- (blau) und Druckverteilung (schwarz) für einen Wirbel, der für $r > a$ ein Potentialwirbel ist und sich für $r < a$ in starrer Rotation befindet.

Die beiden Druckverteilungen sind zusammen mit den Geschwindigkeitsprofilen in ▶ Abb. 5.5 gezeigt.

Die asymptotische Form einer Festkörperrotation $v(r \to 0) \sim r$ im Zentrum und eines Potentialwirbels $v(r \to \infty) \sim r^{-1}$ im Außenbereich findet man auch bei realen viskosen Strömungen. Dies sieht man leicht, wenn man eine ebene stationäre viskose Strömung $\boldsymbol{u} = v(e)\boldsymbol{e}_\varphi$ eines inkompressiblen Newtonschen Fluids betrachtet. Dann ist $\boldsymbol{u} \cdot \nabla \boldsymbol{u} = 0$ und die Geschwindigkeitsverteilung muss entsprechend der azimutalen Komponente von (7.7) der Gleichung (siehe (B.13b))

$$0 = \left(\nabla^2 - \frac{1}{r^2}\right) v \overset{\text{(B.14b)}}{=} \left(\frac{1}{r}\frac{\partial}{\partial r}r\frac{\partial}{\partial r} - \frac{1}{r^2}\right) v \overset{(*)}{=} \frac{\partial}{\partial r}\left(\frac{\partial}{\partial r} + \frac{1}{r}\right) v(r) , \qquad (5.36)$$

genügen, da p nur von r abhängen kann. Im Schritt $(*)$ wurde hier $r^{-1}\partial_r r \partial_r = \partial_r^2 + r^{-1}\partial_r$ verwendet. Der Lösungsansatz $v(r) \sim r^n$ ergibt

$$(n - 1)(n + 1) = 0 , \qquad (5.37)$$

mit den Wurzeln $n = \pm 1$.

Bei einem realen Fluid darf das Geschwindigkeitsfeld im Wirbelzentrum bei $r = 0$ nicht divergieren. Deshalb kommt für $r \to 0$ nur die Wurzel $n = 1$ in Frage (starre Rotation). Andererseits darf das Geschwindigkeitsfeld auch für $r \to \infty$ nicht divergieren. Daher ist für $r \to \infty$ die Wurzel $n = -1$ relevant (Potentialwirbel). Ein stationärer viskoser Wirbel sollte daher dasselbe asymptotische Verhalten zeigen wie ein Rankine-Wirbel. Die Struktur eines realen Wirbels zwischen den asymptotischen Bereichen hängt u. a. vom Antrieb des Wirbels ab, ohne den keine stationäre Strömung möglich wäre. Daher gibt es auch verschiedene Definitionen, um den Wirbelradius zu definieren.[12]

---

12 Ein Rankine-Wirbel würde sich auch in einem viskosen Fluid einstellen, wenn man einen Zylinder mit Radius a und infinitesimaler Wandstärke mit der Winkelgeschwindigkeit v_a/a

5.4.4 Ebene Senkenströmung

Bei einer ebenen Senkenströmung hat das Geschwindigkeitsfeld nur eine radiale Komponente $\boldsymbol{u} = u(r)\boldsymbol{e}_r$. Diese Strömung ist wirbelfrei. Für ein inkompressibles Fluid lautet die Kontinuitätsgleichung in einem quellenfreien Gebiet

$$\nabla \cdot \boldsymbol{u} = \left(\frac{\partial}{\partial r} + \frac{1}{r} \right) u(r) = \frac{\mathrm{d}u}{\mathrm{d}r} + \frac{u}{r} = 0 \,. \tag{5.38}$$

Integration von $\mathrm{d}u/u = -\mathrm{d}r/r$ liefert $\ln(ur) = $ const., woraus das Geschwindigkeitsprofil $u \sim 1/r$ folgt. Alternativ kann man die integrale Erhaltungsgleichung (3.16) mit $\epsilon = \rho = $ const. verwenden. Für stationäre Strömungen erhält man

$$\rho \int_{A_0} \boldsymbol{u} \cdot \mathrm{d}\boldsymbol{A} = \rho u \times 2\pi rh = Q \,, \tag{5.39}$$

wobei über die Oberfläche eines Zylinders mit Radius r und Höhe h integriert wurde. Wenn die Massenquellstärke (Dimension von Q ist [Masse/Zeit]) konstant ist und die Quelle nur bei $r = 0$ liegt, folgt für *jeden* radialen Abstand r (vergleiche auch (4.3) für einen Stromfaden)

$$ur = C = \frac{Q}{2\pi h\rho} \tag{5.40}$$

mit der Konstanten C. Der Betrag der Radialgeschwindigkeit muss also mit r^{-1} von der Achse abfallen. Die Druckverteilung

$$p(r) + \frac{\rho}{2} \frac{C^2}{r^2} = p_\infty \tag{5.41}$$

kann man aus der Bernoulli-Gleichung erhalten. Der Druck nimmt also unabhängig von der Richtung der Strömung mit r^{-2} zum Zentrum hin ab (für Quellen- und für Senkenströmungen).

5.4.5 Wirbelsenkenströmung

Wenn man eine ebene Senkenströmung und eine ebene Wirbelströmung in Form eines Potentialwirbels (Außenbereich eines Wirbels) überlagert,[13] erhält man die Wirbelsenkenströmung

$$\boldsymbol{u} = \underbrace{\frac{C_1}{r}\boldsymbol{e}_r}_{\text{Senke}} + \underbrace{\frac{C_2}{r}\boldsymbol{e}_\varphi}_{\text{Wirbel}} = \frac{1}{r}\left(C_1\boldsymbol{e}_r + C_2\boldsymbol{e}_\varphi \right) \,. \tag{5.42}$$

---

um seine Achse rotiert. Die Energie, die man zur Rotation des Zylinders aufwenden muss, wird nur in der äußeren Strömung $v \sim r^{-1}$ durch viskose Effekte in Wärme umgesetzt, da die Relativbewegung von Fluidelementen im Innern des Zylinders verschwindet.

Die Vortizität eines Rankine-Wirbels ist eine Stufenfunktion $\boldsymbol{\omega} = \omega_0 \left[1 - \theta(r - r_a) \right] \boldsymbol{e}_z$, wobei $\theta(x < 0) = 0$ und $\theta(x \geq 0) = 1$. Ihre zeitliche Entwicklung in einem viskosen Fluid läßt sich mit Hilfe der dynamischen Gleichung für die Vortizität (5.9) beschreiben, wenn man den viskosen Term $\mu \nabla^2 \boldsymbol{\omega}$ auf der rechten Seite addiert. Für $\boldsymbol{\omega} = \omega(r)\boldsymbol{e}_z$ ist dieser Term als einziger von Null verschieden. Die zeitliche Entwicklung eines anfänglichen Rankine-Wirbels wird also nur durch die Diffusion der Vortizität beschrieben, ein Problem, das man analytisch lösen kann (siehe Lugt 1996, und Zitat darin).

13 Diese Überlagerung ist erlaubt, weil beide Lösungen Potentialströmungen sind, die der *linearen* Laplace-Gleichung $\nabla^2 \phi = 0$ genügen; siehe Abschnitt 5.3.

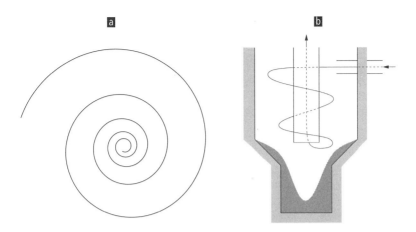

Abb. 5.6: **a** Logarithmische Spirale mit $C_1/C_2 = 0.1 > 0$ und **b** Prinzipskizze einer Stromlinie (blau) in einem Zyklon zur Abscheidung fester Stoffe höherer Dichte wie z. B. Staubpartikel (dunkelgrau). Die vertikale Projektion der Stromlinie ist auch spiralförmig.

Bei dieser Strömung ist das Verhältnis der radialen zur azimutalen Geschwindigkeitskomponente $u/v = C_1/C_2 =$ const. im ganzen Raum konstant. Für eine beliebige infinitesimale Strecke entlang der Stromlinien gilt dann[14]

$$\frac{u}{v} = \frac{\dfrac{\mathrm{d}r}{\mathrm{d}t}}{\dfrac{r\,\mathrm{d}\varphi}{\mathrm{d}t}} = \frac{\mathrm{d}r}{r\,\mathrm{d}\varphi} = \frac{C_1}{C_2} = \text{const.} \tag{5.43}$$

Integration liefert die Trajektorien

$$r(\varphi) = r_0 \exp\left[\frac{C_1}{C_2}\left(\varphi - \varphi_0\right)\right]. \tag{5.44}$$

Dies sind logarithmische Spiralen (▶ Abb. 5.6). Ähnliche Strömungen treten bei *Zyklonen* auf, mit denen man Feststoffe abscheiden kann, die eine Dichte besitzen, die größer ist als diejenige des Fluids.

5.4.6 Abflußwirbel

Die Wirbelsenkenströmung läßt sich näherungsweise auf einen Abflußwirbel übertragen, wenn die Vertikalbewegung vernachlässigt wird. Dazu wenden wir die Bernoulli-Gleichung auf zwei Punkte einer Stromlinie an, die an der Oberfläche der Flüssigkeit liegen (▶ Abb. 5.7).[15] Den Ausgangspunkt 1 legen wir ins Unendliche. Dort befindet sich die ungestörte Oberfläche bei $z = H$ und die Geschwindigkeit der Wirbelsenkenströmung verschwindet $\boldsymbol{u}_1 = 0$. Die Bernoulli-Gleichung für einen beliebigen Punkt 2

---

14 Wegen $\boldsymbol{u}\,\mathrm{d}t = \mathrm{d}\boldsymbol{x} = \boldsymbol{e}_r\,\mathrm{d}r + \boldsymbol{e}_\varphi r\,\mathrm{d}\varphi$ legt ein Fluidelement in der Zeit $\mathrm{d}t$ den radialen Weg $\mathrm{d}r = u\,\mathrm{d}t$ und den azimutalen Weg $r\,\mathrm{d}\varphi = v\,\mathrm{d}t$ zurück.

15 Ein Fluidelement, das zu irgendeinem Zeitpunkt an der Oberfläche der Flüssigkeit liegt, muss für alle Zeiten an der Oberfläche der Flüssigkeit liegen; siehe Abschnitt 5.5.1.

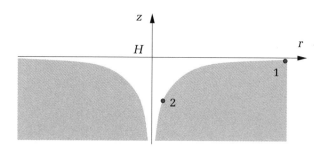

Abb. 5.7: Schnitt durch einen Abflußwirbel. Das Flüssigkeitsniveau für $r \to \infty$ liegt bei $z = H$.

an der Oberfläche lautet dann

$$\frac{\boldsymbol{u}_2^2}{2} + \frac{p_2}{\rho} + gz = \frac{p_1}{\rho} + gH \,. \tag{5.45}$$

Da der Umgebungsdruck konstant ist ($p_2 = p_1 = p_0$), erhalten wir

$$\frac{\boldsymbol{u}_2^2}{2} = g(H - z) \,. \tag{5.46}$$

Zur Berechnung von H benötigen wir nur noch $\boldsymbol{u}_2^2$. Nach (5.42) gilt $\boldsymbol{u}_2^2 = u_2^2 + v_2^2 = C_1^2/r^2 + C_2^2/r^2 = K^2/r^2$, was auf die Absenkung des Flüssigkeitsniveaus

$$H - z = \frac{K^2}{2gr^2} \tag{5.47}$$

führt. Demnach besitzt die Oberfläche der Flüssigkeit des Abflußwirbels in dieser Näherung ein Höhenprofil $\sim r^{-2}$. Dieses Höhenprofil ist nur für hinreichend weite Entfernung vom Wirbelzentrum gültig. Nahe des Zentrums wird die vernachlässigte vertikale Bewegung wichtig. Der angenommene Potentialwirbel für die azimutale Bewegung gilt nur im Außenbereich.

5.5 Oberflächenwellen

Wellen sind oszillierende Bewegungen um eine Gleichgewichtslage, die sich im Raum ausbreiten. In Fluiden können Wellen verschiedenster Art auftreten (siehe z. B. Lighthill 1978). Gewöhnliche Wellen auf dem Meer werden durch windinduzierte Schubspannungen erzeugt. Dabei entsteht ein ganzes Spektrum verschiedener Wellenlängen.

Grundsätzlich unterscheidet man zwischen transversalen und longitudinalen Wellen. Schallwellen sind *Longitudinalwellen*. Bei ihnen werden Fluidelemente in Richtung der Wellenausbreitung ausgelenkt. Sie werden in Abschnitt 6.1 behandelt. Wellen an der Oberfläche von Flüssigkeiten sind *Transversalwellen*, weil die Fluidelemente auch senkrecht zur Ausbreitungsrichtung der Wellen ausgelenkt werden.

Schallwellen werden durch die Kompressibilität von Gasen ermöglicht, wobei Dichteschwankungen mit Druckgradienten verbunden sind, die als Rückstellkräfte wirken. Bei *Oberflächenwellen* an der Grenzfläche zweier nicht mischbarer Fluide unterschiedlicher Dichte fungieren Auftriebskräfte und die Oberflächenspannung als Rückstellkräfte einer Auslenkung der Oberfläche aus der ebenen Ruhelage. Wenn sich Oberflächenwellen mit Hilfe von Auftriebskräften ausbreiten, werden sie *Schwerewellen* genannt. Ist die Oberflächenspannung wesentlich, handelt es sich um *Kapillarwellen*.

5.5.1 Schwerewellen

Bewegung der Flüssigkeit

Zunächst ignorieren wir die Oberflächenspannung und betrachten eine reibungsfreie Flüssigkeit der Dichte ρ im Schwerefeld. In der Gleichgewichtslage ist die Oberfläche eben und senkrecht zur Schwerebeschleunigung (siehe Kap. 2). Mit der Bewegung der Oberfläche ist ein Geschwindigkeitsfeld in der gesamten Flüssigkeit verbunden. Die Bewegung in der Atmosphäre über der Flüssigkeit wird wegen der geringen Dichte von Gasen vernachlässigt. Die Flüssigkeit sei anfänglich in Ruhe. Dann verschwindet die Vortizität $\boldsymbol{\omega} = 0$. Die reibungsfreie Strömung, die wir als zweidimensional annehmen, wird dann für alle Zeiten wirbelfrei sein und wir können das Geschwindigkeitsfeld $\boldsymbol{u}(x, y, t) = (u, v)^{\mathrm{T}} = \nabla\phi$ wie in Abschnitt 5.3 durch ein Geschwindigkeitspotential ϕ ausdrücken. Wie in (5.17) gilt deshalb die *Laplace-Gleichung*

$$\frac{\partial^2 \phi}{\partial x^2} + \frac{\partial^2 \phi}{\partial y^2} = 0\,.\tag{5.48}$$

Randbedingungen

Wir müssen nun eine Bedingung finden, welche die vertikale Auslenkung $\eta(x, t)$ der Oberfläche aus der Ruhelage (siehe ▶ Abb. 5.8) mit dem Geschwindigkeitsfeld des Fluids in Zusammenhang bringt. Diese Bedingung ergibt sich aus der Forderung, dass ein Fluidelement, das sich zu Beginn an der Oberfläche bei $\eta(x, t)$ befand, auch für alle späteren Zeiten an der Oberfläche bleiben muss. Denn die Oberfläche ist eine substantielle Fläche. Um diese *kinematische Randbedingung* mathematisch zu formulieren, betrachten wir ein substantielles Fluidelement mit dem Ortsvektor $\boldsymbol{X} = (X, Y)^{\mathrm{T}}$ an der Oberfläche. Wenn wir fordern, dass sich das Fluidelement mit der Flüssigkeitsströmung bewegt, so muss gelten

$$\frac{\mathrm{D}\boldsymbol{X}}{\mathrm{D}t} = \boldsymbol{u}\,.\tag{5.49}$$

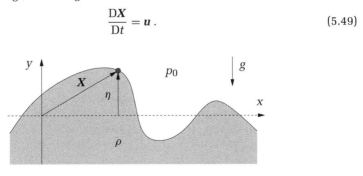

Abb. 5.8: Profil einer zweidimensionalen Welle.

Die Projektion dieser Gleichung auf die Vertikale e_y ergibt

$$e_y \cdot \frac{DX}{Dt} = e_y \cdot \left(\frac{\partial X}{\partial t} + u \cdot \nabla X \right) = \frac{\partial Y}{\partial t} + \left(u \frac{\partial Y}{\partial x} + v \frac{\partial Y}{\partial y} \right) \overset{!}{=} v = e_y \cdot u . \qquad (5.50)$$

Da sich das Fluidelement an der Oberfläche befindet, muss $Y = \eta(x,t)$ sein. Wegen $\partial \eta / \partial y = 0$ erhalten wir den kinematischen Zusammenhang zwischen dem Geschwindigkeitsfeld und der Entwicklung der Oberfläche

$$\frac{\partial \eta}{\partial t} + u \frac{\partial \eta}{\partial x} = v , \quad \text{auf} \quad y = \eta(x,t) . \qquad (5.51)$$

Diese Randbedingung muss am Ort $y = \eta(x,t)$ der Oberfläche erfüllt sein.

Jetzt fehlt noch ein Zusammenhang, der die Rückstellkraft aufgrund des Auftriebs an die Entwicklung der Oberfläche koppelt. Dies ist die *dynamische Randbedingung*. Damit an der Oberfläche ein Kräftegleichgewicht herrscht, muss der Druck auf beiden Seiten gleich groß sein.[16] Für die Gasatmosphäre können wir in guter Näherung einen konstanten Druck $p = p_0$ ansetzen. Um den Druck im Fluid zu erhalten, betrachten wir die zeitabhängige Bernoulli-Gleichung (4.26) für wirbelfreie Strömungen. Mit $\Phi = gy$ erhalten wir

$$\frac{\partial \phi}{\partial t} + \frac{u^2}{2} + \frac{p}{\rho} + gy = C(t) , \qquad (5.52)$$

wobei $u^2 = u^2 + v^2$ ist und die Bernoulli-Integrationskonstante noch eine beliebige Funktion der Zeit t sein kann. Wenn wir nun an der Oberfläche $p = p_0$ setzen, erhalten wir zusammen mit (5.51) den vollständigen Satz von *Randbedingungen* für die zu lösende Laplace-Gleichung (5.48)

$$\frac{\partial \phi}{\partial t} + \frac{u^2 + v^2}{2} + gy = 0 , \quad \text{auf} \quad y = \eta(x,t), \qquad (5.53a)$$

$$\frac{\partial \eta}{\partial t} + u \frac{\partial \eta}{\partial x} = v , \quad \text{auf} \quad y = \eta(x,t), \qquad (5.53b)$$

$$v = 0 , \quad \text{auf} \quad y = -h . \qquad (5.53c)$$

Die letzte Bedingung stellt sicher, dass kein Fluid den Boden bei $z = -h$ durchdringen kann. Beachte, dass wir in der dynamischen Randbedingung (5.53a) $C(t)$ und den konstanten Umgebungsdruck p_0 in das Geschwindigkeitspotential aufgenommen haben. Dies ist erlaubt, da es keinerlei Auswirkungen auf die Strömung $u = \nabla \phi$ hat.

Linearisierung

Die Lösung von (5.48) zu den Randbedingungen (5.53) ist nicht einfach, da in (5.53a) die Rückstellkraft g in nichtlinearer Weise an das Geschwindigkeitsfeld koppelt. Darüber hinaus werden wichtige Randbedingungen an der Grenzfläche $\eta(x,t)$ aufgeprägt, deren Verlauf erst als Teil der Lösung gefunden werden muss.

Um zu einer Vereinfachung zu kommen, nehmen wir an, dass die Amplitude der Welle klein ist.[17] Dann können wir quadratisch nichtlineare Terme in u, v, ϕ und

---

16 Den Laplace-Druck werden wir später berücksichtigen.
17 Genauer gesagt muss die Oberflächendeformation η klein sein gegenüber der Wellenlänge λ der Welle.

η vernachlässigen. Alle restlichen Größen, die in den Randbedingungen bei $y = \eta$ linear auftreten, werden, da η klein ist, in eine Taylor-Reihe um den Punkt $y = 0$ entwickelt. Zum Beispiel ist

$$v(x, \eta, t) = v(x, 0, t) + \left.\frac{\partial v}{\partial y}\right|_{y=0} \eta + \ldots \tag{5.54}$$

Hieran sieht man, dass schon die in η linearen Terme der Taylor-Entwicklungen quadratisch nichtlinear in den Unbekannten sind und daher vernachlässigt werden können. Damit haben wir die Randbedingungen bei $y = \eta$ auf Randbedingungen bei $y = 0$ zurückgeführt. Wenn man dies für alle Terme in (5.53a)–(5.53b) durchführt, erhält man schließlich das *lineare Problem der Wellenausbreitung*

$$\frac{\partial^2 \phi}{\partial x^2} + \frac{\partial^2 \phi}{\partial y^2} = 0\,, \tag{5.55a}$$

$$\frac{\partial \phi}{\partial t} + g\eta = 0\,, \quad \text{auf} \quad y = 0 \tag{5.55b}$$

$$\frac{\partial \eta}{\partial t} - \frac{\partial \phi}{\partial y} = 0\,, \quad \text{auf} \quad y = 0\,, \tag{5.55c}$$

$$\frac{\partial \phi}{\partial y} = 0\,, \quad \text{auf} \quad y = -h\,. \tag{5.55d}$$

Hierbei haben wir alle Geschwindigkeitskomponenten durch das Potential ϕ ausgedrückt.

Dispersion

Das lineare Problem (5.55) ermöglicht Lösungen in Form *harmonischer Wellen* in x-Richtung

$$\begin{pmatrix} \phi \\ \eta \end{pmatrix} = \begin{pmatrix} \hat{\phi}(y) \\ \hat{\eta} \end{pmatrix} e^{i(kx - \omega t)}\,. \tag{5.56}$$

Hierbei ist $k = 2\pi/\lambda$ die Wellenzahl und $\omega = 2\pi f$ die Kreisfrequenz. Die Amplituden $\hat{\phi}(y)$ und $\hat{\eta}$ sind komplex. Physikalisch relevant ist jedoch nur der Realteil von (5.56). Wenn wir diesen Ansatz in (5.55) einsetzen, erhalten wir

$$-k^2 \hat{\phi}(y) + \frac{\partial^2 \hat{\phi}(y)}{\partial y^2} = 0\,, \tag{5.57a}$$

$$-i\omega\hat{\phi}(0) + g\hat{\eta} = 0\,, \tag{5.57b}$$

$$-i\omega\hat{\eta} - \frac{\partial \hat{\phi}(0)}{\partial y} = 0\,, \tag{5.57c}$$

$$\frac{\partial \hat{\phi}(-h)}{\partial y} = 0\,. \tag{5.57d}$$

Gleichung (5.57a) kann man leicht in y-Richtung integrieren. Mit einem Exponentialansatz findet man

$$\hat{\phi}(y) = A e^{ky} + B e^{-ky}\,, \tag{5.58}$$

wobei A und B Integrationskonstanten sind, von denen eine durch die Randbedingung (5.57d) festgelegt wird.[18]

---

[18] Bei der Lösung linearer Gleichungen bleibt die Amplitude unbestimmt.

Wir betrachten eine in positive x-Richtung laufende Welle.[19] Dann ist $k > 0$. Zunächst nehmen wir an, dass das Fluid unendlich tief ist ($h \to \infty$). Damit die Randbedingung (5.57d) für $y \to -\infty$ erfüllt ist, muss $B = 0$ sein. Für eine unendlich tiefe Flüssigkeit lautet daher das *Geschwindigkeitspotential* der Welle

$$\phi(x, y, t) = A \, e^{ky} \, e^{i(kx-\omega t)} \, . \tag{5.59}$$

Man sieht, dass das Geschwindigkeitspotential und damit auch beide Geschwindigkeitskomponenten in negativer y-Richtung exponentiell gedämpft sind.

Wenn man die Lösung (5.59) in die Randbedingungen (5.57b)–(5.57c) einsetzt, erhält man

$$g\hat{\eta} - i\omega A = 0 \, , \tag{5.60a}$$

$$-i\omega\hat{\eta} - kA = 0 \, . \tag{5.60b}$$

Dies ist ein lineares homogenes Gleichungssystem. Für eine nicht triviale Lösung $(\hat{\eta}, A) \neq (0, 0)$ muss die Determinante der Koeffizientenmatrix

$$\det \begin{vmatrix} g & -i\omega \\ -i\omega & -k \end{vmatrix} = 0 \tag{5.61}$$

verschwinden. Diese Lösbarkeitsbedingung führt auf die *Dispersionsrelation*

$$\omega^2 = gk \, . \tag{5.62}$$

An der Dispersionsrelation sieht man, dass *Schwerewellen* dispersiv sind: Die *Phasengeschwindigkeit* $c = \omega/k = \sqrt{g/k}$ ist nicht konstant, sondern nimmt mit der Wellenzahl ab (siehe ▶ Abb. 5.10 b). Wellen mit kurzer Wellenlänge ($k \to \infty$) breiten sich langsamer aus als Wellen mit langer Wellenlänge. Dieses Verhalten steht im Gegensatz zu Schallwellen, deren Phasengeschwindigkeit (6.7) konstant ist. Schallwellen

---

19 Die Betrachtung für die in negativer x-Richtung laufende Welle erfolgt in analoger Weise.

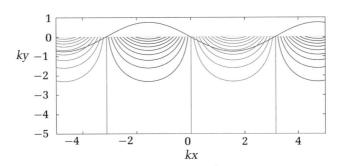

Abb. 5.9: Momentanbild der Stromlinien einer Oberflächenwelle in der Nähe der Grenzfläche. Die Oberflächendeformation (durchgezogene schwarze Kurve) ist übertrieben dargestellt. An den Extrema der Welle ist die Strömung rein horizontal, während sie an den Wendepunkten von $\eta(x, t)$ rein vertikal ist. Wenn sich das gesamte Muster mit konstanter Phasengeschwindigkeit nach rechts bewegt, ist die Stromrichtung für die schwarzen Stromlinien nach rechts, während sie für die blauen Stromlinien nach links gerichtet ist. Beachte, dass die Trajektorien von Fluidelementen für zeitabhängige Strömungen nicht mit den Stromlinien identisch sind (Abschnitt 3.1.2).

besitzen keine Dispersion. Als Konsequenz der Dispersion wird ein anfänglich isolierter Puls im Laufe der Zeit zerfließen, weil sich seine spektralen Komponenten unterschiedlich schnell ausbreiten.

Mit Hilfe von (5.60a) können wir die Schwerewelle explizit schreiben als

$$
\begin{pmatrix} \phi \\ \eta \end{pmatrix} = A \begin{pmatrix} \mathrm{e}^{ky} \\ i\omega/g \end{pmatrix} \mathrm{e}^{\mathrm{i}(kx-\omega t)} \quad \Rightarrow \quad \begin{pmatrix} u \\ v \\ \eta \end{pmatrix} = A \begin{pmatrix} \mathrm{i}k\,\mathrm{e}^{ky} \\ k\,\mathrm{e}^{ky} \\ i\omega/g \end{pmatrix} \mathrm{e}^{\mathrm{i}(kx-\omega t)} \, . \tag{5.63}
$$

Die Amplitude $\hat{\eta}$ der Grenzflächendeformation ist in Phase mit der Horizontalgeschwindigkeit u. Gegenüber der Vertikalgeschwindigkeit v ist sie allerdings um $\pi/2$ phasenverschoben (▶ Abb. 5.9).

5.5.2 Einfluß von Oberflächenspannung und Tiefe

Oberflächenspannung

Um die Oberflächenspannung zu berücksichtigen, müssen wir in die dynamische Randbedingung (5.54a) noch den Laplace-Druck (2.47) aufnehmen. Für die hier betrachtete zweidimensionale Strömung wird einer der Krümmungsradien durch $R_1^{-1} = \partial^2 \eta/\partial^2 x$ bestimmt. Für den anderen gilt $R_2 \to \infty$. Dies führt anstelle von (5.55a) auf die dynamische Randbedingung

$$
\frac{\partial \phi}{\partial t} + g\eta - \frac{\sigma}{\rho} \frac{\partial^2 \eta}{\partial x^2} = 0 \, , \quad \text{auf} \quad y = 0 \, . \tag{5.64}
$$

Wenn man den Ansatz (5.56) in die resultierenden Gleichungen einsetzt, erhält man sehr ähnliche Lösungen. Man muss lediglich g durch $g + \sigma k^2/\rho$ ersetzen. Dies führt dann zu der Dispersionsrelation für *Kapillar-Schwerewellen*

$$
\omega^2 = gk + \frac{\sigma}{\rho} k^3 \quad \Rightarrow \quad c = \sqrt{\frac{g}{k} + \frac{\sigma}{\rho} k} \, . \tag{5.65}
$$

Die Phasengeschwindigkeit der Kapillar-Schwerewellen ist in ▶ Abb. 5.10**b** dargestellt. Die Oberflächenspannung beeinflußt die Ausbreitungseigenschaften für kleine Wellenlängen und wird für $k \to \infty$ sogar dominant. Der Übergang zwischen Kapillar- und Schwerewellen findet statt bei $k^2 = \rho g/\sigma$. Dies definiert eine Längenskala, die *Kapillarlänge*

$$
L_{\mathrm{kap}} = \sqrt{\frac{\sigma}{\rho g}} \, . \tag{5.66}
$$

Für $k = L_{\mathrm{kap}}^{-1}$ besitzt die Phasengeschwindigkeit c ein Minimum. Für eine Wasser-Luft-Grenzfläche[20] liegt das Minimum bei $k_{\mathrm{min}} \approx 3.66\,\mathrm{cm}^{-1}$. Dies entspricht einer Wellenlänge $\lambda_{\mathrm{min}} \approx 1.71\,\mathrm{cm}$. Für Wellenlängen $\lambda < \lambda_{\mathrm{min}}$ dominieren kapillare Effekte und man hat Kapillarwellen. Im Bereich der Kapillarwellen nimmt die Phasengeschwindigkeit mit der Wellenlänge ab. Dies ist der normale Fall bei einem Steinwurf ins Wasser (vgl. ▶ Abb. 5.10**a**).

---

[20] Für Wasser/Luft ist $\sigma_{\mathrm{H_2O}} = 72.8 \times 10^{-5}\,\mathrm{N/cm}$, $\rho_{\mathrm{H_2O}} = 1\,\mathrm{g/cm}^3$.

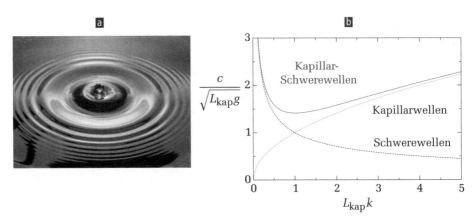

Abb. 5.10: <u>a</u> Kapillarwellen auf einer Wasseroberfläche (Aufnahme: Andrew Davidhazy) und <u>b</u> Dispersionsrelation für Kapillar-Schwerewellen an der Oberfläche einer unendlich tiefen Flüssigkeit (blau). Für $k > L_{kap}^{-1}$ dominieren kapillare Effekte (gepunktet), wodurch die Phasengeschwindigkeit c für kleine Wellenlängen ($k \to \infty$) wieder ansteigt. Für $k < L_{kap}^{-1}$ dominiert die Erdschwere (gestrichelt).

Tiefe

Wenn man zusätzlich noch die endliche Tiefe der Flüssigkeitsschicht berücksichtigen möchte, muss man im Ansatz (5.58) beide Summanden berücksichtigen ($A, B \neq 0$). Berechnet man die Lösung in analoger Weise, so findet man die Dispersionsrelation für Kapillar-Schwerewellen in einer endlich tiefen Flüssigkeitsschicht

$$c^2 = \frac{g}{k}\tanh(kh)\left(1 + \frac{\sigma k^2}{\rho g}\right). \tag{5.67}$$

Die endliche Tiefe des Schicht wirkt sich also lediglich in einem Zusatzfaktor $\tanh(kh)$ aus. Hierdurch wird die Phasengeschwindigkeit langer Wellen mit Wellenlänge $\lambda = 2\pi/k > O(h)$ reduziert. Für kurze Wellen mit $\lambda \ll h$ ist $\tanh(kh) \approx 1$. Sie werden kaum durch die Tiefe beeinflußt.

5.5.3　Flachwasserwellen

Als *Flachwasserwellen* bezeichnet man Wellen, deren Wellenlänge λ groß ist im Vergleich zur Tiefe h. Für $\lambda \gg h$ ist $kh \ll 1$ und wir können (5.67) in eine Taylor-Reihe entwickeln. Damit erhalten wir die Phasengeschwindigkeit von Flachwasserwellen

$$c_0 \approx \sqrt{gh}. \tag{5.68}$$

Ein bekanntes Beispiel ist der Tsunami. Tsunamis entstehen durch starke seismische Ereignisse. Ihre typische Wellenlänge von 100 bis 500 km ist wesentlich größer als die Meerestiefe h. Die Phasengeschwindigkeit von Tsunamis läßt sich also durch (5.68) berechnen. Bei einer Meerestiefe von $h = 5\,000$ m beträgt die Phasengeschwindigkeit demnach $c_0 \approx 220$ m/s.

Eine weitere wichtige Wellenform ist der *hydraulische Sprung* oder auch *Wechselsprung*. Dies ist ein stark lokalisierter Anstieg des Höhenniveaus der Flüssigkeitsoberfläche. Er tritt auf, wenn sich eine dünne, sehr schnell mit $U > c$ fließende Flüs-

Abb. 5.11: Hydraulischer Sprung in der radialen Strömung, die durch einen senkrecht auftreffenden Strahl erzeugt wird.

sigkeitsschicht auf eine Geschwindigkeit $U < c$ verlangsamt. Aus Kontinuitätsgründen muss dann der Flüssigkeitsspiegel ansteigen. Dieser Anstieg kann sich durch Oberflächenwellen stromaufwärts nur bis zu dem Punkt ausbreiten, an dem die Phasengeschwindigkeit $c = \sqrt{gh}$ der (Schwere-)Welle gleich der mittleren Strömungsgeschwindigkeit U ist. An dieser Stelle findet dann der Wechselsprung statt. Sie wird durch den Wert $\mathrm{Fr} = 1$ der *Froude-Zahl*

$$\mathrm{Fr} = \frac{U}{\sqrt{gh}} \tag{5.69}$$

charakterisiert.[21] Die schnelle Strömung stromaufwärts des Punktes, an dem der Wechselsprung stattfindet, wird *überkritisch* genannt ($\mathrm{Fr} > 1$). Die langsame Strömung stromabwärts des Sprungs heißt *unterkritisch* ($\mathrm{Fr} < 1$). Das Phänomen kann man gut bei der flach schießenden Strömung hinter einem Wehr (Schütz) beobachten oder bei einem Wasserstrahl, der senkrecht auf den Boden eines Waschbeckens trifft (▸ Abb. 5.11). Der hydraulische Sprung findet eine Analogie im Verdichtungsstoß in kompressiblen Überschallströmungen (Abschnitt 6.2). Die Froude-Zahl Fr entspricht dann der Mach-Zahl M (Abschnitt 6.1.1). Der Verdichtungsstoß ist jedoch noch viel stärker lokalisiert und wird im Rahmen reibungsfreier Strömungen als Diskontinuität behandelt.

In Realität sind alle Oberflächenwellen mit endlicher Amplitude nichtlinear (siehe (5.53)). Aus diesem Grund sind die Ausbreitungseigenschaften der Wellen auch von ihrer Amplitude abhängig. Zusammen mit der Dispersion und ggf. der Topographie des Bodens kann es zu einem sehr komplexen Verhalten kommen.

Um das Verhalten von Schwerewellen zu verstehen, die auf einen flachen Strand zulaufen, müssen wir erstens beachten, dass sich die Wassertiefe von Wellenberg zu Wellental signifikant ändert. Zweitens breitet sich eine Oberflächenwelle immer relativ zum Bewegungszustand des Mediums aus. Um den ersten Effekt zu berücksichtigen, betrachten wir (5.68) und ersetzen h durch die tatsächliche Tiefe $h + \eta$. Mit diesem heuristischen Ansatz erhalten wir

$$c \approx \sqrt{g(h + \eta)} = c_0 \sqrt{\left(1 + \frac{\eta}{h}\right)} \approx c_0 \left(1 + \frac{\eta}{2h}\right). \tag{5.70}$$

Für den zweiten Effekt müssen wir bei Wellen endlicher Amplitude die Bewegung des Mediums berücksichtigen. Nach (5.63) erhalten wir für die horizontale Geschwin-

---

21 Manchmal wird die Froude-Zahl auch über $\mathrm{Fr} = U^2/gh$ definiert.

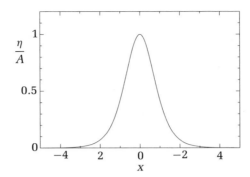

Abb. 5.12: Soliton der KdV-Gleichung nach (5.77).

digkeit ($e^{ky} \approx 1$)

$$u \approx \frac{k}{\omega} g\eta \overset{(5.68)}{\approx} \frac{c_0}{h}\eta \, . \tag{5.71}$$

Diese Geschwindigkeit müssen wir also noch zu (5.70) addieren und finden

$$c \approx c_0 \left(1 + \frac{\eta}{2h}\right) + c_0 \frac{\eta}{h} = c_0 \left(1 + \frac{3\eta}{2h}\right) \, . \tag{5.72}$$

Die Ausbreitungsgeschwindigkeit der Welle hängt also von der lokalen Auslenkung η ab. Die Wellenberge propagieren schneller als die Wellentäler. Aus diesem Grund werden die Wellenberge auf der Seite, die dem Strand zugewandt ist, immer steiler, bis die Welle schließlich bricht. Dies ist besonders katastrophal bei den sehr langwelligen Tsumamis, da sich die in der langen Welle enthaltene große Flüssigkeitsmenge zu sehr hohen Wellen auftürmen kann.

Eine andere interessante Wellenform ist die solitäre Welle oder kurz das *Soliton*. Dies ist eine Welle, die nur aus einem einzigen Wellenberg besteht und ohne Änderung seiner Form propagiert. Dieser Wellentypus wurde erstmals 1834 von John Scott Russell im schmalen *Union Canal* zwischen Edinburgh und Glasgow beobachtet, als sich durch das plötzliche Anhalten einer Barke die Bugwelle löste und ungefähr zwei Meilen weit propagierte.

Beim Soliton wird das Zerfließen des Pulses aufgrund der Dispersion durch den Aufsteilungseffekt der Nichtlinearität exakt kompensiert. Neben der Amplitudenabhängigkeit der Phasengeschwindigkeit müssen wir daher noch die Dispersion berücksichtigen. Dazu nähern wir die Phasengeschwindigkeit von Schwerewellen (5.67) mit $\sigma = 0$ und $kh \ll 1$ durch eine Taylor-Entwicklung bis zur 2. Ordnung an[22]

$$c = c_0 \sqrt{\frac{\tanh(kh)}{kh}} = c_0 \sqrt{\frac{kh - (kh)^3/3 + \dots}{kh}} = c_0 \sqrt{1 - \frac{k^2 h^2}{3} + \dots} \approx c_0 \left(1 - \frac{k^2 h^2}{6}\right) \, . \tag{5.73}$$

---

22 Beachte die Taylor-Entwicklungen

$$\tanh x = x - \frac{x^3}{3} + \dots , \quad \sqrt{1 \pm x} = 1 \pm \frac{x}{2} + \dots$$

Damit haben wir die Dispersion in führender Ordnung berücksichtigt. Wir können nun die Dispersion (5.73) und die nichtlineare Ausbreitung (5.72) kombinieren zu der näherungsweisen nichtlinearen Dispersionsrelation

$$c = c_0 \left(1 - \frac{1}{6} k^2 h^2 + \frac{3}{2} \frac{\eta}{h} \right) . \tag{5.74}$$

Um die Wellengleichung zu finden, die zu dieser Dispersionsrelation gehört, multiplizieren wir die Gleichung mit $-i\eta$,

$$- i\omega\eta + ic_0 \left(k - \frac{1}{6} k^3 h^2 + \frac{3}{2} \frac{\eta}{h} k \right) \eta = 0 \tag{5.75}$$

und identifizieren entsprechend (5.59) $-i\omega \to \partial_t$ und $ik \to \partial_x$. Dies führt auf die Korteweg-de-Vries-Gleichung (KdV-Gleichung)[23]

$$\frac{\partial \eta}{\partial t} + c_0 \left(\frac{\partial \eta}{\partial x} + \frac{h^2}{6} \frac{\partial^3 \eta}{\partial x^3} + \frac{3}{2h} \eta \frac{\partial \eta}{\partial x} \right) = 0 . \tag{5.76}$$

Interessanterweise kann man eine Lösung der Form $f(x,t) = f(x - Vt)$ der KdV-Gleichung finden (Remoissenet 2003), die ihre Gestalt nicht ändert. Dies ist das KdV-Soliton[24]

$$\eta(x, t) = A \operatorname{sech}^2 \left[\sqrt{\frac{3A}{4h^3}} (x - Vt) \right], \quad \text{mit} \quad V = c_0 \left(1 + \frac{A}{2h} \right) . \tag{5.77}$$

Die Ausbreitungsgeschwindigkeit V des KdV-Solitons, das in ▶ Abb. 5.12 gezeigt ist, ist für kleine h nahezu proportional zu seiner Amplitude A. Die Breite des Pulses hängt von $\sqrt{A}$ ab.

Es lassen sich auch noch sogenannte Cnoidal-Wellen[25] finden. Dies sind nichtlineare periodische Wellen. Das Soliton kann man als Limes einer Cnoidal-Welle mit $\lambda \to \infty$ auffassen. Mehr über Solitonen kann man Drazin & Johnson (1989) sowie Remoissenet (2003) entnehmen.

---

23 Man kann die KdV-Gleichung auch durch eine systematische Näherung erhalten.
24 Für den Sekanshyperbolikus gilt $\operatorname{sech}^2(x) = 1 - \tanh^2(x)$.
25 Genannt nach den Jacobi-elliptischen Funktionen cn und sn (siehe z. B. Abramowitz & Stegun 1972).

Zusammenfassung

Inkompressible zweidimensionale Strömungen lassen sich mit einer Stromfunktion ψ beschreiben, aus der sich die beiden Geschwindigkeitskomponenten durch Ableitung nach den Koordinaten ergeben. Der Vorteil der Stromfunktion besteht darin, dass bei ihrer Verwendung die Kontinuitätsgleichung automatisch erfüllt ist. (Abschnitt 5.1)

Wirbelströmungen sind durch die Rotation einzelner Fluidelemente charakterisiert. Die Vortizität $\boldsymbol{\omega} = \nabla \times \boldsymbol{u}$, auch Wirbelstärke genannt, entspricht der zweifachen lokalen Rotationsrate eines infinitesimalen Volumenelements. Die zeitliche Entwicklung der Vortizität eines reibungsfreien Fluids wird durch die Helmholtz-Gleichung beschrieben. Aus ihr lassen sich die Helmholtzschen Wirbelsätze ableiten. Eine integrale Formulierung dieser Wirbelsätze ist das Kelvinsche Zirkulationstheorem. Danach bleibt die Zirkulation $\oint_C \boldsymbol{u} \cdot d\boldsymbol{x}$ entlang einer geschlossenen substantiellen Linie C erhalten.

Ein in Ruhe befindliches Fluid ist wirbelfrei ($\boldsymbol{\omega} = 0$). Als Konsequenz des Zirkulationstheorems bzw. der Helmholtzschen Wirbelsätze ist dann auch jede reibungsfreie Strömung wirbelfrei, die aus der Ruhe heraus in Bewegung gesetzt wurde. Aus diesem Grund haben wirbelfreie Strömungen eine große praktische Bedeutung. (Abschnitt 5.2)

Zweidimensionale, inkompressible und wirbelfreie Strömungen lassen sich mit Hilfe der Potentialgleichung $\nabla^2 \phi = 0$ für ein Geschwindigkeitspotential ϕ beschreiben, aus dem sich das Geschwindigkeitsfeld als $\boldsymbol{u} = \nabla\phi$ ergibt. Die Formulierung der Potentialgleichung als System von Differentialgleichungen erster Ordnung für das Potential ϕ und die Stromfunktion ψ ist äquivalent zu den Cauchy-Riemannschen Differentialgleichungen für holomorphe Funktionen $f(z)$ der komplexen Variablen $z = x + iy$ mit Realteil $\Re(f) = \phi$ und Imaginärteil $\Im(f) = \psi$.

Damit entspricht jede holomorphe Funktion einer zweidimensionalen, inkompressiblen und wirbelfreien Strömung. Da die Potentialgleichung linear ist, lassen sich durch Superposition holomorpher Funktionen eine Vielzahl von Lösungen (Strömungen) konstruieren. (Abschnitt 5.3)

Unter den Wirbelströmungen besitzt der Potentialwirbel, dessen Geschwindigkeitsfeld $\sim r^{-1}$ vom Zentrum abfällt, eine Sonderstellung: Seine Vortizität verschwindet. Zwar rotieren substantielle Fluidelement um das gemeinsame Wirbelzentrum. Sie führen dabei aber keine Eigenrotation (um sich selbst) aus. (Abschnitt 5.4.2)

Wichtige strömungsmechanische Phänomene sind Oberflächenwellen im Schwerefeld. Für inkompressible, reibungsfreie und wirbelfreie Fluide läßt sich die Dynamik von Wellen kleiner Amplitude als System linearer Gleichungen für das Geschwindigkeitspotential ϕ und die vertikale Koordinate η der Oberfläche ausdrücken. Auch der Laplace-Druck aufgrund der Oberflächenspannung kann berücksichtigt werden. Die Lösungen der linearen Wellengleichungen sind harmonische Wellen. Die Dispersionsrelation für die Phasengeschwindigkeit $c(k)$ als Funktion der Wellenzahl k weist ein asymptotisches Verhalten für kleine und große Wellenzahlen auf. Bei kleine Wellenlängen $\lambda = 2\pi/k$ erhält man Kapillarwellen mit $c \sim k^{1/2}$, während man für große Wellenlängen Schwerewellen erhält ($c \sim k^{-1/2}$). Wenn die Tiefe der Fluidschicht klein ist gegenüber der Wellenlänge, spricht man von Flachwasserwellen. In einer schnell fließenden, dünnen Schicht können ähnliche Phänomene auftreten wie bei kompressiblen Strömungen. Ein Beispiel ist der Wechselsprung, bei dem die Höhe der Fluidschicht auf einer sehr kurzen Distanz stark ansteigt. Diese Sprung findet an Stellen statt, an denen die Phasengeschwindigkeit der Oberflächenwellen, deren Ausbreitung an den Bewegungszustand der Flüssigkeitsschicht gebunden ist, mit der horizontalen Strömungsgeschwindigkeit übereinstimmt. (Abschnitt 5.5)

Aufgaben

Aufgabe 5.1: Rotierendes Fluid mit freier Oberfläche

Ein hoher zylindrischer Behälter mit Radius R sei im Ruhezustand mit einer Flüssigkeit der Dichte ρ bis zur Höhe H gefüllt.

a) Welche Form haben die Stromlinien in der Flüssigkeit, wenn der Zylinder mit der konstanten Winkelgeschwindigkeit Ω um seine Achse rotiert? Wie groß ist die Geschwindigkeit u auf den Stromlinien?

b) Berechnen Sie die Druckverteilung $p(r, z)$ in der rotierenden Flüssigkeit durch radiale Integration der Impulsbilanz senkrecht zu den Stromlinien. Bestimmen Sie die auftretende Integrationskonstante durch Berücksichtigung des hydrostatischen Drucks, der sich durch die lokale Höhe $h(z)$ über dem ebenen Boden ($z = 0$) ergibt.

c) Welche Form $h(r)$ besitzt die freie Oberfläche der rotierenden Flüssigkeit? Die Oberflächenspannung soll vernachlässigt werden.

d) Auf welche Höhe h_{max} steigt die Flüssigkeit am Rand des Behälters über das Minimalniveau h_{min} an?

e) Bei welcher Rotationsrate berührt die Flüssigkeitsoberfläche gerade den Boden des Behälters?

Aufgabe 5.2: Ad-hoc-Argument für einen Potentialwirbel

Leiten Sie das azimutale Geschwindigkeitsprofil $\sim 1/r$ eines Potentialwirbels aus der ad-hoc-Bedingung her, dass die Bernoulli-Konstante eine globale Konstante ist, also im ganzen Raum denselben Wert besitzt. Betrachten Sie dazu die Bernoulli-Gleichung für eine zirkulare Stromlinie und differenzieren Sie diese in radialer Richtung. Vergleichen Sie das Ergebnis mit der radialen Impulsbilanz (4.30).

Aufgabe 5.3: Teilchenbahnen in einer Welle

Zeigen Sie, dass die Trajektorien von Fluidelementen im Strömungsfeld einer Schwerewelle in unendlich tiefem Wasser Kreise sind (▶ Abb. 5.13).

Abb. 5.13: Trajektorien von kleinen Tracern in einer laufenden Welle. Das Amplituden-zu-Wellenlängen-Verhältnis ist $A/\lambda = 0.04$ und das Tiefen-zu-Wellenlängen-Verhältnis beträgt $h/\lambda = 0.22$. Die elliptischen Trajektorien in Bodennähe rühren von der endlichen Tiefe her. (Aufnahme: Wallet & Ruellan 1950); (aus Van Dyke 1982).

Aufgabe 5.4: Potentialströmung um einen Zylinder

Aus einer Überlagerung einer geeigneten Superposition einer homogenen Strömung mit Geschwindigkeit U und einer Dipolströmung der mit Dipolstärke M kann man die Potentialströmung um einen Zylinder konstruieren.

a) Wie lautet die Stromfunktion für die Überlagerung von homogener Strömung in x-Richtung und einer Dipolströmung, die auch in x-Richtung orientiert ist?

b) Wie muss die Dipolstärke M gewählt werden, damit eine Stromlinie kreisförmig ist? Geben Sie dazu die Stromfunktion in Polarkoordinaten an und fordern Sie, dass eine Stromlinie bei $\psi(r = R)$ existiert, so dass ψ bei $r = R$ unabhängig ist von φ. Wie lautet also die Umströmung eines Zylinders mit Radius R?

c) Geben Sie die Geschwindigkeitskomponenten in x- und y-Richtung (parallel und senkrecht zur Anströmung) in kartesischen Koordinaten und in Zylinderkoordinaten an.

d) Berechnen Sie die Tangentialgeschwindigkeit $v_{\tan}(\varphi)$ an der Zylinderoberfläche.

e) Bestimmen Sie die Druckverteilung $p(\varphi)$ auf dem Zylinder.

f) Skizzieren Sie die Druckverteilung $p(\varphi)$ und diskutieren Sie das Ergebnis hinsichtlich der Druckkräfte auf den Zylinder.

Aufgabe 5.5: Zwei Fadenwirbel

Betrachte die Dynamik zweier Fadenwirbel der Wirbelstärken $\kappa_1 = \Gamma_1/2\pi$ und $\kappa_2 = \Gamma_2/2\pi$ an den Orten z_1 und z_2 in der komplexen Ebene.

a) Wie lautet das gesamte komplexe Potential?

b) Jeder der beiden Wirbelfäden bewegt sich wie ein substantielles Linienelement im Geschwindigkeitsfeld des jeweils anderen Wirbels (zweiter Helmholtzscher Wirbelsatz). Wie lauten damit die Geschwindigkeiten der beiden Wirbel? Zeigen Sie

$$\kappa_1(u_1 - iv_1) + \kappa_2(u_2 - iv_2) = 0. \qquad (5.78)$$

c) Zeigen Sie, dass die Geschwindigkeit eines jeden Wirbels senkrecht auf der Verbindungslinie zwischen den beiden Fadenwirbeln steht.

d) Welche Bewegung führen die Wirbel aus, wenn sie gleichsinnig und mit gleicher Stärke rotieren ($\kappa = \kappa_1 = \kappa_2$) und falls sie gleichstark gegensinnig rotieren ($\kappa = \kappa_1 = -\kappa_2$)?

e) Zeigen Sie, dass sich der Wirbelschwerpunkt

$$z_S = \frac{\kappa_1 z_1 + \kappa_2 z_2}{\kappa_1 + \kappa_2}. \qquad (5.79)$$

nicht bewegt, d. h., dass die Geschwindigkeit im Wirbelschwerpunkt verschwindet. Benutzen Sie dafür das Ergebnis der zweiten Teilaufgabe (b).

Kompressible, reibungsfreie Strömungen

6

ÜBERBLICK

>> Gasströmungen weisen aufgrund der Kompressibilität einige Besonderheiten im Vergleich zu den meist inkompressiblen Flüssigkeitsströmungen auf. Die wichtigsten Phänomene kompressibler Strömungen werden behandelt und, soweit möglich, aus den Grundgleichungen hergeleitet. Dazu zählen die Schallausbreitung bei kleinen Druckschwankungen, die Entstehung von Verdichtungsstößen und ihre Idealisierung als diskontinuierliche Änderung der Zustandsgrößen. Die Betrachtung adiabatischer Zustandsänderungen entlang von Stromfäden mit variablem Querschnitt ermöglicht, das prinzipiellen Verhalten von Strömungen durch Düsen zu verstehen. <<

In Abschnitt 2.3 hatten wir schon gesehen, dass es in *großen* Gasmassen wie z. B. der Atmosphäre unter dem Einfluß der Schwerkraft zu beträchtlichen Dichteänderungen kommt. Aber auch *schnelle* Gas- und Dampfströmungen sind meist mit erheblichen Dichteänderungen verbunden. Derartige Strömungen fallen in das Gebiet der *Gasdynamik*.

Die Kompressibilität der Luft muss bei der schnellen Bewegung von Körpern durch die Atmosphäre (z. B. Flugzeuge, Geschosse) berücksichtigt werden. Ein anderes Beispiel ist der Druckausgleich zwischen zwei Behältern, wenn der anfängliche Druckunterschied von der Größenordnung des Absolutdrucks in einem der Behälter ist, d. h. $\Delta p \geq O(p)$. Auch bei Strömungen in Gasturbinen oder um schnell rotierende Propeller sind Kompressibilitätseffekte wesentlich. Schließlich treten starke Dichteänderungen auch bei plötzlichen Bewegungen von Wänden oder von Gasmassen (Explosionen) auf.

Bei allen genannten Phänomenen spielt der Ausbreitungsvorgang von Dichteänderungen eine zentrale Rolle. Wenn die Schwankungen von Druck und Dichte klein sind, breiten sich die Dichteänderungen in Form regulärer Schallwellen aus. Bei großen Schwankungen von Druck und Dichte können nichtlineare Effekte eine Aufsteilung der Welle bewirken, was dazu führt, dass sich der Druck und andere Zustandsgrößen nahezu sprungartig ändern.

6.1 Schallausbreitung

6.1.1 Wellengleichung und Schallgeschwindigkeit

Um die Ausbreitung kleiner Dichte- und Druckänderungen zu untersuchen, gehen wir davon aus, dass die Schwankungen klein gegenüber ihren Mittelwerten sind. Mathematisch betrachten wir dazu infinitesimale Variationen des Drucks und der Dichte und die damit zusammenhängende infinitesimale Verschiebung substantieller Volumina. Unter dieser Voraussetzung können wir die Gleichungen linearisieren. Das heißt, wir vernachlässigen in den zugrundeliegenden Gleichungen quadratische Terme in den Abweichungen vom Referenzzustand (ρ_0, p_0) gegenüber den Termen, die linear in den Schwankungsgrößen sind.

Da die Ausbreitung von Druckschwankungen in der Regel wesentlich schneller erfolgt als die Wärmeleitung, können wir von adiabatischen Zustandsänderungen ausgehen. Der Druck $p = p(\rho)$ ist somit nur eine Funktion der Dichte (siehe (2.33)) und es gilt

$$\frac{p(\rho)}{p_0} = \left(\frac{\rho}{\rho_0}\right)^{\varkappa}. \tag{6.1}$$

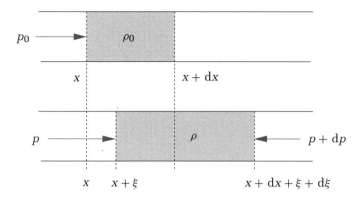

Abb. 6.1: Zur Ableitung der eindimensionalen Wellengleichung; oben im Ruhezustand ($p(x) = p_0$ = const.) und unten bei Anwesenheit von Druckschwankungen $p(x) \neq$ const.

Nun betrachten wir eine Druck- und Dichteänderung in x-Richtung (Schallwelle). Im ungestörten Fall (keine Schallwellen) sind der Druck p_0 und die Dichte ρ_0 unabhängig von x. Wenn aber eine Druckschwankung auftritt, wird i. a. ein Volumenelement der Länge dx an der Stelle x während der Zeit dt um die Länge $\xi(x, t)$ verschoben und außerdem um $d\xi$ komprimiert oder dilatiert. Das Newtonsche Gesetz für die Kraft auf das in ▶ Abb. 6.1 grau markierte Volumenelement ergibt

$$\underbrace{\rho_0 A \, dx}_{m} \frac{\partial^2 \xi}{\partial t^2} = -A \, dp, \tag{6.2}$$

wobei A die Querschnittsfläche und $\partial^2 \xi/\partial t^2$ die Beschleunigung des Volumenelements ist. Daraus ergibt sich

$$\rho_0 \frac{\partial^2 \xi}{\partial t^2} = -\frac{\partial p}{\partial x} \, . \tag{6.3}$$

Wir wollen nun $\partial p/\partial x$ durch die Auslenkung ξ des substantiellen Volumens ausdrücken, um eine Differentialgleichung für ξ zu erhalten. Die Massenerhaltung erfordert

$$\rho A \left(dx + d\xi \right) = \rho_0 A \, dx$$

oder $\rho(1 + \partial \xi/\partial x) = \rho_0$. Daher gilt

$$\rho = \frac{\rho_0}{\underbrace{1 + \partial \xi/\partial x}_{\ll 1}} \overset{\substack{\text{Taylor-} \\ \text{Entw.}}}{=} \rho_0 \left\{ 1 - \frac{\partial \xi}{\partial x} + O\left[\left(\frac{\partial \xi}{\partial x} \right)^2 \right] \right\} \, . \tag{6.4}$$

Damit erhalten wir

$$\frac{\partial p(\rho)}{\partial x} = p'(\rho) \frac{\partial \rho}{\partial x} \overset{(6.4)}{\approx} -\rho_0 p'(\rho) \frac{\partial^2 \xi}{\partial x^2} \approx -\rho_0 p'(\rho_0) \frac{\partial^2 \xi}{\partial x^2} \, , \tag{6.5}$$

wobei wir im letzten Schritt ausgenutzt haben, dass $p'(\rho) = p'(\rho_0) + \text{h.o.t.}$ ist.[1] Wenn wir dieses Ergebnis in die Impulsbilanz (6.3) einsetzen, erhalten wir mit der Abkürzung $c_0^2 := p'(\rho_0)$

$$\frac{\partial^2 \xi}{\partial t^2} = c_0^2 \frac{\partial^2 \xi}{\partial x^2} \,. \tag{6.6}$$

Dies ist die eindimensionale *Wellengleichung* für die Auslenkung von Fluidelementen durch den Schall. Sie gilt auch für die damit verbundenen kleinen Druck- und Dichteschwankungen.[2]

Durch Einsetzen sieht man leicht, dass die eindimensionale Wellengleichung Lösungen der Form $\xi = F(x \pm c_0 t)$ besitzt. Diese entsprechen nach links und nach rechts laufenden Schallwellen. Ein Wellenberg der Amplitude $F = \text{const.}$, entsprechend einer konstanten Phase $\phi = x \pm c_0 t = \text{const.}$, bewegt sich daher entlang der Linie $x = \text{const.} \mp c_0 t$. Damit können wir c_0 als *Phasengeschwindigkeit* der Schallwellen auffassen. Ihr Wert bei Standardbedingungen (auf Meereshöhe) beträgt $c_0 = 340\,\text{m/s}$. Für die *Schallgeschwindigkeit* c in einem adiabatischen idealen Gas gilt

$$c^2 = p'(\rho) = \frac{\mathrm{d}p}{\mathrm{d}\rho} \overset{(6.1)}{=} \frac{p}{\rho^\varkappa} \varkappa \rho^{\varkappa-1} = \varkappa \frac{p}{\rho} = \varkappa R T \,. \tag{6.7}$$

Die Schallgeschwindigkeit c hängt also von der Wurzel der Temperatur ab.

Wenn nun die Kompressibilität[3] sehr klein ist und im Limes verschwindet, dann divergiert $p' = \partial p / \partial \rho \to \infty$. Damit wächst auch die Schallgeschwindigkeit über alle Grenzen ($c \to \infty$). Bei dynamischen Vorgängen in schwer komprimierbaren Medien propagieren deshalb alle durch den Schall verursachten Dichteschwankungen mit sehr großer Geschwindigkeit fort, bevor sich die Strömung $\boldsymbol{u}$ signifikant ändern kann.

---

1 Die *higher-order terms* (h.o.t.) können vernachlässigt werden, da sie in der Gleichung mit dem kleinen Term $\partial^2 \xi / \partial x^2$ multipliziert werden.

2 Die Wellengleichung kann man auch direkt aus der Euler-Gleichung ableiten, wenn man quadratische Terme vernachlässigt. Um das zu sehen, linearisieren wir die Euler- und die Kontinuitätsgleichung um $\boldsymbol{u}_0 = 0$, p_0 und ρ_0. Für kleine Abweichungen $\boldsymbol{u}$, p und ρ von diesem Referenzzustand gilt dann

$$\rho_0 \frac{\partial \boldsymbol{u}}{\partial t} + \nabla p = 0, \qquad \frac{\partial \rho}{\partial t} + \rho_0 \nabla \cdot \boldsymbol{u} = 0 \,.$$

Wenn man nun die Schwankungsgeschwindigkeit $\boldsymbol{u}$ durch entsprechendes Ableiten der Gleichungen eliminiert, erhalten wir

$$\frac{\partial^2 \rho}{\partial t^2} - \nabla^2 p = 0 \,.$$

Aus der polytropen Zustandsgleichung (2.33) kann man für kleine Schwankungen leicht $\nabla^2 p = c^2 \nabla^2 \rho$ ableiten, was auf die Wellengleichung für die Dichte führt

$$\frac{\partial^2 \rho}{\partial t^2} - c^2 \nabla^2 \rho = 0 \,.$$

Dieselbe Gleichung gilt auch für p. Wie man sieht, müssen kleine Druck- und Dichteschwankungen derselben Wellengleichung (6.6) genügen, die auch für die Auslenkung von Volumenelementen gilt.

3 Die isotherme (adiabatische) Kompressibilität ist $K_{T,s} = -V^{-1}\,\partial V/\partial p|_{T,s} = \rho_0^{-1}\partial\rho/\partial p$ (vgl. (1.7)).

Dies betrifft insbesondere auch diejenigen Dichteschwankungen, die durch die Strömung u selbst verursacht werden.

Daher brauchen Schallwellen in inkompressiblen Medien nicht berücksichtigt zu werden. Als Kriterium dafür, wann eine Strömung als inkompressibel betrachtet werden darf, kann man daher das Verhältnis u/c verwenden. Dies ist die *Mach-Zahl*

$$M = \frac{u}{c} \,. \tag{6.8}$$

Nach einer oft verwendeten Faustregel ist eine Strömung in guter Näherung inkompressibel, wenn $M = u/c < 0.3$ ist.[4] Beachte, dass mit (6.7) gilt

$$M^2 = \frac{\rho u^2}{\varkappa p} \,. \tag{6.9}$$

6.1.2 Machscher Kegel

Die Ausbreitung von Dichteschwankungen ist an das Trägermedium gebunden. Deshalb breiten sich Schallwellen relativ zum Bewegungszustand des Fluids aus. Falls sich also das Fluid homogen mit der Geschwindigkeit u bewegt, breiten sich Dichteschwankungen in Strömungsrichtung mit der Geschwindigkeit $c+u$ aus und entgegen der Strömungsrichtung mit $c-u$. Falls das Gas mit Überschallgeschwindigkeit strömt ($u > c$), ist stromaufwärts keine Schallausbreitung möglich.

Von einem punktförmigen ruhenden Objekt in einer Strömung gehen Druckschwankungen in Form von Kugelwellen aus. Wie man an ▶ Abb. 6.2 sieht, bildet die Einhüllende bei einer Überschallströmung einen *Machschen Kegel*, der sich in das stromabwärts gelegene Gebiet erstreckt. Für den *Machschen Winkel* α ergibt sich

$$\sin\alpha = \frac{c\tau}{u\tau} = \frac{c}{u} = M^{-1} \,. \tag{6.10}$$

---

4 Es gibt jedoch gewisse Ausnahmen von dieser Regel.

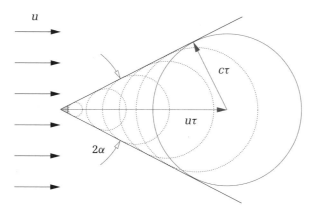

Abb. 6.2: Machscher Kegel mit Öffnungswinkel 2α, der von einem kleinen stationären Objekt ausgeht, das mit konstanter Überschallgeschwindigkeit $u > c$ angeströmt wird. Der blaue Kreis symbolisiert eine Kugelwelle nach der Zeit τ ihrer Entstehung.

Dabei ist τ die Zeit, die nach der Entstehung einer elementaren Kugelwelle am Ort des punktförmigen Objekts verstrichen ist. Der Raum außerhalb des Machschen Kegels ist völlig unbeeinflußt von den Dichteschwankungen, die von dem ruhenden Objekt ausgehen.

Ernst Mach
1838–1916

Diese Betrachtung gilt entsprechend auch für den Fall, bei dem sich ein Objekt, z. B. ein Geschoß, mit Überschallgeschwindigkeit relativ zu einem ruhenden Fluid bewegt. Der Einfluß des Körpers ist dann nur auf das Gebiet innerhalb des Machschen Kegels beschränkt. Aus dem Winkel der Kopfwelle (Machscher Winkel) kann man die Geschwindigkeit sehr gut bestimmen.

Am Ort des Machschen Kegels überlagern sich viele Schallwellen, was zu sehr großen Dichteschwankungen führt. Wenn die Amplitude der Dichteschwankungen groß wird, sind nichtlineare Effekte zu berücksichtigen, die in der linearen Analyse von Abschnitt 6.1.1 nicht enthalten sind. Insbesondere wird unmittelbar vor dem Körper die Dichte so groß, dass sich die Kopfwelle mit Überschallgeschwindigkeit (bezogen auf die Schallgeschwindigkeit im ungestörten Fluid) ausbreitet.

Die Einschränkung des Einflußgebiets lokalisierter Störungen bei Überschallströmungen manifestiert sich auch im Typus der Differentialgleichungen, die zur Lösung des Strömungsproblems erforderlich sind. Daher werden die Strömungsbedingungen auch anhand der Mach-Zahl folgendermaßen klassifiziert:

- Unterschallströmung (subsonisch, M < 1),
- schallnahe Strömung (transsonisch, M $\approx$ 1),
- Überschallströmung (supersonisch, M > 1),
- ferne Überschallströmung (hypersonisch, M > 5).

6.2   Verdichtungsstoß

6.2.1   Verdichtungswelle

Unmittelbar vor einem Objekt, das mit Überschallgeschwindigkeit angeströmt wird, und auch in der Nähe des Machschen Kegels sind die Druck- und Dichtevariationen nicht klein gegenüber ihren Mittelwerten. Die Variationen können deshalb nicht mehr mit der linearen Wellengleichung (6.6) beschrieben werden.

Um die Vorgänge bei starken Dichteänderungen zu verstehen, gehen wir von einem lokalisierten starken Druckanstieg aus, der sich in einem Rohr in positiver x-Richtung in ein Gebiet fortpflanzt, in dem das Gas ruht (▶ Abb. 6.3). Da bei dieser Verdichtungswelle immer mehr von dem ruhenden Gas komprimiert wird, muss es einen Massenstrom in x-Richtung geben, der den erforderlichen Nachschub an Masse liefert. Wir können diesen Prozess hier nicht mathematisch genau beschreiben. Im folgenden soll daher nur die wichtigste Eigenschaft einer solchen *Verdichtungswelle* motiviert werden.

Wir betrachten dazu ein schmales Volumenelement der Länge dx im Bereich der Dichteänderung (▶ Abb. 6.3). Auf der Länge dx sei der Dichteanstieg dρ. Wenn U die *lokale* Geschwindigkeit ist, mit der die Dichtewelle an dieser Stelle propagiert,

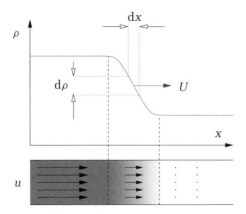

Abb. 6.3: Bei einer Verdichtungswelle mit großen Druck- und Dichteunterschieden hängt die Ausbreitungsgeschwindigkeit von der Dichte selbst ab. Dies führt zu einer Aufsteilung der Welle, wodurch die Dicke des Bereichs, in dem sich die Dichte ändert, immer kleiner wird.

dann überstreicht die Welle die Länge dx in der Zeit $d\tau = dx/U$. Dabei wird die Dichte in dem Volumenelement $dV = A\,dx$ um $d\rho$ angehoben. Dies entspricht einer Massenänderung des Volumenelements pro Zeit von

$$d\dot{m} = \frac{d\rho\,dV}{d\tau} = \frac{A\,dx\,d\rho}{d\tau} = AU\,d\rho \, . \qquad (6.11)$$

Diese Masse muss von der Druckseite her nachgeliefert werden. Dies erfordert aber einen in Richtung des Dichteanstiegs (nach links in ▶ Abb. 6.3) zunehmenden Betrag der Strömungsgeschwindigkeit von (siehe (4.3))

$$du = \frac{d\dot{m}}{\rho A} = U\frac{d\rho}{\rho} \, . \qquad (6.12)$$

An der Beziehung $U = \rho\,du/d\rho$ sieht man, dass die Ausbreitungsgeschwindigkeit U des Dichteanstiegs mit der Dichte zunimmt (falls $du/d\rho$ nicht stark variiert). Das Fluid mit hoher Dichte (links in ▶ Abb. 6.3) propagiert also schneller als das Fluid niedriger Dichte (rechts in ▶ Abb. 6.3). Dieser Effekt wird noch dadurch verstärkt, dass auch die Temperatur bei einer Druckzunahme ansteigt (siehe Abschnitt 6.2.2). Im Verlauf der Ausbreitung der Front führt die Abhängigkeit $U(\rho)$ dazu, dass die Front immer steiler wird (▶ Abb. 6.4 **a**). Es entwickelt sich dann ein sehr schmales Gebiet, in dem sich Druck, Dichte, Geschwindigkeit und Temperatur plötzlich ändern. Dieses Gebiet nennt man *Verdichtungsstoß* oder *Stoßwelle*. Die genauen Vorgänge in diesem Bereich, in dem Reibungseffekte und Wärmeleitung wichtig sind, können wir hier nicht untersuchen. Da aber auch bei realen Fluiden die Dicke des Stoßes sehr klein ist,[5] reicht es für unsere Zwecke aus, den Verdichtungsstoß im Rahmen einer reibungsfreien Strömung als Diskontinuität (Sprung) zu behandeln.

Bei einer *Verdünnungwelle* (▶ Abb. 6.4 **b**), bei der sich ein Gebiet niedriger Dichte in ein Gebiet hoher Dichte ausbreitet, erhält man den umgekehrten Effekt: Die Verdünnungswelle wird abgeflacht und zerfließt.

---

5 Die Dicke eines Verdichtungsstoßes ist typischerweise von der Größenordnung der mittleren freien Weglänge der Moleküle; oft von der Größenordnung $O(1\,\mu\text{m})$.

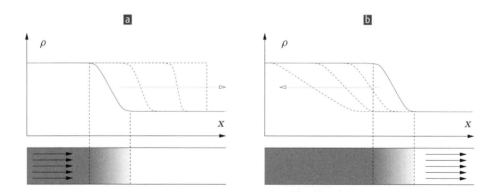

Abb. 6.4: **a** Eine Verdichtungswelle, bei der ein Gas hoher Dichte mit Überschallgeschwindigkeit in ein ruhendes Gas strömt, steilt sich im Laufe der Entwicklung zu einem Verdichtungsstoß auf. **b** Bei einer Verdünnungswelle wird die Dichte eines komprimierten ruhenden Gases durch eine Strömung in das dünne Gas abgebaut, wobei die Front immer flacher wird.

6.2.2 Stationärer, senkrechter Verdichtungsstoß

Wir betrachten nun einen Verdichtungsstoß in einem Rohr konstanten Querschnitts A, das mit einem adiabatischen reibungsfreien Gas gefüllt ist. Der Stoß läuft in Richtung des dünneren Gases. Die Beschreibung erfolgt hier in einem Koordinatensystem, in dem der Stoß *stationär* ist. Die Geschwindigkeiten vor und hinter dem Stoß müssen dasselbe Vorzeichen haben, da keine Massenquellen vorhanden sind. Es seien u_1 und u_2 die Geschwindigkeit des Fluids auf beiden Seiten des Stoßes (Druck und Dichte entsprechend, siehe ▶ Abb. 6.5**a**). Dann lauten die Gleichungen für die Mas-

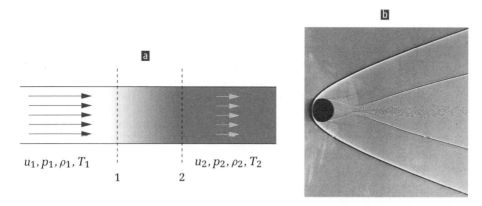

Abb. 6.5: **a** Strömungsverhältnisse vor und hinter einem senkrechten Stoß in einem Koordinatensystem, in dem der Stoß stationär ist. **b** Bewegung einer Kugel in Luft mit M $= 4.01$ nach A. C. Charters (Van Dyke 1982). Mit Hilfe des Schattenverfahrens (siehe z. B. Eckelmann 1997) kann die 2. Ableitung der Dichte sichtbar gemacht werden. Neben dem Bug-Stoß (*bow shock*) ist ein schwacher Stoß zu sehen, der von der Stelle ausgeht, an der die Strömung von der Kugel separiert. Außerdem kann man eine sogenannte N-Welle sehen, ein Stoß, der sich vom turbulenten Nachlauf löst. Die beiden starken Stöße sind als Doppelknall zu hören.

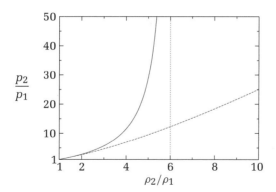

Abb. 6.6: Rankine-Hugoniot-Relation zwischen p_2/p_1 und ρ_2/ρ_1 für den senkrechten Verdichtungsstoß (blau) und die Isentrope $p_2/p_1 = (\rho_2/\rho_1)^\varkappa$ für ein ideales Gas (gestrichelt).

sen- (4.3), Impuls- (4.7) und Energieerhaltung (4.15) für einen Stromfaden bzw. für das Kontrollvolumen, das den Verdichtungsstoß einschließt,

$$\rho_2 u_2 = \rho_1 u_1, \tag{6.13a}$$

$$\rho_2 u_2^2 + p_2 = \rho_1 u_1^2 + p_1, \tag{6.13b}$$

$$\frac{u_2^2}{2} + \frac{\varkappa}{\varkappa - 1} \frac{p_2}{\rho_2} = \frac{u_1^2}{2} + \frac{\varkappa}{\varkappa - 1} \frac{p_1}{\rho_1}. \tag{6.13c}$$

Für gegebene Werte von u_1, p_1, ρ_1 können wir aus diesen drei Gleichungen die drei Größen u_2, p_2, ρ_2 bestimmen. Die Temperaturen $T_{1,2}$ ergeben sich jeweils aus der Zustandsgleichung für ideale Gase $p = \rho R T$. Wir verwenden die Konvention wie in ▶ Abb. 6.5a, dass sich der Index 1 auf das Gebiet $x < 0$ und der Index 2 auf das Gebiet $x > 0$ bezieht, wobei der Stoß bei $x = 0$ liegt. Beachte, dass die Gleichungen nicht nur symmetrisch bezüglich einer Vertauschung der Indizes $1 \leftrightarrow 2$ sind, sondern auch bzgl. der Vertauschung der Vorzeichen $(u_1, u_2) \to (-u_1, -u_2)$.[6]

Wenn man (6.13a) nutzt, um u_2 zu eliminieren und aus (6.13b) und (6.13c) noch u_1, so findet man eine Beziehung zwischen Druck und Dichte, die auch *Rankine-Hugoniot-Relation* oder *dynamische Adiabate* genannt wird,

$$\frac{p_2}{p_1} = \frac{(\varkappa + 1)\rho_2/\rho_1 - (\varkappa - 1)}{(\varkappa + 1) - (\varkappa - 1)\rho_2/\rho_1}. \tag{6.14}$$

Diese Beziehung zwischen den Druck- und Dichteverhältnissen ist in ▶ Abb. 6.6 dargestellt. Für schwache Stöße, d. h. für $(\rho_2 - \rho_1)/\rho_1 \ll 1$, verläuft die Strömung durch den Stoß nahezu isentrop (reversible Zustandsänderung). Für starke Stöße weicht die dynamische Adiabate (Stoßadiabate) von der Isentrope ab (irreversible Zustandsänderung) und divergiert sogar im Extremfall $(p_2/p_1 \to \infty)$. Das Verhältnis der Dichten nach und vor dem Stoß kann nach (6.14) nur maximal

$$\max\left(\frac{\rho_2}{\rho_1}\right) = \frac{\varkappa + 1}{\varkappa - 1} \overset{\varkappa = 1.4}{\simeq} 6 \tag{6.15}$$

---

6 Ohne weitere Argumente ist daher an dieser Stelle sowohl ein Verdichtungs- als auch ein Verdünnungsstoß möglich, da sich beide Stöße bei gegebener Sprungstärke der Dichte nur durch die Strömungsrichtung (Vorzeichen von u_i) unterscheiden.

betragen (gepunktete Linie in ▸ Abb. 6.6). Wegen $p = \rho R T$ beträgt das Temperaturverhältnis

$$\frac{T_2}{T_1} = \frac{p_2}{p_1} \frac{\rho_1}{\rho_2} . \tag{6.16}$$

Mit $p_2/p_1 \to \infty$ geht auch $T_2/T_1 \to \infty$, da $\rho_2/\rho_1 = O(1)$ endlich bleibt. Hinter einem Verdichtungsstoß können Druck und Temperatur also sehr stark ansteigen.

Das Gleichungssystem (6.13a)–(6.13c) ist quadratisch nichtlinear. Wenn man es löst (siehe z. B. Spurk 2004), findet man zwei Lösungen. Einerseits gibt es die triviale Lösung $(u_1, p_1, \rho_1) = (u_2, p_2, \rho_2)$, bei der kein Stoß vorhanden ist und sich nichts ändert. Andererseits existiert die interessantere Lösung

$$\frac{\rho_1}{\rho_2} = \frac{u_2}{u_1} = 1 - \frac{2}{\varkappa + 1} \left(1 - \frac{\varkappa p_1}{\rho_1 u_1^2} \right) , \tag{6.17a}$$

$$\frac{p_2}{p_1} = 1 + \frac{2\varkappa}{\varkappa + 1} \left(\frac{\rho_1 u_1^2}{\varkappa p_1} - 1 \right) . \tag{6.17b}$$

Sie tritt auf, wenn die Anströmung $u_1 > c_1 = \sqrt{\varkappa p_1/\rho_1}$ größer ist als die Schallgeschwindigkeit. Die Lösung beschreibt einen stationären Verdichtungsstoß. Die zwei Gleichungen (6.17) für die Stoßlösung kann man mit (6.9) auch durch die Mach-Zahl vor dem Stoß $M_1 = u_1/c_1 > 1$ ausdrücken

$$\frac{\rho_1}{\rho_2} = \frac{u_2}{u_1} = 1 - \frac{2}{\varkappa + 1} \left(1 - M_1^{-2} \right) , \tag{6.18a}$$

$$\frac{p_2}{p_1} = 1 + \frac{2\varkappa}{\varkappa + 1} \left(M_1^2 - 1 \right) . \tag{6.18b}$$

Das Temperaturverhältnis wurde schon in (6.16) angegeben. Der Verlauf der Größen als Funktion der Mach-Zahl M_1 ist in ▸ Abb. 6.7 dargestellt. Man sieht den starken Anstieg des Druck- und Temperaturverhältnisses mit der Mach-Zahl M_1. Das Dichteverhältnis kommt bei hohen Mach-Zahlen in die Sättigung. Die Mach-Zahl M_2 nach dem Stoß ergibt sich zu

$$M_2 = \frac{u_2}{c_2} = \underbrace{\frac{u_2}{u_1}}_{\rho_1/\rho_2} \underbrace{\frac{u_1}{c_1}}_{M_1} \underbrace{\frac{c_1}{c_2}}_{(6.7)} = M_1 \frac{\rho_1}{\rho_2} \sqrt{\frac{p_1}{p_2} \frac{\rho_2}{\rho_1}} = M_1 \sqrt{\frac{p_1}{p_2} \frac{\rho_1}{\rho_2}}$$

$$\overset{(6.18)}{=} \sqrt{\frac{\varkappa + 1 + (\varkappa - 1) \left(M_1^2 - 1 \right)}{\varkappa + 1 + 2\varkappa \left(M_1^2 - 1 \right)}} . \tag{6.19}$$

Man sieht sofort, dass die Mach-Zahl M_2 hinter dem Stoß für alle $M_1 > 1$ immer kleiner ist als 1. Hinter dem Stoß stellt sich also immer eine Unterschallströmung ein.

Für einen starken Stoß ($M_1 \to \infty$) geht die Mach-Zahl hinter dem Stoß asymptotisch gegen den Wert (siehe auch ▸ Abb. 6.7)

$$M_2 \xrightarrow{M_1 \to \infty} \sqrt{\frac{\varkappa - 1}{2\varkappa}} \overset{\varkappa = 1.4}{=} \frac{1}{\sqrt{7}} \approx 0.38 . \tag{6.20}$$

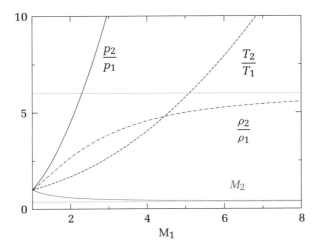

Abb. 6.7: Verhältnis der Zustandsgrößen nach und vor dem Stoß als Funktion der Mach-Zahl M_1. Asymptotische Werte sind punktiert eingezeichnet.

Es sei bemerkt, dass man nach einigen Umformungen eine besonders einfache Form für das Produkt der Geschwindigkeiten vor und nach dem Stoß erhalten kann[7]

$$u_1 u_2 = c^{*2} = \frac{2}{\varkappa + 1} c_1^2 \overset{(6.7)}{=} \frac{2\varkappa}{\varkappa + 1} \frac{p_1}{\rho_1} \, . \tag{6.21}$$

Diese Beziehung wird auch *Prandtl-Relation* genannt. Damit ist immer eine Geschwindigkeit kleiner und die andere größer als c^*. Die Geschwindigkeit c^* wird *kritische Schallgeschwindigkeit* genannt (siehe (6.61b)).

6.2.3 Thermodynamisches Argument gegen einen Verdünnungsstoß

Wir haben gesehen, dass die Gleichungen (6.13) und damit auch ihre Lösungen nicht davon abhängen, in welcher Richtung der Stoß durchströmt wird. Aufgrund der Er-

---

7 Um die Prandtl-Relation zu beweisen, multiplizieren wir (6.18a) mit u_1^2 und erhalten zum einen

$$u_1 u_2 = u_1^2 - \frac{2}{\varkappa + 1} \left(u_1^2 - c_1^2 \right) = \frac{\varkappa - 1}{\varkappa + 1} u_1^2 + \frac{2}{\varkappa + 1} c_1^2 \, , \tag{$*$}$$

zum anderen ergibt sich aus der Energiegleichung

$$\frac{u_1^2}{2} + c_p T_1 = \frac{c^{*2}}{2} + c_p T^* \, ,$$

wobei die gesternten Größen die kritischen Größen nach (6.61) sind, d. h. die Größen an der Stelle des Stromfadens, an dem $u = c = c^*$ ist ($M = 1$). Mit (6.7) ist $c^2 = \varkappa R T = c_p (\varkappa - 1) T$ und die Energiegleichung lautet dann

$$\frac{u_1^2}{2} + \frac{c_1^2}{\varkappa - 1} = \frac{c^{*2}}{2} + \frac{c^{*2}}{\varkappa - 1} = \frac{\varkappa + 1}{2(\varkappa - 1)} c^{*2} \quad \Rightarrow \quad \frac{\varkappa - 1}{\varkappa + 1} u_1^2 + \frac{2}{\varkappa + 1} c_1^2 = c^{*2} \, .$$

Durch Vergleich mit ($*$) erhalten wir $u_1 u_2 = c^{*2}$.

haltungsgleichungen allein ist daher sowohl ein Verdichtungs- als auch ein Verdünnungsstoß möglich. Um die Richtung der Strömung zu klären, können wir den 2. Hauptsatz der Thermodynamik verwenden, wonach die Entropie eines Fluidelements nach Durchgang durch den Stoß zunehmen muss.

Dazu betrachten wir die Differenz $s_2 - s_1$ der Entropie pro Masse zwischen beiden Seiten des Stoßes. Aus der thermodynamischen Beziehung

$$T \, \mathrm{d}s = c_v \, \mathrm{d}T + p \, \underbrace{\mathrm{d}\left(\frac{1}{\rho}\right)}_{\mathrm{d}v} \tag{6.22}$$

folgt

$$\mathrm{d}s = c_v \frac{\mathrm{d}T}{T} - \frac{p}{T}\frac{\mathrm{d}\rho}{\rho^2} = c_v \frac{\mathrm{d}T}{T} - \underbrace{(c_p - c_v)}_{R} \frac{\mathrm{d}\rho}{\rho} . \tag{6.23}$$

Durch Integration von 1 nach 2 erhalten wir daraus

$$s_2 - s_1 = c_v \ln\left(\frac{T_2}{T_1}\right) - (c_p - c_v) \ln\left(\frac{\rho_2}{\rho_1}\right) \overset{(6.16)}{=} c_v \ln\left[\frac{p_2}{p_1}\left(\frac{\rho_1}{\rho_2}\right)^\varkappa\right]$$

$$\overset{(6.14)}{=} c_v \ln\left\{\frac{p_2}{p_1}\left[\frac{(\varkappa-1)p_2/p_1 + \varkappa + 1}{(\varkappa+1)p_2/p_1 + \varkappa - 1}\right]^\varkappa\right\} . \tag{6.24}$$

Für $p_2/p_1 \to \infty$ haben wir eine logarithmische Divergenz der Entropiezunahme. Die Entropiedifferenz ist in ▶ Abb. 6.8 als Funktion des Druckverhältnisses dargestellt. Für schwache Stöße kann man $s_2 - s_1$ um den Punkt $p_2 = p_1$ als Taylor-Reihe entwickeln. Mit $p_2/p_1 = 1 + \epsilon$ erhält man dann den führenden Term[8]

$$\frac{s_2 - s_1}{c_v} \approx \frac{\varkappa^2 - 1}{12\varkappa^2}\epsilon^3 = \frac{\varkappa^2 - 1}{12\varkappa^2}\left(\frac{p_2 - p_1}{p_1}\right)^3 . \tag{6.25}$$

---

[8] Man muss die Taylor-Entwicklung bis zur dritten Ordnung durchführen.

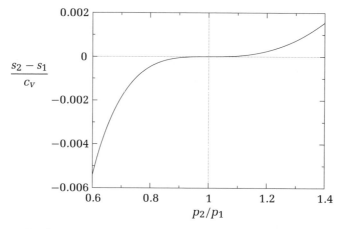

Abb. 6.8: Entropie-Differenz $(s_2 - s_1)/c_v$ nach (6.24) bei einem senkrechten Stoß in einem idealen Gas ($\varkappa = 1.4$) als Funktion des Druckverhältnisses p_2/p_1.

Abb. 6.9: Stoßwellen um ein Modell des *X-15*-Forschungsflugzeugs in einem Windkanal für M = 3.5 [a] und M = 6 [b] (Aufnahmen: NASA).

Für $p_2 > p_1$ ist die Entropie $s_2 > s_1$. In dem Koordinatensystem, in dem der Stoß stationär ist, muss das Gas vom Gebiet (1) niedrigen Drucks und niedriger Dichte in das Gebiet (2) hohen Drucks und hoher Dichte strömen ($u_i > 0$ in ▶ Abb. 6.5[a]), damit die Entropie entlang der Stromlinie zunimmt. Dies entspricht einem Verdichtungsstoß und ist in Übereinstimmung mit der in ▶ Abb. 6.5 dargestellten Situation. Falls $p_2 < p_1$ ist, muss $u_i < 0$ sein, was einem Verdichtungsstoß in umgekehrter Richtung entspricht. Damit sind Verdünnungsstöße in idealen Gasen durch den 2. Hauptsatz ausgeschlossen.[9] Es gilt also immer

$$u_2 < u_1 \quad \text{und} \quad (\rho_2, p_2, T_2) > (\rho_1, p_1, T_1) \tag{6.26}$$

bzw. umgekehrt. Das Gas wird nach dem Stoß langsamer, dichter und heißer und der statische Druck steigt an.

Verdichtungsstöße können zur Verdichtung von Gasen verwendet werden, um sie anschließend durch eine Düse strömen zu lassen. Damit können sehr hohe Strömungsgeschwindigkeiten erzielt werden. Dieses Verfahren wird beim Göttinger Hochenthalpie-Kanal angewandt (siehe Abschnitt 6.3.4). Ein Beispiel für Verdichtungsstöße um ein Flugmodell ist in ▶ Abb. 6.9 gezeigt.

Ein anderes Phänomen, das aber wenig mit den hier behandelten normalen Stößen zu tun hat, sind sogenannte *Kondensations-Schocks*. Sie treten bei transsonischen Geschwindigkeiten (M ≈ 1) auf, wenn feuchte Luft beim Passieren eines schnellen Flugzeugs stark beschleunigt wird. Entsprechend der Energiegleichung (4.15) ist mit der Beschleunigung eine Abkühlung verbunden, so dass feuchte Luft plötzlich kondensieren kann. Durch die freigesetzte latente Wärme ist die Geschwindigkeit hinter dem Kondensations-Schock meist höher als die Schallgeschwindigkeit. Ein Beispiel ist in ▶ Abb. 6.10 gezeigt.

6.2.4 Instationärer Stoß

Im vorigen Abschnitt haben wir die Gleichungen für einen Stoß in einem Koordinatensystem Σ abgeleitet, in dem der Stoß stationär ist, z. B. in dem Koordinaten-

---

9 In realen Gase können jedoch u. U. auch Verdünnungsstöße auftreten.

Abb. 6.10: Ein Kondensations-Schock um eine *F/A-18 Hornet* bei transsonischen Flugbedingungen. Ein zweiter kleinerer Schock ist hinter dem Cockpit zu sehen (Aufnahme: J. Gay, U. S. Navy).

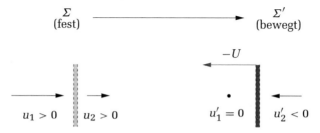

Abb. 6.11: Transformation von einem Koordinatensystem Σ, in dem der Stoß stationär ist, in ein System Σ', in dem das Fluid vor dem Stoß ruht.

system Σ eines Flugzeugs, das mit Überschallgeschwindigkeit fliegt. Wir können das Ergebnis jetzt in das Laborsystem Σ' transformieren, in dem das Gas 1 ruht (▶ Abb. 6.11). Das Koordinatensystem Σ' muss sich dazu mit $U = u_1 > 0$ relativ zu Σ bewegen. Für die Geschwindigkeiten gilt dann

$$u_1 \to u_1' = u_1 - U = 0 \quad \text{und} \quad u_2 \to u_2' = u_2 - U = u_2 - u_1 < 0. \tag{6.27}$$

Dann läuft der Stoß relativ zum Beobachter in Σ' mit der Geschwindigkeit $-U = -u_1$, also in negativer x-Richtung. Aus (6.17a) ergibt sich dann

$$\frac{\rho_1}{\rho_2} = \frac{u_2}{u_1} = \frac{u_2' + U}{U} = 1 - \frac{2}{\varkappa + 1}\left(1 - \frac{\varkappa p_1}{\rho_1 U^2}\right). \tag{6.28}$$

Durch Auflösen nach u_2'/U erhalten wir zusammen mit (6.17b) und $u_1 = U$

$$\frac{u_2'}{U} = -\frac{2}{\varkappa + 1}\left(1 - \frac{\varkappa p_1}{\rho_1 U^2}\right) < 0, \tag{6.29a}$$

$$\frac{p_2}{p_1} = 1 + \frac{2\varkappa}{\varkappa + 1}\left(\frac{\rho_1 U^2}{\varkappa p_1} - 1\right) > 1. \tag{6.29b}$$

Für hinreichend große Druckverhältnisse p_2/p_1 lassen sich also große Stoß-Mach-Zahlen $U/c_1 = u_1/c_1 \gg 1$ realisieren. Im Laborsystem Σ' sind damit auch hohe

Strömungsgeschwindigkeiten $u_2' = O(U)$ verbunden, die höher sind als die Schallgeschwindigkeit; zum Beispiel hinter einem schnell fliegenden Objekt.

Oft ist es bequem, den Stoß durch die sogenannte *Stoßstärke* $z = p_2/p_1 - 1 > 0$ zu charakterisieren. Bei gegebenem z sind dann die restlichen Werte der Zustandsgrößen im Gebiet hohen Drucks eindeutig festgelegt (siehe Anhang C).

6.2.5 Schwacher Stoß

Wenn ein Stoß nur sehr schwach ist, können die Erhaltungsgleichungen (6.13) vereinfacht werden, indem man alle Größen bzgl. ihrer Änderungen linearisiert. Mit

$$\rho_2 = \rho_1 + \Delta\rho \,, \qquad p_2 = p_1 + \Delta p \,, \qquad u_2 = u_1 - \Delta u \tag{6.30}$$

lautet die Massen- und die Impulsbilanz

$$(\rho_1 + \Delta\rho)\,(u_1 - \Delta u) = \rho_1 u_1 \,, \tag{6.31a}$$

$$(\rho_1 + \Delta\rho)\,(u_1 - \Delta u)^2 + p_1 + \Delta p = \rho_1 u_1^2 + p_1 \,. \tag{6.31b}$$

Durch Linearisierung folgt daraus

$$u_1 \Delta\rho - \rho_1 \Delta u = 0 \,, \tag{6.32a}$$

$$-2\rho_1 u_1 \Delta u + \Delta\rho u_1^2 + \Delta p = 0 \tag{6.32b}$$

oder

$$\Delta\rho = \frac{\rho_1}{u_1}\Delta u \,, \tag{6.33a}$$

$$\Delta p = 2\rho_1 u_1 \Delta u - u_1^2 \Delta\rho \,. \tag{6.33b}$$

Der Quotient liefert

$$\frac{\Delta p}{\Delta\rho} = \frac{2\rho_1 u_1 \Delta u}{(\rho_1/u_1)\Delta u} - u_1^2 = u_1^2 \overset{\Delta\to 0}{=} c^2 \,. \tag{6.34}$$

Ein infinitesimal schwacher Stoß propagiert im ruhenden Medium also mit der Schallgeschwindigkeit: $\mathrm{d}p/\mathrm{d}\rho = c^2$ (vgl. (6.7) und ▶ Abb. 6.7). Verdichtungsstöße gehen bei kleinen Druckschwankungen in Schallwellen über.

6.2.6 Schräger Verdichtungsstoß

Bei der Bewegung eines stumpfen Objekts mit Überschallgeschwindigkeit geht der in Bewegungsrichtung senkrechte Verdichtungsstoß seitwärts in einen schrägen Verdichtungsstoß über (siehe z. B. ▶ Abb. 6.5**b**). Anders als beim senkrechten Stoß existiert beim schrägen Stoß auch eine Komponente der Geschwindigkeit tangential zum Stoß. Die tangentiale Geschwindigkeitskomponente ist stetig.

Um die Verhältnisse zu beschreiben, könnten wir einen schrägen Stoß in einem Koordinatensystem betrachten, in dem der Stoß stationär ist und die einlaufende Strömung parallel zur x-Achse. Der Stoß bleibt weiter stationär, wenn wir dieses Koordinatensystem noch mit der tangentialen Komponente der Strömungsgeschwindigkeit bewegen. In diesem System ist der Stoß senkrecht. Wir brauchen daher die

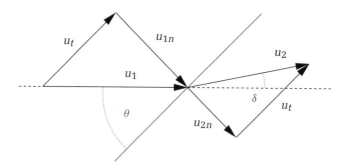

Abb. 6.12: Zerlegung der Geschwindigkeitskomponenten bei einem schrägen Verdichtungsstoß (blau) in einem Koordinatensystem, in dem der Stoß stationär ist.

bekannten Gleichungen für den senkrechten Verdichtungsstoß (Abschnitt 6.2.2) nur auf die Geschwindigkeitskomponenten senkrecht zum Stoß anzuwenden und die tangentiale Komponente vektoriell zu addieren. Diese Zerlegung der Geschwindigkeitsvektoren ist in ▶ Abb. 6.12 gezeigt. Da die Normalgeschwindigkeit nach dem Stoß geringer ist als vor dem Stoß, werden die Stromlinien beim Durchgang durch den Stoß um den Winkel δ in Richtung der Stoßfront abgelenkt.

Es sei der *Stoßwinkel* θ der Winkel zwischen dem Tangentialvektor und dem Vektor der Geschwindigkeit vor dem Stoß. Dann ist die Geschwindigkeit im mitbewegten System (Normalkomponente von u_1) vor dem Stoß

$$u_{1n} = u_1 \sin\theta \; . \tag{6.35}$$

Wenn wir die Mach-Zahl für die Strömung senkrecht zum Stoß als

$$M_{1n} := \frac{u_{1n}}{c_1} = M_1 \sin\theta \tag{6.36}$$

definieren, können wir die Sprungbedingungen (6.18) für den senkrechten Verdichtungsstoß verwenden. Wir müssen dann nur M_1 durch M_{1n} und u_i durch u_{in} ersetzen. Hinter dem Stoß ist $M_2 = u_2/c_2$. Mit dem Winkel δ, um den die Strömung nach dem Stoß abgelenkt wird, gilt dann

$$M_{2n} = \frac{u_{2n}}{c_2} = M_2 \sin(\theta - \delta) \; . \tag{6.37}$$

Obwohl immer $M_{2n} < 1$ ist, kann beim schrägen Stoß sehr wohl $M_2 > 1$ sein. Wenn man nun M_{1n} und M_{2n} für M_1 und M_2 in (6.19) einsetzt, erhält man die Beziehung zwischen den Mach-Zahlen vor und nach dem schrägen Verdichtungsstoß

$$M_2^2 \sin^2(\theta - \delta) = \frac{\varkappa + 1 + (\varkappa - 1)\left(M_1^2 \sin^2\theta - 1\right)}{\varkappa + 1 + 2\varkappa\left(M_1^2 \sin^2\theta - 1\right)} \; . \tag{6.38}$$

Mit Hilfe der Kontinuitätsgleichung $\rho_1 u_{1n} = \rho_2 u_{2n}$ und einiger Umformungen kann man unter Elimination von M_2 den *Umlenkwinkel*

$$\tan\delta = \frac{2 \cot\theta \left(M_1^2 \sin^2\theta - 1\right)}{2 + M_1^2 \left(\varkappa + 1 - 2\sin^2\theta\right)} \tag{6.39}$$

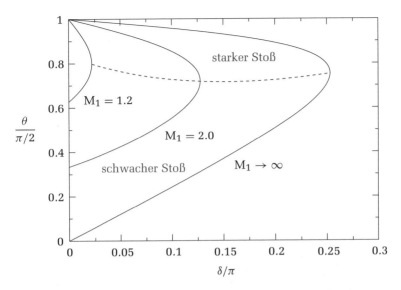

Abb. 6.13: Umlenkwinkel δ in Abhängigkeit des Stoßwinkels θ für verschiedene Mach-Zahlen M_1 und für $\varkappa = 1.4$. Die Lösungen oberhalb der gestrichelten Linie werden als starker Stoß bezeichnet, diejenigen unterhalb der gestrichelten Linie als schwacher Stoß.

erhalten (siehe z. B. Oswatitsch (1976)). Diese Relation ist in ▶ Abb. 6.13 graphisch dargestellt. Für eine gegebene Mach-Zahl M_1 gibt es ein Kontinuum möglicher Kombinationen (θ, δ). Welcher Stoß tatsächlich realisiert wird, hängt von den Details der jeweiligen Strömung ab.

Offenbar gibt es für eine vorgegebene Mach-Zahl M_1 einen maximalen Umlenkwinkel δ_{max}, der bei θ_{max} realisiert wird (punktierte Linie in ▶ Abb. 6.13). Ein Stoß mit $\theta > \theta_{max}$ wird *starker Stoß* genannt. Dann ist der Stoßwinkel nahe bei 90° und man hat einen nahezu senkrechten Stoß. Für einen starken Stoß ist immer $M_2 < 1$. Für $\theta < \theta_{max}$ hat man einen *schwachen Stoß*. Dann sind die Normalkomponenten der Geschwindigkeit relativ klein im Vergleich zur Tangentialkomponente. Hinter schwachen Stößen herrscht meist eine Überschallströmung ($M_2 > 1$). Nur in der Nähe von $\delta = \delta_{max}$ hat man auch für schwache Stöße eine Unterschallströmung hinter dem Stoß ($M_2 < 1$).

Wenn man nun die Überschallströmung um einen spitzen Keil mit dem halben Öffnungswinkel δ betrachtet (▶ Abb. 6.14), dann ist es naheliegend, dass sich ein Stoß mit Umlenkwinkel δ einstellt. Von den zwei verbleibenden Möglichkeiten (schwacher/starker Stoß) stellt sich normalerweise der schwache Stoß ein. Der Stoß beginnt dann direkt an der Spitze des Keils. Wird der Keil stumpfer, steigt δ bis zu dem für M_1 möglichen Maximalwert an. Für stumpfere Körper mit $\delta > \delta_{max}$ löst sich der Stoß von der Spitze ab (abgelöster Stoß). Dies ist für einen konischen Körper in ▶ Abb. 6.15 gezeigt.

Damit ein Stoß auftritt, muss die normale Komponente der Geschwindigkeit größer sein als die Schallgeschwindigkeit ($M_{1n} \geq 1$). Nach (6.36) gilt dann

$$\sin \theta = \frac{M_{1n}}{M_1} \geq \frac{1}{M_1} = \sin \alpha \,, \qquad (6.40)$$

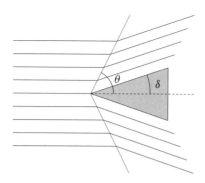

Abb. 6.14: Umströmung eines Keils (schematisch) für $\delta < \delta_{max}$.

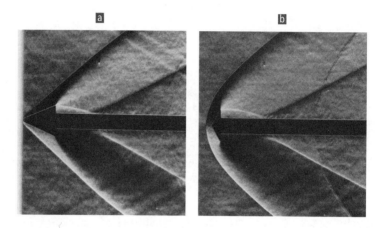

Abb. 6.15: Ablösung eines konischen Verdichtungsstoßes von der Spitze eines axial angeströmten konischen Körpers bei Erhöhung des Öffnungswinkels (Aufnahmen: A. W. Sharp, siehe Van Dyke 1982). Die Abbildung zeigt die Strömung mit M = 1.96 um einen Konus für den halben Öffnungswinkel $\delta = 22.5°$ **a** mit anliegendem Stoß und für $\delta = 60°$ **b** mit abgelöstem Stoß. Bei (a) ist die Strömung zwischen Stoß und Konus supersonisch, bei (b) ubsonisch. Für Luft und M = 1.96 ist der maximale Umlenkwinkel für konische Stöße $\delta_{max} \approx 40°$ (dreidimensionaler Effekt). Dieser Winkel δ_{max} ist deutlich größer als für ebene Stöße nach ▶ Abb. 6.13.

wobei wir M_1 mit Hilfe von (6.10) durch den Machwinkel α ausgedrückt haben. Wegen $\theta \leq \pi/2$ muss demnach gelten $\theta \geq \alpha$. Der Stoßwinkel θ ist also größer als der Machwinkel α. Im Grenzfall eines infinitesimal schwachen Stoßes ($M_{1n} = 1$) wird $\theta = \alpha$. Die Ursache für den höheren Stoßwinkel ist die schnellere Ausbreitung von starken Druckschwankungen im Vergleich zum Schall (vgl. Abschnitt 6.2.1).

Das obige Beispiel eines angeströmten Keils ist äquivalent zu einer Überschallströmung entlang einer Wand, die an einer Stelle konkav geknickt ist (▶ Abb. 6.16**a**). Von der Knickstelle geht dann ein schräger Verdichtungsstoß aus ($M_2 < M_1$). Wenn der Knick konvex ist (▶ Abb. 6.16**b**), wird die Strömung verdünnt ($M_2 > M_1$). Von der singulären Stelle gehen dann Verdünnungswellen aus, die sich in Form von *Machwellen* (gestrichelt in ▶ Abb. 6.16**b**) in die Umgebung ausbreiten. Bei einer starken Umlenkung wird das Gas über einen ganzen Fächer von Machwellen verdünnt. Im Gegensatz zum Verdichtungsstoß erfolgt die Verdünnung kontinuierlich.

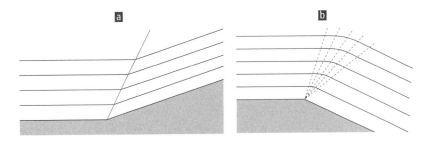

Abb. 6.16: Verdichtung **a** und Verdünnung **b** der Strömung an geknickten Wänden.

Entlang der Machwellen sind alle Zustandsgrößen konstant. Die Strömung innerhalb des *Verdünnungsfächers*, der durch die beiden Machschen Winkel (6.10) entsprechend den Mach-Zahlen vor und hinter der Knickstelle gegeben ist, wird auch als *Prandtl-Meyer-Expansion* bezeichnet.

6.3 Stationärer, kompressibler Stromfaden

Bisher haben wir die Ausbreitung kleiner Druckschwankungen in kompressiblen Medien in Form von Schall kennengelernt und die Ausbreitung sehr großer Druckschwankungen in Form von Verdichtungsstößen behandelt. Jetzt betrachten wir den allgemeinen Fall beliebiger Druck- und Dichtevariationen entlang eines stationären Stromfadens.

6.3.1 Infinitesimale Variationen

Für eine erste Betrachtung wollen wir die Zustandsgrößen nicht entlang des Stromfadens integrieren, sondern nur die differentiellen Änderungen untersuchen. Dazu bilden wir das totale Differential $\mathrm{d}\dot{m}$ des Massenstroms $\dot{m}$ durch die Querschnittsfläche A des Stromfadens unter Beachtung der Massenerhaltung (4.3). In normierter Form erhalten wir

$$\frac{\mathrm{d}\,(\rho u A)}{\rho A u} = \frac{\rho u\,\mathrm{d}A + \rho A\,\mathrm{d}u + Au\,\mathrm{d}\rho}{\rho A u} = \frac{\mathrm{d}A}{A} + \frac{\mathrm{d}u}{u} + \frac{\mathrm{d}\rho}{\rho} \overset{(4.3)}{=} 0 \,. \tag{6.41}$$

Mit Hilfe der differentiellen Bernoulli-Gleichung (4.19) $\mathrm{d}p = -\rho u\,\mathrm{d}u$, die auch für kompressible Fluide gilt und die das Gleichgewicht zwischen Druckkräften und Trägheitskräften ausdrückt, können wir die Dichte zugunsten der Geschwindigkeit aus (6.41) eliminieren.[10] Denn die differentielle Druckschwankung $\mathrm{d}p$ ist bei schnellen (adiabatischen) Zustandsänderungen wegen (6.7) über die Schallgeschwindigkeit mit der Dichtevariation verbunden $\mathrm{d}p = c^2\,\mathrm{d}\rho$. Daher gilt $\mathrm{d}\rho/\rho = -u\,\mathrm{d}u/c^2 = -\mathrm{M}^2\,\mathrm{d}u/u$. Wenn wir diese Relation in die differentielle Massenerhaltung (6.41) einsetzen, erhalten wir

$$-\frac{\mathrm{d}A}{A} = \frac{\mathrm{d}u}{u} + \frac{\mathrm{d}\rho}{\rho} = \left(1 - \mathrm{M}^2\right)\frac{\mathrm{d}u}{u} \,. \tag{6.42}$$

---

10 Wir gehen von der Abwesenheit äußerer Kraftfelder aus.

An dieser Gleichung können wir das qualitative Verhalten kompressibler Strömungen beim Passieren von Verengungen ($dA < 0$) oder Erweiterungen ($dA > 0$) des Stromfadens (Kanals) ablesen. Dabei kommt es entscheidend darauf an, ob die Strömung an irgendeiner Stelle entlang des Stromfadens die Schallgeschwindigkeit erreicht und M = 1 wird. Ist dies der Fall, dann ändert sich das Verhalten der Inkremente vor und hinter der Stelle, an der M = 1 ist, qualitativ.

Wenn sich die Geschwindigkeit entlang eines Stromfadens erhöht ($du/u > 0$), dann trägt der erste Summand auf der rechten Seite von (6.42) zu einer Verringerung des Stromfadenquerschnitts bei ($-dA/A > 0$). Neben diesem kinematischen Effekt tritt jedoch mit dem zweiten Summanden auf der rechten Seite von (6.42) noch ein Trägheitseffekt ($-M^2\, du/u < 0$) auf, der einer Verringerung des Stromfadenquerschnitts entgegensteht. Der Trägheitseffekt entspricht gerade dem Druckgradienten, der die Strömung antreibt. Verbunden mit dem Druckabfall in Richtung der beschleunigten Strömung ist auch eine Verdünnung des Gases. Um die Massenerhaltung zu gewährleisten, muss das Gas expandieren, was zu einer Erweiterung des Stromfadenquerschnitts beiträgt.

Es gibt also zwei entgegengesetzte Effekte bei einer Beschleunigung der Strömung: Der kinematische Effekt tendiert dazu, den Stromfadenquerschnitt zu verringern, während der Trägheitseffekt – oder äquivalent dazu die Expansion des Gases – dahin tendiert, den Stromfadenquerschnitt zu erweitern. Wie man an (6.42) sieht, dominiert für M < 1 der kinematische Effekt, während für M > 1 der Verdünnungseffekt überwiegt. Dies hat entscheidende Konsequenzen für die Strömung in Düsen.

Die verschiedenen Fälle sind in ▸ Tabelle 6.1 aufgelistet. Für eine Unterschallströmung (M < 1) führt eine Verengung ($dA < 0$) des Querschnitts zu einer Erhöhung der Geschwindigkeit ($du > 0$) und umgekehrt, ähnlich, wie wir es von einem inkompressiblen Fluid her kennen. Für Überschallströmungen (M > 1) ist das Verhalten gerade entgegengesetzt, d. h. eine Verengung führt zu einer Verlangsamung und eine Erweiterung des Querschnitts zu einer Beschleunigung der Strömung. Damit ist klar, dass eine Strömung in einem *konvergenten* Kanal nur bis maximal M = 1 beschleunigt werden kann. Für eine Beschleunigung über M = 1 hinaus ist ein *divergierender* Kanal erforderlich.

Wenn die Strömung *überkritisch* ist, d. h. wenn irgendwo entlang des Stromfadens M > 1 erreicht wird, dann muss die Strömung an den Stellen, an denen das Fluid exakt mit Schallgeschwindigkeit strömt (M = 1), genau parallel verlaufen: $dA = 0$. An dieser Stelle hat der Stromfadenquerschnitt A also ein Extremum. Wegen $dA/A = d(\rho u)/\rho u$ hat dort auch die Massenstromdichte ρu ein Extremum. Besonders bei Überschallströmungen muss beachtet werden, dass Querschnittsänderungen mit beträchtlichen Temperaturänderungen verbunden sind. Diese werden wir in Abschnitt 6.3.3 berechnen.

	$dA > 0$		$dA < 0$	
M < 1:	$du < 0$	$dp > 0$	$du > 0$	$dp < 0$
M > 1:	$du > 0$	$dp < 0$	$du < 0$	$dp > 0$

Tabelle 6.1: Differentielle Änderungen entlang eines kompressiblen Stromfadens, der an irgendeiner Stelle Überschallgeschwindigkeit erreicht; siehe (6.42).

6.3.2 Geschwindigkeit entlang eines kompressiblen Stromfadens

Nach der Betrachtung der differentiellen Änderungen wollen wir nun integrale Änderungen der Zustandsgrößen entlang eines stationären Stromfadens betrachten. Dazu müssen wir die Bewegungsgleichungen integrieren. Bei der Ableitung der Bernoulli-Gleichung (4.21) hatten wir ein inkompressibles Fluid angenommen, weshalb die Integration leicht durchgeführt werden konnte. Im Fall einer kompressiblen Strömung können wir die Integration $\int \rho^{-1}\, dp$ in (4.20) jedoch nicht so einfach ausführen. Deshalb definieren wir zunächst nur die *Druckfunktion*

$$P := \int \frac{dp}{\rho} = \int v\, dp\,, \tag{6.43}$$

wobei $v = \rho^{-1}$ das spezifische Volumen ist. Damit lautet die Bernoulli-Gleichung für kompressible Strömungen unter Vernachlässigung der Schwerebeschleunigung

$$P + \frac{u^2}{2} = P_1\,, \tag{6.44}$$

wobei $P_1 = $ const. eine Konstante ist. Sie entspricht der Druckfunktion für $u = 0$. Bei einer schnellen Strömung können die Zustandsänderungen, die ein substantielles Fluidelement erfährt, als adiabatisch angesehen werden. Dann gilt $\rho = \rho_1(p/p_1)^{1/\varkappa}$ und wir können das Integral in der Druckfunktion (6.43) ausführen[11]

$$P = \frac{\varkappa}{\varkappa - 1}\frac{p}{\rho}\,. \tag{6.45}$$

Die Druckfunktion ist für die hier interessierenden adiabatischen Zustandsänderungen also nichts anderes als der uns schon bekannte Term (4.14) in der Energiegleichung (4.15).

Wenn wir einen Kessel betrachten, der unter dem Druck p_1 steht und aus dem das Gas durch eine Öffnung ausströmt, dann ist $u_1 = 0$. In diesem Fall können wir die Geschwindigkeit u entlang eines Stromfadens nach (6.44) als alleinige Funktion des Drucks p angeben

$$u = \sqrt{2\,(P_1 - P)} = \sqrt{\frac{2\varkappa}{\varkappa - 1}\frac{p_1}{\rho_1}\left[1 - \left(\frac{p}{p_1}\right)^{(\varkappa-1)/\varkappa}\right]}\,. \tag{6.46}$$

Dies ist die Formel von *Saint-Venant-Wantzel*.[12] Sie entspricht der Torricelli-Formel (4.42) für ein inkompressibles Fluid $u = \sqrt{2gh} = \sqrt{2\Delta p/\rho}$. Die Strömungsgeschwindigkeit nach (6.46) bleibt immer endlich, selbst bei einer Expansion ins Vakuum ($p = 0$). Die maximal erreichbare Geschwindigkeit ist

$$u_{\max} = \sqrt{\frac{2\varkappa}{\varkappa - 1}\frac{p_1}{\rho_1}} = \sqrt{\frac{2\varkappa R T_1}{\varkappa - 1}}\,. \tag{6.47}$$

---

[11]

$$P = \int \frac{p_1^{1/\varkappa}}{\rho_1} p^{-1/\varkappa}\, dp = \frac{\varkappa}{\varkappa - 1}\frac{p_1^{1/\varkappa}}{\rho_1} p^{1-1/\varkappa} = \frac{\varkappa}{\varkappa - 1}\frac{p}{\rho_1}\frac{p_1^{1/\varkappa}}{p^{1/\varkappa}} = \frac{\varkappa}{\varkappa - 1}\frac{p}{\rho} \overset{(6.7)}{=} \frac{c^2}{\varkappa - 1}$$

[12] Pierre Laurent Wantzel, 1814–1848.

Adhémar Jean Claude
Barré de Saint-Venant
1845–1913

Je höher die Temperatur T_1 im Reservoir ist, desto höher ist die Geschwindigkeit, die im Gasstrahl erreicht werden kann. Bei der Expansion von Luft unter Standardbedingungen ist $u_{max}(\text{Luft}) \approx 735\,\text{m/s}$.

Zur Berechnung der Querschnittsfläche A des Stromfadens verwenden wir die integrale Form der Kontinuitätsgleichung (4.3) $u\rho A = \dot{m} = \text{const}$. Unter Verwendung des spezifischen Volumens erhalten wir daraus

$$A = \frac{\dot{m}}{\rho u} = \dot{m}\frac{v}{u}. \tag{6.48}$$

Mit Kenntnis von $u(p/p_1)$ und $\rho(p/p_1)$ ist also auch $A(p/p_1)$ bis auf einen konstanten Faktor $\dot{m}$ bekannt.

▶ Abbildung 6.17 zeigt die Strömungsgeschwindigkeit u (gestrichelte Kurve) als Funktion des normierten Drucks p/p_1 entlang eines Stromfadens nach der Formel (6.46) von Saint-Venant-Wantzel. Daneben sind auch das spezifische Volumen (strich-punktierte Kurve) und die Querschnittsfläche A des Stromfadens (blaue Kurve) gezeigt. Im Bereich hohen Drucks nimmt der Stromfadenquerschnitt zunächst rapide ab. Er erreicht dann ein Minimum und steigt bei weiterer Druckabnahme wieder an. Die Geschwindigkeit ist im Hochdruckgebiet anfänglich $u = 0$. Entsprechend ist der Stromfadenquerschnitt $A = \infty$. Da die Geschwindigkeit im Stromfaden sehr schnell ansteigt, die Dichte (bzw. das spezifische Volumen) sich aber nur wenig ändert, verringert sich der Querschnitt des Stromfadens sehr schnell. Wenn das Gas schon fast seine Maximalgeschwindigkeit erreicht hat, die endlich ist, wird das spezifische Volumen v immer schneller ansteigen, da sich der Strahl ins Vakuum ausbreitet. Im Limes $p \to 0$ geht auch $\rho \to 0$ und damit $v \to \infty$. In diesem Bereich führt die Verringerung der Dichte (Erhöhung von v) wieder zu einer Vergrößerung des Strom-

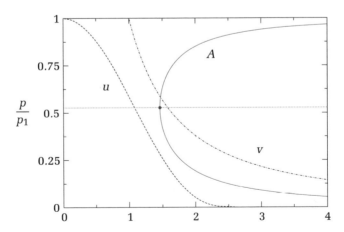

Abb. 6.17: Verlauf der Geschwindigkeit (gestrichelt), des spezifischen Volumens $v = \rho^{-1}$ (strich-punktiert) und des Stromfadenquerschnitts A (blau) entlang eines kompressiblen Stromfadens bei der Ausströmung eines idealen Gases ($\varkappa = 1.4$) ins Vakuum als Funktion des normierten Drucks p/p_1. Es wurde $p_1 = \rho_1 = \dot{m} = 1$ gesetzt. Dies entspricht einer Skalierung der Geschwindigkeit mit $\sqrt{p_1/\rho_1}$, des spezifischen Volumens mit ρ_1^{-1} und der Fläche mit $\dot{m}/\sqrt{p_1\rho_1}$.

fadenquerschnitts. Das Minimum des Stromfadenquerschnitts ist nach (6.42) durch M = 1 gekennzeichnet. Nach dem Minimum von A strömt das Gas mit Überschallgeschwindigkeit. Die Strömung ist *überkritisch*.[13] Falls das Gas nicht ins Vakuum expandiert, sondern auf einen endlichen Druck $p_2 < p_1$, kann es natürlich sein, dass das Minimum von A nicht erreicht wird. Der Strahl bleibt dann über seine gesamte Länge *unterkritisch*.

Beachte, dass alle Größen als Funktion des Drucks parametrisiert wurden. Bei der Strömung durch Düsen wird die Querschnittsfläche $A(x)$ als Funktion des Ortes x erzwungen, so dass alle Größen Funktionen von A bzw. x werden. Da Dichte und Geschwindigkeit aber in der Regel keine eindeutigen Funktionen von A sind, ist es wichtig, vorab zu untersuchen, ob die Strömung unter- oder überkritisch ist.

6.3.3 Zustandsgrößen und kritische Werte

Alle Größen entlang eines stationären Stromfadens hängen vom Ausgangszustand ab. Um eine universelle Beschreibung zu erhalten, ist es daher sinnvoll, jede Variable mit Hilfe ihres jeweiligen Ausgangswerts (Index 1) zu normieren. Am einfachsten ist es, vom Ruhezustand $u_1 = 0$ auszugehen. Zur Parametrisierung entlang des Stromfadens werden wir die lokale Mach-Zahl M verwenden.

Um die normierten Größen als Funktion der lokalen Mach-Zahl auszudrücken, können wir wegen $u_1 = 0$ von (6.44) ausgehen. Mit Hilfe der Druckfunktion (6.45) $P = \varkappa(\varkappa - 1)^{-1}p/\rho$ erhalten wir daraus die *kompressible Bernoulli-Gleichung*

$$\frac{u^2}{2} + \frac{\varkappa}{\varkappa - 1}\frac{p}{\rho} = \frac{\varkappa}{\varkappa - 1}\frac{p_1}{\rho_1} \,. \tag{6.49}$$

Sie ist identisch mit der Energiegleichung (4.15). Mit der idealen Gasgleichung $p/\rho = RT$ kann man auch schreiben

$$\frac{u^2}{2} + \frac{\varkappa RT}{\varkappa - 1} = \frac{\varkappa RT_1}{\varkappa - 1} \,. \tag{6.50}$$

An dieser Form der Energiegleichung erkennt man leicht den Austausch von kinetischer und thermischer Energie. Da die rechte Seite konstant ist (Bernoulli-Konstante), sinkt die Temperatur, wenn das Fluid beschleunigt wird und umgekehrt.

Aus (6.50) erhalten wir das Temperaturverhältnis

$$\frac{T_1}{T} = 1 + \frac{u^2}{2}\frac{\varkappa - 1}{\varkappa RT} = 1 + \frac{\varkappa - 1}{2}\mathrm{M}^2 \,, \tag{6.51}$$

wobei wir im letzten Schritt $c^2 = \varkappa p/\rho = \varkappa RT$ nach (6.7) verwendet haben, um die Geschwindigkeit u durch die Mach-Zahl auszudrücken. Damit haben wir das Temperaturverhältnis als Funktion der Mach-Zahl erhalten. Aus dem Temperaturverhältnis

---

13 Dies kann man auch folgendermaßen nachrechnen. Für das Minimum von $A(p) \sim \rho^{-1}u^{-1}$ als Funktion von p muss gelten

$$0 = \frac{1}{\dot{m}}\frac{\partial A}{\partial p} = \frac{\partial}{\partial p}(\rho u)^{-1} = -(\rho u)^{-2}\left(\rho\underbrace{\frac{\partial u}{\partial p}}_{\substack{-(\rho u)^{-1}\\(4.19)}} + u\underbrace{\frac{\partial \rho}{\partial p}}_{\substack{c^{-2}\\(6.7)}}\right) = -(\rho u)^{-2}\left(-\frac{1}{u} + \frac{u}{c^2}\right) \Rightarrow u = c \,.$$

ergibt sich mit (6.7) ($c \sim T^{1/2}$) sofort das Verhältnis der Schallgeschwindigkeiten

$$\frac{c_1}{c} = \left(1 + \frac{\varkappa - 1}{2} M^2\right)^{1/2} . \tag{6.52}$$

Aus der Isentropenbeziehung $p/p_1 = (\rho/\rho_1)^\varkappa$ und der idealen Gasgleichung folgen die Beziehungen

$$\frac{\rho}{\rho_1} = \left(\frac{T}{T_1}\right)^{1/(\varkappa-1)} \quad \text{und} \quad \frac{p}{p_1} = \left(\frac{T}{T_1}\right)^{\varkappa/(\varkappa-1)} . \tag{6.53}$$

Zusammen mit (6.51) können wir also auch die Druck- und die Dichteverhältnisse durch die Mach-Zahl ausdrücken

$$\frac{\rho_1}{\rho} = \left(1 + \frac{\varkappa - 1}{2} M^2\right)^{1/(\varkappa-1)} , \tag{6.54a}$$

$$\frac{p_1}{p} = \left(1 + \frac{\varkappa - 1}{2} M^2\right)^{\varkappa/(\varkappa-1)} . \tag{6.54b}$$

Jetzt fehlt uns nur noch die Querschnittsfläche A des Stromfadens. Bei einem expandierenden Gas ist sie anfänglich unendlich ($u_1 = 0$). Wenn die Expansion ins Vakuum erfolgt, ist sie auch im Endzustand unendlich. Daher ist es sinnvoll, die Querschnittsfläche auf die minimale Fläche A_{min} zu beziehen, die bei einem Zwischenzustand erreicht wird (siehe blaue Kurve in ▶ Abb. 6.17). Wenn wir von einer überkritischen Strömung ausgehen, dann gilt am Punkt des minimalen Stromfadenquerschnitts $u = c$. An dieser kritischen Stelle, die das unterkritische vom überkritischen Gebiet trennt, gilt $M = 1$ (siehe Abschnitt 6.3.1). Generell werden die Werte aller Größen an diesem kritischen Punkt (d. h. für $M = 1$) als *kritische Werte* bezeichnet. Zur Kennzeichnung der kritischen Werte wird ein hochgestellter Index $*$ verwendet. *Per definitionem ist also $u^* = c^*$.* Auch ist bei überkritischen Strömungen $A_{min} = A^*$.[14]

Für den kritischen (extremalen) Querschnitt gilt aufgrund der Massenerhaltung

$$A^* = \frac{\dot{m}}{\rho^* c^*} . \tag{6.55}$$

Die normierte Querschnittsfläche des Stromfadens ist demnach

$$\frac{A}{A^*} = \frac{\rho^* c^*}{\rho u} = \frac{\rho^*}{\rho_1} \frac{\rho_1}{\rho} \frac{c^*}{u} . \tag{6.56}$$

Die normierte Stromdichte $\rho u/(\rho^* c^*)$ ist der Kehrwert der normierten Querschnittsfläche A/A^*.

Um A/A^* zu berechnen, müssen wir noch die drei Faktoren in (6.56) bestimmen. Das Verhältnis c^*/u erhalten wir aus der Energiegleichung (6.50) ($\varkappa RT = c^2$)

$$\underbrace{u^2 + \frac{2c^2}{\varkappa - 1}}_{\text{am Punkt } x} = \underbrace{c^{*2} + \frac{2c^{*2}}{\varkappa - 1} = \frac{\varkappa + 1}{\varkappa - 1} c^{*2}}_{\text{am kritischen Punkt}} \quad \Rightarrow \quad 1 + \frac{2}{\varkappa - 1} \frac{c^2}{u^2} = \frac{\varkappa + 1}{\varkappa - 1} \frac{c^{*2}}{u^2} . \tag{6.57}$$

---

14 Auch bei unterkritischen Strömungen verwenden wir die Bezugsfläche A^*, obwohl sie von der Strömung nicht realisiert wird. Sie ist dann nur fiktiv.

Also ist

$$\frac{c^{*2}}{u^2} = \frac{\varkappa - 1}{\varkappa + 1} + \frac{2}{\varkappa + 1}\frac{1}{M^2}.$$ (6.58)

Im Limes sehr hoher Mach-Zahlen $M \to \infty$ erhält man $u^2/c^{*2} = (\varkappa+1)/(\varkappa-1) \overset{\varkappa=1.4}{=} 6$. Mit ρ_1/ρ nach (6.54a) erhalten wir für den kritischen Punkt (setze $M = 1$)

$$\frac{\rho^*}{\rho_1} \overset{(6.54a)}{=} \left(\frac{2}{\varkappa + 1}\right)^{1/(\varkappa-1)}.$$ (6.59)

Wenn wir (6.59), (6.54a) und (6.58) in (6.56) einsetzen und quadrieren, erhalten wir schließlich[15]

$$\left(\frac{A}{A^*}\right)^2 = \left(\frac{2}{\varkappa + 1}\right)^{2/(\varkappa-1)} \left(1 + \frac{\varkappa - 1}{2}M^2\right)^{2/(\varkappa-1)} \left(\frac{\varkappa - 1}{\varkappa + 1} + \frac{2}{\varkappa + 1}\frac{1}{M^2}\right).$$ (6.60)

Alle Zustandsgrößen sind in ▶ Abb. 6.18 als Funktion der Mach-Zahl dargestellt. Vorteilhaft sind manchmal auch tabellierte Daten für bestimmte Gase, die durch $\varkappa$ charakterisiert werden (siehe ▶ Tabelle 6.2).

---

[15] Man kann das normierte Flächenverhältnis auch etwas kompakter ausdrücken als

$$\left(\frac{A}{A^*}\right)^2 = \left(\frac{2}{\varkappa + 1} + \frac{\varkappa - 1}{\varkappa + 1}M^2\right)^{2/(\varkappa-1)} \left(\frac{\varkappa - 1}{\varkappa + 1} + \frac{2}{\varkappa + 1}\frac{1}{M^2}\right)$$

$$= \frac{1}{M^2} \left(\frac{2}{\varkappa + 1} + \frac{\varkappa - 1}{\varkappa + 1}M^2\right)^{2/(\varkappa-1)} \left(\frac{\varkappa - 1}{\varkappa + 1}M^2 + \frac{2}{\varkappa + 1}\right)$$

$$= \frac{1}{M^2} \left(\frac{2}{\varkappa + 1} + \frac{\varkappa - 1}{\varkappa + 1}M^2\right)^{1+2/(\varkappa-1)} = \frac{1}{M^2}\left[\frac{2}{\varkappa + 1}\left(1 + \frac{\varkappa - 1}{2}M^2\right)\right]^{(\varkappa+1)/(\varkappa-1)}.$$

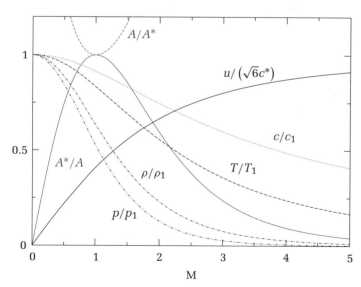

Abb. 6.18: Normierte Zustandsgrößen und Stromfadenquerschnitt A/A^* als Funktion der lokalen Mach-Zahl M für ein ideales Gas mit $\varkappa = 1.4$.

M	p/p_1	ρ/ρ_1	T/T_1	A/A^*
0.0000	1.0000	1.0000	1.0000	∞
0.2000	0.9725	0.9803	0.9921	2.9635
0.4000	0.8956	0.9243	0.9690	1.5901
0.6000	0.7840	0.8405	0.9328	1.1882
0.8000	0.6560	0.7400	0.8865	1.0382
1.0000	0.5283	0.6339	0.8333	1.0000
1.2000	0.4124	0.5311	0.7764	1.0304
1.4000	0.3142	0.4374	0.7184	1.1149
1.6000	0.2353	0.3557	0.6614	1.2502
1.8000	0.1740	0.2868	0.6068	1.4390
2.0000	0.1278	0.2300	0.5556	1.6875
2.2000	0.0935	0.1841	0.5081	2.0050
2.4000	0.0684	0.1472	0.4647	2.4031
2.6000	0.0501	0.1179	0.4252	2.8960
2.8000	0.0368	0.0946	0.3894	3.5001
3.0000	0.0272	0.0762	0.3571	4.2346
3.2000	0.0202	0.0617	0.3281	5.1210
3.4000	0.0151	0.0501	0.3019	6.1837
3.6000	0.0114	0.0409	0.2784	7.4501
3.8000	0.0086	0.0335	0.2572	8.9506
4.0000	0.0066	0.0277	0.2381	10.7188

Tabelle 6.2: Isentropentabelle für $\varkappa = 1.4$.

Die Verhältnisse der kritischen Größen (Index $*$), d. h. der Zustandsgrößen an der Stelle, an der die Strömungsgeschwindigkeit die Schallgeschwindigkeit erreicht, zu den Ruhegrößen (Ausgangsgrößen mit Index 1) sind für ein ideales Gas konstant. Indem wir M = 1 setzen, erhalten wir aus den obigen Gleichungen (6.51)–(6.54) für ein zweiatomiges ideales Gas mit $\varkappa = 1.4$

$$\frac{T^*}{T_1} = \frac{2}{\varkappa + 1} = 0.833 \,, \tag{6.61a}$$

$$\frac{c^*}{c_1} = \left(\frac{2}{\varkappa + 1}\right)^{1/2} = 0.913 \,, \tag{6.61b}$$

$$\frac{\rho^*}{\rho_1} = \left(\frac{2}{\varkappa+1}\right)^{1/(\varkappa-1)} = 0.634 \,, \qquad (6.61c)$$

$$\frac{p^*}{p_1} = \left(\frac{2}{\varkappa+1}\right)^{\varkappa/(\varkappa-1)} = 0.528 \,. \qquad (6.61d)$$

Sind nun die *Ruhegrößen* ρ_1, p_1 und T_1 (woraus c_1 folgt) bekannt, dann ergeben sich aus (6.61) sofort auch die *kritischen Werte* T^*, ρ^*, p^* und c^*. Wenn man darüber hinaus den kritischen (minimalen) Querschnitt A^* kennt, läßt sich aus (6.55) der Massenstrom $\dot{m}$ ermitteln (bzw. umgekehrt).

Bei der vorangegangenen Parametrisierung mittels der Mach-Zahl ergeben sich relativ einfache Ausdrücke für die Zustandsgrößen. In der Praxis wird man aber nicht die Mach-Zahl als unabhängige Variable frei vorgeben können. Wenn wir beispielsweise die Strömung durch eine Düse betrachten, so ist die Querschnittsfläche $A(x)$ der Stromröhre vorgegeben. Aus ihr ergibt sich jedoch mittels (6.60) der Mach-Zahlverlauf $M(x)$ und daraus die restlichen Zustandsgrößen (▶ Abb. 6.18) als Funktion des Ortes.

6.3.4 Kompressible Strömung durch Düsen

Wir wollen nun die Strömung durch Düsen betrachten. Bei überkritischen Strömungen ($M > 1$) ist es wesentlich zu beachten, dass am minimalen Querschnitt $M = 1$ herrscht.

Einfache Düse

Wir betrachten zunächst eine Düse, deren Querschnitt sich nur bis zu einem Minimum mit Fläche A_2 verjüngt und sich dann abrupt unendlich erweitert (▶ Abb. 6.19 **a**). Das Gas möge aus einem Kessel, der unter dem Druck p_1 steht, in die Umgebung mit Druck p_2 expandieren. Uns interessiert der Massenstrom $\dot{m}$ als Funktion des Druckverhältnisses p_2/p_1 und der bekannten Ruhegrößen (Index 1). Nach (6.46) erhalten wir

$$\dot{m} = A_2 \rho_2 u_2 \overset{(6.46)}{=} A_2 \,\rho_1 \underbrace{\left(\frac{p_2}{p_1}\right)^{1/\varkappa}}_{\rho_2} \sqrt{\frac{2\varkappa}{\varkappa-1}\frac{p_1}{\rho_1}\left[1-\left(\frac{p_2}{p_1}\right)^{(\varkappa-1)/\varkappa}\right]}$$

$$\overset{c_1^2=\varkappa p_1/\rho_1}{=} A_2 \rho_1 c_1 \left(\frac{p_2}{p_1}\right)^{1/\varkappa} \sqrt{\frac{2}{\varkappa-1}\left[1-\left(\frac{p_2}{p_1}\right)^{(\varkappa-1)/\varkappa}\right]} \,. \qquad (6.62)$$

Der normierte Massenstrom ist in ▶ Abb. 6.19 **b** als Funktion des Druckverhältnisses dargestellt. Trivialerweise ist $\dot{m}(p_2/p_1 = 1) = 0$. Falls $p_2 = 0$ wäre, würde (6.62) auch $\dot{m}(p_2/p_1 = 0) = 0$ liefern. Dies ist aber physikalisch unsinnig. Das irreführende Ergebnis resultiert aus der falschen Annahme, dass am abrupten Ende der Düse mit *endlicher* Querschnittsfläche A_2 der Umgebungsdruck $p_2 = 0$ herrscht. Der Druck $p_2 = 0$ kann dort aber nicht herrschen, da sich der Stromfaden nach ▶ Abb. 6.17 bei der Expansion ins Vakuum kontinuierlich auf einen *unendlichen* Querschnitt erweitern muss. Dies ist bei einer einfachen Düse nicht möglich.

Daher verhält sich der Gasstrahl folgendermaßen. Wenn der Umgebungsdruck p_2 unter den Druck p_1 abgesenkt wird, steigt der Massenstrom durch die einfache Düse

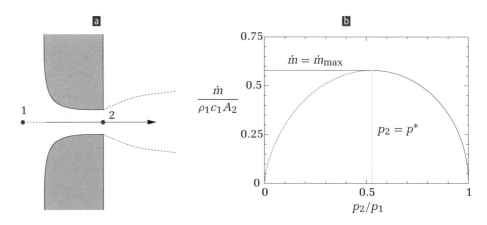

Abb. 6.19: Strömung durch eine einfache Düse [a] und normierter Massenstrom als Funktion der Druckdifferenz [b].

an. Der Druck in der Mündung folgt der Absenkung von p_2 so lange, bis in der Mündung die Schallgeschwindigkeit erreicht ist. Dann herrscht in der Mündung der kritische Druck $p_2 = p^*$. Mit (6.61d) erhalten wir dann den Massenstrom

$$\dot{m}_{max} = A_2\rho_1 c_1 \left(\frac{2}{\varkappa + 1}\right)^{1/(\varkappa - 1)} \sqrt{\frac{2}{\varkappa - 1}\left(1 - \frac{2}{\varkappa + 1}\right)}$$

$$= A_2\rho_1 c_1 \left(\frac{2}{\varkappa + 1}\right)^{1/(\varkappa - 1)} \sqrt{\frac{2}{\varkappa + 1}} = A_2\rho_1 c_1 \left(\frac{2}{\varkappa + 1}\right)^{(\varkappa + 1)/2(\varkappa - 1)} \qquad (6.63)$$

$$\overset{(6.61)}{=} A_2\rho_1 c_1 \frac{c^* \rho^*}{c_1 \rho_1} = A_2 c^* \rho^*.$$

Am letzten Gleichheitszeichen erkennt man, dass dies der kritische Massenstrom ist. Auch ist (6.63) das Maximum des Massenstroms, denn mehr als der kritische Massenstrom kann nicht durch die Düse strömen. Auch bei einer weiteren Absenkung des Außendrucks p_2 ändert sich nichts an der Strömung in der Düse, da in der Austrittsöffnung (engste Stelle) die kritischen Werte realisiert werden, die ihrerseits nur von den Größen auf der Druckseite (Index 1) abhängen. Der Druck in der Mündung bleibt daher konstant und gleich dem kritischen Druck $p^* = [2/(\varkappa + 1)]^{\varkappa/(\varkappa - 1)} p_1$.[16] Beachte, dass ein weiteres Absenken von p_2 den Massenstrom (6.63) nicht erhöhen kann, wohl aber eine Erhöhung von p_1.

Der Druck im Strahl kann erst *außerhalb* der Düse weiter auf den Umgebungsdruck absinken. Durch den Druckabfall hinter der Düse erweitert sich der freie Gasstrahl. Nach (6.42) wird die Strömung hinter der Düse deshalb weiter auf Überschallgeschwindigkeit beschleunigt (M > 1). Durch Trägheitseffekte ist die Erweiterung so stark, dass auf der Achse des Strahls ein Unterdruck entsteht, wodurch der Strahl wieder fast bis auf dem Mündungsdurchmesser fokussiert wird. Dieses Spiel kann sich einige Male wiederholen (▶ Abb. 6.20). Die Druckänderungen stromabwärts der

---

16 Beim Ausströmen von Luft unter Standardbedingungen (15°C, 1 atm), d.h. für $\rho_1 =$ 1.23 kg/m³ und $c_1 = 340$ m/s erhält man $\dot{m}/A_2 \approx 2.42 \times 10^{-2}$ kg/s. Durch eine Öffnung von 1 cm² fließen damit ≈ 20 l/s.

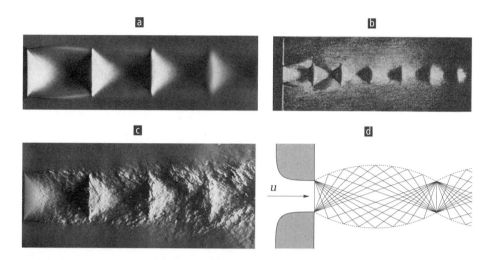

Abb. 6.20: Gasstrahl aus einer einfachen Düse. $\boxed{a}$ und $\boxed{c}$ für M $= 1.4$ wurden mittels Schattenverfahren von N. Johannesen (siehe Van Dyke 1982) mit Belichtungszeiten von 10^{-2} s $\boxed{a}$ und 0.5×10^{-6} s $\boxed{c}$ aufgenommen. Dabei ergibt sich die Mach-Zahl M aus dem Druckverhältnis $p_1/p_2 = 3.13$ zwischen Ruhedruck p_1 und Umgebungsdruck p_2 gemäß (6.54b). $\boxed{b}$ ist eine Originalaufnahme von Ernst Mach (aus Prandtl 1960) und $\boxed{d}$ zeigt schematisch die Reflexion der Expansionswellen am Strahlrand hinter der Düse.

Düse können die Strömung in der Düse, d. h. vor dem engsten Querschnitt, nicht beeinflussen, da Druckschwankungen nicht entgegen einer Überschallströmung, wie sie hinter der Öffnung herrscht, propagieren können.

Aus diesen Betrachtungen müssen wir schließen, dass sich die hohen Strahlgeschwindigkeiten, die wir nach (6.46) erwarten (siehe auch ▶Abb. 6.18), nur dann ergeben, wenn sich der Querschnitt der Düse nach der engsten Stelle hinreichend langsam erweitert. Eine solche Düse wird *Laval-Düse* genannt.

Laval-Düse

Mit einer Düse möchte man möglichst hohe Strahlgeschwindigkeiten mit einem rein axialen Impuls erreichen. Dies entspricht einer möglichst hohen Mach-Zahl. Dazu muss sich der Querschnitt A der Düse entsprechend ▶Abb. 6.18 nach einem Minimum wieder in geregelter Weise erweitern. Durch eine richtig geformte Düse kann man so einen glatten Anstieg der Mach-Zahl über die Länge der Düse erreichen. Diese Art von Düsen sind nach de Laval benannt, dessen Dampfturbine 1883 bekannt wurde.[17]

Im Idealfall ist der Druck p_2 am Ende der Düse gleich dem Außendruck p_a. Dies ist der *Auslegungspunkt*. Der zugehörige Druckverlauf in einer Laval-Düse nach ▶Abb. 6.21 ist als Kurve (d) zu sehen. Wir haben ein überkritisches Verhalten, denn der Druck nimmt nach der engsten Stelle weiter ab.[18]

---

17 Wie Prandtl (1960) schreibt, hatte auch schon Ernst Körting, der Großonkel von Johann Körting, im Jahre 1878 kegelförmig erweiterte Düsen eingesetzt.

18 Der für die optimale Anpassung ($p_2 = p_a$) erforderliche Druck p_1 ergibt sich folgendermaßen: Aus der Geometrie (A_2 und $A^* = A_{\min}$) ergibt sich über das Verhältnis A_2/A^* die Austritts-Mach-Zahl M_2 nach (6.60). Daraus kann man dann nach ▶Abb. 6.18 bzw. (6.54b)

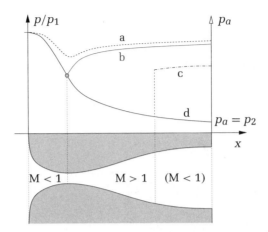

Abb. 6.21: Schematischer Druckverlauf in einer Laval-Düse. Bei optimaler Anpassung des nominellen Ausgangsdrucks der Düse p_2 an den Außendruck p_a hat man den Druckverlauf d. Je nachdem, wie weit der Umgebungsdruck p_a oberhalb des nominellen Ausgangsdrucks der Düse p_2 liegt ($p_a > p_2$), können die Fälle a (gestrichelt), b durchgezogen) oder c (strich-punktiert) auftreten. Für Fall c befindet sich ein Stoß (gestrichelt) innerhalb der Düse. Im Fall b befindet sich ein infinitesimaler Stoß (blauer Punkt) an der engsten Stelle der Düse und der Fall a zeigt eine reine Unterschallströmung.

Die möglichen Strömungszustände in und hinter der Laval-Düse sind in ▶ Abb. 6.22 gezeigt und skizziert. Dabei wird mit p_2 der theoretische Druck am Ende der Düse bezeichnet, der sich ergeben würde, wenn man den Effekt des Außendrucks p_a ignorierte. Je nach Druckverhältnis p_2/p_a stellt sich ein anderer Druckverlauf in der Düse ein. Mit Sicherheit ist die Strömung überkritisch, wenn p_a kleiner ist als der kritische Druck ($p_a < p^*$). Aber auch für höhere Außendrücke p_a ist die Strömung zumindest in einem Teil der Düse überkritisch.[19]

- $p_2 > p_a$: Für den Fall, dass der Umgebungsdruck noch unter dem Düsenaustrittsdruck liegt, spricht man von einem *unterexpandierten Strahl*. Dann *divergiert* der Strahl hinter der Mündung und vom Rand der Düse, an dem sich ein Drucksprung befindet, geht die Druckanpassung in Form von Verdünnungswellen (Expansionswellen) aus, über welche der Druck von p_2 auf p_a abfällt (▶ Abb. 6.22 **a**, **b**). Diese Wellen haben keinen Einfluß auf die Strömung in der Düse. Wie schon bei der einfachen Düse diskutiert, wird der Strahl hinter der Düse wieder fokussiert. An dem gekrümmten Strahlrand werden die Verdünnungswellen als Verdichtungswellen (Kompressionswellen) reflektiert, um sich zu einem Stoß zurückzubilden (▶ Abb. 6.20).

- $p_2 = p_a$: Im *Auslegungsfall* (optimale Anpassung) ist $p_2 = p_a$ (▶ Abb. 6.22 **c**, **d**) und der Strahl hinter der Düse nahezu parallel.

über p_2/p_1 ($p_2 = p_a$) den erforderlichen Druck p_1 bestimmen. Dies wiederum legt den kritischen Druck p^* fest, woraus sich mit Hilfe der Adiabatengleichung auch die kritische Dichte ρ^* ergibt. Aus beiden Größen erhalten wir die kritische Schallgeschwindigkeit c^* und wir können den Massenstrom aus (6.55) bestimmen.

19 Der Grenzfall ergibt sich, wenn p_a so groß ist wie der Druck, der sich aus dem Querschnittsverhältnis $A^{\min}/A_2$ für M < 1 aus ▶ Abb. 6.18 ergibt. Für kleinere Drücke p_a ist die Strömung unterkritisch.

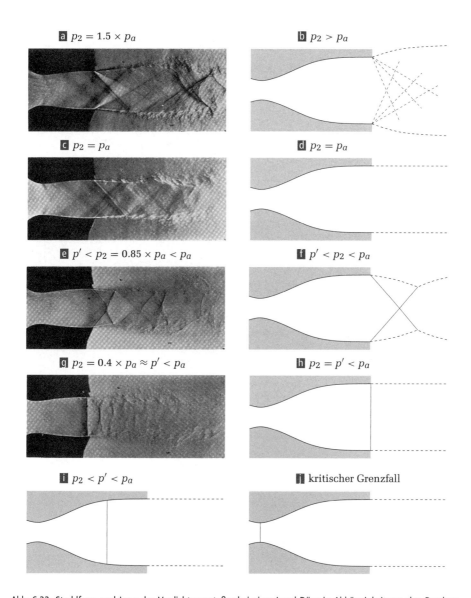

Abb. 6.22: Strahlform und Lage des Verdichtungsstoßes bei einer Laval-Düse in Abhängigkeit von den Druckverhältnissen, wobei p_a der Umgebungsdruck und p_2 der theoretische Druck am Ende der Düse ist. Bei einem Druck $p_2 = p'$ liegt der Stoß gerade am Ende der Laval-Düse. Beim kritischen Grenzfall liegt ein infinitesimaler Stoß im engsten Querschnitt. Eine weitere Erhöhung von p_a führt dann zu einer unterkritischen Strömung. Die Fotos mittels Schlieren-Methode stammen aus Owczarek (1964) (Mit freundlicher Genehmigung des National Physics Laboratory, Teddington, Middlessex, England).

- $p_2 < p_a$: Wird der Druck p_2 am Ende der Düse niedriger als der Umgebungsdruck p_a, dann ist auch die Dichte im austretenden Überschallstrahl geringer als die Dichte der Atmosphäre. Man spricht von einem *überexpandierten Strahl*. Der Strahl *konvergiert* dann hinter der Düse (▶ Abb. 6.22 **e**, **f**). Die Angleichung des

Drucks von p_2 an den Umgebungsdruck $p_a > p_2$ erfolgt dann durch eine Stoß-welle, die vom Rand der Düse ausgeht. Die Stoßwellen von den Rändern überlagern sich und werden ebenfalls am Strahlrand reflektiert. Dies führt zu charakteristischen Strukturen, die man auch bei Raketenstrahlen beobachten kann (Visualisierung durch Temperaturerhöhung im Stoß). Bei einer weiteren Erhöhung des Umgebungsdrucks (bzw. Absenkung des Innendrucks p_1 und damit auch von p_2) verschiebt sich der Stoß bis an die Düse, wo er bei einem theoretischen Druck $p_2 = p'$ einen senkrechten Verdichtungsstoß bildet (▶ Abb. 6.22 g, h).

Bei einer weiteren Erhöhung von p_a (Erniedrigung von p_2) wandert der Stoß in die Düse hinein (Fall c in ▶ Abb. 6.21 und ▶ Abb. 6.22 i). Die Position x des Stoßes ergibt sich dann aus der Sprungbedingung (6.18b) für den senkrechten Verdichtungsstoß, so dass bei der Mach-Zahl $M(x)$ und dem Düsendruck $p(x)$ der Stoß den Druck nahezu auf den Umgebungsdruck p_a anhebt.[20] Der Druckverlust in der Düse hinter dem Stoß ist oft nur sehr gering. Die Berechnung des Druckverlaufs in der Laval-Düse bei Anwesenheit eines senkrechten Verdichtungsstoßes innerhalb der Düse findet sich im Anhang D.

Bei einer weiteren Erhöhung des Außendrucks p_a wandert der Stoß weiter stromaufwärts. Dabei wird der Stoß schwächer, da sich auch die Mach-Zahl verringert (▶ Abb. 6.7). Wenn der Stoß bis an die engste Stelle der Düse gewandert ist, an der $M = 1$ ist (Fall b in ▶ Abb. 6.21 und 6.22 i, siehe auch ▶ Abb. D.2), hat er sich zu einem *infinitesimal schwachen Stoß* abgeschwächt (für M → 1 verschwindet

---

20 Die Information über den zu hohen Umgebungsdruck wandert in der viskosen Grenzschicht in der Nähe der Düsenwand stromaufwärts. Hier strömt das Gas mit Unterschallgeschwindigkeit. Meist stellt sich dann in der Düse ein schiefer Stoß ein.

Abb. 6.23: Test eines der Haupttriebwerke des Space-Shuttle (NASA Image # 81-201-1). Man erkennt gut die Form der Erweiterung der Laval-Düse. Bei Raketenstarts ist der Strahl meist überexpandiert. Unter bestimmten Bedingungen kann außer dem normalen Muster aus schrägen Verdichtungsstößen (▶ Abb. 6.22 f) im Zentralbereich des Strahls auch ein senkrechter Stoß auftreten (sogenannte Machscheibe). Durch den starken Druck- und Temperaturanstieg hinter der Machscheibe verbrennt restlicher Treibstoff, was zu dem hellen Strahlkegel im unteren Teil der Abbildung führt.

der Drucksprung). Eine weitere Erhöhung des Umgebungsdrucks führt dann in der gesamten Düse zu einer Unterschallströmung (Fall a in ▶ Abb. 6.21). Den Wert der Mach-Zahl an der engsten Stelle kann man dann aus (6.60) mit $A = A_{\min}$ ermitteln, wobei A^* nur noch eine Referenzfläche ist (und sich aus dem Massenstrom ergibt). Das Verhalten ist dann wie bei der einfachen (sich nicht erweiternden) Düse.

Die Laval-Düse hat eine besondere Bedeutung für den Raketenantrieb. In ▶ Abb. 6.23 ist die Düsenform klar erkennbar. Als Beispiel für eine weitere Anwendung sei der *Hoch-Entalpie-Kanal Göttingen* (HEG) genannt, der in ▶ Abb. 6.24**a** gezeigt ist. In dieser Anlage können Strömungsbedingungen eingestellt werden, wie sie zum Beispiel beim Wiedereintritt von Flugkörpern in die Atmosphäre zu finden sind. Die Anlage ist ausgelegt für Strömungsgeschwindigkeiten im Bereich 5–8 km/s und charakteristischen Parametern $\rho L \lesssim 5 \times 10^{-3}$ kg/m^2 (Dichte × charakteristische Länge des Flugkörpers), was dem Eintrittsbereich des X-38 oberhalb von 55 km entspricht. Typische Werte sind: $p_\infty = 1\,700$ Pa, $\rho_\infty = 3.5$ g/m^3, $u_\infty = 6.2$ km/s, $T_\infty = 1\,450$ K und M$_\infty = 7.8$. Um

Gustaf de Laval
1845–1913

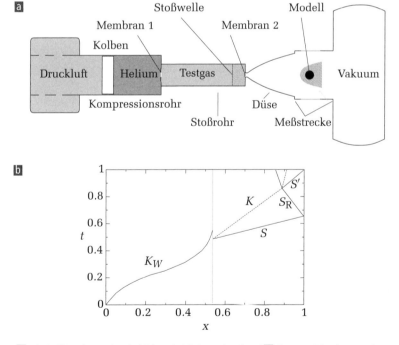

Abb. 6.24: **a** Prinzipskizze des Hochenthalpiekanals Göttingen (HEG) und **b** das Weg-Zeit-Diagramm in normierten Einheiten für den Kolbenweg K_W im Kompressionsrohr, den Verdichtungsstoß S und dessen Reflexionen S_R und S' sowie die Position der Kontaktfläche K zwischen Helium und Testgas (nach Eckelmann 1997). Die gepunktete vertikale Linie zeigt die Position der ersten Membran an.

diese Werte in der Meßstrecke hinter der Laval-Düse zu erreichen, muss im Reservoir vor der Laval-Düse ein Druck von $p_1 = 85\,\text{MPa}$ und eine Temperatur von $T_1 = 9\,900\,\text{K}$ erzeugt werden.

Um diese Bedingungen zu realisieren, wird ein 480 kg schwerer Kolben durch Druckluft von 10 MPa in einem 33 m langen Kompressionsrohr auf eine Geschwindigkeit von 1 000 km/h gebracht. Auf der anderen Seite des Kolbens wird damit Helium auf 100 MPa komprimiert (ca. 4 000 K). Durch den hohen Druck wird eine 12 mm dicke Stahlplatte gesprengt, so dass sich in dem anschließenden 17 m langen Stoßrohr eine Stoßwelle bildet, die mit 16 000 km/h am Ende reflektiert wird und dort das Testgas (Stickstoff, Luft etc.) auf T_1 bei p_1 aufheizt. Durch diese Bedingungen wird eine dünne Folie aus Kunststoff am Eingang der Laval-Düse freigesprengt und das Testgas expandiert über eine Länge von 3.75 m in die Laval-Düse, die am Ende einen Durchmesser von 0.88 m aufweist. An die Laval-Düse schließt sich die Meßstrecke an. Die zur Verfügung stehende Meßzeit zwischen dem Eintreffen des Verdichtungsstoßes S und seiner Reflexion S' am Ort der Membran beträgt ca. 1 ms (siehe ▶ Abb. 6.24 b).

Zusammenfassung

Kleine Druckschwankungen breiten sich in einem kompressiblen Fluid in Form von Schallwellen aus. Die zugehörigen Zustandsänderungen sind nahezu adiabatisch. Der Druck, die Dichte und die Lage substantieller Fluidelemente genügen derselben linearen Wellengleichung. Die Phasengeschwindigkeit c der Wellen wird Schallgeschwindigkeit genannt. Sie wächst proportional zur Wurzel aus der Temperatur an.

Der wichtigste Parameter zur Charakterisierung einer kompressiblen Strömung ist die Mach-Zahl $M = u/c$, wobei u die Strömungsgeschwindigkeit ist. Da die Ausbreitung von Schallwellen an den Bewegungszustand des Mediums gebunden ist, können sich Zustandsänderungen in einer Überschallströmung nicht stromaufwärts ausbreiten. (Abschnitt 6.1)

Bei großen Druck- und Dichteschwankungen werden nichtlineare Effekte wichtig. Wenn sich eine Verdichtungswelle von einem Gebiet hoher Dichte in ein Gebiet niedriger Dichte ausbreitet, steilt sich die Wellenfront sehr schnell auf und bildet einem Verdichtungsstoß. Eine Verdünnungswelle hingegen flacht sich im Laufe ihrer Ausbreitung ab. In einem Koordinatensystem, in dem ein senkrechter Verdichtungsstoß stationär ist, strömt ein Gas mit geringer Dichte und hoher Geschwindigkeit auf den Verdichtungsstoß zu. Beim Durchgang durch den Verdichtungsstoß verlangsamt sich das Gas und der Druck, die Dichte und die Temperatur steigen an. Diese Änderungen der Zustandsgrößen lassen sich mit Hilfe der algebraischen Erhaltungsgleichungen für Masse, Impuls und Energie eines parallelen stationären Stromfadens berechnen. Beim einem schrägen Verdichtungsstoß verringert sich nur die Komponente der Geschwindigkeit senkrecht zum Stoß. Die parallele Komponente der Geschwindigkeit ändert sich nicht. (Abschnitt 6.2)

Das qualitative Verhalten allgemeiner kompressibler Strömungen hängt von der lokalen Mach-Zahl ab. Bei einer Unterschallströmung ($M < 1$) führt eine Aufweitung des Stromfadens zu einer Verlangsamung der Strömung und der Druck steigt an, ähnlich wie bei einer inkompressiblen Strömung. Handelt es sich jedoch um eine Überschallströmung, so tritt genau das gegenteilige Verhalten auf: die Strömung wird schneller und der Druck fällt ab.

Für adiabatische Zustandsänderungen kann das Druckintegral in der Bernoulli-Gleichung auch für kompressible Strömungen analytisch berechnet werden. Damit lassen sich die Änderungen der Geschwindigkeit, des Drucks, der Dichte und der Temperatur entlang eines kompressiblen Stromfadens als Funktion des Stromfadenqueschnitts angeben. Meist ist eine Parametrisierung mittels der Mach-Zahl sinnvoll.

Erreicht die Strömungsgeschwindigkeit an einer Stelle eines Stromfadens die Schallgeschwindigkeit, so muss der Stromfadenqueschnitt an der betreffenden Stelle ein Extremum besitzen. Die Zustandsgrößen an diesem Punkt heißen kritische Größen. Die besonderen Eigenschaften von Überschallströmungen werden in Laval-Düsen genutzt, um hohe Strahlgeschwindigkeiten zu erreichen. Bei einer Laval-Düse erweitert sich der Düsenqueschnitt hinter der engsten Stelle in glatter Weise. Erreicht die Strömungsgeschwindigkeit an der engsten Stelle Schallgeschwindigkeit, so ist die Strömung überkritisch: hinter der engsten Stelle sinkt der Druck ab und das Gas wird über die Schallgeschwindigkeit hinaus beschleunigt. Während die Strömung vor dem engsten Querschnitt nicht von den Druckbedingungen am Ausgang der Düse beeinflußt werden kann, hängt die detaillierte Strömung hinter dem engsten Querschnitt auch vom Umgebungsdruck ab. Bei einem überexpandierten Strahl erfolgt die Anpassung an den Umgebungsdruck durch einen Verdichtungsstoß, der bei starkem Gegendruck auch in der Düse erfolgen kann. (Abschnitt 6.3)

Aufgaben

Aufgabe 6.1: Verwendung der inkompressiblen Bernoulli-Gleichung für langsame kompressible Strömungen

Für hinreichend kleine Strömungsgeschwindigkeiten kann man eine Gasströmung als inkompressibel ansehen. Welcher Fehler wird dabei gemacht?

Gehen Sie dazu von einem Ruhezustand mit p_1, ρ_1 und $u_1 = 0$ aus und betrachten Sie eine kompressible Gasströmung entsprechend der Gleichung von Saint-Venant-Wantzel (6.46).

a) Wie lautet die relative Druckänderung p/p_1 entlang eines Stromfadens?

b) Schreiben Sie p/p_1 als Funktion der normierten Strömungsgeschwindigkeit u/c_1.

c) Entwickeln Sie p/p_1 für kleine normierte Strömungsgeschwindigkeiten u/c_1 in eine Taylor-Reihe.

d) Zeigen Sie, dass sich in Ordnung $O\left(u^2/c_1^2\right)$ eine Art inkompressible Bernoulli-Gleichung

$$\frac{p}{\rho_1} + \frac{u^2}{2} = \frac{p_1}{\rho_1}$$

ergibt.

e) Wie groß ist der Fehler der gemessenen Geschwindigkeit, wenn die Geschwindigkeit unter Verwendung der obigen Gleichung durch Druckmessung mittels Pitot-Rohr zu $u_{\text{Mess}} = 500\,\text{km/h}$ bestimmt wird?

Aufgabe 6.2: Ausströmen aus einem Behälter

Ein zweiatomiges ideales Gas ($\varkappa = 1.4$) befindet sich in einem Kessel unter dem Druck $p_1 = 5\,\text{bar}$ und auf der Temperatur $T_1 = 293\,\text{K}$. Es strömt durch eine Öffnung mit minimalem Querschnitt $A_{min} = 10\,\text{cm}^2$ in die umgebende Atmosphäre mit $p_2 = 1\,\text{bar}$. Die Gaskonstante beträgt $R = 287\,\text{J/(kg\,K)}$.

a) Ist die Strömung unter- oder überkritisch?

b) Wie groß ist der Massenstrom $\dot{m}$ durch die Öffnung?

c) Ändert sich der Massenstrom, wenn sich an den minimalen Querschnitt eine trichterförmige Erweiterung bis auf einen Querschitt $A_2 = 90\,\text{cm}^2$ anschließt?

d) Welche Strömungsgeschwindigkeit stellt sich am minimalen Querschnitt (A_{min}) ein?

e) Welche Strömungsgeschwindigkeit stellt sich an der Öffnung (A_2) ein, wenn das Gas in ein Vakuum ($p_2 = 0$) expandiert?

f) Welche Temperatur besitzt das aus der erweiterten Öffnung ins Vakuum ausströmende Gas?

g) Würden diese Geschwindigkeiten und Temperaturen auch realisiert, wenn das Gas in eine Atmosphäre mit $p_2 = 1\,\text{bar}$ anstelle von einem Vakuum expandieren würde (Begründung)?

Aufgabe 6.3: Wiedereintritt eines Raumtransporters

Beim Wiedereintritt eines Raumtransporters in die Atmosphäre bildet sich vor der Nase ein Bugstoß, der lokal als ein ebener Verdichtungsstoß behandelt werden kann. Die Strömung vor der Nase sei reibungsfrei und isentrop (bis auf den Verdichtungsstoß).

a) Berechnen Sie die Dichte der Atmosphäre (ideales Gas mit $\varkappa = 1.4$ und $R = 287\,m^2/s^2\,K$) auf einer Höhe von $30\,000\,m$, wenn die Temperatur $T_\infty = 227\,K$ beträgt und der Druck $p_\infty = 1\,170\,N/m^2$.

b) Wie groß darf die Geschwindigkeit des Transporters auf dieser Höhe maximal sein, damit die Temperatur im Staupunkt der Strömung $T_{max} = 1\,000\,K$ nicht übersteigt? Welcher Mach-Zahl M_∞ entspricht diese Geschwindigkeit?

c) Wie groß sind in dem o. a. Grenzfall der Druck p_2, die Dichte ρ_2, die Geschwindigkeit u_2 und die Temperatur T_2 direkt hinter dem Verdichtungsstoß?

d) Berechnen Sie den Staudruck an der Nasenspitze des Raumtransporters mit Hilfe der Gleichungen für einen kompressiblen Stromfaden.

Aufgabe 6.4: Lokale Wärmezufuhr

Ein polytropes Gas strömt stationär durch eine Rohr mit konstantem Querschnitt $A = const$. Über ein kurzes Rohrsegment wird dem Gas pro Zeit eine kleine Wärmemenge $\dot{Q}$ zugeführt. Berechnen Sie die Änderung der Strömungsgeschwindigkeit Δu und der Temperatur ΔT des Gases in linearer Näherung.

a) Stellen Sie zunächst die Gleichungen für die Erhaltung der Masse und des Impulses für ein Kontrollvolumen auf, welches das Rohrsegment enthält, über das die Wärmezufuhr erfolgt (1: Eintrittsquerschnitt, 2: Austrittsquerschnitt).

b) Drücken Sie die kleinen Änderungen $\Delta p = p_2 - p_1$ und $\Delta \rho = \rho_2 - \rho_1$ durch die Geschwindigkeitsänderung $\Delta u = u_2 - u_1$ aus (ggf. Taylor-Entwicklung).

c) Berechnen Sie die Änderung $\Delta h = h_2 - h_1$ der Enthalpie $h(p, \rho)$ in linearer Näherung (Taylor-Entwicklung bis zur ersten Ordnung) und drücken Sie das Ergebnis durch die Geschwindigkeitsänderung Δu aus.

d) Wie lautet die integrale Energieerhaltung? Linearisieren Sie die Energiegleichung für kleine Änderungen der Geschwindigkeit Δu und der Enthalpie Δh.

e) Zeigen Sie, dass für die Änderung der Strömungsgeschwindigkeit Δu gilt

$$\Delta u = \frac{(\varkappa - 1)\dot{Q}/A}{\rho_1 \left(c_1^2 - u_1^2\right)} \tag{6.64}$$

und diskutieren Sie das Vorzeichen der Geschwindigkeitsänderung.

f) Wie ändert sich die Temperatur des Gases in linearer Näherung? Drücken Sie das Ergebnis durch die Geschwindigkeitsänderung aus und diskutieren Sie das Ergebnis.

Viskose Strömungen

7

ÜBERBLICK

>> Zur Beschreibung viskoser Strömungen muss die Euler-Gleichung zur Navier-Stokes-Gleichung erweitert werden. Sie wird für ein Newtonsches Fluid konkretisiert. Anhand der Navier-Stokes-Gleichung wird das Konzept der mechanischen Ähnlichkeit demonstriert und im Rahmen der Dimensionsanalyse verallgemeinert. Typische Eigenschaften schleichender (langsamer) Strömungen werden behandelt. Die laminare Rohrströmung läßt sich analytisch berechnen. Die auftretenden viskosen Energieverluste können, wie andere Verlustterme auch, in einer erweiterten Bernoulli-Gleichung für die mittlere Strömung im Rahmen der Rohrhydraulik berücksichtigt werden. Am Beispiel der laminaren Grenzschicht wird deutlich, dass die Viskosität, auch wenn sie äußerst gering ist, nicht vollständig vernachlässigt werden darf. Als Paradebeispiel wird die laminare Grenzschicht einer ebenen Platte behandelt. Durch Mittelung der Navier-Stokes-Gleichungen erhält man die Reynolds-Gleichungen für die mittlere turbulente Strömung. Elementare Lösungsansätze zur Modellierung der darin auftretenden Reynolds-Spannungen werden vorgestellt. Das Konzept des Prandtlschen Mischungsweges erweist sich als hilfreich bei der Erklärung der universellen Schichtstruktur wandnaher turbulenter Strömungen. Mit den bisherigen Kenntnissen können Kräfte auf umströmte Körper verstanden werden. Als wichtiges Beispiel dient die inkompressible Tragflügelumströmung. <<

Reibungseffekte wurden bisher vollständig vernachlässigt. Diese Annahme gründet sich auf der Beobachtung, dass die Reibung bei schnellen Strömungen meist nur in einer dünnen Grenzschicht in der Nähe fester Wände wichtig ist. Das in den vorangegangenen Kapiteln beschriebene Verhalten reibungsfreier Fluide muss aber strenggenommen immer daraufhin geprüft werden, ob die vernachlässigten Reibungseffekte auch wirklich gering sind.

Auf der anderen Seite gibt es auch Strömungen, bei denen die Reibungseffekte im gesamten Volumen zu berücksichtigen sind. Dies ist immer dann der Fall, wenn entweder die Viskosität groß, die typische Längenskala klein oder die typische Geschwindigkeit klein ist (siehe auch Abschnitt 7.2).

7.1 Grundgleichungen

7.1.1 Spannungstensor

Um die Auswirkungen der Viskosität auf die Strömung von Fluiden zu untersuchen, benötigen wir zunächst die mathematischen Gleichungen, denen ein reales, reibungsbehaftetes Fluid genügen muss. Reibungsfreie Fluidschichten können mit einer beliebigen Geschwindigkeit aneinander vorbeigleiten, wobei die tangentiale Geschwindigkeit auch unstetig sein darf. Dies ist bei realen, reibungsbehafteten Fluiden nicht möglich. Vielmehr muss bei ihnen die Tangentialgeschwindigkeit immer stetig sein, weil die molekulare Diffusion von Impuls eine Angleichung der Strömungsgeschwindigkeiten benachbarter Fluidelemente bewirkt. Insbesondere verursachen die molekularen Kräfte zwischen einem Fluid und einer festen, impermeablen Wand eine Haftung des Fluids an der Wand, so dass die Geschwindigkeiten von Fluid und Wand an der Wandoberfläche identisch sind. Wenn das Geschwindigkeitsfeld hinreichend glatt ist und in einer Taylor-Reihe entwickelt werden kann, sollte die Geschwindigkeitsdifferenz zwischen Fluid und Wand in erster Näherung linear mit dem Abstand von der Wand ansteigen (vgl. Abschnitt 1.2.2). Die Schubspannung τ an einer Wand hängt im einfachsten Fall linear vom senkrechten Gradienten der tangentialen Geschwindigkeit $\partial u / \partial n$ ab, wobei die Proportionalitätskonstante durch die dynamische Viskosität μ gegeben ist (siehe (1.5)).

Zu einer systematischeren Behandlung viskoser Effekte müssen wir die Reibungskräfte in einer allgemeinen Form in die Bewegungsgleichungen einfügen. Dazu betrachten wir ein Fluidelement mit Volumen V_0 und beachten, dass die viskose Kraft eine Oberflächenkraft ist. Die Oberflächenkraft pro Fläche bezeichnet man als *Spannung* t (Einheit: N/m^2). Wenn man diese Spannung als zusätzlichen Term in die integrale Impulsbilanz (3.27) aufnimmt, erhält man formal

$$\frac{\mathrm{d}}{\mathrm{d}t} \int_{V_0} \rho \boldsymbol{u} \, \mathrm{d}V + \int_{A_0} \rho \boldsymbol{u}\boldsymbol{u} \cdot \mathrm{d}\boldsymbol{A} = \int_{A_0} \boldsymbol{t} \, \mathrm{d}A + \underbrace{\int_{V_0} \rho \boldsymbol{f} \, \mathrm{d}V}_{\boldsymbol{F}} \, , \qquad (7.1)$$

wobei wir die Druckkraft pro Fläche $-p\boldsymbol{n}$ mit in den Spannungsvektor $\boldsymbol{t}$ aufgenommen haben, da auch der Druck eine Oberflächenkraft ist.

Der Betrag und die Richtung der Oberflächenkraft $\int_{A_0} \boldsymbol{t} \, \mathrm{d}A$ bzw. die Eigenschaften des Spannungsvektors werden vom Geschwindigkeitsfeld $\boldsymbol{u}$ in der Umgebung des Fluidelements bestimmt. Außerdem kann man zeigen, dass der Spannungsvektor eine lineare Funktion der Orientierung des jeweiligen Flächenelements ist (siehe z. B. Spurk 2004). Daher läßt er sich schreiben als

$$\boldsymbol{t} = \mathsf{T} \cdot \boldsymbol{n} \, . \qquad (7.2)$$

Hierbei ist T der *Spannungstensor* mit den neun Komponenten τ_{ij}. Er ist eine zweifach indizierte Größe, da sowohl die Fläche $\sim \boldsymbol{n}$, auf welche die Kraft wirkt, als auch die Spannung $\boldsymbol{t}$, das heißt die gerichtete Kraft pro Fläche, Vektoren sind. Die Frage, wie der Spannungstensor vom Strömungszustand in der Umgebung des betrachteten Fluidelements abhängt, kann nicht allgemein beantwortet werden, denn der Spannungstensor hängt auch von den Materialeigenschaften des jeweiligen Fluids ab. Er muss jedoch gewisse allgemeine Forderungen erfüllen. Unter anderem muss der Spannungstensor[1]

- unabhängig sein vom Koordinatensystem,
- lokal sein, d. h. nur von der unmittelbaren Umgebung des betrachteten Punktes abhängen und
- die Kausalität erfüllen, d. h. T darf zu einem Zeitpunkt t_0 nur von der Strömung zu den Zeiten $t < t_0$ abhängen.

Die einfachste Form eines Spannungstensors, der all diese Bedingungen erfüllt, lautet (ohne Beweis)

$$\mathsf{T} = -p\mathsf{I} + \mu\left[\underbrace{\nabla \boldsymbol{u} + (\nabla \boldsymbol{u})^{\mathrm{T}}}_{2e_{ij}} - \frac{2}{3} (\nabla \cdot \boldsymbol{u})\mathsf{I} \right] + \zeta (\nabla \cdot \boldsymbol{u})\mathsf{I} \, . \qquad (7.3)$$

Hierbei ist der Tensor $\mathsf{I} = \delta_{ij}$ die Identität (Einheitsmatrix). Außerdem können wir den Tensor der lokalen Dehnrate e_{ij} aus (3.5) identifizieren. Dies ist plausibel, denn von den drei fundamentalen Beiträgen zur Bewegung eines inkompres-

Sir Isaac Newton
1642–1727

---

1 Die angegebene Liste ist nicht vollständig (siehe Spurk 2004).

siblen Fluids in der Nähe eines festen Punktes, a) der Translation, b) der Rotation und c) der Dehnung, beschreibt einzig die Dehnung eine Relativbewegung von Fluidelementen und kann damit für Reibungseffekte verantwortlich sein. Die positive Zahl $\mu > 0$ ist die *dynamische Viskosität*[2] oder auch *Scherviskosität*.

Die Relativbewegung durch Expansion bzw. Kontraktion von Fluidelementen ($\nabla \cdot \boldsymbol{u} \neq 0$) besitzt eine andere Natur als die Scherung. Daher taucht in Kombination mit $\nabla \cdot \boldsymbol{u}$ ein zweiter Zähigkeitskoeffizient ζ auf, der als *Volumenviskosität* bezeichnet wird. Beide Viskositäten sind in der Regel Funktionen des Drucks und der Temperatur. Beachte, dass die Spur des Tensors in den eckigen Klammern, der mit μ multipliziert wird, immer verschwindet (siehe auch Abschnitt 3.1.4).

Claude Louis Marie Henri Navier
1785–1836

Fluide, die dem Materialgesetz (7.3) genügen, werden *Newtonsche Fluide* genannt. Dies ist die weitaus wichtigste Klasse von Fluiden. Das Newtonsche Materialgesetz (7.3) gilt in sehr guter Näherung für Wasser, Luft und viele andere Fluide.[3]

Offenbar ist der viskose Teil des Spannungstensors symmetrisch und linear in den Geschwindigkeitsgradienten. Die Komponenten des Newtonschen Spannungstensors lauten in kartesischen Koordinaten[4]

$$
\mathsf{T} = \tau_{ij} = -p \begin{pmatrix} 1 & 0 & 0 \\ 0 & 1 & 0 \\ 0 & 0 & 1 \end{pmatrix} + \mu \begin{pmatrix} 2\dfrac{\partial u}{\partial x} & \dfrac{\partial u}{\partial y} + \dfrac{\partial v}{\partial x} & \dfrac{\partial u}{\partial z} + \dfrac{\partial w}{\partial x} \\[2ex] \dfrac{\partial v}{\partial x} + \dfrac{\partial u}{\partial y} & 2\dfrac{\partial v}{\partial y} & \dfrac{\partial v}{\partial z} + \dfrac{\partial w}{\partial y} \\[2ex] \dfrac{\partial w}{\partial x} + \dfrac{\partial u}{\partial z} & \dfrac{\partial w}{\partial y} + \dfrac{\partial v}{\partial z} & 2\dfrac{\partial w}{\partial z} \end{pmatrix}
$$

$$
+ \left(\zeta - \frac{2\mu}{3} \right) \left(\frac{\partial u}{\partial x} + \frac{\partial v}{\partial y} + \frac{\partial w}{\partial z} \right) \begin{pmatrix} 1 & 0 & 0 \\ 0 & 1 & 0 \\ 0 & 0 & 1 \end{pmatrix}. \tag{7.4}
$$

Die Komponenten auf der Hauptdiagonalen werden *Normalspannungen* genannt. Sie beschreiben Kräfte, die senkrecht auf der Oberfläche stehen ($\boldsymbol{t} \parallel \boldsymbol{n}$). Die nichtdiagonalen Komponenten des Spannungstensors sind *Tangentialspannungen*. Sie sind für Kräfte verantwortlich, die tangential zur Kontrollfläche wirken ($\boldsymbol{t} \perp \boldsymbol{n}$).[5] Den Spannungstensor kann man als eine Impulsstromdichte (Impuls pro Fläche und Zeit) auffassen, bei welcher der Impuls nicht konvektiv transportiert wird. Vielmehr erfolgt der viskose Impulstransport durch molekulare Diffusion.

---

2 Die Einheit der dynamischen Viskosität ist das *Poise*: $1\,\text{P} = 0.1\,\text{Pa}\,\text{s} = 0.1\,\text{N}\,\text{s/m}^2$.

3 Andere Materialgesetze wurden in Abschnitt 1.2.2 kurz erwähnt.

4 Für die Form des Newtonschen Spannungstensors in Polarkoordinaten siehe Anhang B. Für andere Koordinatensysteme siehe z. B. Anhang B von Spurk (2004) oder Anhang 2 von Batchelor (1967).

5 Es sei o. B. d. A. der Oberflächenvektor $\boldsymbol{n} = (1,0,0)^{\mathrm{T}}$ und die beiden Tangentialvektoren $\boldsymbol{t}_1 = (0,1,0)^{\mathrm{T}}$ und $\boldsymbol{t}_2 = (0,0,1)^{\mathrm{T}}$. Dann ist die Kraft pro Fläche (Spannung)

$$
\boldsymbol{t} = \mathsf{T} \cdot \boldsymbol{n} = (\tau_{11}, \tau_{21}, \tau_{31})^{\mathrm{T}} = \tau_{11}\boldsymbol{n} + \tau_{21}\boldsymbol{t}_1' + \tau_{31}\boldsymbol{t}_2'.
$$

Die Normalspannung τ_{11} ist also die Größe der Kraft in Richtung der Normalen. Die Tangentialspannungen τ_{21} und τ_{31} geben die Tangentialkräfte an.

7.1.2 Navier-Stokes-Gleichung

Die Oberflächenkräfte durch die Spannungen t in der Impulsbilanz (7.1) kann man mit Hilfe des Gaußschen Satzes (siehe A.4) auch als Volumenintegral über das Kontrollvolumen V_0 schreiben

$$\int_{A_0} t \, \mathrm{d}A = \int_{A_0} \mathsf{T} \cdot n \, \mathrm{d}A = \int_{A_0} \mathsf{T} \cdot \mathrm{d}\boldsymbol{A} = \int_{V_0} \nabla \cdot \mathsf{T} \, \mathrm{d}V \, . \tag{7.5}$$

Hieran kann man die Kraft pro Volumen $\nabla \cdot \mathsf{T}$ ablesen. In der differentiellen Form der Impulsbilanz tritt daher die Divergenz des Spannungstensors auf. In vielen Fällen können die Viskositäten μ und ζ als konstant angesehen werden. Unter dieser Voraussetzung erhält man[6]

$$\begin{aligned}
\nabla \cdot \mathsf{T} &= -\nabla p + \mu \left[\nabla \cdot \nabla \boldsymbol{u} + \nabla \left(\nabla \cdot \boldsymbol{u} \right) \right] + \left(\zeta - \frac{2\mu}{3} \right) \nabla \left(\nabla \cdot \boldsymbol{u} \right) \\
&= -\nabla p + \mu \nabla^2 \boldsymbol{u} + \left(\zeta + \frac{\mu}{3} \right) \nabla \left(\nabla \cdot \boldsymbol{u} \right) \, .
\end{aligned} \tag{7.6}$$

Die Ergänzung der Euler-Gleichung (3.25) um die Reibungsterme führt dann auf die *Navier-Stokes-Gleichung*[7]

$$\underbrace{\rho \left(\frac{\partial \boldsymbol{u}}{\partial t} + \boldsymbol{u} \cdot \nabla \boldsymbol{u} \right)}_{\text{Trägheit}} = \underbrace{-\nabla p}_{\text{Druck}} + \underbrace{\mu \nabla^2 \boldsymbol{u}}_{\substack{\text{Reibung,} \\ \text{inkompr.}}} + \underbrace{\left(\zeta + \frac{\mu}{3} \right) \nabla \left(\nabla \cdot \boldsymbol{u} \right)}_{\substack{\text{zus. Reibung,} \\ \text{kompressibel}}} + \underbrace{\rho \boldsymbol{f}}_{\substack{\text{externe} \\ \text{Kräfte}}} \, . \tag{7.7}$$

Die einzelnen Kräfte (pro Masse) sind in den Unterklammerungen bezeichnet. Die Volumenkraft pro Masse $\boldsymbol{f}$ kann zum Beispiel die Schwerebeschleunigung $\boldsymbol{f} = \boldsymbol{g}$ sein.

Für inkompressible Fluide vereinfacht sich die Navier-Stokes-Gleichung, da aufgrund der Kontinuitätsgleichung (3.20) der Term $\nabla \cdot \boldsymbol{u} = 0$ verschwindet. In kartesischen Komponenten lautet die Navier-Stokes-Gleichung für inkompressible Fluide ohne Volumenkraft ($\boldsymbol{f} = 0$)[8]

$$\frac{\partial u}{\partial t} + \left(u \frac{\partial}{\partial x} + v \frac{\partial}{\partial y} + w \frac{\partial}{\partial z} \right) u = -\frac{1}{\rho} \frac{\partial p}{\partial x} + \nu \left(\frac{\partial^2}{\partial x^2} + \frac{\partial^2}{\partial y^2} + \frac{\partial^2}{\partial z^2} \right) u \, , \tag{7.8a}$$

$$\frac{\partial v}{\partial t} + \left(u \frac{\partial}{\partial x} + v \frac{\partial}{\partial y} + w \frac{\partial}{\partial z} \right) v = -\frac{1}{\rho} \frac{\partial p}{\partial y} + \nu \left(\frac{\partial^2}{\partial x^2} + \frac{\partial^2}{\partial y^2} + \frac{\partial^2}{\partial z^2} \right) v \, , \tag{7.8b}$$

---

6 Es ist

$$\nabla \cdot \left[\nabla \boldsymbol{u} + (\nabla \boldsymbol{u})^{\mathrm{T}} \right] = \nabla \cdot \nabla \boldsymbol{u} + \nabla \left(\nabla \cdot \boldsymbol{u} \right) \, .$$

7 Die Gleichung wurde zuerst von Navier im Jahre 1827 postuliert und 1845 von Stokes abgeleitet, jedoch ohne die Volumenviskosität ζ.

8 Eine konservative Volumenkraft kann aus einem Potential abgeleitet werden. Ein Beispiel ist die Schwerkraft pro Volumen $\rho \boldsymbol{f} = \rho \boldsymbol{g} = -\rho g \boldsymbol{e}_z$, die man aus dem Potential $\phi = \rho g z$ als $\rho \boldsymbol{g} = -\nabla \phi$ ableiten kann ($\rho = $ const.). Das Potential dieser Kraft kann man mit dem Druck p zu einem modifizierten Druck $\tilde{p} = p + \phi$ kombinieren. Die Form der Navier-Stokes-Gleichungen bleibt dabei unverändert. Dies bedeutet, dass der hydrostatische Druck keinen Einfluß auf das Geschwindigkeitsfeld $\boldsymbol{u}$ eines inkompressiblen Fluids hat, es sei denn, er geht in die Randbedingungen ein.

$$\frac{\partial w}{\partial t} + \left(u\frac{\partial}{\partial x} + v\frac{\partial}{\partial y} + w\frac{\partial}{\partial z} \right) w = -\frac{1}{\rho}\frac{\partial p}{\partial z} + \nu \left(\frac{\partial^2}{\partial x^2} + \frac{\partial^2}{\partial y^2} + \frac{\partial^2}{\partial z^2} \right) w \,, \qquad (7.8c)$$

wobei $\nu = \mu/\rho$ die *kinematische Viskosität* ist.[9] Einige numerische Werte sind in ▶ Tabelle 1.1 aufgelistet.

Für viele Fluide (inklusive Wasser und Luft) stellt die Navier-Stokes-Gleichung eine exzellente Näherung dar, auch bei sehr großen Geschwindigkeiten. Sie bildet darüber hinaus die Grundlage für die Beschreibung turbulenter Strömungen (Abschnitt 7.5). Ihre Gültigkeit wurde in vielen Versuchen mit sehr hoher Genauigkeit bestätigt. Zur Messung der kinematischen Viskosität ν gibt es verschiedene Methoden. Meist werden dazu gemessene Variablen wie zum Beispiel die Tangentialkraft auf eine Oberfläche oder der Volumenstrom mit theoretischen Werten verglichen, die sich aus exakten analytischen Lösungen für langsame und glatte (laminare) Strömungen in einfachen Geometrien ergeben. Beispiele sind das Rotationsviskosimeter und das Kapillarviskosimeter.[10]

Sir George Gabriel
Stokes
1819–1903

Man kann die Navier-Stokes-Gleichung auch aus der mikroskopischen Theorie der Materie ableiten. Dann sieht man, dass die viskose Impulsstromdichte, die dem viskosen Anteil des Spannungstensors T entspricht, durch die molekulare Impulsübertragung zustandekommt. Ganz analog zur Wärmediffusion $\kappa\nabla^2 T$ in der Energiegleichung tritt in der Impulsgleichung für ein inkompressibles Newtonsches Fluid die Impulsdiffusion $\nu\nabla^2 \boldsymbol{u}$ auf. Während der Impuls in reibungsfreien Fluiden (Euler-Gleichung) konvektiv transportiert wird, weshalb kein transversaler Impulstransport (d. h. senkrecht zur Stromrichtung) stattfindet, hat man in reibungsbehafteten Fluiden sowohl einen konvektiven als auch einen diffusiven Impulstransport. Insbesondere wird der Impuls durch Diffusion auch senkrecht zur Stromrichtung transportiert. Damit ändert sich auch der Charakter der Strömung. Die Anwesenheit des diffusiven Terms $\nu\nabla^2 \boldsymbol{u}$ erhöht die Ordnung der Differentialgleichung von eins für die Euler-Gleichung (hyperbolische partielle Differentialgleichung) auf zwei für die Navier-Stokes-Gleichung (parabolische partielle Differentialgleichung). Deshalb benötigt man zur Lösung der Navier-Stokes-Gleichung auf allen Rändern des betrachteten Gebiets je eine Randbedingung für jede Komponente des Geschwindigkeitsvektors sowie die anfängliche Geschwindigkeitsverteilung $\boldsymbol{u}(\boldsymbol{x}, t = 0)$ im gesamten Volumen. Ist die Strömung kompressibel, muss zusätzlich eine Energiegleichung samt Randbedingungen sowie der Zusammenhang zwischen Druck und Dichte durch eine Zustandsgleichung angegeben werden.

---

9 Die Einheit der kinematischen Viskosität ist das *Stokes*: $1\,\text{St} = 1\,\text{cm}^2/\text{s}$. Ein Centistokes ist $1\,\text{cSt} = 10^{-2}\,\text{cm}^2/\text{s}$. Wasser hat bei Raumtemperatur die kinematische Viskosität von $1\,\text{cSt}$.

10 Beim Rotationsviskosimeter wird das zur kinematischen Viskosität proportionale Drehmoment auf einen Rotationsstab gemessen, der koaxial zu einem zylindrischen Behälter in das zu untersuchende Fluid eintaucht. Die Geometrie ist analog zum Taylor-Couette-Apparat (▶ Abb. 7.47). Beim Kapillarviskosimeter läßt man das Fluid bei konstanter Druckdifferenz durch ein langes dünnes Rohr strömen und nutzt aus, dass die Viskosität umgekehrt proportional zum Volumenstrom (7.50) ist.

7.1.3 Wärmetransportgleichung

Die viskosen Spannungen beeinflussen auch die Energiebilanz. Die Änderungsrate der kinetischen Energie erhält man durch skalare Multiplikation der Navier-Stokes-Gleichung (7.7) mit $\boldsymbol{u}$. Neben den Termen, die auch im reibungsfreien Fall vorhanden sind, treten demnach zusätzlich die viskosen Terme

$$u_j \frac{\partial T_{ij}^{\mathrm{vis}}}{\partial x_i} = \frac{\partial}{\partial x_i}\left(u_j T_{ij}^{\mathrm{vis}}\right) - \underbrace{T_{ij}^{\mathrm{vis}} \frac{\partial u_j}{\partial x_i}}_{\Phi} \tag{7.9}$$

auf, die hier in Indexschreibweise angegeben wurden. Dabei ist T_{ij}^{vis} der viskose Anteil des Spannungstensors. Φ wird die Dichte der *Dissipationsrate* der kinetischen Energie genannt.[11] In der integralen Bilanz der kinetischen Energie erhält man nach Anwendung des Gaußschen Satzes die viskosen Beiträge

$$\int_A u_j T_{ij}^{\mathrm{vis}}\, \mathrm{d}A_i - \int_V T_{ij}^{\mathrm{vis}} \frac{\partial u_j}{\partial x_i}\, \mathrm{d}V\,. \tag{7.10}$$

Offensichtlich beschreibt der erste Summand die Änderung der kinetischen Energie durch die Arbeit von Oberflächenkräften. Er kann in der Bilanz der Gesamtenergie explizit berücksichtigt werden und taucht deshalb nicht in der thermodynamischen Energiebilanz auf. Der zweite Term beschreibt die Dissipation von kinetischer Energie, d. h. die Umwandlung von kinetischer Energie in Wärme. Die Dichte der Dissipationsrate muss daher mit umgekehrten Vorzeichen als Quellterm in der thermischen Energiebilanz auftauchen. Wenn man Φ in der Temperaturgleichung (3.35) berücksichtigt, erhält man die *Temperaturgleichung* für ein viskoses Fluid

$$\frac{\partial T}{\partial t} + \underbrace{\boldsymbol{u} \cdot \nabla T}_{\text{Konvektion}} = \underbrace{\frac{1}{\rho c_p}\nabla \cdot (\lambda \nabla T)}_{\text{Wärmeleitung}} + \underbrace{\frac{\alpha}{\rho c_p} T \frac{\mathrm{D}p}{\mathrm{D}t}}_{\text{Kompression}} + \underbrace{\frac{\Phi}{\rho c_p}}_{\text{Dissipation}} + \frac{\dot{q}_{\text{ext}}}{c_p}\,. \tag{7.11}$$

7.1.4 Mechanische Ähnlichkeit

Wir betrachten nun die inkompressible Navier-Stokes- und Kontinuitätsgleichung

$$\frac{\partial \boldsymbol{u}}{\partial t} + \boldsymbol{u}\cdot\nabla\boldsymbol{u} = -\frac{1}{\rho}\nabla p + \nu\nabla^2\boldsymbol{u}\,, \tag{7.12a}$$

$$\nabla\cdot\boldsymbol{u} = 0\,. \tag{7.12b}$$

Ihre Lösung für gegebene Rand- und Anfangsbedingungen und damit auch die konkrete Strömung, hängt von den Parametern ρ und ν wie auch von der Geometrie ab.

---

11 Die Dichte der Dissipationsrate der kinetischen Energie ist für Newtonsche Fluide positiv. Mit einigen Umformungen kann man zeigen

$$\Phi^{\text{Newton}} = T_{ij}^{\mathrm{vis}} \frac{\partial u_j}{\partial x_i} = \frac{\mu}{2}\left(\frac{\partial u_j}{\partial x_i} + \frac{\partial u_i}{\partial x_j} - \frac{2}{3}\delta_{ij}\nabla\cdot\boldsymbol{u}\right)^2 + \zeta\,(\nabla\cdot\boldsymbol{u})^2 \geq 0\,.$$

Man kann die Gleichungen formal vereinfachen, wenn man die dimensionsbehafteten unabhängigen Variablen $\boldsymbol{x}$ und t sowie die abhängigen Variablen $\boldsymbol{u}$ und p in die *dimensionslosen Variablen* $\boldsymbol{x}^*, t^*, \boldsymbol{u}^*$ und p^* transformiert. Sie werden definiert als

$$\boldsymbol{x} = L\boldsymbol{x}^*, \quad t = Tt^*, \quad \boldsymbol{u} = U\boldsymbol{u}^*, \quad p = Pp^*, \tag{7.13}$$

wobei L, T, U und P dimensionsbehaftete feste Skalenwerte sind. Die *Skalen* kann man im Prinzip frei wählen. Es ist jedoch sinnvoll, sie so zu wählen, dass die Maximalwerte der dimensionslosen Variablen von der Größenordnung $O(1)$ sind. Dann geben schon die Skalen Auskunft über die Größenordnungen der wirklichen (dimensionsbehafteten) Variablen. Damit erhalten wir die Gleichungen in dimensionsloser Form

$$\frac{U}{T}\frac{\partial \boldsymbol{u}^*}{\partial t^*} + \frac{U^2}{L}\boldsymbol{u}^* \cdot \nabla^* \boldsymbol{u}^* = -\frac{P}{\rho L}\nabla^* p^* + \frac{\nu U}{L^2}\nabla^{*2}\boldsymbol{u}^*, \tag{7.14a}$$

$$\nabla^* \cdot \boldsymbol{u}^* = 0. \tag{7.14b}$$

Aus der Navier-Stokes-Gleichung folgt nach Multiplikation mit L/U^2

$$\frac{L}{UT}\frac{\partial \boldsymbol{u}^*}{\partial t^*} + \boldsymbol{u}^* \cdot \nabla^* \boldsymbol{u}^* = -\frac{P}{\rho U^2}\nabla^* p^* + \frac{\nu}{LU}\nabla^{*2}\boldsymbol{u}^*. \tag{7.15}$$

Wenn man nun die Zeitskala $T = L/U$ und die Druckskala $P = \rho U^2$ verwendet, erhalten wir

$$\frac{\partial \boldsymbol{u}}{\partial t} + \boldsymbol{u} \cdot \nabla \boldsymbol{u} = -\nabla p + \frac{1}{\mathrm{Re}}\nabla^2 \boldsymbol{u}, \tag{7.16}$$

wobei wir aus Bequemlichkeit den Stern an den dimensionslosen Variablen wieder weggelassen haben. Wir müssen uns nur im Klaren darüber sein, dass es sich bei (7.16) um eine Gleichung für die skalierten Größen handelt. Als einziger Parameter verbleibt nur die dimensionslose *Reynolds-Zahl* (Reynolds 1883)

Osborne Reynolds
ca. 1866

$$\mathrm{Re} = \frac{UL}{\nu}. \tag{7.17}$$

Es ist klar, dass die Lösung $\boldsymbol{u}$ und p von Re abhängt. Sämtliche anderen Abhängigkeiten, auch von der Dichte, sind in den Skalenfaktoren versteckt.

Die Entdimensionalisierung zusammen mit der Reduktion der Parameter hat bedeutende Konsequenzen. Hat man nämlich zwei verschiedene Strömungen (Index 1 und 2), die geometrisch ähnlich sind, dann kann man beide Geometrien durch Entdimensionalisierung mit der Länge L_1 bzw. L_2 auf eine identische Geometrie abbilden. Bei ähnlichen Randbedingungen wie zum Beispiel bei einer homogenen Anströmung mit $\boldsymbol{u}_1 = U_1 \boldsymbol{e}_x$ bzw. $\boldsymbol{u}_2 = U_2 \boldsymbol{e}_x$ kann man außerdem beide Randbedingungen durch entsprechende Skalierungen der Geschwindigkeiten auf dieselbe, dimensionslose Randbedingung abbilden. Dann verbleibt als einziger Parameter nur noch die Reynolds-Zahl. Wenn auch die Reynolds-Zahl identisch ist, dann besitzen beide Systeme dieselbe dimensionslose Lösung und die wirklichen Strömungen unterscheiden sich nur durch die Skalenfaktoren. Die Strömungen 1 und 2 sind also *ähnlich*. Daher ist die Reynolds-Zahl auch ein *Ähnlichkeitsparameter.*[12]

Einzig die Ähnlichkeit erlaubt eine Vorhersage der wirklichen Strömung (zum Beispiel um ein Flugzeug) durch kleinskalige, aber ähnliche Experimente im Windkanal. Damit die Strömung im Windkanal mit der wirklichen Strömung vergleichbar ist, muss die Reynolds-Zahl (und ggf. die Mach-Zahl) in beiden Situationen identisch sein. Wenn die Viskosität des Fluids in Realität und im Modellversuch identisch ist, muss man die Strömungsgeschwindigkeit im Windkanal um denselben Faktor erhöhen, um den das Modell verkleinert wurde (siehe (7.17)). Manchmal wird auch die Temperatur des Fluids variiert, um eine Anpassung der Reynolds-Zahlen zwischen Modellexperiment und Realität zu erreichen. Dieses Konzept wird in Kryo-Kanälen angewandt.[13]

Wenn die Reynolds-Zahlen identisch sind, sind auch alle dimensionslosen Größen unterschiedlicher aber ähnlicher Strömungen identisch. Die dimensionslosen Werte werden auch *Beiwerte* genannt und mit c_x bezeichnet, wobei x die betreffende Variable ist. So ist zum Beispiel der Druckbeiwert definiert als $c_p = p/(\rho U^2/2)$. Der Faktor $1/2$ ist dabei nur eine Konvention.

Die Reynolds-Zahl mißt das Verhältnis der Größenordnungen von Trägheitskräften zu viskosen Kräften (beachte die Vorfaktoren in (7.14a))[14]

$$\mathrm{Re} = \frac{UL}{\nu} = \frac{U^2/L}{\nu U/L^2} = \frac{\text{Skala der Trägheitskraft pro Masse}}{\text{Skala der viskosen Kraft pro Masse}} \,. \qquad (7.18)$$

Für kleinskalige Strömungen mit $L \to 0$, z. B. bei der Sedimentation kleiner Partikel, oder für langsame Strömungen mit $U \to 0$, wird die Reynolds-Zahl sehr klein. In beiden Fällen dominieren die viskosen Kräfte und man kann die Strömung keinesfalls als reibungsfrei betrachten. Strömungen im Limes $\mathrm{Re} \to 0$ werden als *schleichende Strömungen* bezeichnet. Strömungen mit $\mathrm{Re} \ll 1$ sind in guter Näherung schleichend (siehe Abschnitt 7.2).

Im entgegengesetzten Fall ($L \to \infty$ oder $U \to \infty$) wird die Reynolds-Zahl sehr groß und die Reibungseffekte werden relativ klein ($\mathrm{Re} \gg 1$). Oft lassen sich dann die in den vorherigen Kapiteln abgeleiteten Gesetze für reibungsfreie Strömungen anwenden. Man muss aber aufpassen: In einem kleinen Abstand (kleine Längenskala) von festen Wänden oder von Phasengrenzen sind viskose Effekte nicht zu vernachlässigen. Dort existiert deshalb eine dünne Grenzschicht, in der die Viskosität essentiell ist.[15] Wir werden in Abschnitt 7.4 auf dieses Problem zurückkommen.

---

12 Einen anderen Ähnlichkeitsparameter haben wir schon kennengelernt: die Mach-Zahl M = u/c. Sie tritt neben der Reynolds-Zahl hinzu, wenn man die kompressiblen Navier-Stokes-Gleichungen entdimensionalisiert.

13 In Kryo-Kanälen wird die Luft bis auf $100\,\mathrm{K}$ abgekühlt, um die kinematische Viskosität zu verringern. Damit kann man im Modellexperiment höhere Reynolds-Zahlen realisieren.

14 Man kann die Reynolds-Zahl auch als das Verhältnis der diffusiven (τ_{diff}) zur konvektiven Impulsdiffusionszeit (τ_{konv}) über die Länge L auffassen,

$$\mathrm{Re} = \frac{UL}{\nu} = \frac{L^2/\nu}{L/U} = \frac{\tau_{\mathrm{diff}}}{\tau_{\mathrm{konv}}} \,.$$

15 Dies ist auch der Grund, warum die Navier-Stokes-Gleichung (7.16) im Limes $\nu \to 0$ nicht in die Euler-Gleichung übergeht. Dieser Limes hat das Problem, dass in der Navier-Stokes-Gleichung der Term mit der höchsten Ableitung (der viskose Term) verloren geht. Mathe-

7.1.5 Dimensionsanalyse

Die Reduktion der unabhängigen Parameter eines Problems durch Ableitung von dimensionslosen Ähnlichkeitsparametern kann systematisiert werden. Grundlage dafür ist die Feststellung, dass die physikalischen Gleichungen wie zum Beispiel die Navier-Stokes-Gleichung *dimensionshomogen* sind. Das heißt, dass alle Summanden der Gleichung dieselbe Dimension besitzen. Damit sind die Differentialgleichungen und ihre Lösungen unabhängig vom verwendeten Maßsystem. Diese Eigenschaft stellt sicher, dass man die Gleichungen der Strömungsmechanik in eine dimensionslose Form bringen kann. Die Frage ist nur, wieviele und welche dimensionslosen Parameter bei einem gegebenen Problem auftreten.

In der Strömungsmechanik werden normalerweise nur die grundlegenden Größen Länge L, Masse M, Zeit T und Temperatur θ benötigt, die im MKS-System in den Dimensionen $[L] = $ m, $[M] = $ kg, $[T] = $ s und $[\theta] = $ K gemessen werden.[16] Alle anderen Größen X_i mit $i = 1, \ldots, n$, d. h. weitere Parameter eines gegebenen Problems (z. B. Dichte oder Viskosität) wie auch gesuchte mechanische Größen (z. B. die aus der Strömung resultierende Kraft) besitzen Dimensionen, die sich in der Form (hier ohne die Temperatur)

$$[X_i] = [L]^{\alpha_{i1}}[M]^{\alpha_{i2}}[T]^{\alpha_{i3}} \tag{7.19}$$

aus den *Grunddimensionen* ableiten lassen. Die Exponenten α_{ij} sind durch die Dimension von X_i bestimmt. Sie bilden eine *Dimensionsmatrix*. Man kann nun versuchen, aus Potenzen der Parameter X_i ein dimensionsloses Produkt zu bilden

$$\pi = X_1^{k_1} \ldots X_n^{k_n} . \tag{7.20}$$

Damit die Größe π dimensionslos ist, muss ihre Dimension

$$
\begin{aligned}
&= [X_1]^{k_1} \ldots [X_n]^{k_n} \\
&= \left\{[L]^{\alpha_{11}}[M]^{\alpha_{12}}[T]^{\alpha_{13}}\right\}^{k_1} \ldots \left\{[L]^{\alpha_{n1}}[M]^{\alpha_{n2}}[T]^{\alpha_{n3}}\right\}^{k_n} \\
&= [L]^a[M]^b[T]^c = 1
\end{aligned}
\tag{7.21}
$$

gleich Eins sein. Da die fundamentalen Dimensionen $[L]$, $[M]$ und $[T]$ unabhängig voneinander sind, müssen wir fordern $a = b = c = 0$. Dies führt auf ein lineares homogenes Gleichungssystem für die Exponenten k_j

$$a = \alpha_{11}k_1 + \alpha_{21}k_2 + \ldots + \alpha_{n1}k_n = 0 , \tag{7.22a}$$
$$b = \alpha_{12}k_1 + \alpha_{22}k_2 + \ldots + \alpha_{n2}k_n = 0 , \tag{7.22b}$$
$$c = \alpha_{13}k_1 + \alpha_{23}k_2 + \ldots + \alpha_{n3}k_n = 0 . \tag{7.22c}$$

Für die Lösungen $\{k_j\}$ des Gleichungssystems ist der Rang r der Dimensionsmatrix α_{ij} wichtig. Im allgemeinen ist der Rang der Dimensionsmatrix $r < n$ kleiner als die Anzahl n der Parameter. Dann besitzt das Gleichungssystem für die Exponenten k_j ein Fundamentalsystem, d. h. (7.22) besitzt $n - r$ linear unabhängige Lösungen. Die $n - r$

---

matisch deutet dies auf eine Singularität hin: Die Ordnung der resultierenden Eulerschen Differentialgleichung ist zu gering, um alle Randbedingungen (insbesondere die Haftbedingungen) zu erfüllen.

16 Die Dimension einer Größe f wird mit $[f]$ bezeichnet.

linear unabhängigen Sätze von Exponenten k_j bestimmen dann nach (7.20) $n - r$ dimensionslose Kennzahlen π_i des Problems. Die dimensionslosen Kennzahlen π_i sind jedoch nicht eindeutig festgelegt. Durch Linearkombinationen der Lösungen von (7.22) lassen sich alternative dimensionslose Kennzahlen konstruieren. Dieses Ergebnis wird zusammengefaßt im π-*Theorem von Buckingham (1914)*:

> Jede dimensionshomogene Gleichung $y = f(X_1, \ldots, X_n)$ als Funktion von n Variablen X_i kann man auf die dimensionslose Form $\pi = F(\pi_1, \ldots, \pi_p)$ bringen, wobei die Anzahl $p = n - r$ der dimensionslosen Variablen π_i gleich der Anzahl n der dimensionsbehafteten Variablen ist, minus dem Rang r der Dimensionsmatrix α_{ij} der Variablen X_i.

Beispiel: Zylinderumströmung

Als Beispiel betrachten wir die Umströmung eines beheizten Zylinders durch ein *inkompressibles* Fluid. In der Oberbeck-Boussinesq-Näherung[17] hängt das Problem ab vom Durchmesser D des Zylinders, der Anströmgeschwindigkeit U, der kinematischen Viskosität ν, der thermischen Diffusivität κ, der Temperaturdifferenz ΔT zwischen dem heranströmenden Fluid und dem Zylinder, der Gravitationsbeschleunigung g, dem thermischen Ausdehnungskoeffizienten β und eventuell der mittleren Dichte ρ.

Die Dimensionsmatrix stellt den Zusammenhang her zwischen den Dimensionen $[X_i]$ der Parameter $X_i = \nu, \kappa, g, \beta, \Delta T, D, U, \rho$ und den fundamentalen Dimensionen $[L], [M], [T]$ und θ. Die Dimensionsmatrix α_{ij} lautet

	$[\nu]$	$[\kappa]$	$[g]$	$[\beta]$	$[\Delta T]$	$[D]$	$[U]$	$[\rho]$
$[L]$	2	2	1	0	0	1	1	-3
$[M]$	0	0	0	0	0	0	0	1
$[T]$	-1	-1	-2	0	0	0	-1	0
$[\theta]$	0	0	0	-1	1	0	0	0

$$(7.23)$$

Man kann leicht feststellen, dass der Rang der Dimensionsmatrix $r = 4$ ist. Demnach sollte man $n - r = 4$ dimensionslose Kennzahl bilden können. Zu ihrer Bestimmung ordnet man die Dimensionsmatrix wie in (7.23) an, so dass in der rechten oberen Ecke eine nicht verschwindende Unterdeterminante der Ordnung r steht (blaue Einträge). Für die Bestimmung der Exponenten ergibt sich nach (7.22) das lineare homogene System

$$
\begin{aligned}
2k_1 + 2k_2 + k_3 \qquad\qquad + k_6 + k_7 - 3k_8 &= 0\,, \\
k_8 &= 0\,, \\
-k_1 - k_2 - 2k_3 \qquad\qquad - k_7 \qquad &= 0\,, \\
- k_4 + k_5 \qquad\qquad\qquad &= 0\,.
\end{aligned}
$$

$$(7.24)$$

Entsprechend der Auflösungstheorie linearer Gleichungssysteme können wir den Exponenten k_1, k_2, k_3 und k_4, die mit den linear abhängigen Spaltenvektoren α_{1i},

---

17 In der sogenannten Oberbeck-Boussinesq-Näherung werden thermisch induzierte Dichteänderungen nur in der Auftriebskraft berücksichtigt (siehe z. B. Landau & Lifschitz 1991).

α_{2i}, α_{3i} und α_{4i} multipliziert werden, beliebige Werte zuweisen. Wenn wir das Gleichungssystem dann nach den Exponenten k_5 bis k_8 auflösen, die zu den linear unabhängigen Spaltenvektoren gehören, erhalten wir

$$k_5 = k_4, \tag{7.25a}$$

$$k_6 = -k_1 - k_2 + k_3, \tag{7.25b}$$

$$k_7 = -k_1 - k_2 - 2k_3, \tag{7.25c}$$

$$k_8 = 0. \tag{7.25d}$$

Für die erste nichttriviale Lösung des linearen homogenen Systems setzen wir $(k_1, k_2, k_3, k_4) = (1, 0, 0, 0)$. Damit können wir k_5 bis k_8 sofort aus (7.25) bestimmen und erhalten

$$\pi_1 = \nu^{k_1} \kappa^{k_2} g^{k_3} \beta^{k_4} \Delta T^{k_5} D^{k_6} U^{k_7} \rho^{k_8} = \nu^1 \kappa^0 g^0 \beta^0 \Delta T^0 D^{-1} U^{-1} \rho^0 = \frac{\nu}{DU}. \tag{7.26}$$

Durch Vergleich mit (7.17) können wir π_1 mit der inversen Reynolds-Zahl Re^{-1} identifizieren, wenn man den Durchmesser D des Zylinders als Längenskala verwendet.

Für die zweite, dritte und vierte dimensionslose Kennzahl setzen wir (k_1, k_2, k_3, k_4) auf $(0, 1, 0, 0)$, $(0, 0, 1, 0)$ und $(0, 0, 0, 1)$. Es ist zweckmäßig, unter Verwendung von (7.25) alle Exponenten in der Matrix

	k_1	k_2	k_3	k_4	k_5	k_6	k_7	k_8
	$[\nu]$	$[\kappa]$	$[g]$	$[\beta]$	$[\Delta T]$	$[D]$	$[U]$	$[\rho]$
π_1	1	0	0	0	0	-1	-1	0
π_2	0	1	0	0	0	-1	-1	0
π_3	0	0	1	0	0	1	-2	0
π_4	0	0	0	1	1	0	0	0

$$\tag{7.27}$$

anzuordnen. Hieran lassen sich sofort die drei restlichen dimensionslosen Kennzahlen ablesen. Wir erhalten so einen vollständigen Satz dimensionsloser Kennzahlen

Valentin Joseph Boussinesq 1842–1929

$$\pi_1 = \frac{\nu}{DU}, \tag{7.28a}$$

$$\pi_2 = \nu^0 \kappa^1 g^0 \beta^0 \Delta T^0 D^{-1} U^{-1} \rho^0 = \frac{\kappa}{DU}, \tag{7.28b}$$

$$\pi_3 = \nu^0 \kappa^0 g^1 \beta^0 \Delta T^0 D^1 U^{-2} \rho^0 = \frac{gD}{U^2}, \tag{7.28c}$$

$$\pi_4 = \nu^0 \kappa^0 g^0 \beta^1 \Delta T^1 D^0 U^0 \rho^0 = \beta \Delta T. \tag{7.28d}$$

In der dimensionslosen Form der Differentialgleichungen für die Strömung um einen beheizten Zylinder können also höchstens diese vier Kennzahlen erscheinen.

Die *Ähnlichkeitsparameter* (7.28) treten auch in vielen weiteren Strömungsproblemen auf. Es hat sich jedoch bewährt, die Kennzahlen etwas anders zu definieren bzw. gewisse Produkte dieser Ähnlichkeitszahlen zu verwenden. Die konventionellen Definitionen sind in ▶ Tabelle 7.1 angegeben.

In dem obigen Beispiel wurde die mittlere Dichte ρ formal berücksichtigt. Man sieht aber, dass sie nicht in die Ähnlichkeitsparameter der Oberbeck-Boussinesq-

Name	Formel	Bezug zu (7.28)	Bedeutung
Reynolds-Zahl	$Re = \dfrac{UD}{\nu}$	π_1^{-1}	$\dfrac{\text{Trägheitskraft}}{\text{Reibungskraft}}$
Peclet-Zahl	$Pe = \dfrac{UD}{\kappa}$	π_2^{-1}	$\dfrac{\text{konvektive Geschwindigkeit}}{\text{thermische Geschwindigkeit}}$
Froude-Zahl	$Fr = \dfrac{U}{\sqrt{gD}}$	$\pi_3^{-1/2}$	$\sqrt{\dfrac{\text{Trägheitskraft}}{\text{Gewichtskraft}}}$
Rayleigh-Zahl	$Ra = \dfrac{g\beta\Delta T D^3}{\kappa\nu}$	$\dfrac{\pi_3\pi_4}{\pi_1\pi_2}$	siehe Gr
Grashof-Zahl	$Gr = \dfrac{g\beta\Delta T D^3}{\nu^2} = \dfrac{Ra}{Pr}$	$\dfrac{\pi_3\pi_4}{\pi_1^2}$	$\dfrac{\text{Auftriebskraft}}{\text{Reibungskraft}}$
Prandtl-Zahl	$Pr = \dfrac{\nu}{\kappa} = \dfrac{Pe}{Re}$	$\dfrac{\pi_1}{\pi_2}$	$\dfrac{\text{Impulsdiffusionszeit}}{\text{Wärmediffusionszeit}}$
Bond-Zahl	$Bo = \dfrac{\Delta\rho g D^2}{\sigma}$	siehe (2.53)	$\dfrac{\text{Gewichtskraft}}{\text{Kapillarkraft}}$
Mach-Zahl	$M = \dfrac{U}{c}$	siehe (6.8)	$\dfrac{\text{Strömungsgeschwindigkeit}}{\text{Schallgeschwindigkeit}}$

Tabelle 7.1: Einige häufig auftretende Ähnlichkeitsparameter und ihre Bezeichnungen. Die Liste ist bei weitem nicht vollständig. Ein und dieselbe Kennzahl kann manchmal verschieden interpretiert werden, z. B. entweder als Verhältnis von Kräften oder als Verhältnis von Zeitskalen.

Approximation eingeht. Wenn wir die Dichte *a priori* weggelassen hätten, wäre auch die grundlegende Dimension $[M]$ herausgefallen. In diesem Fall wäre $n = 7$ und $r = 3$ und man hätte dieselben Ähnlichkeitsparameter erhalten.

Auch die funktionale Abhängigkeit gesuchter Größen von den Parametern läßt sich ermitteln. Dazu werden die gesuchten Größen einfach wie weitere Parameter behandelt. Sie können jedoch von weiteren physikalischen Parametern abhängen. Hätten wir zum Beispiel die Kraft F der Strömung auf den Zylinder berücksichtigt, dann wäre auch der dimensionslose Druckbeiwert $\pi_5 = F^1\rho^{-1}U^{-2}D^{-2}$ aufgetaucht (siehe auch Abschnitt 7.6.2), in den auch die mittlere Dichte ρ eingeht.

Im isothermen Grenzfall $\Delta T \to 0$ hängt das Problem nur noch von den vier Parametern $X_i = \nu, D, U, \rho$ und den drei fundamentalen Dimensionen $[L]$, $[M]$ und $[T]$ ab. Dann ist $n - r = 1$ und es taucht wie in Abschnitt 7.1.4 als einzige Kennzahl nur die inverse Reynolds-Zahl π_1 auf.

Für eine erfolgreiche Dimensionsanalyse ist es nach den vorangegangenen Betrachtungen entscheidend, alle das jeweilige Problem bestimmenden Parameter von vornherein richtig zu erfassen. Für weiterführende Literatur sei auf Langhaar (1951), Pawlowski (1971) oder Zierep (1982) verwiesen.

7.2   Schleichende Strömungen

Die Nichtlinearität $\boldsymbol{u} \cdot \nabla \boldsymbol{u}$ in der Navier-Stokes-Gleichung (7.7), die den konvektiven Transport von Impuls beschreibt, ist eine der Hauptschwierigkeiten bei der analytischen Lösung von Strömungsproblemen. Es ist daher naheliegend zu fragen, unter welchen Bedingungen man den nichtlinearen Term vernachlässigen kann. Dazu muss man den konvektiven Impulstransport $\boldsymbol{u} \cdot \nabla \boldsymbol{u}$ mit dem diffusiven (viskosen) Impulstransport $\nu \nabla^2 \boldsymbol{u}$ vergleichen.

Wenn wir die Größenordnungen beider Terme mit Hilfe typischer Geschwindigkeits- und Längenskalen U und L abschätzen, dann ist $\boldsymbol{u} \cdot \nabla \boldsymbol{u}$ gegenüber $\nu \nabla^2 \boldsymbol{u}$ vernachlässigbar, falls

$$\frac{U^2}{L} \ll \nu \frac{U}{L^2} \,. \tag{7.29}$$

Diese Bedingung ist offenbar erfüllt, wenn die Reynolds-Zahl $\mathrm{Re} = UL/\nu \ll 1$ überall klein ist. Wenn die Strömung darüber hinaus auch noch stationär ist, kann man die Trägheitskräfte $D\boldsymbol{u}/Dt$ vollständig vernachlässigen und die Impulsbilanz und die Kontinuitätsgleichung eines inkompressiblen Fluids vereinfachen sich zu den *Stokesschen Gleichungen*

$$-\frac{1}{\rho}\nabla p + \nu \nabla^2 \boldsymbol{u} = 0 \,, \tag{7.30a}$$

$$\nabla \cdot \boldsymbol{u} = 0 \,. \tag{7.30b}$$

Strömungen, die (7.30) genügen, werden *schleichende Strömungen* genannt. Hierbei werden die viskosen Kräfte allein durch Druckkräfte im Gleichgewicht gehalten.

Die Gleichungen (7.30) für schleichende Strömungen sind linear und können für einfache Randbedingungen mit analytischen Methoden gelöst werden. Wenn die Geschwindigkeit am Rand vorgegeben ist, wird meist der Druck eliminiert, indem man die Rotation von (7.30a) bildet. Wegen $\nabla \times \nabla = 0$ erhält man dann $\nabla^2 \nabla \times \boldsymbol{u} = 0$, was man im Falle zweidimensionaler Strömungen mit Hilfe der Stromfunktion ψ als biharmonische Gleichung

$$\nabla^4 \psi = 0 \tag{7.31}$$

schreiben kann.[18] Beachte, dass die Stromfunktion die Inkompressibilitätsbedingung (7.30b) automatisch erfüllt. Falls andererseits der Druck auf dem Rand vorgegeben ist, muss man $\nabla^2 p = 0$ lösen.

Neben Strömungen hochviskoser Fluide sind schleichende Strömungen besonders bei kleinskaligen Systemen wichtig ($\mathrm{Re} \sim L \to 0$). Viele Strömungen in mikrofluidischen Bauteilen können in guter Näherung als schleichend angesehen werden.

Man kann zeigen, dass schleichende Strömungen zu gegebenen Randbedingungen $\boldsymbol{u}|_{\mathrm{Rand}} = \boldsymbol{u}_R$ eindeutig sind (siehe z. B. Acheson 1990). Dies hängt zusammen mit der Linearität der Gleichungen. Außerdem sind die Gleichungen für schleichende Strö-

---

18 Für inkompressible zweidimensionale Strömungen können wir $\boldsymbol{u} = \partial_y \psi \, \boldsymbol{e}_x - \partial_x \psi \, \boldsymbol{e}_y$ durch die Stromfunktion ψ ausdrücken (siehe Abschnitt 5.1). Dann erhalten wir

$$\nabla \times \boldsymbol{u} = \nabla \times \begin{pmatrix} \partial_y \psi \\ -\partial_x \psi \\ 0 \end{pmatrix} = \begin{pmatrix} 0 \\ 0 \\ \partial_x\left(-\partial_x \psi\right) - \partial_y\left(\partial_y \psi\right) \end{pmatrix} = -\left(\partial_x^2 + \partial_y^2\right)\psi \, \boldsymbol{e}_z = -\nabla^2 \psi \, \boldsymbol{e}_z \,.$$

mungen symmetrischer als die inkompressiblen stationären Navier-Stokes-Gleichungen. Denn sie sind invariant gegenüber der Transformation

$$\begin{pmatrix} u \\ p \end{pmatrix} \rightarrow \begin{pmatrix} -u \\ -p \end{pmatrix}. \tag{7.32}$$

Wenn man daher eine Lösung (u, p) zu den Randbedingungen $u|_{\text{Rand}} = u_R$ hat,
so erhält man eine weitere Lösung zu den Randbedingungen $u|_{\text{Rand}} = -u_R$ durch
die Strömungsumkehr (7.32). Schleichende Strömungen sind also in einem gewissen
Sinne reversibel.[19]

7.2.1 Eckenströmungen

Ein interessantes Phänomen betrifft die schleichende Strömung in Ecken, die durch
zwei ebene Wände gebildet werden. Da die Geschwindigkeit in Wandnähe kontinuierlich gegen Null gehen muss, kann man die Strömung lokal als schleichend betrachten. In der Umgebung des Scheitelpunktes der Ecke wird die Strömung zwar von der
äußeren Strömung angetrieben, die asymptotische Form der Eckenströmung ist neben
den Randbedingungen $u|_R = 0$ jedoch allein durch (7.30) bestimmt. Man kann (7.31)
im Limes eines kleinen Abstands vom Scheitelpunkt analytisch lösen (Moffatt 1964).
Diese Lösung beschreibt eine unendliche Sequenz sogenannter *Moffatt-Wirbel*. Die
Moffatt-Wirbel sind linear aneinandergereiht und werden bei Annäherung an den
Scheitelpunkt exponentiell kleiner und schwächer. Ihre Stromlinien sind selbstähnlich, d. h. sie unterscheiden sich nur durch einen geometrischen Skalenfaktor. Moffatt-Wirbel findet man in allen scharfen Ecken, deren eingeschlossener Winkel kleiner
als 146.3° ist. Da sich die Stärke (Strömungsgeschwindigkeit) von einem zum nächsten Wirbel sehr schnell verringert, kann meist nur der erste Eckenwirbel detektiert
werden. Oft sind in diesem ersten Wirbel, der in der Regel durch die Ablösung der
Strömung von der Wand (siehe Abschnitt 7.4.3) entsteht, die Trägheitseffekte noch
nicht vollständig zu vernachlässigen. Als Beispiel ist in ▶ Abb. 7.1 die Strömung in
einer 28.5°-Ecke gezeigt (siehe auch ▶ Abb. 5.2 a).

7.2.2 Dünne Filme

Ein wichtiges Anwendungsgebiet schleichender Strömung ist die Strömung in dünnen Filmen und in Gleitlagern (▶ Abb. 7.2). Ein wichtiger Unterschied zu den vorangegangenen Betrachtungen ist die Existenz zweier sehr unterschiedlicher Längenskalen. Die Längenskala $h \ll L$, welche die Filmdicke $h(x)$ in z-Richtung mißt, sei
sehr klein gegenüber der Länge L des Films. Indem wir die Differentialquotienten in
der zweidimensionalen Kontinuitätsgleichung durch Differenzenquotienten aus den
entsprechenden Skalen ersetzen, können wir die z-Komponente der Geschwindigkeit
wie in Abschnitt 7.4.1 abschätzen

$$w = O\left(U\frac{h}{L}\right). \tag{7.33}$$

---

19 Zum Beispiel kann man ein zähes Fluid in einem Zylinderspalt durch eine langsame Rotation eines Zylinders deformieren. Wenn man den Zylinder anschließend wieder in genau
derselben Weise zurückdreht, erhält man denselben substantiellen Ausgangszustand zurück.
Siehe dazu auch den Film *Low Reynolds Number Flow* von G. I. Taylor.

Abb. 7.1: Schleichende Strömung in einer Ecke von $28.5°$. Die Strömung wird durch einen rotierenden Zylinder ange-trieben, der am oberen Bildrand teilweise sichtbar ist. Die Reynolds-Zahl, basierend auf der Umfangsgeschwindigkeit des Zylinders und der Höhe des Spalts, beträgt Re $= 0.17$. Der untere (helle) Wirbel ist ca. 1000-fach schwächer als der obere (dunkle) Wirbel. Der dritte Wirbel, der etwa 10^6-mal schwächer als der primäre Wirbel ist, kann aufgrund der langsamen Strömung nicht mehr visualisiert werden (Aufnahme: Taneda (1979); (aus Van Dyke 1982).)

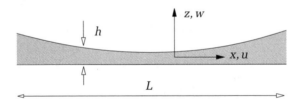

Abb. 7.2: Geometrie und Bezeichnungen für eine Filmströmung schematisch.

Wenn wir dieses Ergebnis in der stationären Navier-Stokes-Gleichung verwenden und in gleicher Weise die Größenordnungen aller Terme abschätzen, erhalten wir als Bedingung für die Vernachlässigung des Trägheitsterms

$$\frac{UL}{\nu}\left(\frac{h}{L}\right)^2 = \text{Re}\left(\frac{h}{L}\right)^2 \ll 1 \,. \tag{7.34}$$

Aufgrund der zweiten Längenskala wird für dünne Filme die Restriktion Re $\ll 1$ etwas entschärft. Solange (7.34) erfüllt ist, kann sogar Re > 1 sein. Wir können also von (7.30) ausgehen, wobei wir die Gleichungen noch weiter vereinfachen können. Denn wegen $h \ll L$ dominiert im ∇^2-Operator $\partial^2/\partial z^2$. Damit wird

$$-\frac{1}{\rho}\frac{\partial p}{\partial x} + \nu\frac{\partial u}{\partial z^2} = 0 \,, \tag{7.35a}$$

$$\frac{\partial u}{\partial x} + \frac{\partial w}{\partial z} = 0 \,. \tag{7.35b}$$

Da wegen (7.33) $\partial_{zz}w$ viel kleiner ist als $\partial_{zz}u$, muss auch $0 \approx \partial_z p \ll \partial_x p$ sein (z-Komponente von (7.30a)). Das heißt, p ist nahezu unabhängig von z oder $p = p(x)$. Damit können wir (7.35a) durch Trennung der Variablen lösen. Wenn wir (7.35a) zweimal bezüglich z integrieren, erhalten wir

$$u(x,z) = \frac{1}{2\mu} \frac{\partial p(x)}{\partial x} z^2 + B(x)z + C(x) , \qquad \frac{\partial p}{\partial z} = 0 . \qquad (7.36)$$

Die Integrationskonstanten $B(x)$ und $C(x)$ müssen noch aus den Randbedingungen bestimmt werden.

Die Kräfte der Filmströmung auf die Berandungen können wir aus dem Spannungstensor berechnen. Wenn wir die Größenordnungen mit Hilfe von (7.33) und (7.35a) abschätzen, finden wir

$$\tau_{zz} = \underbrace{-p}_{O(\mu U L/h^2)} + \underbrace{2\mu \frac{\partial w}{\partial z}}_{O(\mu U/L)} = O\left(\frac{\mu U}{h}\frac{L}{h}\right) \gg O\left(\frac{\mu U}{h}\right) = \mu \frac{\partial u}{\partial z} = \tau_{xz} . \qquad (7.37)$$

Die Druckkräfte sind also wesentlich größer (um einen Faktor L/h) als alle viskosen Spannungen und insbesondere größer als alle Wandschubspannungen. Dies ist die Grundlage dafür, dass Gleitlager hohe Kräfte aufnehmen können.[20]

Gleichung (7.36) kann auf dreidimensionale Strömungen in dünnen Filmen erweitert werden. Für die dritte Dimension y erhält man eine Gleichung in voller Analogie zu (7.36). Für die Strömung in dem dünnen Spalt zwischen zwei parallelen Platten gilt aufgrund der Haftbedingungen $(u, v) = (0, 0)$ auf $z = (0, h)$ für die tangentialen Geschwindigkeiten entsprechend (7.36)

$$u = \frac{1}{2\mu} \frac{\partial p}{\partial x} z(h - z) , \qquad (7.38a)$$

$$v = \frac{1}{2\mu} \frac{\partial p}{\partial y} z(h - z) . \qquad (7.38b)$$

Henry Selby Hele-Shaw 1854–1941

Diese Strömung wird *Hele-Shaw-Strömung* genannt (Hele-Shaw 1898). Da das Verhältnis u/v unabhängig ist von z, besitzt die Strömung in allen z-Ebene dieselbe Richtung. Wenn man p zwischen den beiden Gleichungen durch Ableiten eliminiert, erhält man

$$\frac{\partial v}{\partial x} - \frac{\partial u}{\partial y} = (\nabla \times \boldsymbol{u}) \cdot \boldsymbol{e}_z = 0 . \qquad (7.39)$$

Die Vortizität der zweidimensionalen Strömung verschwindet also überall. Dies bedeutet, dass die Strömung in einer Hele-Shaw-Zelle analog zur reibungsfreien und wirbelfreien Strömung ist. Eine Hele-Shaw-Zelle kann also als ein Modell für reibungsfreie und wirbelfreie Strömungen, d. h. für Potentialströmungen, angesehen werden. Ein Beispiel ist in ▸ Abb. 7.3 gezeigt.

7.3 Rohrströmung

Die Rohrströmung spielt eine wichtige Rolle in der Anwendung der Strömungsmechanik. Wenn die mittlere Strömungsgeschwindigkeit hinreichend klein ist, strömt

---

20 Der Effekt ist augenscheinlich bei einem auf die Erde sinkenden Blatt Papier, das über einem glatten Boden relative lange auf einem Luftfilm gleiten kann.

Abb. 7.3: Wasserströmung von links nach rechts zwischen zwei Platten im Abstand von 1 mm um eine schräggestellte Platte in einer Hele-Shaw-Zelle. Die Strömung ist symmetrisch bezüglich der Richtungsumkehr (7.32). Da die Vortizität $\omega = 0$ verschwindet (auch um das Objekt herum), wird selbst die Hinterkante scharf umströmt. Die Visualisierung erfolgte durch Farbstoffzugabe. Aufnahme: D. H. Peregrine (aus Van Dyke 1982).

das Fluid *laminar*. Das bedeutet *glatt* und wird hier im Gegensatz zu *turbulent* verwendet.[21] Bei der laminaren Rohrströmung hat das Geschwindigkeitsfeld nur eine Komponente in axialer Richtung. Bei höheren Strömungsgeschwindigkeiten wird die Strömung turbulent (siehe auch ▶ Abb. 7.14). Das Geschwindigkeitsfeld variiert dann in komplexer Weise in Raum und Zeit. Insbesondere sind alle drei Geschwindigkeitskomponenten von Null verschieden. Aufgrund der verschiedenen Eigenschaften laminarer und turbulenter Strömungen müssen sie gesondert behandelt werden.

7.3.1 Laminare, inkompressible Rohrströmung

Es gibt nur wenige, meist einfache Fälle, in denen man die Navier-Stokes-Gleichungen in geschlossener Form lösen kann. In vielen dieser Fälle verschwindet die Nichtlinearität $u \cdot \nabla u$ exakt. Ein Beispiel sind parallele Scherströmungen der Form $u = w(x, y)e_z$. Denn für diese Form des Geschwindigkeitsfelds ist

$$u \cdot \nabla u = \left(\underbrace{u}_{=0} \frac{\partial}{\partial x} + \underbrace{v}_{=0} \frac{\partial}{\partial y} + \underbrace{w \frac{\partial}{\partial z}}_{\to 0} \right) w(x, y)e_z = 0 \,. \tag{7.40}$$

Ein wichtiges Beispiel ist die stationäre laminare Rohrströmung. Wegen der Geometrie eines Rohres mit Radius a verwenden wir Zylinderkoordinaten (r, φ, z).[22] Wenn die Strömung laminar und stationär ist, kann man aufgrund der Symmetrie des Problems den Ansatz

$$u = w(r)e_z \tag{7.41}$$

machen. Dies ist eine *parallele Scherströmung*. Auch in Zylinderkoordinaten verschwindet der nichtlineare Term der Navier-Stokes-Gleichung identisch

$$u \cdot \nabla u = \left(u e_r + v e_\varphi + w e_z \right) \cdot \left(e_r \frac{\partial}{\partial r} + \frac{e_\varphi}{r} \frac{\partial}{\partial \varphi} + e_z \frac{\partial}{\partial z} \right) u \overset{(7.41)}{=} w \frac{\partial}{\partial z} w(r)e_z = 0 \,. \tag{7.42}$$

---

21 Die Geschwindigkeitsfelder laminarer Strömungen variieren nur langsam über das gesamte Gebiet, während turbulente Strömungen auf sehr vielen Zeit- und Längenskalen variieren und daher den Eindruck einer regellosen Strömung erwecken (siehe Abschnitt 7.5).

22 Bei der Ableitung von Vektoren in Zylinderkoordinaten ist zu beachten, dass man auch die Einheitsvektoren ableiten muss. Dabei gilt $\partial_\varphi e_r = e_\varphi$ und $\partial_\varphi e_\varphi = -e_r$ (siehe auch Anhang B).

Mit (7.42) und $u = v \equiv 0$ ist dann $\partial p / \partial r = \partial p / \partial \varphi = 0$.[23] Daher ist $p = p(z)$. Die verbleibende axiale Komponente der Navier-Stokes-Gleichungen reduziert sich hier zu[24]

$$0 = -\frac{\partial p(z)}{\partial z} + \frac{\mu}{r} \frac{\partial}{\partial r} r \frac{\partial}{\partial r} w(r) \,. \tag{7.43}$$

Da die Ableitung des Drucks nur von z und die Ableitung des Geschwindigkeitsfelds nur von r abhängt, kann die Gleichung für alle r und z nur erfüllt werden, wenn beide Terme konstant sind

$$\frac{\partial p(z)}{\partial z} = \frac{\mu}{r} \frac{\partial}{\partial r} r \frac{\partial}{\partial r} w(r) = -K = \text{const.} \tag{7.44}$$

Damit muss der Druck $p = -Kz$ in Stromrichtung linear abfallen ($K > 0$, s. u.). Wenn wir die verbleibende gewöhnliche Differentialgleichung für w integrieren, erhalten wir

$$r \frac{\mathrm{d}w}{\mathrm{d}r} = -\frac{K}{2\mu} r^2 + A \tag{7.45}$$

und nach Trennung der Variablen

$$\mathrm{d}w = \left(-\frac{K}{2\mu} r + \frac{A}{r} \right) \mathrm{d}r \,, \tag{7.46}$$

was nach einer weiteren Integration auf

$$w(r) = -\frac{K}{4\mu} r^2 + A \ln(r) + B \tag{7.47}$$

Gotthilf Heinrich
Ludwig Hagen
(1797–1884)

führt. Die beiden Integrationskonstanten A und B werden festgelegt durch die Haftbedingung $w(a) = 0$ und die Bedingung, dass $w(0)$ endlich sein muss ($A = 0$). Wir erhalten so das Geschwindigkeitsprofil der *Hagen-Poiseuille-Strömung*

$$w(r) = \frac{Ka^2}{4\mu} \left(1 - \frac{r^2}{a^2} \right) = w_{\max} \left(1 - \frac{r^2}{a^2} \right) \,. \tag{7.48}$$

Die Maximalgeschwindigkeit $w_{\max} = Ka^2 / 4\mu$ wird auf der Achse $r = 0$ erreicht.

Mit dem parabolischen Geschwindigkeitsprofil können wir den Volumenstrom durch die Querschnittsfläche $A = \pi a^2$ berechnen

$$\dot{V} = \int_A \boldsymbol{u} \cdot \mathrm{d}\boldsymbol{A} = \int_0^{2\pi} \int_0^a w(r) \, r \, \mathrm{d}r \, \mathrm{d}\varphi = 2\pi w_{\max} \frac{a^2}{4} = \pi a^2 \frac{w_{\max}}{2} \,, \tag{7.49}$$

---

23 Im Schwerefeld tritt noch der hydrostatische Druck hinzu, der die Rechnung aber nicht beeinflußt, da man ihn in den Gesamtdruck ziehen kann (s. Fußnote 8 auf S. 199).
24 Der Laplace-Operator lautet in Zylinderkoordinaten

$$\nabla^2 = \frac{1}{r} \frac{\partial}{\partial r} r \frac{\partial}{\partial r} + \frac{1}{r^2} \frac{\partial^2}{\partial \varphi^2} + \frac{\partial^2}{\partial z^2} \,.$$

woran wir die mittlere Geschwindigkeit $\overline{w} = w_{\max}/2$ ablesen können. Mit $w_{\max} = Ka^2/4\mu$ ergibt sich der Volumenstrom

$$\dot{V} = \frac{\pi Ka^4}{8\mu} \overset{K=\Delta p/L}{=} \frac{\pi a^4}{8\mu}\frac{\Delta p}{L} . \tag{7.50}$$

Er ist proportional zum *Druckgefälle* $\Delta p/L$ (Druckdifferenz pro Rohrlänge L). Dieser Zusammenhang wurde vielfach experimentell mit sehr hoher Genauigkeit bestätigt, was auch eine Validierung der Haftbedingung $u = 0$ an den festen Rändern darstellt. Über diese Beziehung läßt sich auch gut die dynamische Viskosität μ messen (Durchflußviskosimeter).

Jean Poiseuille
1797–1869

Mit dem konstanten Druckgradienten $-K < 0$ ist der Druckabfall in z-Richtung über die Länge L gegeben durch ($w_{\max} = 2\overline{w}$, Durchmesser $d = 2a$)

$$\Delta p = KL \overset{K= 4\mu w_{\max}/a^2}{=} 8\mu\frac{\overline{w}L}{a^2} = \underbrace{\frac{\rho\overline{w}^2}{2}}_{\text{Dim.}} \frac{L}{2a}\frac{64\nu}{2a\overline{w}} = \underbrace{\frac{\rho\overline{w}^2}{2}}_{\text{Dim.}} \times \underbrace{\frac{L}{d}}_{\text{Geom.}} \times \underbrace{\frac{64}{\text{Re}}}_{:=\lambda}, \tag{7.51}$$

wobei wir die Reynolds-Zahl

$$\text{Re} = \frac{\overline{w}d}{\nu} \tag{7.52}$$

verwendet haben. Mit (7.51) haben wir den Druckabfall als Produkt einer charakteristischen Skala, eines Geometriefaktors und eines Zahlenwerts geschrieben. Die Zahl λ nennt man *Widerstandszahl* oder *Verlustkoeffizient*. Für laminare Strömungen durch gerade Rohre ist $\lambda = 64/\text{Re}$. Dies werden wir noch in Abschnitt 7.5.8 weiter diskutieren.

7.3.2 Rohrhydraulik

Bei hohen Reynolds-Zahlen wird die Rohrströmung turbulent. Bevor wir uns den Grundlagen turbulenter Strömungen zuwenden (Abschnitt 7.5), betrachten wir die Rohrströmung inkompressibler Fluide im integralen Sinn. Dies ist das Gebiet der *Hydraulik*, bei der man die Strömung eindimensional behandelt und nur zeitliche und räumliche Mittelwerte betrachtet.

Von praktischer Bedeutung ist die Modifikation der Bernoulli-Gleichung durch turbulente Effekte und durch Reibungsverluste. Während wir bei einer reibungsfreien Strömung von einer homogenen Geschwindigkeit über den Querschnitt der Stromröhre ausgehen konnten, müssen wir nun berücksichtigen, dass die Geschwindigkeit über dem Querschnitt eines Rohres nicht konstant ist. Daher ist es zweckmäßig, nicht mit dem detaillierten raum- und zeitabhängigen Geschwindigkeitsfeld $u(x, t)$ zu arbeiten, sondern mit einer mittleren Geschwindigkeit, die sich durch Mittelung über die Zeit und über den Querschnitt des Rohres ergibt.

Wir gehen im folgenden von einer stationären Strömung $u(x)$ aus. Das bedeutet, dass die Strömung entweder stationär und laminar ist (laminare Rohrströmung) oder dass wir das Geschwindigkeitsfeld im Falle einer zeitlich schwankenden Strömung schon zeitlich gemittelt haben (turbulente Rohrströmung).[25] Die *über den Rohrquerschnitt A gemittelte* Geschwindigkeit $\bar{u}$ ergibt sich als

$$\bar{u} = \frac{1}{A} \underbrace{\int_A u \, dA}_{\dot{V}} = \frac{\dot{V}}{A} , \qquad (7.53)$$

wobei u die allein *zeitlich gemittelte* Strömung in axialer Richtung ist und $\dot{V}$ der Volumenstrom.

Wir betrachten nun die mechanische Energie pro Volumen $\rho u^2/2 + p + \rho gz$. Für eine laminare Strömung ist $\boldsymbol{u}(r) = u(r)\boldsymbol{e}_z$ rein axial und $\rho \boldsymbol{u}^2/2 = \rho u^2/2$ ist die kinetische Energie pro Volumen. Für turbulente Strömungen stellt $u(r)\boldsymbol{e}_z$ den zeitlichen Mittelwert von $\boldsymbol{u}$ dar. Die Energie $\rho u^2/2$ repräsentiert daher nur die kinetische Energie der zeitlich gemittelten Bewegung.[26] Wenn wir die zur obigen Energiedichte gehörige Energiestromdichte über die Querschnittsfläche integrieren, erhalten wir den Energiestrom (mechanische Energie pro Zeit), der durch die Querschnittsfläche A tritt. Wir können ihn schreiben als

$$\int_A \left(\rho \frac{u^2}{2} + p + \rho gz \right) u \, dA = \left(\bar{p} + \rho g\bar{z} + \alpha \rho \frac{\bar{u}^2}{2} \right) \dot{V} . \qquad (7.54)$$

Hierbei haben wir die mit der Geschwindigkeit u gewichteten mittleren Werte des Drucks und des hydrostatischen Drucks definiert als

$$\bar{p} := \frac{1}{\bar{u}A} \int_A up \, dA, \quad \text{und} \quad \bar{z} := \frac{1}{\bar{u}A} \int_A uz \, dA . \qquad (7.55)$$

Bei der laminaren Strömung durch ein gerades Rohr hängt $p = p(z)$ nicht von r ab. Auch im turbulenten Fall ist der zeitlich gemittelte Druck p über den Querschnitt praktisch konstant. In der Praxis können wir daher auf den Querstrich bei $\bar{p}$ und $\bar{z}$ verzichten (nicht aber bei $\bar{u}$). Bei der Umformung des Energiestroms (7.54) taucht der Koeffizient

$$\alpha := \frac{1}{\bar{u}^3 A} \int_A u^3 \, dA \qquad (7.56)$$

auf. Er wird *Energiebeiwert* genannt. Der Energiebeiwert α berücksichtigt die Tatsache, dass das mittlere Geschwindigkeitsprofil $u(r)$ nicht konstant ist, sondern von r abhängt.

Wenn wir den Energiestrom mit demjenigen an einer Referenzstelle (Index 1) vergleichen, erhalten wir aus (7.54) wegen des konstanten Volumenstroms[27]

$$\alpha\rho \frac{\bar{u}^2}{2} + p + \rho gz = \alpha\rho \frac{\bar{u}_1^2}{2} + p_1 + \rho gz_1 - \frac{\rho}{2} \sum_i \zeta_i \bar{u}_i^2 . \qquad (7.57)$$

---

25 Die zeitliche Mittelung muss über einen hinreichend langen Zeitraum erfolgen, siehe (7.89) in Abschnitt 7.5.2.

26 Die kinetische Energie, die in der turbulent fluktuierenden Bewegung enthalten ist, wird durch $\rho u^2/2$ nicht erfasst. Falls sie konstant bleibt, braucht man sie nicht zu berücksichtigen. Falls sie sich ändert, geht der entsprechende Teil in den Verlustkoeffizienten ein.

27 Falls sich das mittlere Geschwindigkeitsprofil $u(r)$ ändert, ist dies durch entsprechende Energiebeiwerte α zu berücksichtigen.

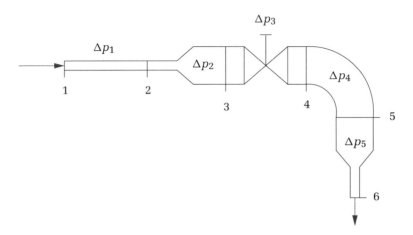

Abb. 7.4: Rohrsystem aus verschiedenen Komponenten, die jeweils bestimmte Druckverluste der Strömung nach sich ziehen. Diese Druckverluste werden durch entsprechende Verlustkoeffizienten ζ_i ausgedrückt (vgl. (7.58)).

Die zusätzlichen Summanden auf der rechten Seite sind Verlustterme, die den ursprünglichen Energiestrom (Index 1) reduzieren. Dabei wird ein Teil der mechanischen Energie dissipiert, d. h. in mikroskopische Freiheitsgrade transferiert, wobei sich das Fluid erwärmt. Für jedes Element eines Rohrsystems können die Verluste in Form eines *Druckverlustes*

$$\Delta p_i = p_i - p_{i+1} = \zeta_i \rho \frac{\overline{u}_i^2}{2} \tag{7.58}$$

dargestellt werden, um welchen der Druck beim Passieren des jeweiligen Segments verringert wird (▶ Abb. 7.4). Hierbei ist ζ_i der Verlustkoeffizient des i-ten Bauteils und gibt den Druckverlust in Einheiten des charakteristischen Drucks $\rho \overline{u}^2/2$ an. Die Verlustkoeffizienten sind umfangreich tabelliert. Im einzelnen kommen wir in Abschnitt 7.6.1 darauf zurück.

Zur Berechnung des Energiebeiwerts α benötigt man das Geschwindigkeitsprofil $u(r)$. Für die laminare Rohrströmung mit dem parabolischen Hagen-Poiseuille-Profil (7.48) ergibt sich nach Auswertung von (7.56) der Wert $\alpha = 2$. Das mittlere Geschwindigkeitsprofil der turbulenten Rohrströmung hängt von der Reynolds-Zahl ab. Im Bereich Re $\approx 10^5$ gilt in guter Näherung das 1/7-Potenz-Gesetz $u(r) = U_{\text{max}}(1 - r/a)^{1/7}$ (siehe (7.140) und ▶ Tabelle 7.3). Damit erhält man $\alpha = 1.058$. Für praktische Rechnungen kann man daher im Fall turbulenter Strömungen $\alpha \approx 1$ setzen.

7.4 Laminare Grenzschicht

Bei der reibungsfreien Umströmung fester Körper ist die Tangentialgeschwindigkeit an der Oberfläche des Körpers in der Regel von Null verschieden. Dies widerspricht der *Haftbedingung* an der Oberfläche, wonach die Relativgeschwindigkeit zwischen fester Oberfläche und Fluid verschwinden muss. Bei realen, viskosen Fluiden steigt der Wert der Geschwindigkeit des Fluids daher von $\boldsymbol{u} = 0$ an der Oberfläche eines

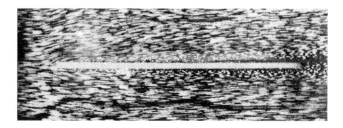

Abb. 7.5: Visualisierung einer schnellen Strömung um eine dünne Platte durch Zugabe kleiner Teilchen (*tracer*) nach Eck (1966). Bei gegebener Belichtungszeit sind die Streichlinien in der Grenzschicht sehr kurz, während sie in der schnellen Strömung länger sind.

ruhenden Körpers innerhalb einer meist dünnen Schicht schnell auf einen Wert $u = U$ an, welcher der reibungsfreien Strömung entspricht. Außerhalb dieser *Grenzschicht* sind die viskose und die reibungsfreie Strömung nahezu identisch (▶ Abb. 7.5). Dort stellt die reibungsfreie Strömung $U(x, t)$ eine gute Näherung der realen Strömung dar.

In vielen Fällen ist die äußere reibungsfreie Strömung rotationsfrei ($\nabla \times u = 0$) und man kann sie zumindest im zweidimensionalen Fall mit Hilfe der Potentialtheorie exakt analytisch berechnen (siehe Abschnitt 5.3). Demgegenüber läßt sich die reibungsbehaftete Strömung bei Anwesenheit von Trägheitseffekten entsprechend der Navier-Stokes-Gleichung (in der einfachsten Form (7.8)) nicht exakt analytisch berechnen. Prandtl hatte nun die Idee, die Navier-Stokes-Gleichungen in der viskosen Grenzschicht zu vereinfachen. Dabei nutzte er die Beobachtung aus, dass das Fluid in der Grenzschicht im wesentlichen parallel zur Wand strömt und infolgedessen die Geschwindigkeitskomponente senkrecht zur Wand sehr klein ist.

7.4.1 Grenzschichtgleichungen

Zur Vereinfachung der Navier-Stokes-Gleichungen suchen wir die Terme, die in der Grenzschicht vernachlässigt werden können. Dazu müssen wir die Größenordnung der verschiedenen Terme der Navier-Stokes- und der Kontinuitätsgleichung in der Grenzschicht abschätzen. Dies können wir machen, indem wir die Differentialquotienten durch Differenzenquotienten aus den charakteristischen Skalen ersetzen, auf denen sich die Variablen ändern.

Wenn die Grenzschicht sehr dünn ist, können wir auch gekrümmte Oberflächen (z. B. Tragflügel) lokal wie ebene Wände behandeln. Dies ermöglicht die Verwendung kartesischer Koordinaten in der Grenzschicht. Für diese Näherung muss die *Grenzschichtdicke* $\delta \ll R$ klein sein gegenüber dem Krümmungsradius R der Wand.

Ludwig Prandtl
1875–1953[†]

[†] Aufnahme von Fr. Struckmeyer, Göttingen, mit freundlicher Genehmigung von AIP Emilio Segre Visual Archives, Lande Collection.

Zur mathematischen Beschreibung legen wir die kartesische Koordinate x in Stromrichtung tangential zur Oberfläche und die Koordinate y senkrecht zur Wand. Die Längenskala, auf der sich die Strömung in y-Richtung ändert, ist die Grenzschichtdicke δ. Die charakteristische Längenskala in x-Richtung ist die Länge L des Körpers. Weiter können wir die Größenordnung der Tangentialgeschwindigkeit u in der Grenzschicht durch die Größenordnung der freien Strömung abschätzen: $u = O(U) = O(U_\infty)$. Hierbei ist U die Geschwindigkeit knapp außerhalb der Grenzschicht[28] und U_∞ die Anströmgeschwindigkeit. Wenn wir diese Abschätzungen in die Kontinuitätsgleichung für inkompressible Fluide einsetzen, erhalten wir

$$\frac{\partial u}{\partial x} + \frac{\partial v}{\partial y} = 0 \quad \Rightarrow \quad \frac{U_\infty}{L} + \frac{v}{\delta} \approx 0 \,. \tag{7.59}$$

Für die Größenordnung der Geschwindigkeit v senkrecht zur Wand folgt

$$v = O\left(\frac{\delta}{L} U_\infty\right) \,. \tag{7.60}$$

Bei einer dünnen Grenzschicht ist $\delta/L \ll 1$. Damit ist $v \ll u$ wesentlich kleiner als u. Dieses Ergebnis kann man nutzen, um die Größenordnungen der Terme in der x-Komponente der zweidimensionalen Navier-Stokes-Gleichung abzuschätzen[29]

$$\frac{\partial u}{\partial t} + \underbrace{u\frac{\partial u}{\partial x}}_{O(U_\infty^2/L)} + \underbrace{v\frac{\partial u}{\partial y}}_{O(U_\infty^2/L)} = -\frac{1}{\rho}\frac{\partial p}{\partial x} + \underbrace{\nu\frac{\partial^2 u}{\partial x^2}}_{O(\nu U_\infty/L^2)} + \underbrace{\nu\frac{\partial^2 u}{\partial y^2}}_{O(\nu U_\infty/\delta^2)} \,. \tag{7.61}$$

Wenn wir die Gleichung mit δ^2 multiplizieren und alle Terme nach dem kleinen Parameter δ/L ordnen, erkennen wir, dass der Reibungsterm $\nu\partial^2 u/\partial y^2$ dominiert. Er beschreibt die Diffusion von x-Impuls senkrecht zur Oberfläche des Körpers. Die Diffusion von x-Impuls in Stromrichtung $\nu\partial^2 u/\partial x^2$ ist zwei Größenordnungen von δ/U_∞ kleiner und sollte daher gegenüber dem dominierenden Term vernachlässigt werden können.

Die einzigen Terme, mit denen der diffusive x-Impulsstrom in y-Richtung im Gleichgewicht stehen kann, sind im stationären Fall nur die konvektiven Impulsströme $u\partial u/\partial x$ und $v\partial u/\partial y$, die beide von gleicher Größenordnung sind. Die Gleichgewichtsbedingung zwischen dem diffusiven und dem konvektiven x-Impulsstrom innerhalb der Grenzschicht[30] erfordert daher (siehe (7.61))

$$O\left(\frac{U_\infty^2}{L}\right) = O\left(\frac{\nu U_\infty}{\delta^2}\right) \,. \tag{7.62}$$

---

28 U entspricht der Geschwindigkeit der *reibungsfreien* Strömung an der Körperoberfläche.

29 Skalenargumente zeigen (siehe (7.66a)), dass der instationäre Term und der Druck-Term formal von derselben Größenordnung (U_∞^2/L) sind wie die konvektiven Terme.

30 Durch die Verzögerung der Strömung in der Grenzschicht wird dem Fluid im Verlauf der Bewegung Impuls entzogen ($u\partial u/\partial x < 0$). Entsprechend wird einem festen Kontrollvolumen in der Grenzschicht Impuls konvektiv zugeführt. Im stationären Fall wird dieser Impulsüberschuß diffusiv in Richtung der Körperoberfläche transportiert und tritt dort als Reibungskraft in Erscheinung (Impuls pro Zeit). Die diffusive Impulsstromdichte in y-Richtung ist $-\mu\partial u/\partial y < 0$. Wegen der Krümmung des Geschwindigkeitsprofils (siehe ▶ Abb. 7.6) wird aus einem festen Kontrollvolumen in der Grenzschicht mehr Impuls diffusiv zur Oberfläche des Körpers transportiert, als diffusiv aus der freien Strömung in das Kontrollvolumen hinein transportiert wird. Die Differenz stammt von der konvektiven Impulszufuhr.

Aus diesem Größenordnungsvergleich läßt sich die Größenordnung der *Grenzschicht-dicke* abschätzen

$$\delta = O\left(\sqrt{\frac{\nu L}{U_\infty}}\right) = O\left(L\sqrt{\frac{\nu}{U_\infty L}}\right) = O\left(\frac{L}{\sqrt{\text{Re}}}\right). \tag{7.63}$$

Hierbei haben wir die Reynolds-Zahl

$$\text{Re} = \frac{U_\infty L}{\nu} \tag{7.64}$$

definiert.

Nach diesen Betrachtungen wollen wir die Navier-Stokes-Gleichung unter Verwendung der gefundenen Skalen entdimensionalisieren. Dann lassen sich die Größenordnungen der einzelnen Terme bequem an den jeweiligen Vorfaktoren ablesen. Mit den Skalierungen

$$u^* = \frac{u}{U_\infty}, \qquad v^* = \frac{v}{(\delta/L)U_\infty}, \qquad p^* = \frac{p}{\rho U_\infty^2}, \tag{7.65a}$$

$$x^* = \frac{x}{L}, \qquad y^* = \frac{y}{L/\sqrt{\text{Re}}} \left(\approx \frac{y}{\delta}\right), \qquad t^* = \frac{t}{L/U_\infty}, \tag{7.65b}$$

erhalten wir die x- und y-Komponente der Navier-Stokes-Gleichung in der Form

$$\frac{\partial u}{\partial t} + u\frac{\partial u}{\partial x} + v\frac{\partial u}{\partial y} = -\frac{\partial p}{\partial x} + \frac{1}{\text{Re}}\frac{\partial^2 u}{\partial x^2} + \frac{\partial^2 u}{\partial y^2}, \tag{7.66a}$$

$$\frac{1}{\text{Re}}\left(\frac{\partial v}{\partial t} + u\frac{\partial v}{\partial x} + v\frac{\partial v}{\partial y}\right) = -\frac{\partial p}{\partial y} + \frac{1}{\text{Re}^2}\frac{\partial^2 v}{\partial x^2} + \frac{1}{\text{Re}}\frac{\partial^2 v}{\partial y^2}, \tag{7.66b}$$

wobei wir den Stern $*$ aus Bequemlichkeit wieder weggelassen haben. Die Kontinuitätsgleichung bleibt in ihrer Form unverändert.

Wenn die Anströmgeschwindigkeit U_∞ anwächst, wird auch Re nach (7.64) größer. Dann sieht man sofort, welche Terme in (7.66) kleiner und daher unwichtiger werden. Um zu einer Vereinfachung der Gleichungen zu kommen, betrachten wir den Limes Re $\to \infty$. In diesem Limes fallen die betreffenden Terme ganz aus (7.66) heraus und für stationäre Strömungen erhalten wir die *Grenzschichtgleichungen von Prandtl (1904)*

$$u\frac{\partial u}{\partial x} + v\frac{\partial u}{\partial y} = -\frac{\partial p}{\partial x} + \frac{\partial^2 u}{\partial y^2}, \tag{7.67a}$$

$$\frac{\partial p}{\partial y} = 0, \tag{7.67b}$$

$$\frac{\partial u}{\partial x} + \frac{\partial v}{\partial y} = 0. \tag{7.67c}$$

Die Grenzschichtgleichungen (7.67) sind wesentlich einfacher als die vollständigen Navier-Stokes-Gleichungen.

Im Limes Re $\to \infty$ ist die Grenzschicht nach (7.63) unendlich dünn. Die äußere Strömung (die Strömung außerhalb der Grenzschicht) merkt daher nichts von den

Reibungseffekten. Um die Strömung in der Grenzschicht zu sehen, müßte man die Umgebung der Oberfläche des Körpers mit einer unendlich starken Lupe betrachten.

An (7.67b) erkennen wir, dass der Druck in der Grenzschicht senkrecht zur Wand nicht variiert.[31] Im Rahmen der Grenzschichtnäherung (7.67) ist der Druck in der Grenzschicht also vollständig durch die Strömung außerhalb der Grenzschicht bestimmt. Daher können wir auch den Druckgradienten $\partial p/\partial x$ in der Grenzschicht durch den Druckgradienten der ungestörten reibungsfreien Strömung ersetzen. Nach der Euler-Gleichung (3.25) bzw. der differentiellen Bernoulli-Gleichung (4.19) gilt für den Druckgradienten in der Skalierung (7.65)

$$\frac{\partial p}{\partial x} = -U \frac{\partial U}{\partial x} \, , \qquad (7.68)$$

wobei U die skalierte reibungsfreie Geschwindigkeit an der Körperoberfläche ist. Eingesetzt in (7.67a) erhalten wir so die *Grenzschichtgleichungen* in ihrer endgültigen Form

$$u \frac{\partial u}{\partial x} + v \frac{\partial u}{\partial y} = U \frac{\partial U}{\partial x} + \frac{\partial^2 u}{\partial y^2} \, , \qquad (7.69a)$$

$$\frac{\partial u}{\partial x} + \frac{\partial v}{\partial y} = 0 \, . \qquad (7.69b)$$

Die Bedeutung des hier betrachteten Limes $\mathrm{Re} \to \infty$ liegt darin, dass man die Grenzschichtgleichungen auch für endliche, aber große Reynolds-Zahlen als Näherung verwenden darf. Die Näherung wird umso besser, je größer Re ist.[32] Um die Grenzschichtgleichungen zu lösen, benötigt man zusätzlich zu den Randbedingungen $u = v = 0$ bei $y = 0$ noch die Randbedingung $u(y \to \infty) = U$ und eine Anfangsbedingung (Anfangsprofil) der Form $u(x = x_0) = u_0(y)$.[33]

7.4.2 Blasius-Profil

Trotz der Vereinfachung der Navier-Stokes-Gleichungen müssen die Grenzschichtgleichungen (7.69) numerisch gelöst werden. Für wenige einfache Geometrien ist jedoch eine weitere Stufe der Vereinfachung durch einen Ähnlichkeitsansatz möglich, so dass die numerische Integration nur noch in einer Raumrichtung durchgeführt werden muss.

Als Paradebeispiel der Grenzschichtströmung betrachten wir eine tangential angeströmte glatte dünne Platte mit verschwindender Dicke. Für sie ist die äußere (reibungsfreie) Strömung $U = U_\infty = \mathrm{const.}$, so dass der Term $U \partial U/\partial x = 0$ verschwin-

---

31 Dieses Ergebnis haben wir schon in Abschnitt 4.3.2 vorweggenommen, als wir Wandbohrungen zur Messung des Drucks in der Strömung außerhalb der Grenzschicht besprachen.

32 Die Grenzschichtgleichungen stellen eine erste Näherung der wirklichen Strömung für $\mathrm{Re} < \infty$ dar. Mit Hilfe der Methode der angepaßten asymptotischen Entwicklung (*matched asymptotic expansion*) lassen sich im Prinzip sukzessiv weitere Korrekturen berechnen (Van Dyke 1975).

33 Die Art der Randbedingungen wird durch den Typus der Grenzschichtgleichungen (parabolische partielle Differentialgleichung) diktiert. Die Randbedingung $u(y^* \to \infty) = U$ muss bei $y^* \to \infty$ aufgeprägt werden, da mit der Skalierung (7.65) jeder noch so kleine von Null verschiedene Wert von y im Limes $\mathrm{Re} \to \infty$ (also $\delta \to 0$) den Limes $y^* \to \infty$ erfordert.

det. Dies entspricht der Abwesenheit eines Druckgradienten in der homogenen freien Strömung. Für die Plattenströmung müssen wir also die dimensionsbehafteten Gleichungen

$$u\frac{\partial u}{\partial x} + v\frac{\partial u}{\partial y} = \nu\frac{\partial^2 u}{\partial y^2} \,, \tag{7.70a}$$

$$\frac{\partial u}{\partial x} + \frac{\partial v}{\partial y} = 0 \,, \tag{7.70b}$$

lösen. Um die Kontinuitätsgleichung zu eliminieren, führen wir die Stromfunktion ψ nach (5.1) ein. Die Impulsbilanz in Stromrichtung x wird damit

$$\frac{\partial \psi}{\partial y}\frac{\partial^2 \psi}{\partial x \partial y} - \frac{\partial \psi}{\partial x}\frac{\partial^2 \psi}{\partial y^2} = \nu\frac{\partial^3 \psi}{\partial y^3} \,. \tag{7.71}$$

Die Lösung ψ muss den folgenden Rand- und Anfangsbedingungen genügen

$$\psi = \partial_y\psi = 0 \,, \qquad \text{für} \quad y = 0 \,, \tag{7.72a}$$

$$\partial_y\psi = U_\infty \,, \qquad \text{für} \quad y \to \infty \,, \tag{7.72b}$$

$$\psi = U_\infty y \,, \qquad \text{für} \quad x = 0_- . \tag{7.72c}$$

Die letzte dieser Bedingungen entspricht der ungestörten Anströmung am Anfang der Grenzschicht (siehe (5.1)).

Wegen $u = \partial\psi/\partial y = O(U_\infty)$ muss die Stromfunktion in der Grenzschicht von der Größenordnung $\psi = O(U_\infty\delta)$ sein. Mit der Größenordnung der Grenzschichtdicke $\delta = O(\sqrt{\nu L/U_\infty})$ (7.63) skalieren wir deshalb die Stromfunktion mit der Skala $\sqrt{\nu L U_\infty}$

$$\psi = \sqrt{\nu L U_\infty}\,\psi^*(x^*, y^*) \,, \tag{7.73}$$

wobei wir auch die dimensionslosen Koordinaten

$$x^* = \frac{x}{L}, \qquad \text{und} \qquad y^* = \frac{y}{\delta} = \sqrt{\frac{U_\infty}{\nu L}}y \tag{7.74}$$

verwenden.

Bisher hatten wir die Länge L der Platte nicht spezifiziert. Für den Fall einer *halbunendlich* ausgedehnten Platte $L \to \infty$ darf die Lösung ψ nicht von der Länge L abhängen. Damit ψ für alle Werte von x^* und y^* unabhängig von L ist, darf ψ nur von der *Ähnlichkeitsvariablen*

$$\eta = \frac{y^*}{\sqrt{x^*}} = \frac{y\sqrt{U_\infty/\nu L}}{\sqrt{x/L}} = y\sqrt{\frac{U_\infty}{\nu x}} \tag{7.75}$$

abhängen. In η gehen x^* und y^* derart ein, dass L eliminiert ist. Darüber hinaus muss für eine vollständige Elimination von L auch noch der Faktor $\sqrt{L}$ vor ψ^* in (7.73) kompensiert werden. Um dies zu erreichen, machen wir den *Ähnlichkeitsansatz*

$$\psi^*(x^*, y^*) = \sqrt{x^*}f(\eta) \quad \Rightarrow \quad \psi(x, y) = \sqrt{\nu U_\infty x}f(\eta) \,. \tag{7.76}$$

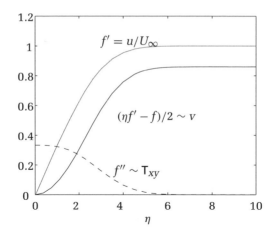

Abb. 7.6: Blasius-Profil $u(\eta)$ (blau) für die Grenzschichtströmung entlang einer halbunendlichen, ebenen Platte. Außerdem ist die Abhängigkeit der Normalgeschwindigkeit v (durchgezogen) und der Schubspannung T_{xy} (gestrichelt) von η gezeigt.

Wenn wir diesen Ansatz in (7.71) einsetzen, erhalten wir die gewöhnliche Differentialgleichung für $f(\eta)$

$$2f''' + ff'' = 0 .\qquad(7.77)$$

Dies ist die *Blasius-Gleichung*. Sie muss für die Randbedingungen $f(0) = f'(0) = 0$ und $f'(\infty) = 1$ gelöst werden. Das ist nur numerisch möglich. Nichtsdestoweniger haben wir durch den Ähnlichkeitsansatz die partielle Differentialgleichung in zwei Dimensionen (7.71) auf die gewöhnliche Differentialgleichung (7.77) vereinfacht. Die numerische Lösung der Blasius-Gleichung (7.77) ist in ▶ Abb. 7.6 dargestellt. Das Geschwindigkeitsprofil $u(\eta)$ ergibt sich aus f als

Paul Richard
Heinrich Blasius
1883–1970

$$u = \frac{\partial \psi}{\partial y} = \sqrt{\nu U_\infty x}\, f'(\eta) \quad \underbrace{\frac{\partial \eta}{\partial y}}_{\sqrt{U_\infty/\nu x}} = U_\infty f'(\eta) .\qquad(7.78)$$

Die Form des Geschwindigkeitsprofils $u(y)$ (Grenzschichtprofil) ist *selbstähnlich*: Für beliebige Abstände x von der Vorderkante der Platte erhält man immer dasselbe Profil, wenn man die y-Koordinate durch $\sqrt{x}$ skaliert (η = const.). In der Nähe der Vorderkante ($x \to 0$) reichen schon extrem kleine Werte von y, um den Wert $u \approx U$ zu erreichen. Je weiter man von der Vorderkante entfernt ist, desto dicker wird die Grenzschicht.

Man kann die *Grenzschichtdicke* $\delta(x)$ verschieden definieren. Wenn man δ so definiert, dass $u(\delta) = 0.99 \times U_\infty$ ist, dann ist $f'(\eta) = 0.99$. Dieser Wert wird bei $\eta \simeq 5.0$ erreicht (siehe auch ▶ Abb. 7.6). Damit erhalten wir für $y = \delta$ aus (7.75) die Grenzschichtdicke

$$\delta(x) = 5.0 \times \sqrt{\frac{\nu x}{U_\infty}} .\qquad(7.79)$$

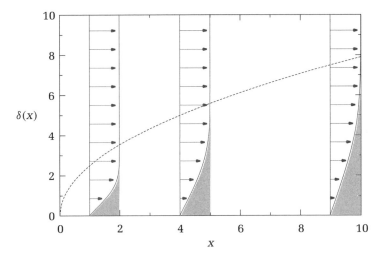

Abb. 7.7: Grenzschichtdicke δ nach (7.79) als Funktion des Abstands x von der Vorderkante einer angeströmten Platte (gestrichelt). Die Geschwindigkeitsprofile sind in blau angedeutet. Alle Längen sind in Einheiten von $4\nu/U_\infty$ angegeben. Das Geschwindigkeitsdefizit ist grau angedeutet.

Sie vergrößert sich mit der Wurzel des Abstands von der Vorderkante und ist umso dünner, je größer die Anströmgeschwindigkeit U_∞ ist. Dies ist in ► Abb. 7.7 gezeigt. Für ein tiefergehendes Studium der Grenzschichten sei auf das umfangreiche Buch von Schlichting & Gersten (1997) verwiesen.

Verdrängungseffekt der Grenzschicht

Die Normalgeschwindigkeit v ergibt sich aus der Stromfunktion

$$
\begin{aligned}
v &= -\frac{\partial \psi}{\partial x} = -\frac{\partial}{\partial x}\left(\sqrt{\nu U_\infty}\, x f(\eta)\right) = -\frac{1}{2}\sqrt{\frac{\nu U_\infty}{x}}\, f(\eta) - \sqrt{\nu U_\infty}\, x f'(\eta)\frac{\partial \eta}{\partial x} \\
&= -\frac{1}{2}\sqrt{\frac{\nu U_\infty}{x}}\, f(\eta) + \frac{1}{2} y \sqrt{\frac{U_\infty}{\nu x^3}}\sqrt{\nu U_\infty}\, x f'(\eta) \\
&= -\frac{1}{2}\sqrt{\frac{\nu U_\infty}{x}}\left[f(\eta) - \underbrace{y\sqrt{\frac{U_\infty}{\nu x}}}_{\eta}\, f'(\eta)\right] = \frac{1}{2}\sqrt{\frac{\nu U_\infty}{x}}\underbrace{\left[\eta f'(\eta) - f(\eta)\right]}_{\to 1.7208,\ \text{für } \eta \to \infty}.
\end{aligned}
\tag{7.80}
$$

Dabei steigt $\eta f' - f$ für kleine η zunächst quadratisch an und geht für $\eta \to \infty$ gegen den konstanten Wert 1.7208 (► Abb. 7.6). Für jedes feste x erreicht daher die transversale Geschwindigkeit $v(x, y)$ für $y \to \infty$ einen asymptotischen Wert $v_\infty(x) = \lim_{y\to\infty} v(\eta)$, der von der *Verdrängung* herrührt und Verdrängungsgeschwindigkeit genannt wird:

Durch das Anwachsen der Grenzschicht in x-Richtung wird eine immer dicker werdende Fluidschicht um das Geschwindigkeitsdefizit $U_\infty - u$ verlangsamt (grau in ► Abb. 7.7). Dadurch wird der Volumenstrom in x-Richtung um $\int_0^\infty (U_\infty - u)\, dy$ vermindert. Als Folge muss das Fluid seitlich ausweichen, was zu der v-Komponente (7.80) führt. Zur Beschreibung des Verdrängungseffekts wird die *Verdrängungsdicke* $\delta_1(x)$ eingeführt. Sie ist so definiert, dass das Defizit des Volumenstroms

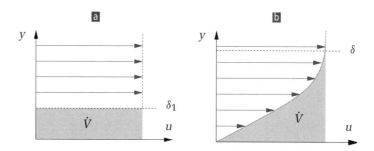

Abb. 7.8: Die Verdrängungsdicke $\delta_1(x)$ ist die Dicke, um welche ein reibungsfrei strömendes Fluid verdrängt werden muss **a**, damit der Volumenstrom (graue Fläche $\dot{V}$) im gleichen Maße verringert wird wie durch den Einfluß der Reibung in einer viskosen Grenzschicht der Dicke $\delta(x)$ **b**.

$\int_0^{\delta_1} U_\infty \, \mathrm{d}y = U_\infty \delta_1$ einer ungehinderten *reibungsfreien* Strömung über eine Platte der Dicke $\delta_1(x)$ gleich dem obigen Defizit des Volumenstroms in der viskosen Grenzschicht der ebenen Platte ist (▶ Abb. 7.8). Für die so definierte Verdrängungsdicke erhält man

$$\delta_1(x) := \frac{1}{U_\infty} \int_0^\infty (U_\infty - u) \, \mathrm{d}y = \int_0^\infty \left(1 - f'\right) \, \mathrm{d}y = \sqrt{\frac{\nu x}{U_\infty}} \int_0^\infty \left(1 - f'\right) \, \mathrm{d}\eta$$

$$= \sqrt{\frac{\nu x}{U_\infty}} \underbrace{\lim_{\eta \to \infty} \left[\eta - f(\eta)\right]}_{\to 1.72} \simeq 1.72 \sqrt{\frac{\nu x}{U_\infty}} \approx 0.344 \times \delta(x) . \qquad (7.81)$$

Zur Beschreibung der Grenzschichtdicke wird oft die Verdrängungsdicke δ_1 verwendet, da sie physikalisch eindeutig definiert ist. Die gewöhnliche Grenzschichtdicke δ ist dagegen nicht eindeutig bestimmt. Sie hängt über $u(\delta) = a U_\infty$ vom Parameter a ab. In (7.79) haben wir $a = 0.99$ gewählt.

Kraftwirkung der Grenzschicht

Die Kraftwirkung des Fluids auf die Platte ist durch den Spannungstensor $\mathsf{T} = \tau_{ij}$ gegeben. Die Wandschubspannung ist die Kraft in x-Richtung pro Flächenelement, das in y-Richtung orientiert ist. Wir erhalten sie aus dem entsprechenden Element des Spannungstensors eines inkompressiblen Fluids (7.4)

$$\tau_{xy}^{\mathrm{Wand}} = \mu \left(\frac{\partial u}{\partial y} + \frac{\partial v}{\partial x}\right)_{y=0} = \mu \left.\frac{\partial u}{\partial y}\right|_{y=0} = \mu U_\infty \underbrace{\frac{\partial \eta}{\partial y}}_{\sqrt{U_\infty / \nu x}} f''(0) = \mu \sqrt{\frac{U_\infty^3}{\nu x}} f''(0) ,$$

$$(7.82)$$

wobei wir $f''(0) \simeq 0.332$ aus ▶ Abb. 7.6 ablesen können. Die Gesamtkraft in x-Richtung auf die Platte bis zur Länge L (pro Länge in Querrichtung z und pro Plattenseite) erhalten wir durch Integration

$$F^{\mathrm{Wand}} = \int_0^L \tau_{xy}^{\mathrm{Wand}} \, \mathrm{d}x = \mu \sqrt{\frac{U_\infty^3}{\nu}} f''(0) \int_0^L x^{-1/2} \, \mathrm{d}x = \underbrace{2 f''(0)}_{\simeq 0.664} \mu \sqrt{\frac{U_\infty^3}{\nu}} L^{1/2} . \qquad (7.83)$$

Die dimensionslose Kraft nennt man *Widerstandsbeiwert*. Wir erhalten ihn durch die Skalierung mit $\frac{1}{2}\rho U_\infty^2 L$

$$c_f = \frac{F^{\text{Wand}}}{\frac{1}{2}\rho U_\infty^2 L} \simeq 1.33 \times \sqrt{\frac{\nu}{U_\infty L}} = \frac{1.33}{\sqrt{\text{Re}}} \ . \tag{7.84}$$

Dieser Widerstandsbeiwert gilt jedoch nur im vorderen laminaren Bereich der Plattengrenzschicht. Für größere Abstände L von der Vorderkante wächst die lokale Reynolds-Zahl $\text{Re} = U_\infty L/\nu$ immer mehr an, die Bedeutung der Trägheitsterme im Vergleich zu den viskosen Termen nimmt zu und die Strömung wird schließlich turbulent. Die Länge, nach der dieser Umschlag stattfindet, läßt sich nur ungefähr angeben. Denn sie hängt von der Rauhigkeit der Platte und dem Turbulenzgrad der Anströmung ab.[34] Siehe dazu auch Abschnitt 7.5.6 und 7.5.7.

Einlauflänge

Wenn eine Strömung mit hoher Geschwindigkeit in ein Rohr oder einen Kanal eintritt, bildet sich an den Wänden nahe der Vorderkante zunächst eine laminare Grenzschicht aus. Falls die Strömung im weiteren Verlauf laminar bleibt, vergrößert sich die Grenzschichtdicke stromabwärts und das Geschwindigkeitsprofil geht kontinuierlich in das Hagen-Poiseuille- (7.48) oder die ebene Poiseuille-Strömung $u(x) = w_{\max}\left[1 - (2x/d)^2\right]\boldsymbol{e}_z$ über, wobei d der Plattenabstand ist und $w_{\max}$ die Maximalgeschwindigkeit. Die Länge, die erforderlich ist, damit sich das Hagen-Poiseuille-Profil entwickelt, heißt *Einlauflänge L_e* (▶ Abb. 7.9).

Mit einer einfachen Modellvorstellung können wir die Größenordnung der Einlauflänge abschätzen. Dazu nehmen wir an, dass L_e durch die Länge bestimmt ist, nach der sich die von den Rändern her anwachsenden Grenzschichten in der Mitte treffen. Aus der Dicke der ebenen Grenzschicht (7.79) erhalten wir

$$x = \frac{\delta^2}{25}\frac{U_\infty}{\nu} \ . \tag{7.85}$$

---

34 Mit *Turbulenzgrad* bezeichnet man die Amplitude der Geschwindigkeitsschwankungen in der Anströmung.

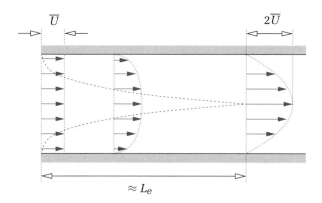

Abb. 7.9: Abschätzung der Einlauflänge L_e für die Hagen-Poiseuille- (Rohr) bzw. die ebene Poiseuille-Strömung (Kanal) durch das Zusammenwachsen der Grenzschichten.

Nach der Lauflänge $x = L_e$ sollte die Grenzschichtdicke dem halben Rohrdurchmesser (Plattenabstand) entsprechen, $\delta = d/2$. Mit der Abschätzung der Geschwindigkeit $U_\infty \approx w_{\mathrm{max}}$ erhalten wir so

$$\frac{L_e}{d} \approx \frac{1}{100} \frac{w_{\mathrm{max}} d}{\nu} = \frac{\mathrm{Re}}{50} , \tag{7.86}$$

wobei wir für die Rohrströmung $\mathrm{Re} = \overline{w} d / \nu$ nach (7.52) gewählt haben und für die Kanalströmung $\mathrm{Re} = w_{\mathrm{max}} (d/2)/\nu$.[35]

7.4.3 Ablösung der Grenzschicht

In Abschnitt 7.4.1 haben wir gesehen, dass der Druck p in der Grenzschicht in erster Näherung durch den Druck der äußeren, reibungsfreien Strömung gegeben ist. Bei der ebenen Platte war dieser Druck konstant. Bei der Umströmung eines ausgedehnten Körpers (Zylinder, Tragflügel etc.) wird die inkompressible äußere Strömung zunächst beschleunigt und nach Überschreiten des Punktes größter Querausdehnung des Körpers wieder verlangsamt. Die Beschleunigung ist mit einem Druckabfall ($\partial p/\partial x < 0$) verbunden. Dementsprechend erfährt auch das Fluid in der viskosen Grenzschicht eine Beschleunigung in Stromrichtung, die der Verlangsamung durch viskose Reibung (▶ Abb. 7.7) entgegenwirkt und diese teilweise kompensiert. Auf der Rückseite des Körpers verlangsamt sich die äußere Strömung wieder und der Druck steigt an ($\partial p/\partial x > 0$). Dadurch wird das Fluid in der Grenzschicht neben der viskosen Verzögerung noch zusätzlich durch Druckkräfte abgebremst. Dieser Effekt ist direkt an der Wand am größten. Bei einem hinreichend starken Druckanstieg kann es sogar zu einer Umkehrung der Strömungsrichtung kommen. Dies ist in ▶ Abb. 7.10 dargestellt. Durch die wandnahe Rückströmung staut sich immer mehr heranströmendes Fluid auf. Dies führt schließlich dazu, dass die äußere Strömung immer mehr von der Wand abgehoben wird. Das Phänomen wird deshalb *Ablösung* genannt. Die Entwicklung der abgelösten Strömung hinter einem quer angeströmten Zylinder bei Erhöhung der Reynolds-Zahl ist in ▶ Abb. 7.11 gezeigt. Abgelöste Strömungen sind meist zeitabhängig. Sie treten insbesondere an scharfen Kanten auf.

Die Kraft pro Wandfläche ist gegeben durch die tangentiale Spannung $\tau_{xy}\big|_{y=0} = \mu\,\partial u/\partial y\big|_{y=0}$ (siehe (7.82)). An der Ablösestelle wechselt $\partial u/\partial y\big|_{y=0}$ das Vorzeichen. Dort ist $\partial u/\partial y\big|_{y=0} = 0$. Damit muss aber die Krümmung des Profils $\partial^2 u/\partial y^2\big|_{y=0} > 0$

---

35 Die Abschätzung stimmt nur größenordnungsmäßig, da einige Faktoren wie z. B. die Krümmung der Grenzschicht bei der Rohrströmung unberücksichtigt bleiben. Eine sorgfältige Analyse (Durst et al. 2005) zeigt, dass die Korrelation

$$\frac{L_e}{d} = \left[a^{1.6} + (b\mathrm{Re})^{1.6} \right]^{1/1.6}$$

die Einlauflänge über den gesamten Bereich laminarer Einlaufströmungen sehr gut wiedergibt, wobei L_e dadurch definiert ist, dass die Geschwindigkeit auf der Achse (in Kanalmitte) 99 % ihres voll entwickelten Wertes erreicht hat. Es sind $(a, b) = (0.619, 0.0567)$ (Rohrströmung) und $(a, b) = (0.631, 0.0442)$ (Kanalströmung). Der additive Zusatzterm ist erforderlich, um auch den Bereich sehr kleiner Reynolds-Zahlen richtig zu erfassen, in dem die Impulsdiffusion in Stromrichtung wichtig wird. Die Impulsdiffusion in Stromrichtung wurde ja in den Grenzschichtgleichungen vernachlässigt. Für turbulente Rohrströmungen gilt näherungsweise $L_e^{\mathrm{turb}} \approx 0.39 \times \mathrm{Re}^{1/4} d$ (Spurk 2004).

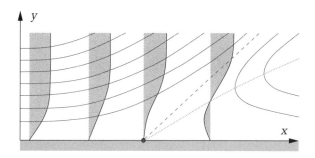

Abb. 7.10: Schematische Darstellung der Strömung in der Nähe des Ablösepunktes. Die Stromlinien sind blau, die Profile der Horizontalgeschwindigkeit hellblau, die separierende Stromlinie gestrichelt und die Linie verschwindender Horizontalgeschwindigkeit gepunktet. Beachte, dass die y-Achse stark gestreckt ist.

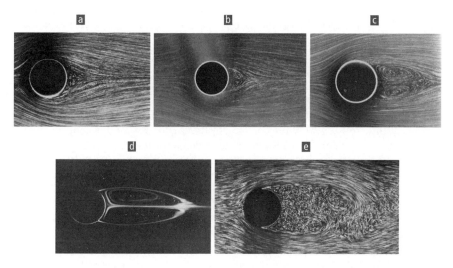

Abb. 7.11: Zylinderumströmung bei Re $= U_\infty d/\nu = 9.6$ [a], 13.1 [b], 26 [c], 41 [d] und 2000 [e]. Die Aufnahmen (a)–(d) stammen von S. Taneda (siehe auch Taneda 1955, 1956) und [e] stammt von H. Werlé (ONERA) (Werlé & Gallon 1972, Van Dyke 1982). Für Re $\gtrsim 47$ wird die Strömung zeitabhängig und es entsteht im Nachlauf die Kármánsche Wirbelstraße (► Abb. 1.2 und 3.4).

positiv sein. Wenn wir nun die Grenzschichtgleichung (7.67a) betrachten und beachten, dass in Wandnähe $u \approx v \approx 0$ ist, finden wir

$$\frac{1}{\rho}\frac{\partial p}{\partial x} \approx \nu \frac{\partial^2 u}{\partial y^2} \,. \tag{7.87}$$

Aus der Bedingung $\partial^2 u/\partial y^2|_{y=0} > 0$ können wir schließen, dass die Ablösestelle im Gebiet des Druckanstiegs ($\partial p/\partial x > 0$) liegen muss.

In vielen Fällen möchte man die Ablösung der Strömung vermeiden, weil damit ein beträchtlicher Anstieg des Widerstands verbunden ist (Tragflügel) oder weil sich die Topologie der Strömung in ungünstiger Weise ändert (z. B. bei der Diffusorströmung, siehe Abschnitt 7.6.1). Wenn die Strömung vom Tragflügel abreißt, wird ein weiterer Druckanstieg der äußeren Strömung hinter dem Ablösepunkt verhindert. Damit reduziert sich aber die Druckkraft in Vorwärtsrichtung, was netto zu einem höheren Widerstand führt. Dies ist der *Druck-* oder *Formwiderstand* im Unterschied zum *Reibungswiderstand*. Um die Ablösung zu verhindern, darf sich der Tragflügel nur sehr langsam verjüngen.

Wie hinter umströmten Körpern verlangsamt sich auch beim Diffusor die äußere Strömung. Der damit verbundene Druckanstieg kann auch hier zur Ablösung führen. Die Verlangsamung der Strömung wird zum Teil durch den Verdrängungseffekt der Grenzschicht (Abschnitt 7.4.2) wettgemacht, so dass eine hinreichend langsame Erweiterung nicht zur Ablösung führen muss.

7.5   Turbulente Strömungen

Wenn die Reibungskräfte gegenüber den Trägheitskräften dominieren (Re $\ll$ 1), kann man $\partial u/\partial t + \boldsymbol{u} \cdot \nabla \boldsymbol{u}$ gegenüber $\nu\nabla^2\boldsymbol{u}$ (und $\rho^{-1}\nabla p$) vernachlässigen. Die verbleibende Gleichung wird *Stokes-Gleichung* genannt. Ihre Lösungen beschreiben schleichende Strömungen (Abschnitt 7.2). Die Stokes-Gleichung ist linear in u und p. Zu gegebenen Randbedingungen ist ihre Lösung deshalb eindeutig bestimmt.

Falls andererseits Trägheitseffekte in weiten Teilen der Strömung dominieren (Re $\gg$ 1), können kleine Unterschiede in den Anfangsbedingungen im Laufe der Zeit zu völlig unterschiedlichen Strömungen führen.[36] Da die *Navier-Stokes-Gleichungen* nichtlinear sind, können auch im stationären Fall mehrere und u. U. sogar sehr viele Lösungen zu ein und denselben Randbedingungen existieren.

Die wohl wichtigste Beobachtung für Strömungen mit großen Trägheitseffekten ist jedoch, dass trotz der großen Reynolds-Zahl in der Nähe fester Wände viskose Effekte von wesentlicher Bedeutung sind. Außerdem wird die Viskosität in den kleinsten räumlichen Strömungsstrukturen (kleinste Wirbel) wichtig. Denn auf den kleinsten Skalen erfolgt die Umsetzung der kinetischen Energie, die normalerweise auf großen Längenskalen zugeführt wird, in Wärme.

Wenn die Reynolds-Zahl sehr groß ist und die Trägheitseffekte dominieren, kann das Geschwindigkeitsfeld auf extrem kleinen Längenskalen variieren. Es kommt dann zu einer Strömung, die in äußerst komplizierter Weise vom Ort und von der Zeit abhängt. Man spricht dann auch von *Turbulenz*. Zur Beschreibung turbulenter Strömungen müssen in der Regel statistische Methoden verwendet werden. Wichtig für die praktische Anwendung sind Turbulenzmodelle, mit deren Hilfe die mittlere Bewegung näherungsweise beschrieben werden kann. Die Ergebnisse, die mit derartigen Modellen erzielt werden, müssen jedoch immer mit Vorsicht betrachtet werden, denn die meisten Turbulenzmodelle sind phänomenologisch begründet und nicht aus den exakten Gleichungen systematisch abgeleitet worden.[37]

---

36 Dies trifft insbesondere für *chaotische* Systeme zu. Chaotische Systeme besitzen eine Sensitivität gegenüber den Anfangsbedingungen. Das heißt, dass der Unterschied zweier anfänglich ähnlicher Zustände zeitlich exponentiell anwächst. Die Dynamik ist aber vollständig deterministisch, d. h. exakt und eindeutig durch die jeweiligen Anfangsbedingungen bestimmt (Schuster 1994, Mullin 1993).

37 Eine etwas ältere deutschsprachige Einführung in die Turbulenz stammt von Rotta (1952). Der Klassiker in englischer Sprache ist Tennekes & Lumley (1972). Auch das umfangreichere Buch von Hinze (1975) ist erwähnenswert. Eine neuere moderne Abhandlung wurde von Pope (2000) verfaßt.

7.5.1 Übergang zur Turbulenz

Bei Erhöhung der Reynolds-Zahl ändert sich der Charakter der Strömung. Diese Änderung vollzieht sich häufig in einzelnen Schritten. Beim Überschreiten bestimmter kritischer Werte der Reynolds-Zahl geht eine anfänglich in der Strömung vorhandene Symmetrie verloren. Man spricht von einer *symmetriebrechenden Instabilität.* Ein Paradebeispiel für dieses *Szenario* ist die Taylor-Couette-Strömung zwischen konzentrisch rotierenden Zylindern (▸ Abb. 7.12, siehe auch ▸ Abb. 7.47). Abgesehen von Effekten durch die endliche Länge der Zylinder ist die Strömung bei kleinen Reynolds-Zahlen rein azimutal. Bei einer Erhöhung der Rotationsrate des inneren Zylinders und ruhendem äußeren Zylinder treten sukzessive verschiedene wohldefinierte Muster auf, bis die

Maurice Frédéric
Alfred Couette
1858–1943

Abb. 7.12: Strömung im konzentrischen Zylinderspalt bei rotierendem Innen- und ruhendem Außenzylinder. Gezeigt ist die Ansicht durch den transparenten Außenzylinder senkrecht zur Drehachse (siehe auch ▸ Abb. 7.47). Bei der Erhöhung der Rotationsrate treten die axisymmetrische Couette-Strömung a, die axisymmetrische Taylor-Wirbelströmung b und die wellige Taylor-Wirbelströmung c auf. Bei weiterer Erhöhung der Rotationsrate wird die Strömung über weitere andere Muster schließlich irregulär und turbulent.

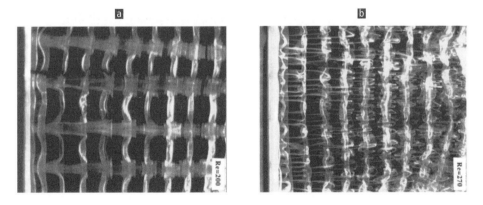

Abb. 7.13: Visualisierung verschiedener dreidimenionaler Strömungen der Kármánschen Wirbelstraße im Übergangsbereich der Reynolds-Zahl. Die Blickrichtung ist senkrecht zur Zylinderachse und zur Anströmung. Der Zylinder befindet sich am linken Bildrand. a Mode A bei Re = 200 und b Mode B bei Re = 270 nach Williamson (1996). Siehe auch ▸ Abb. 3.4.

Strömung schließlich turbulent wird. Meist weisen diese turbulenten Strömungen im Mittel immer noch langwellige Strukturen auf, die den laminaren Strukturen ähnlich sind. Diese Art des Übergangs zur Turbulenz findet man meist bei geschlossenen Systemen ohne Durchfluß.

Aber auch hinter einem senkrecht zu seiner Achse angeströmten Zylinder treten Strömungsmuster auf. Die anfänglich stationären separierten Wirbel (▶ Abb. 7.11 a–d) werden bei Re = Ud/ν = 47 zeitabhängig, wobei sich die Wirbel abwechselnd vom Zylinder ablösen und im Nachlauf des Zylinders die Kármánsche Wirbelstraße bilden (▶ Abb. 1.2 und 3.4). Die Wirbel der Kármánschen Wirbelstraße sind zunächst zweidimensional. Eine weitere Erhöhung der Reynolds-Zahl über Re $\approx$ 190 führt zu einer dreidimensionalen Strömung, wobei die Wirbel in axialer Richtung moduliert sind (▶ Abb. 7.13).

Bei vielen offenen Strömungen kann der Umschlag in die Turbulenz auch relativ abrupt erfolgen. Für die Rohrströmung wurde dies zuerst von Reynolds (1883) grundlegend untersucht (▶ Abb. 7.14 a). Bei kleinen Reynolds-Zahlen erhält man die laminare Hagen-Poiseuille-Strömung (▶ Abb. 7.14 b). In einem gewissen Bereich von Reynolds-Zahlen, der von der Genauigkeit des Experiments abhängt (Einlaufbedingungen, Rohrrauhigkeit etc.), findet man eine irreguläre Abfolge von laminaren und chaotischen Strömungsgebieten, die mit der mittleren Strömung transportiert werden. Bei noch höheren Reynolds-Zahlen wird die Strömung vollständig turbulent (▶ Abb. 7.14 d).

Geoffrey Ingram
Taylor
1886–1975

Auch in Grenzschichten gibt es einen Umschlag in die Turbulenz. Dabei ist die Grenzschicht stromaufwärts vom Umschlagspunkt laminar und stromabwärts davon turbulent (siehe ▶ Abb. 7.16 b). Dieser Übergang wird *Transition* genannt. Dabei gibt es verschiedene Szenarien der Turbulenzentstehung, die von den Details der Anströmung abhängen. In einem Fall entstehen vor dem Umschlag zweidimensionale sogenannte Tollmien-Schlichting-Wellen, die ihrerseits instabil sind und stromabwärts schnell in die Turbulenz zerfallen. Bei sehr großen Reynolds-Zahlen vollzieht sich der Übergang in Grenzschichten praktisch schlagartig. Auch ist die gleichzeitige Koexistenz von laminaren und turbulenten Gebieten möglich. In ▶ Abb. 7.15 ist ein derartiger turbulenter Fleck in einer Grenzschicht gezeigt.

Ein weiteres Paradebeispiel für den turbulenten Umschlag ist die ebene Kanalströmung (ebene Poiseuille-Strömung). Wenn der Umschlag schon bei relativ niedrigen Reynolds-Zahlen Re $\approx$ 1000 stattfindet, ist die Turbulenz nicht voll ausgebildet, da kleine Orts- und Zeitskalen noch nicht hinreichend stark involviert sind. Man spricht dann besser von einer chaotischen Strömung.[38] Die turbulente Strömung in den aufsteigenden heißen Gasen eines Vulkans haben wir schon in ▶ Abb. 1.11 gesehen. ▶ Abbildung 7.16 zeigt zwei weitere Beispiele.

---

38 Beachte, dass der Begriff *chaotisch* mathematisch wohldefiniert ist (Schuster 1994). Siehe auch Fußnote 36 auf S. 228.

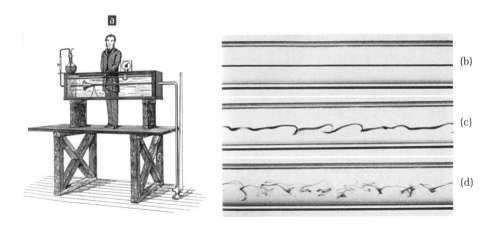

Abb. 7.14: **a** Experimentaufbau von und nach Reynolds (1883) zur Untersuchung der Rohrströmung. An einer festen Stelle in der Nähe des Einlaufs wurde das Fluid mit Tinte markiert, wodurch Streichlinien sichtbar gemacht wurden. **b**–**d**: Wiederholung des historischen Experiments von Reynolds durch N. H. Johannesen und C. Lowe unter Verwendung des originalen Versuchsaufbaus von Reynolds (1883). Die Fotos zeigen Momentaufnahmen markierter Fluidfilamente bei Erhöhung der Reynolds-Zahl von **b** nach **d** (nach Van Dyke 1982).

Abb. 7.15: Turbulenter Fleck in der Wandgrenzschicht an der Glasplatte der *test section* eines offenen Wasserkanals (Cantwell et al. 1978); aus Van Dyke (1982). Die Aufnahme wurden durch die Glasplatte hindurch gemacht. Die Strömung wie auch die Bewegungsrichtung des Fleckens ist von rechts nach links. Derartige Flecken propagieren stromabwärts mit einem gewissen Bruchteil der Anströmgeschwindigkeit und sie wachsen ungefähr linear mit der Lauflänge an, wobei sie ihre charakteristische Form beibehalten.

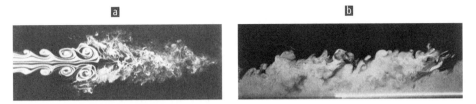

Abb. 7.16: **a** Instabilität und Übergang zur Turbulenz bei einem Strahl mit Reynolds-Zahl Re $= 10^4$, der durch Rauch in Luft visualisiert wurde (Aufnahme: R. Drubka und H. Nagib), sowie **b** eine turbulente Wandgrenzschicht, die durch feine Öltröpfchen sichtbar gemacht wurde (Falco 1977, Copyright 1977, American Institute of Physics). Die lokale Reynolds-Zahl ist Re $= U_\infty \delta_2 / \nu \approx 4000$ und basiert auf der Impulsverlustdicke, die definiert ist als $\delta_2 = U_\infty^{-1} \int_0^\infty u\,(1 - u/U_\infty)\ dy$. Beide Aufnahmen stammen aus Van Dyke (1982).

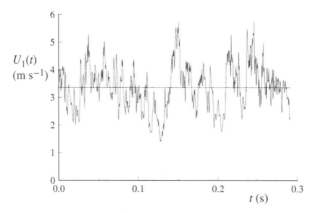

Abb. 7.17: Zeitliche Entwicklung der Axialgeschwindigkeit $u_1(t)$ auf der Symmetrieachse eines turbulenten Strahls (aus Pope 2000) nach Daten des Experiments von Tong & Warhaft (1995).

7.5.2 Gleichungen für turbulente Strömungen

Oft ist man nicht an den Einzelheiten der fluktuierenden turbulenten Strömung interessiert (► Abb. 7.17), sondern nur an den Mittelwerten der Geschwindigkeiten und der Kräfte. Dann ist es sinnvoll, von dem gesamten Geschwindigkeitsfeld $u(x, t)$ den *zeitlichen Mittelwert* $\overline{u(x, t)} = \overline{u}(x)$ abzuspalten.[39] Daher schreiben wir

$$u(x, t) = \overline{u}(x) + u'(x, t) \quad \text{und} \quad p(x, t) = \overline{p}(x) + p'(x, t) \,, \tag{7.88}$$

wobei

$$\overline{f(t)} = \lim_{T \to \infty} \frac{1}{2T} \int_{-T}^{T} f(t)\, \mathrm{d}t \quad \text{und} \quad \overline{f'(t)} = 0 \,. \tag{7.89}$$

Hierbei sind die Größen mit einem Strich ' *Schwankungsgrößen*, deren zeitlicher Mittelwert verschwindet. Um die Gleichungen für die mittleren Größen zu erhalten, setzen wir den Ansatz (7.88) in die Navier-Stokes- (7.7) und Kontinuitätsgleichung ein und bilden den Mittelwert der Gleichungen. Für ein inkompressibles Fluid ohne äußere Kräfte führt dies auf

$$\frac{\partial \overline{(\overline{u} + u')}}{\partial t} + \overline{(\overline{u} + u') \cdot \nabla (\overline{u} + u')} = -\frac{1}{\rho} \nabla \overline{(\overline{p} + p')} + \nu \nabla^2 \overline{(\overline{u} + u')} \,, \tag{7.90a}$$

$$\nabla \cdot \overline{(\overline{u} + u')} = 0 \,. \tag{7.90b}$$

Mit

$$\overline{\overline{u} + u'} = \overline{u}, \tag{7.91a}$$

$$\overline{(\overline{u} + u') \cdot \nabla (\overline{u} + u')} = \overline{u} \cdot \nabla \overline{u} + \overline{u} \cdot \nabla u' + u' \cdot \nabla \overline{u} + u' \cdot \nabla u'$$

---

39 In der modernen Theorie der Turbulenz wird das fluktuierende Geschwindigkeitsfeld (z. B. u) als eine Zufallsvariable betrachtet, die einer gewissen Wahrscheinlichkeitsverteilung $f(u)$ genügt. Der Mittelwert einer Größe u ist dann das gewichtete Integral

$$\langle u \rangle = \int_{-\infty}^{\infty} u f(u)\, \mathrm{d}u \,.$$

Dann ist es auch leichter, Strömung zu behandeln, bei denen sich die mittlere Strömung zeitlich ändert.

$$= \overline{\overline{\boldsymbol{u}} \cdot \nabla \overline{\boldsymbol{u}}} + \underbrace{\overline{\overline{\boldsymbol{u}} \cdot \nabla \boldsymbol{u}'}}_{=0} + \underbrace{\overline{\boldsymbol{u}' \cdot \nabla \overline{\boldsymbol{u}}}}_{=0} + \overline{\boldsymbol{u}' \cdot \nabla \boldsymbol{u}'}$$

$$= \overline{\boldsymbol{u}} \cdot \nabla \overline{\boldsymbol{u}} + \overline{\boldsymbol{u}' \cdot \nabla \boldsymbol{u}'} \tag{7.91b}$$

erhalten wir dann die *Reynoldsschen Gleichungen*

$$\overline{\boldsymbol{u}} \cdot \nabla \overline{\boldsymbol{u}} = -\frac{1}{\rho} \nabla \overline{p} + \nu \nabla^2 \overline{\boldsymbol{u}} - \overline{\boldsymbol{u}' \cdot \nabla \boldsymbol{u}'}, \tag{7.92a}$$

$$\nabla \cdot \overline{\boldsymbol{u}} = 0. \tag{7.92b}$$

Die Gleichungen für die gemittelten Größen sind also den normalen stationären Navier-Stokes-Gleichungen sehr ähnlich. Es tritt *nur* ein zusätzlicher Term auf. Dieser besteht aus dem zeitlichen Mittel des Produkts zweier Schwankungsgrößen, die selbst den Mittelwert Null haben. Der Mittelwert des Produkts muss aber nicht Null sein.[40] Einen solchen Term nennt man auch *Korrelation*.[41] In den gemittelten Navier-Stokes-Gleichungen kann man den Term $\overline{\boldsymbol{u}' \cdot \nabla \boldsymbol{u}'}$ genau wie den viskosen Term $\nabla^2 \overline{\boldsymbol{u}}$ durch Divergenzbildung aus einem Spannungstensor ableiten[42]

$$\mu \nabla^2 \overline{\boldsymbol{u}} - \rho \overline{\boldsymbol{u}' \cdot \nabla \boldsymbol{u}'} = \nabla \cdot \left\{ \mu \left[\nabla \overline{\boldsymbol{u}} + (\nabla \overline{\boldsymbol{u}})^{\mathrm{T}} \right] - \rho \overline{\boldsymbol{u}' \boldsymbol{u}'} \right\}. \tag{7.93}$$

Analog zu $\mu \left[\nabla \overline{\boldsymbol{u}} + (\nabla \overline{\boldsymbol{u}})^{\mathrm{T}} \right]$, dem viskosen Anteil des Spannungstensors T, ist

$$-\rho \overline{\boldsymbol{u}' \boldsymbol{u}'} = -\rho \begin{pmatrix} \overline{u'u'} & \overline{u'v'} & \overline{u'w'} \\ \overline{v'u'} & \overline{v'v'} & \overline{v'w'} \\ \overline{w'u'} & \overline{w'v'} & \overline{w'w'} \end{pmatrix} \tag{7.94}$$

der turbulente Spannungstensor mit den turbulenten Normal- (z. B. $-\rho \overline{u'u'}$) und Tangentialspannungen (z. B. $-\rho \overline{u'v'}$). Die turbulenten Spannungen werden auch *Reynolds-Spannungen* genannt.

Die Divergenz des *Reynoldsschen Spannungstensors* in der Reynolds-Gleichung wirkt wie eine zusätzliche mittlere Kraft, die ähnlich wie eine erhöhte Viskosität wirkt.[43] Man spricht deshalb auch von turbulenter *Scheinreibung*. Die mittleren tur-

---

[40] Als triviales Beispiel betrachte man nur $\overline{2\cos^2(\omega t)} = \overline{1 + \cos(2\omega t)} = 1$.

[41] Die Korrelation R zweier Schwankungsgrößen f' und g' wird allgemein als

$$R(\boldsymbol{x}, t; \boldsymbol{\zeta}, \tau) := \frac{\overline{f'(\boldsymbol{x}, t) g'(\boldsymbol{x} + \boldsymbol{\zeta}, t + \tau)}}{\sqrt{\overline{f'^2}(\boldsymbol{x}, t) \, \overline{g'^2}(\boldsymbol{x} + \boldsymbol{\zeta}, t + \tau)}}$$

definiert. Wenn die Korrelationsfunktion von Null verschieden ist, nennt man die beiden Größen korreliert. Für $\boldsymbol{\zeta} = 0$ und $\tau = 0$ erhält man die simultane Korrelation am gleichen Ort. Sie wird Autokorrelation genannt. Nur wenn zwei Größen statistisch unabhängig voneinander sind, verschwindet ihre Korrelation (der Mittelwert ihres Produkts).

[42] Wegen $\nabla \cdot \overline{\boldsymbol{u}} = 0$ gilt $\nabla \cdot (\overline{\boldsymbol{u}\boldsymbol{u}}) = (\nabla \cdot \boldsymbol{u}) \boldsymbol{u} + \boldsymbol{u} \cdot \nabla \boldsymbol{u} = \boldsymbol{u} \cdot \nabla \boldsymbol{u}$.

[43] Dies kann man sich anhand einer turbulenten Scherströmung mit $\boldsymbol{u} = \overline{u}(y) \boldsymbol{e}_x + \boldsymbol{u}'$ mit $\partial \overline{u}/\partial y > 0$ folgendermaßen klarmachen. Der Transport quer zur mittleren Strömung eines substantiellen Fluidelements durch eine Fluktuation mit $v' > 0$ bewirkt die zugehörige Schwankung $u' < 0$, da das Fluidelement seine mittlere Geschwindigkeit im wesentlichen beibehält (siehe auch ▶ Abb. 7.18). Damit ist $-\rho \overline{u'v'} > 0$ und besitzt dasselbe Vorzeichen wie die viskose Spannung $\mu \partial \overline{u}/\partial y$. Falls andererseits $v' < 0$ ist, ergibt sich $u' > 0$ und man erhält wieder dasselbe Vorzeichen für die Reynolds-Spannung. Im Mittel wirkt die Reynolds-Spannung also in dieselbe Richtung wie die viskose Spannung.

bulenten Kräfte durch die Reynolds-Spannungen sind in turbulenten Strömungen normalerweise viel stärker als die Kräfte durch viskose Spannungen. Nur in Randnähe, wo die Schwankungen verschwinden müssen, überwiegen die viskosen Kräfte.

Leider stellen die Reynolds-Gleichungen nicht genügend Informationen bereit, um die Reynolds-Spannungen zu bestimmen. Um die Reynolds-Spannungen zu ermitteln, könnte man versuchen, Gleichungen für sie abzuleiten.[44] Dies führt aber zu immer höheren Korrelationen, zum Beispiel zu dem Tensor dritter Stufe $\overline{u'u'u'}$, für die man wieder weitere Gleichungen benötigt. Dieses Problem bezeichnet man als *Schließungsproblem*. Aus diesem Grund behilft man sich oft mit halbempirischen Turbulenzmodellen, bei denen man einen bestimmten funktionalen Zusammenhang für die Reynoldsschen Spannungen annimmt und die Koeffizienten experimentell bestimmt.

7.5.3   Wirbelviskosität

Die einfachsten Turbulenzmodelle versuchen, die Reynolds-Spannungen ohne Kenntnis des wirklichen Mechanismus durch Analogien zum molekularen Transport zu beschreiben. Die Summe der viskosen und turbulenten Spannungen lautet

$$\mathsf{T} = \mathsf{T}^{\text{visk}} + \mathsf{T}^{\text{turb}} = \mu \left[\nabla \overline{u} + (\nabla \overline{u})^{\mathrm{T}} \right] - \rho \overline{u'u'} \, . \tag{7.95}$$

Boussinesq (1877) hatte vorgeschlagen, die turbulenten Spannungen ganz analog zu den viskosen Spannungen zu modellieren. Dazu setzt man vereinfachend

$$\mathsf{T}^{\text{turb}} = -\rho \overline{u'u'} \overset{!}{=} \mu_{\text{turb}} \left[\nabla \overline{u} + (\nabla \overline{u})^{\mathrm{T}} \right] \, . \tag{7.96}$$

Diese Gleichung ist als Bestimmungsgleichung für die turbulente Viskosität μ_{turb} oder auch *Wirbelviskosität* zu verstehen. Es ist klar, dass die Wirbelviskosität vom Ort abhängt und keine einfache Konstante ist. Die zeitlich gemittelte Impulsgleichung für ein inkompressibles Fluid lautet im Rahmen dieses Modells

$$\overline{u} \cdot \nabla \overline{u} = -\frac{1}{\rho} \nabla \overline{p} + \nabla \cdot \left[\left(\nu + \nu_{\text{turb}} \right) \nabla \overline{u} \right] \, . \tag{7.97}$$

Die kinematische Wirbelviskosität $\nu_{\text{turb}} = \mu_{\text{turb}} / \rho$ muss in geeigneter Weise modelliert werden.

7.5.4   Prandtlscher Mischungsweg

Auch Prandtl verfolgte den Ansatz, die Schwankungsgrößen u' durch die Mittelwerte $\overline{u}$ auszudrücken, mit dem Ziel, eine Beziehung zwischen der Wirbelviskosität und dem gemittelten Geschwindigkeitsfeld zu finden. Seine Überlegungen orientierten sich an der kinetischen Gastheorie. Die mittlere freie Weglänge in der Gastheorie ist diejenige Länge, nach der ein Molekül im Mittel seinen Bewegungszustand *vergißt*, weil es mit anderen Molekülen kollidiert. Ähnlich wird der *Prandtlsche Mischungsweg* als Länge verstanden, nach der sich ein substantielles turbulentes Fluidelement (Turbulenzballen) mit der Umgebung vermischt und damit seine Individualität verloren hat.

---

44 Dazu kann man die gemittelte Navier-Stokes-Gleichung von der vollständigen Navier-Stokes-Gleichung subtrahieren und skalar mit u' multiplizieren.

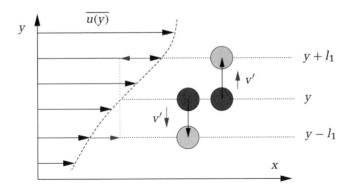

Abb. 7.18: Erklärung des Prandtlschen Mischungswegs: Indem der substantielle Turbulenzballen seine mittlere Geschwindigkeit vom Ort y mitnimmt, wird die mittlere Geschwindigkeit am Ort des transportierten Turbulenzballens lokal erhöht oder verringert (blau), je nach Gradient des mittleren Geschwindigkeitsprofils (schwarz).

Ohne Beschränkung der Allgemeinheit legen wir das Koordinatensystem so, dass die x-Achse in Richtung der mittleren Geschwindigkeit zeigt und betrachten einen Turbulenzballen bei y (► Abb. 7.18). Wenn dieser Ballen eine momentane Schwankungsgeschwindigkeit $v' > 0$ besitzt, wird er sich in positiver y-Richtung bewegen. Nach Propagation über eine Länge l_1 verursacht er bei $y + l_1$ ein Geschwindigkeitsdefizit (Taylor-Entwicklung)

$$\overline{u}(y) - \overline{u}(y + l_1) = -l_1 \frac{\partial \overline{u}}{\partial y} \, , \tag{7.98}$$

da der Ballen ja seine mittlere Geschwindigkeit $\overline{u}(y)$ mitnimmt. Die Geschwindigkeitsänderung (7.98) wird nun als Schwankungsgröße bei y aufgefaßt

$$u' = -l_1 \frac{\partial \overline{u}}{\partial y} \, . \tag{7.99}$$

Da die Fluktuationen v' dieselbe Größenordnung besitzen sollten wie die Schwankungen u', müssen auch sie wie u' skalieren, nur mit einem anderen Vorfaktor,

$$v' = l_2 \frac{\partial \overline{u}}{\partial y} \, , \tag{7.100}$$

wobei das Vorzeichen hier positiv ist, da wir ja von $v' > 0$ ausgegangen sind. Damit erhalten wir für die Reynoldssche Tangentialspannung, auch turbulente Schubspannung genannt, den Ausdruck

$$\tau_{12}^{\text{turb}} = -\rho \overline{u'v'} = \rho l_1 l_2 \left(\frac{\partial \overline{u}}{\partial y} \right)^2 = \rho \overline{l_1 l_2} \left(\frac{\partial \overline{u}}{\partial y} \right)^2 = \rho l^2 \left(\frac{\partial \overline{u}}{\partial y} \right)^2 \, . \tag{7.101}$$

Hierbei wird $l = \sqrt{l_1 l_2}$ als *Prandtlscher Mischungsweg* bezeichnet. Wenn man noch berücksichtigt, dass die Reynolds-Spannung immer dasselbe Vorzeichen hat wie der Geschwindigkeitsgradient, erhält man

$$\tau_{12}^{\text{turb}} = \rho l^2 \left| \frac{\partial \overline{u}}{\partial y} \right| \frac{\partial \overline{u}}{\partial y} \, . \tag{7.102}$$

Die *quadratische* Abhängigkeit der Reynolds-Spannungen von den Geschwindigkeitsgradienten ist ein qualitativer Unterschied zu viskosen Spannungen, die *linear* in den Geschwindigkeitsgradienten sind. Bei einem Vergleich von (7.102) mit (7.96) sieht man, dass die obige Beziehung einer Wirbelviskosität

$$\mu_{\text{turb}} = \rho l^2 \left| \frac{\partial \overline{u}}{\partial y} \right| \tag{7.103}$$

entspricht.

Das Modell des Prandtlschen Mischungswegs ist eines der einfachsten Turbulenzmodelle. Die Bestimmung der Korrelation der Fluktuationen $\overline{u_i' u_j'}$ wird dabei auf die Bestimmung des Mischungswegs verlagert. Dieser ist im allgemeinen von der Geometrie der Strömung abhängig: $l = l(\boldsymbol{x})$. Für Strömungen, die im Mittel nur von einer Koordinate abhängen, z. B. bei einer dünnen Grenzschicht, kann man den Mischungsweg experimentell bestimmen. Leider konnte bisher kein allgemeingültiger Ausdruck für $l(\boldsymbol{x})$ gefunden werden. Erschwerend ist außerdem, dass die Reynoldsschen Spannungen im allgemeinen nicht nur von dem lokalen Gradienten der mittleren Geschwindigkeit abhängen, sondern auch von der zeitlichen Entwicklung, welche die Turbulenzballen vor dem betrachteten Zeitpunkt erfahren haben.

7.5.5 Mittlere Geschwindigkeit in Wandnähe

Die Grenzschicht entlang einer festen Wand wird turbulent, wenn die Strömung sehr schnell ist oder wenn sich die Grenzschicht über hinreichend große Längenskalen entwickelt. In beiden Fällen ist die lokale Reynolds-Zahl $\text{Re}_x = U_\infty x / \nu$ sehr groß, wobei x den Abstand von der Vorderkante bezeichnet. Da diese Bedingung bei vielen Strömungen erfüllt ist, sind wandnahe turbulente Strömungen von großer praktischer Bedeutung z. B. für die Auslegung von Triebwerken und Tragflügeln.

Wir betrachten eine Strömung in x-Richtung entlang einer ebenen Wand bei $y = 0$. Für eine im Mittel parallele Strömung mit $\overline{v} = \overline{w} = 0$ und $\overline{u} = \overline{u}(y)$ kann man mit Hilfe der Reynoldsschen Gleichungen zeigen, dass der Druckgradient im Mittel konstant ist und nur von x abhängt ($\text{d}\overline{p}/\text{d}x = \text{const.}$) und dass die gesamte mittlere Schubspannung $\overline{\tau}_{\text{ges}}$ linear mit dem Wandabstand variiert (siehe z. B. Spurk 2004)

$$\overline{\tau}_{\text{ges}} = \overline{\tau}_{\text{W}} + \underbrace{\frac{\text{d}\overline{p}}{\text{d}x}}_{\text{const.}} y \,. \tag{7.104}$$

Hierbei ist $\overline{\tau}_{\text{W}}$ die mittlere Wandschubspannung. Für große Reynolds-Zahlen und hinreichend kleinen Wandabstand ($y \to 0$) kann man den zweiten Summanden vernachlässigen. Der Druckgradient spielt dort keine Rolle. Es existiert in Wandnähe also immer ein Bereich, *inneres Gebiet* genannt, in dem die gesamte mittlere Schubspannung konstant und gleich der mittleren Wandschubspannung ist

$$\overline{\tau}_{\text{ges}} = \mu \frac{\partial \overline{u}}{\partial y} - \rho \overline{u' v'} \overset{!}{=} \overline{\tau}_{\text{W}} \,. \tag{7.105}$$

Dieses innere Gebiet kann in zwei Bereiche unterteilt werden.

Viskose Unterschicht In unmittelbarer Wandnähe existiert eine *viskose Unterschicht*, in der die turbulenten Schwankungsgrößen vernachlässigt werden können. Zwar gibt es in dieser Schicht turbulente Schwankungen; sie sind jedoch von wesentlich kleinerer Größenordnung als die mittlere Geschwindigkeit. Die Spannungen sind in dieser Unterschicht praktisch nur durch die viskose Reibung bedingt. Deshalb muss die viskose Schubspannung in der viskosen Unterschicht selbst konstant sein[45]

$$\mu \frac{\partial \overline{u}}{\partial y} = \overline{\tau}_W \ . \tag{7.106}$$

Die mittlere Geschwindigkeit erhält man durch Integration von (7.106) mit $\overline{u}(0) = 0$

$$\overline{u}(y) = \frac{\overline{\tau}_W}{\rho \nu} y \ . \tag{7.107}$$

Das mittlere Geschwindigkeitsprofil in der viskosen Unterschicht ist also linear und durch die Wandschubspannung $\overline{\tau}_W$ bestimmt. Wenn man die *Wandschubspannungsgeschwindigkeit* u_τ definiert als

$$\overline{\tau}_W = \rho u_\tau^2 \quad \Rightarrow \quad u_\tau := \sqrt{\frac{\overline{\tau}_W}{\rho}} \ , \tag{7.108}$$

kommt man auf die folgende Skalierung der mittleren Geschwindigkeit und des Wandabstands

$$\overline{u}^+(y) := \frac{\overline{u}(y)}{u_\tau} \ , \tag{7.109a}$$

$$y^+ := \frac{u_\tau}{\nu} y. \tag{7.109b}$$

Hierbei ist y^+ der mit der *viskosen Länge* ν/u_τ dimensionslos gemachte Wandabstand. Diese Skalierung ist universell für alle wandnahen, turbulenten Strömungen, da keine anderen Längen- und Geschwindigkeitsskalen zur Verfügung stehen. Das lineare Geschwindigkeitsprofil in der viskosen Unterschicht (7.107) erhält dann die besonders einfache Form

$$\overline{u}^+(y^+) = y^+ \ . \tag{7.110}$$

Die viskose Unterschicht, in der dieses Profil gilt, hat eine Ausdehnung von $y^+ = 0$ (Wandoberfläche) bis zu $y^+ = \Delta \approx 5 \dots 10$. Nach einem Übergangsbereich schließt sich ein Gebiet an, in dem die viskosen gegenüber den turbulenten Spannungen in (7.105) vernachlässigt werden können.

Logarithmisches Wandgesetz Das Gebiet, in dem die viskosen Spannungen vernachlässigt werden können und in dem noch immer die gesamte mittlere Schubspannung konstant ist, beginnt bei $y^+ \approx 30$. Für $y^+ \gtrsim 30$ gilt betragsmäßig

$$\overline{\tau}_W = \rho \left| \overline{u'v'} \right| = \rho u_\tau^2 = \text{const.} \tag{7.111}$$

---

[45] Die Korrekturen sind für kleine Wandabstände von kleiner Größenordnung: $\overline{\tau}_{ges} = \mu \partial \overline{u}/\partial y + O(y^3)$ (Spurk 2004).

Wir sehen also, dass die Wandschubspannungsgeschwindigkeit u_τ von der Größenordnung der mittleren Geschwindigkeitsschwankung $\left|\overline{u'v'}\right|^{1/2}$ ist. Wenn wir für das Gebiet $y^+ \gtrsim 30$ das Modell des Prandtlschen Mischungswegs verwenden, gilt dort

$$\overline{\tau}_W = \rho l^2 \left(\frac{\partial \overline{u}}{\partial y}\right)^2 . \qquad (7.112)$$

Für kleinen Wandabstand muss der Mischungsweg $l = \varkappa y$ linear mit dem Wandabstand y anwachsen, da die Reynolds-Spannungen an der Wand verschwinden müssen und keine anderen Längenskalen zur Verfügung stehen.[46] Die Konstante $\varkappa$ wird *Kármán-Konstante* genannt. Mit diesen Annahmen erhalten wir

Theodore von Kármán
1881–1963[†]

$$\overline{\tau}_W = \rho u_\tau^2 = \rho \varkappa^2 y^2 \left(\frac{\partial \overline{u}}{\partial y}\right)^2 \quad \Rightarrow \quad \frac{\partial \left(\overline{u}/u_\tau\right)}{\partial y} = \frac{1}{\varkappa y} . \qquad (7.113)$$

Wenn wir y jetzt noch mit der viskosen Längenskala entdimensionalisieren und integrieren, erhalten wir

$$\overline{u}^+ := \frac{1}{\varkappa} \ln y^+ + B . \qquad (7.114)$$

Dieses mittlere Geschwindigkeitsprofil nennt man das *logarithmische Wandgesetz*. Bis auf die additive Integrationskonstante ist es universell. Ein Fit an eine Vielzahl experimenteller Daten zeigt, dass $\varkappa = 0.41$ und $B = 5.5$ eine sehr gute Approximation liefern.

Die Viskosität hat keinen Einfluß auf die Form dieses Gesetzes, da die Schubspannung in diesem Gebiet ($y^+ \gtrsim 30$) fast ausschließlich durch turbulente Schwankungen verursacht wird. Die Integrationskonstante B legt jedoch den Wandabstand fest, bei dem die viskose Unterschicht in den von der Viskosität unabhängigen Bereich übergeht.

Die Geschwindigkeitsprofile der viskosen Unterschicht und des logarithmischen Wandgesetzes sind in ▶ Abb. 7.19 gezeigt. Die Profile gehen in einem Übergangsbe-

---

[†]Mit freundlicher Genehmigung von AIP Emilio Segre Visual Archives.
46 Die Konstante $\varkappa$ ist nicht mit der adiabatischen Konstante zu verwechseln.

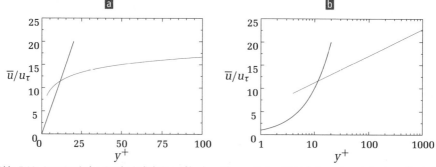

Abb. 7.19: Asymptotische Geschwindigkeitsprofile der viskosen Unterschicht (schwarz) und des logarithmischen Wandgesetzes (blau) auf linearer **a** und logarithmischer Skala **b**.

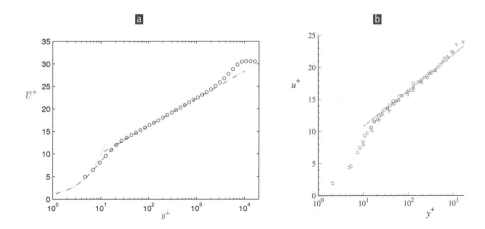

Abb. 7.20: **a** Gemessenes Profil der mittleren Geschwindigkeit $\overline{u}^+$ in einer turbulenten Grenzschicht (O) für $Re_{\delta_2} = U\delta_2/\nu = 2530$ nach Österlund (1999), wobei $\delta_2 = \int_0^\infty (\overline{u}/U) [1 - (\overline{u}/U)]\, dy$ die Impulsverlustdicke ist, im Vergleich mit numerischen DNS-Daten von Komminaho et al. (1996) (gestrichelt), dem viskosen linearen Profil (punktiert) und dem logarithmischen Wandgesetz (7.114) mit $\varkappa = 0.38$ und $B = 4.1$ (strichpunktiert). **b** Messungen der mittleren Geschwindigkeit $\overline{u}^+$ der turbulenten Kanalströmung von Wei & Willmarth (1989) für $Re = 2970$ (O), $Re = 14914$ (□), $Re = 22776$ (△) und $Re = 39583$ (▽), wobei $Re = Uh/\nu$ ist mit der halben Kanalhöhe h, im Vergleich mit dem logarithmischen Wandgesetz für $\varkappa = 0.41$ und $B = 5.2$ (aus Pope 2000).

reich ($y^+ \approx 5\ldots 30$) glatt ineinander über. Beide Bereiche sind in allen turbulenten Strömungen entlang glatter Wände anzutreffen, seien es Rohrströmungen, Kanalströmungen oder turbulente Grenzschichten (siehe ▶ Abb. 7.20).

7.5.6 Turbulente Grenzschicht einer ebenen Platte

Ähnlich wie für laminare Strömungen kann man auch für turbulente Strömungen eine Grenzschichtnäherung durchführen. Im turbulenten Fall basiert sie jedoch nicht auf den Navier-Stokes-, sondern auf den Reynolds-Gleichungen (7.92). Dazu muss man lediglich die Reynolds-Spannungen in die Grenzschichtgleichungen einfügen und zu gemittelten Größen übergehen. Die Grenzschichtgleichung für eine turbulente Grenzschicht lautet daher (vergleiche mit (7.69))[47]

$$\overline{u}\frac{\partial \overline{u}}{\partial x} + \overline{v}\frac{\partial \overline{u}}{\partial y} = U\frac{\partial U}{\partial x} + \frac{\partial}{\partial y}\left(\nu\frac{\partial \overline{u}}{\partial y} - \overline{u'v'}\right) . \tag{7.115}$$

Als nächstes müßte man die Schwankungsgrößen noch durch die gemittelten Größen ausdrücken, was mit Hilfe des Prandtlschen Mischungsweg-Ansatzes möglich ist. Dabei werden verschiedene Modifikationen der Abhängigkeit des Mischungswegs l von y verwendet.

Einen anderen Zugang bieten integrale Bilanzen, bei denen die Massen- und die Impulsbilanz innerhalb eines Volumens der Länge dx der Grenzschicht ausgewertet werden. Ihnen werden empirische Daten zugrunde gelegt. Beispielsweise wird die

---

47 Wenn die Geometrie zweidimensional ist, verschwindet der Mittelwert $\partial_x \overline{uw}$. Außerdem ist die turbulente Normalspannung $\partial_x \overline{u^2}$ vernachlässigbar klein.

mittlere Geschwindigkeit $\bar{u}$ in der turbulenten Grenzschicht gut durch das Potenzgesetz

$$\frac{\bar{u}}{U_\infty} = \left(\frac{y}{\delta}\right)^{1/n} , \quad \text{mit} \quad n \approx 7 \tag{7.116}$$

wiedergegeben, wobei δ die turbulente Grenzschichtdicke ist.[48] Dieses Profil gilt ungefähr für den Bereich $5 \times 10^5 \leq \text{Re}_L \leq 10^7$, wobei n noch etwas mit der Reynolds-Zahl ansteigt (siehe ▶ Tabelle 7.3). Hierbei ist $\text{Re}_L = U_\infty L/\nu$ die mit dem Abstand von der Vorderkante L gebildete Reynolds-Zahl. Die Verdrängungsdicke δ_1 nach (7.81) steht mit der Grenzschichtdicke δ in dem Zusammenhang

$$\delta_1 = \frac{1}{U_\infty} \int_0^\infty (U_\infty - \bar{u}) \, \mathrm{d}y = \int_0^\delta \left[1 - \left(\frac{y}{\delta}\right)^{1/n}\right] \mathrm{d}y = \frac{\delta}{n+1} \approx \frac{\delta}{8} . \tag{7.117}$$

Aus der integralen Bilanz des Impulses findet man für das Wachstum der Dicke $\delta(x)$ einer turbulenten Plattengrenzschicht (hier nicht gezeigt, siehe aber z. B. Spurk 2004)

$$\frac{\mathrm{d}\delta(x)}{\mathrm{d}x} = \frac{72}{7} \frac{\bar{\tau}_W}{\rho U_\infty^2} . \tag{7.118}$$

Zusammen mit dem empirischen *Blasius-Gesetz* für die Wandschubspannung

$$\frac{\bar{\tau}_W}{\rho U_\infty^2} = 0.0225 \left(\frac{\nu}{U_\infty \delta}\right)^{1/4} , \tag{7.119}$$

das für den oben genannten Re_L-Bereich gilt, kann man die Impulsbilanz (7.118) durch Trennen der Variablen x und δ integrieren und findet für die turbulente Grenzschichtdicke

$$\frac{\delta(x)}{x - x_0} = 0.37 \times \text{Re}_x^{-1/5} , \tag{7.120}$$

wobei die Integrationskonstante $x_0 > 0$ die Länge ist, an der die turbulenten Grenzschichtdicke verschwindet, d. h. der Ort des fiktiven Beginns der turbulenten Grenzschicht, und

$$\text{Re}_x = \frac{U_\infty (x - x_0)}{\nu} \tag{7.121}$$

die Reynolds-Zahl basierend auf dem Abstand vom fiktiven Beginn der turbulenten Grenzschicht. Damit können wir die *turbulente Grenzschichtdicke* explizit schreiben als

$$\delta = 0.37 \times \left[\frac{\nu (x - x_0)^4}{U_\infty}\right]^{1/5} . \tag{7.122}$$

In ▶ Abb. 7.21 ist die Verdrängungsdicke δ_1 als Funktion des Abstands x von der Vorderkante der Platte dargestellt. Bei einer homogenen Anströmung ist die Grenzschicht zunächst laminar. Nach einer Länge x_I hat sich die lokale Reynolds-Zahl $\text{Re}_{\delta_1} = 520$ (basierend auf $\delta_1 = \delta/8$) soweit erhöht, dass kleine Störungen in der Grenzschicht anwachsen können. Diesen Punkt nennt man *Indifferenzpunkt*. An ihm ist $\delta_1 = 520\nu/U_\infty$. Weiter stromabwärts findet dann am Punkt x_U der vollständige Umschlag in eine turbulente Grenzschichtströmung statt. Am *Umschlagspunkt*

---

48 Der leichte Knick im Profil der mittleren Geschwindigkeit bei $y = \delta$ (vgl. ▶ Abb. 7.23) ist natürlich in der Realität nicht vorhanden.

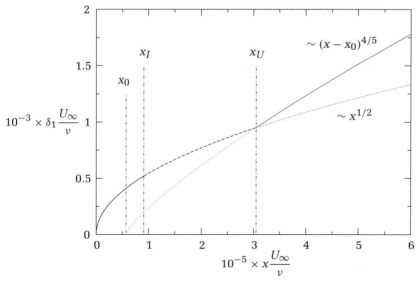

Abb. 7.21: Verdrängungsdicke δ_1 der laminaren (schwarz) und der turbulenten Plattengrenzschicht (blau). Es bezeichnen x_I den Indifferenzpunkt, x_U den Umschlagspunkt und x_0 die fiktive Vorderkante der turbulenten Grenzschicht.

ist $\delta_1 \approx 950\,\nu/U_\infty$ und $\mathrm{Re}_{\delta_1} \approx 950$. Stromabwärts vom Umschlagspunkt x_U ist die turbulente Grenzschichtdicke anzuwenden. Daher wird x_0 so bestimmt, dass im Umschlagspunkt, an dem $\delta_1 \approx 950\,\nu/U_\infty$ ist, die laminare und die turbulente Grenzschichtdicke übereinstimmen: $\delta_1^{\mathrm{lam}}(x_U) = \delta_1^{\mathrm{turb}}(x_U)$. Die Extrapolation der turbulenten Grenzschichtdicke liefert daher eine fiktive Vorderkante, die nicht mit der tatsächlichen Vorderkante $x = 0$ zusammenfällt, sondern bei $x_0 \approx 5.72 \times 10^4\,\nu/U_\infty > 0$ liegt.

Im Gegensatz zum Indifferenzpunkt ist der Umschlagspunkt nicht scharf definiert. Um den Abstand x von der Vorderkante der Platte zu bestimmen, an dem der Umschlag stattfindet, kann man $\mathrm{Re}_{\delta_1} \approx 950$ nach (7.81) und (7.79) durch Re_x ausdrücken und findet

$$\mathrm{Re}_x = \left(\frac{\mathrm{Re}_{\delta_1}}{1.72}\right)^2 \overset{\mathrm{Re}_{\delta_1} \approx 950}{\approx} 3 \times 10^5 . \qquad (7.123)$$

Der geschilderte direkte Umschlag einer laminaren in eine turbulente Grenzschicht geschieht ohne äußere Eingriffe. Er wird auch *by-pass transition* genannt, da andere mögliche Strömungsmuster auf dem Weg in die Turbulenz umgangen werden. Eine andere Art der Transition ergibt sich, wenn die Strömung beispielsweise durch einen vibrierenden Draht gestört wird, der in der Grenzschicht quer zur Stromrichtung gespannt ist. Stromabwärts vom Draht wachsen dann zweidimensionale Störungen in Form von Tollmien-Schlichting-Wellen an (Strukturen links in ▶ Abb. 7.22). Diese sind in der Grenzschichtströmung eingebettete Wirbel. Sie sind ihrerseits instabil. Aufgrund der Instabilität werden die Tollmien-Schlichting-Wirbel senkrecht zur Stromrichtung moduliert (zu erkennen auf dem zweiten Wellenberg in ▶ Abb. 7.22), wobei sich weiter stromabwärts sogenannte Λ-Wirbel ausbilden (siehe den vierten Wellenberg in ▶ Abb. 7.22). Sie können entweder dieselbe Periodizität (*K-type break-*

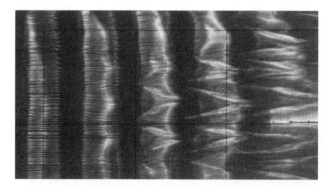

Abb. 7.22: Momentaufnahme der K-Typ-Transition einer Grenzschicht in der Aufsicht. Die Strömung ist von links nach rechts. Die hellen periodischen Streichlinien markieren die Tollmien-Schlichting-Welle, auf der dreidimensionale Störungen in Stromrichtung anwachsen. Aufnahme: W. S. Saric (aus Herbert 1988). Reproduktion mit freundlicher Genehmigung von Annual Reviews, www.annualreviews.org.

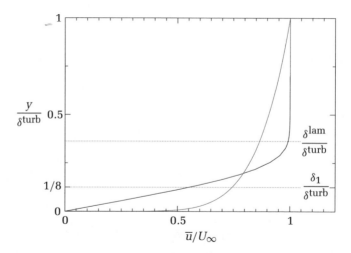

Abb. 7.23: Turbulentes (blau) und laminares Geschwindigkeitsprofil (schwarz) in der Grenzschicht für gleiche Verdrängungsdicke δ_1.

down nach Klebanoff et al. (1962)) oder die doppelte Periodizität der Tollmien-Schlichting-Wellen aufweisen (*H-type breakdown* nach Herbert (1983)). Die Λ-Wirbel wachsen stromabwärts an, werden aufgrund der starken Scherung in sogenannte Haarnadel-Wirbel auseinandergezogen und zerfallen dann in die Turbulenz.[49]

Ein Vergleich der Geschwindigkeitsprofile von laminarer und turbulenter Grenzschicht ist in ▶ Abb. 7.23 gezeigt. Um den Vergleich durchzuführen, wurden beide Profile für ein und dieselbe Verdrängungsdicke δ_1 gezeichnet. Auf der Skala der Grenzschichtdicke δ^{turb} der turbulenten Grenzschicht ist nach (7.117) $\delta_1 = 1/8$. Die entsprechende laminare Grenzschichtdicke auf dieser Skala ist $\delta(\delta_1 = 1/8) = 8^{-1} \times 5/1.7208 = 0.3632$ (siehe (7.81)). Man sieht, dass die mittlere Geschwindigkeit

---

49 Eine gute Einführung in die Transition von Scherströmungen bieten Huerre & Rossi (1998).

in Wandnähe bei der turbulenten Grenzschicht wesentlich höher ist als bei einer vergleichbaren laminaren Grenzschicht. Daher ist in der Nähe des Umschlagspunktes x_U ($\delta_1^{\text{lam}} = \delta_1^{\text{turb}}$) die turbulente Wandschubspannung signifikant höher als die laminare. Dieser Effekt wird im weiteren Verlauf der Strömung (stromabwärts vom Umschlagspunkt) dadurch abgemildert, dass die turbulente Grenzschichtdicke schneller anwächst als die laminare. Um den Reibungswiderstand z. B. von Tragflügeln zu reduzieren, ist es deshalb wichtig, das Wandprofil so wählen, dass der Umschlag in eine turbulente Grenzschicht möglichst weit stromabwärts liegt. Den *lokalen turbulenten Reibungsbeiwert* kann man mit Hilfe des Blasius-Gesetzes (7.119) und der turbulenten Grenzschichtdicke (7.122) durch

$$c_f = \frac{\overline{\tau}_W}{\rho U_\infty^2/2} \approx 0.058 \, \text{Re}_x^{-1/5} \qquad (7.124)$$

approximieren.

7.5.7 Wandrauhigkeit

Die bisherigen Betrachtungen galten für vollkommen glatte Wände. Reale Wände sind aber rauh. Die Wandrauhigkeit durch kleinskalige Unebenheiten wird durch die *mittlere Rauhigkeitserhebung* k über das mittlere Wandniveau charakterisiert. Die Rauhigkeit hat kaum Einfluß auf eine laminare Strömung. Kleine Erhebungen und Vertiefungen werden sozusagen von der viskosen Strömung zugedeckt, wodurch sich die Strömung selbst eine glatte Wand schafft.[50] Dasselbe gilt auch für turbulente Strömungen, wenn die Erhebungen nicht aus der viskosen Unterschicht mit der Dicke $y^+ = (u_\tau/\nu)y \approx 5$ herausragen. Deshalb hat die Wandrauhigkeit keinen Einfluß auf die turbulente Strömung, solange

$$k \leq 5 \, \frac{\nu}{u_\tau} \quad \text{entsprechend} \quad \text{Re}_k := \frac{u_\tau k}{\nu} \leq 5 \qquad (7.125)$$

ist, wobei Re_k *Rauhigkeits-Reynolds-Zahl* genannt wird.

Wenn aber die Reynolds-Zahl Re anwächst, erhöht sich die Wandschubspannung $\overline{\tau}_W$ und damit die Wandschubspannungsgeschwindigkeit $u_\tau = \sqrt{\overline{\tau}_W/\rho}$, und die viskose Unterschicht wird immer dünner. Dann kann es sein, dass die Wanderhebungen deutlich aus der viskosen Unterschicht herausragen, so dass die Rauhigkeiten nicht mehr von der Viskosität zugedeckt werden können. Die Bedeutung der Viskosität für den Widerstand nimmt dann ab. Nach einem Übergangsbereich spricht man ab

$$\text{Re}_k > 70 \qquad (7.126)$$

von einer vollkommen rauhen Oberfläche. Dann hat die Viskosität praktisch keinen Einfluß mehr auf die Widerstandzahl und diese wird unabhängig von der Reynolds-Zahl (siehe Abschnitt 7.5.8). Wie rauh eine Wand bezüglich einer Strömung ist, hängt also von der Rauhigkeits-Reynolds-Zahl Re_k ab, die mit der Rauhigkeitserhebung k und der Schubspannungsgeschwindigkeit u_τ gebildet wird.

Da die Viskosität bei rauhen Wänden mit $\text{Re}_k > 70$ keine Rolle mehr spielt, verbleibt einzig die Rauhigkeitserhebung k zur Skalierung der Länge. Damit ergibt sich

---

50 Der auf kleinen Längenskalen dominierende diffusive Term $\nu\nabla^2\boldsymbol{u}$ wirkt glättend.

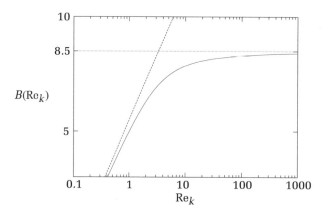

Abb. 7.24: Konstante $B(\mathrm{Re}_k)$ im logarithmischen Wandgesetz (blau). Gezeigt sind außerdem die Asymptoten für $\mathrm{Re}_k \to 0$ (gestrichelt) und $\mathrm{Re}_k \to \infty$ (gepunktet). Die Abhängigkeit ist nur schematisch und für technisch rauhe Oberflächen dargestellt.

für das logarithmische Wandgesetz (7.113) die Form

$$\frac{\overline{u}(y)}{u_\tau} = \frac{1}{\varkappa} \ln\left(\frac{y}{k}\right) + B\left(\mathrm{Re}_k\right) \, , \tag{7.127}$$

wobei die Integrationskonstante B noch von der Rauhigkeits-Reynolds-Zahl Re_k abhängt. In Abschnitt 7.5.5 haben wir gesehen, dass einzig die Konstante B im logarithmischen Wandgesetz von der Viskosität beeinflußt wird. ► Abbildung 7.24 zeigt den qualitativen Verlauf von $B(\mathrm{Re}_k)$. Für vollkommen rauhe Wände ($\mathrm{Re}_k \to \infty$) findet man den asymptotische Wert $B \to \approx 8.5$. Für kleine Rauhigkeits-Reynolds-Zahlen muss das logarithmische Wandprofil für glatte Wände (7.114) reproduziert werden. Asymptotisch muss deshalb gelten $B(\mathrm{Re}_k \to 0) \to 2.5 \ln \mathrm{Re}_k + 5.5$, denn

$$\frac{\overline{u}}{u_\tau} = 2.5 \ln y^+ + 5.5 = 2.5 \ln\left(\frac{y}{k}\right) + \underbrace{2.5 \ln \mathrm{Re}_k + 5.5}_{B(\mathrm{Re}_k \to 0)} \, . \tag{7.128}$$

Im Übergangsbereich hängt $B(\mathrm{Re}_k)$ auch von der Struktur der Wandrauhigkeit ab. Einige Rauhigkeitswerte sind in ► Tabelle 7.2 angegeben.

Rohrart	k [mm]	Rohrart	k [mm]
gezogene Rohre aus Glas, Kupfer, Leichtmetall, Kunststoff	< 0.005	geschweißte Stahlrohre (neu ... stark verrostet)	$0.05 \ldots 3$
		Betonrohre (geglättet ... roh)	$0.15 \ldots 0.8$
gezogene Stahlrohre	$0.01 \ldots 0.05$	Holzrohre	$0.2 \ldots 1$

Tabelle 7.2: Einige Rauhigkeitswerte k.

7.5.8 Turbulente inkompressible Rohrströmung

Turbulenter Widerstand

Bei Rohrströmungen ist vor allem der Druckverlust von Interesse. Dieser kann durch viskose Reibung, Turbulenz oder geometrische Faktoren (Rohrverengungen, Krümmer) bedingt sein. Um den Druckverlust einer turbulenten Rohrströmung zu berechnen, betrachten wir eine voll entwickelte Strömung nach der Einlauflänge.[51] Dann hängt die mittlere Geschwindigkeit $\overline{\boldsymbol{u}} = \overline{w}(r)\boldsymbol{e}_z$ nicht von der axialen Koordinate z ab, und der mittlere Druck $\overline{p} = \overline{p}(z)$ ist unabhängig von der radialen Koordinate r, wie bei der Grenzschichtströmung.

Wir bilanzieren nun die Kräfte auf das in ▶ Abb. 7.25 gezeigte Kontrollvolumen der Länge L mit Radius a. Im Gleichgewicht gilt

$$\pi a^2 \left(\overline{p}_1 - \overline{p}_2\right) = \overline{\tau}_W 2\pi a L . \tag{7.129}$$

Damit erhalten wir den Druckverlust $\Delta\overline{p} = \overline{p}_1 - \overline{p}_2$ über die Länge L

$$\Delta\overline{p} = \overline{\tau}_W \frac{2L}{a} . \tag{7.130}$$

Ohne Kenntnis des Geschwindigkeitsprofils machen wir für die mittlere Wandschubspannung aus Dimensionsgründen den Ansatz

$$\overline{\tau}_W = \sigma \frac{\rho \overline{U}^2}{2} , \tag{7.131}$$

wobei die genaue Abhängigkeit von der Reynolds-Zahl in dem dimensionslosen Faktor σ steckt und $\overline{U}$ hier die zeitlich *und* über den Querschnitt gemittelte Geschwindigkeit ist. Mit einer Faktorisierung in einen dimensionsbehafteten Faktor, einen Geometriefaktor und einen Zahlenwert ($\lambda_{\text{turb}} = 4\sigma$) erhalten wir so die Darstellung des *Druckverlustes* in der Form ($d = 2a$)

$$\Delta\overline{p} = \frac{\rho \overline{U}^2}{2} \frac{L}{d} \lambda_{\text{turb}} , \tag{7.132}$$

wie sie formal auch für laminare Strömungen gilt (vergleiche (7.51)).

---

51 Siehe Fußnote 35 auf S. 226.

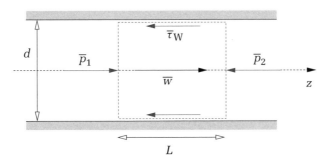

Abb. 7.25: Kontrollvolumen in einem in *z*-Richtung durchströmten Rohr.

Es zeigt sich, dass man für die phänomenologische Beschreibung der turbulenten Wandschubspannungen bis Re $\approx 10^5$ eine Abhängigkeit wie beim Blasius-Gesetz für Grenzschichten (7.119) verwenden kann, nur mit einem anderen Vorfaktor. Nach *Blasius* gilt für die *Widerstandszahl*

$$\lambda_{\text{turb}} = 0.3164 \times \text{Re}^{-1/4} , \qquad (7.133)$$

wobei Re $= \overline{U}d/\nu$ ist. Für höhere Reynolds-Zahlen bis $\approx 3 \times 10^6$ liefert die implizite Formel von *Prandtl* einen besseren Fit

$$\lambda_{\text{turb}}^{-1/2} = 2.03 \log_{10} \left(\lambda_{\text{turb}}^{1/2} \text{Re} \right) - 0.8 . \qquad (7.134)$$

Die Formeln von Blasius und von Prandtl gelten für glatte Rohre. Für rauhe Rohre ergeben sich höhere Widerstandszahlen, die für höhere Reynolds-Zahlen unabhängig von Re werden (vgl. Abschnitt 7.5.7). Die implizite *Colebrooksche Widerstandsformel*

$$\lambda_{\text{turb}}^{-1/2} = 1.74 - 2 \log_{10} \left(\frac{k}{a} + \frac{18.7}{\lambda_{\text{turb}}^{1/2} \text{Re}} \right) \qquad (7.135)$$

enthält explizit die Wandrauhigkeit k und interpoliert recht gut den gesamten Bereich von hydraulisch glatt bis vollkommen rauh. Sie beinhaltet die Prandtl-Formel (7.134) im Grenzwert verschwindender Wandrauhigkeit $k \to 0$.

Die Widerstandszahlen nach der Blasiusschen (7.133), der Prandtlschen (7.134) und der Colebrookschen Formel (7.135) sind in ▶ Abb. 7.26 als Funktionen der Rey-

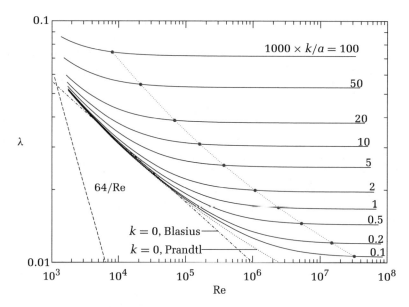

Abb. 7.26: Widerstandszahlen λ für Kreisrohre nach der Colebrookschen Formel (7.135) als Funktion der Reynolds-Zahl Re $= \overline{U}d/\nu$. Zusätzlich ist die Widerstandszahl für laminare Strömungen (gestrichelt) und der Limes eines glatten Rohres ($k \to 0$) nach Blasius (7.133) (strichpunktiert) und nach Prandtl (7.134) (gepunktet) eingezeichnet. An den blauen Punkten gilt Re$_k$ = 70. Rechts von der blau gepunkteten Linie, d. h. für höhere Reynolds-Zahlen Re, ist der Widerstand praktisch unabhängig von der Viskosität.

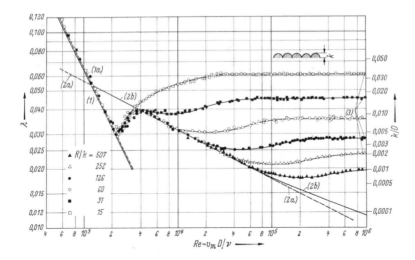

Abb. 7.27: Nikuradse-Diagramm mit experimentellen Verlustkoeffizienten λ als Funktion der Reynolds-Zahl Re $=$ $\overline{U}d/\nu$ für Kreisrohre mit Radius R nach Truckenbrodt (1996) (basierend auf den original Meßdaten von Nikuradse (1933)). Gezeigt sind Kurven für die laminare Strömung in glatten (1) und rauhen Rohren (1a) sowie für das Blasius- (2a) und das Prandtl-Gesetz (2b). Die Kurven (3) interpolieren die experimentellen Daten.

nolds-Zahl Re dargestellt. Für Reynolds-Zahlen jenseits der blau gestrichelten Linie gilt mit (7.126) $\text{Re}_k = u_\tau k/\nu > 70$. Diese Bedingung kann man schreiben als

$$\text{Re} = \frac{\overline{U}d}{\nu} \geq \underbrace{\frac{u_\tau k}{\nu}}_{=70 \leq \text{Re}_k} \frac{d}{k} \frac{\overline{U}}{u_\tau} = \frac{140}{\varkappa} \frac{a}{k} \ln\left(\frac{a}{k}\right) + 8.5 \,. \qquad (7.136)$$

$$\underbrace{\qquad}_{(7.127)}$$

Die Rohre sind bei diesen Reynolds-Zahlen *hydraulisch vollkommen rauh*.

Das Übergangsgebiet zwischen laminarer und turbulenter Rohrströmung liegt zwischen Re $= 10^3$ und Re $= 10^4$. In diesem Gebiet liefert keines der theoretischen Modelle eine befriedigende Vorhersage des Verlustkoeffizienten. Dies ist an den experimentell ermittelten Widerstandszahlen zu sehen, die in ▶ Abb. 7.27 dargestellt sind. In diesem Reynolds-Zahlbereich sind weder die Voraussetzungen für eine laminare noch diejenigen für eine turbulente Strömung erfüllt. Diagramme wie in ▶ Abb. 7.27 werden als *Nikuradse-Diagramme* bezeichnet, da die ersten Messungen des Widerstandes in rauhen Rohren auf Nikuradse (1933) zurückgehen. Man sieht, dass der Widerstand in den meisten praktischen Fällen für Re $\gtrsim 2300$ vom laminaren Gesetz abweicht. Deshalb wird der Punkt Re $= 2300$ auch oft als Umschlagspunkt in die Turbulenz bezeichnet.[52]

---

52 Im Labor kann man eine Rohrströmung in glatten und langen Rohren bis zu Reynolds-Zahlen von Re $\approx 10^5$ laminar halten, bevor die Strömung turbulent wird. Die unterschiedlichen gemessenen Reynolds-Zahlen für den Umschlag in die Turbulenz konnten erst in letzter Zeit besser verstanden werden: Ab Re ≈ 1000 existieren für wachsende Reynolds-Zahl neben der Hagen-Poiseuille-Lösung der Navier-Stokes-Gleichungen auch eine immer größere Anzahl unterschiedlicher *instabiler* Lösungen. Diese wirken im Phasenraum die wie ein Gestrüpp aus Repelloren. Man nennt dies einen chaotischen Sattel. Wenn nun der Zustand des Sys-

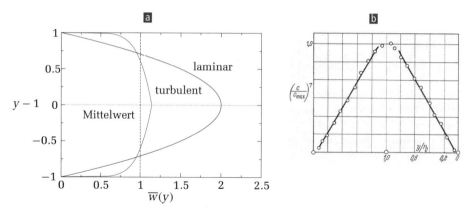

Abb. 7.28: **a** Zeitgemittelte Geschwindigkeitsprofile für die laminare (schwarz) und die turbulente Rohrströmung (blau), normiert auf den räumlichen Mittelwert. **b** Experimentelle Bestätigung des 1/7-Gesetzes (Eck 1966).

Geschwindigkeitsprofil

Aus dem Blasius-Gesetz (7.133) kann man auf das Geschwindigkeitsprofil $\overline{w}(r)$ schließen. Wenn wir (7.133) in (7.131) einsetzen, ergibt sich

$$\overline{\tau}_W = \sigma\,\frac{\rho\overline{U}^2}{2} = \frac{\lambda_{\text{turb}}}{4}\,\frac{\rho\overline{U}^2}{2} \overset{(7.133)}{\sim} \rho\overline{U}^2 \text{Re}^{-1/4} = \rho\nu^{1/4}\,\overline{U}^{7/4}\,d^{-1/4} \sim \rho\nu^{1/4}\,\overline{w}_{\text{max}}^{7/4}\,d^{-1/4}.$$
(7.137)

Mit der Annahme einer konstanten mittleren Schubspannung $\overline{\tau}_{\text{ges}} = \overline{\tau}_W$ in Wandnähe (Abschnitt 7.5.5) und dem Potenzansatz für das Geschwindigkeitsprofil

$$\overline{w}(y) = \overline{w}_{\text{max}}\left(\frac{y}{a}\right)^{\alpha},$$
(7.138)

wobei y der Abstand von der Wand ist und a der Radius, erhalten wir

$$\text{const.} = \overline{\tau}_W \sim \rho\nu^{1/4}\overline{w}^{7/4}(y)\left(\frac{y}{a}\right)^{-7\alpha/4} d^{-1/4} \sim \rho\nu^{1/4}\overline{w}^{7/4}(y)y^{-7\alpha/4}a^{(7\alpha-1)/4}.$$
(7.139)

Unter der weiteren Annahme, dass die turbulente Wandschubspannung nicht vom Radius a abhängt (von Kármán, Prandtl), folgt $\alpha = 1/7$. Damit erhalten wir das 1/7-*Potenzgesetz*

$$\overline{w}(y) = \overline{w}_{\text{max}}\left(\frac{y}{a}\right)^{1/7} = \overline{w}_{\text{max}}\left(1 - \frac{r}{a}\right)^{1/7},$$
(7.140)

tems in den Bereich des chaotischen Sattels gerät, ist die Dynamik kompliziert (turbulente Strömung). Der Zustand wird zwischen den unterschiedlichen instabilen Lösungen in chaotischer Weise hin und her geworfen und kann diesem Bereich praktisch nicht mehr entweichen. Genauer gesagt scheint die mittlere Lebensdauer dieses chaotischen Zustands exponentiell mit der Reynolds-Zahl anzuwachsen. Ein Rückfall der turbulenten auf die laminare Strömung wäre dann zwar im Prinzip möglich, aber schon bei Re = 2300 extrem unwahrscheinlich. Solange sich der Zustand des Systems jedoch nicht im Bereich des chaotischen Sattels befindet sondern sehr nahe an dem (für alle Reynolds-Zahlen stabilen) Fixpunkt, der die laminaren Hagen-Poiseuille-Strömung beschreibt, ist die Dynamik einfach und regulär (für einen aktuellen Überblick, siehe Eckhardt et al. 2007).

$$\text{Re} \qquad 4 \times 10^3 \quad 10^5 \quad 2 \times 10^6$$

$$n = \alpha^{-1} \qquad 6 \qquad 7 \qquad 10$$

Tabelle 7.3: Potenzen α in (7.138) zur Approximation des mittleren Geschwindigkeitsprofils der turbulenten Rohr-strömung.

das auch in ▸ Abb. 7.28 gezeigt ist. Das Profil ist an der Wand singulär (unendliche Steigung). Hier gilt es aber nicht, da in Wandnähe die viskose Unterschicht existiert. Ein weiterer Schönheitsfehler ist der leichte Knick des Profils auf der Achse. Trotzdem liefert das 1/7-Geschwindigkeitsprofil über fast den gesamten Querschnitt eine gute Approximation (▸ Abb. 7.28**b**). Die Variation des Exponenten α mit der Reynolds-Zahl ist in ▸ Tabelle 7.3 angegeben.

7.6 Kraftwirkung auf Körper

Bei der Umströmung von Körpern (sogenannte *Außenströmungen*) oder Durchströmung von Rohren und Kanälen (*Innenströmungen*) überträgt das Fluid Kräfte auf den Körper. Von diesen Kräften hat die Widerstandskraft, die in Hauptströmungsrichtung wirkt, eine besondere Bedeutung. Für Flugzeuge ist darüber hinaus die Auftriebskraft senkrecht zur Hauptströmungsrichtung wesentlich.

Die Widerstandskraft setzt sich zusammen aus dem *Reibungswiderstand* durch viskose Effekte und dem *Druckwiderstand*, der unabhängig von der Viskosität ist. Die Größe des Druckwiderstands hängt entscheidend von der Topologie der Strömung ab, insbesondere von der Lage der Stellen, an denen die Strömung ablöst. Reibungs- und Druckwiderstand können von ganz unterschiedlicher Größe sein und sogar eine entgegengesetzte Tendenz aufweisen. Man kann jedoch zwei Faustregeln zur Minimierung des gesamten Widerstands angeben:

1. Um den *Reibungswiderstand* zu minimieren, sollte die Strömung möglichst lange laminar bleiben. Denn die Wandschubspannungen sind wegen der hohen Geschwindigkeitsgradienten bei turbulenten Strömungen wesentlich größer als bei laminaren (vergleiche z. B. ▸ Abb. 7.28**a**).

2. Um den *Druckwiderstand* zu minimieren, sollte die Ablösestelle möglichst weit stromabwärts, d. h. am Ende des Körpers, liegen. Denn im abgelösten Gebiet steigt der Druck hinter dem Körper nicht weiter an. Auch wächst eine turbulente Grenzschicht wesentlich schneller an als eine laminare, wodurch die effektive Querschnittsfläche des Körpers vergrößert wird.

7.6.1 Durchströmung von Rohrleitungen

Bei der Strömung durch Rohre ist der *Druckverlust* von wesentlichem Interesse. Man schreibt ihn in der Form (siehe auch (7.57))

$$\Delta p_V = \zeta_V \frac{\rho}{2} \overline{w}^2 \ . \tag{7.141}$$

Hierbei ist $\overline{w}$ die mittlere Geschwindigkeit und ζ_V der *Verlustkoeffizient*. Der Druckverlust steht über (7.130) mit dem Widerstand in Verbindung. Der gesamte Druckverlust ergibt sich aus der gesamten Druckverlustziffer, die sich durch Addition der

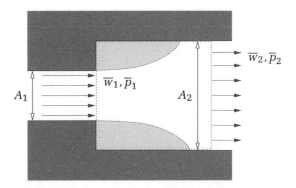

Abb. 7.29: Idealisierung der Strömungsverhältnisse in einem Carnot-Diffusor. Die hellgrauen Bereiche stellen Zonen separierter Strömungen dar, die durch die scharfen Kanten initiiert werden (vgl. Abschnitt 7.4.3).

Druckverlustkoeffizienten der einzelnen Komponenten ergibt (Krümmer, Ventile, Drosseln etc.). Für alle diese Bauteile gibt es tabellierte Druckverlustziffern (siehe z. B. Sigloch 2003). Die Berechnung des gesamten Druckverlusts wurde in Abschnitt 7.3.2 beschrieben. Im folgenden sollen einige wichtige Komponenten behandelt werden.

Gerades Rohr

Bei einer voll ausgebildeten Strömung durch ein gerades Rohr ist der Verlustkoeffizient nach (7.141) und (7.132)

$$\zeta_V = \lambda \frac{L}{d} \, , \tag{7.142}$$

wobei der Verlustkoeffizient λ dem Nikuradse-Diagramm 7.27 zu entnehmen ist.

Diffusor

Eine Querschnittserweiterung eines Rohres stellt einen Diffusor dar. Die Erweiterung kann sprunghaft sein, wobei man von einem *Carnot-Diffusor* spricht, oder kontinuierlich. Wir betrachten zunächst den Carnot-Diffusor nach ▶ Abb. 7.29 (siehe auch ▶ Abb. 7.31 a).

Um den Druckanstieg hinter dem Diffusor zu berechnen, gehen wir von einer inkompressiblen reibungsfreien Strömung aus und betrachten die Massen- und Impulserhaltung (siehe auch Abschnitt 4.1.2)[53]

$$A_1 \overline{w}_1 = A_2 \overline{w}_2 \, , \tag{7.143a}$$

$$A_1 \rho \overline{w}_1^2 + A_2 \overline{p}_1 = A_2 \rho \overline{w}_2^2 + A_2 \overline{p}_2 \, . \tag{7.143b}$$

Für die Druckdifferenz folgt daraus

$$\Delta p_{\text{Carnot}} = \overline{p}_2 - \overline{p}_1 = \frac{A_1}{A_2} \rho \overline{w}_1^2 - \rho \overline{w}_2^2 = \rho \left(\overline{w}_1 \overline{w}_2 - \overline{w}_2^2 \right) \, . \tag{7.144}$$

---

53 Dazu nehmen wir an, dass das Geschwindigkeitsprofil über dem Querschnitt des Auslasses konstant ist. Dazu muss die Länge L hinter der Erweiterung circa das achtfache des Durchmessers betragen $L \approx 8\,d$. Außerdem gehen wir davon aus, dass $\overline{p}_1$ über den ganzen Querschnitt A_2 konstant ist. Dies wird durch die geringe Krümmung der Stromlinien motiviert (vgl. (4.30)). Schließlich werden auch die Wandschubspannungen vernachlässigt.

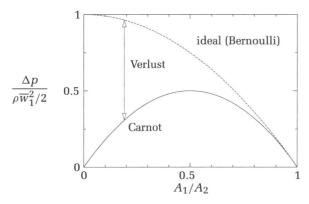

Abb. 7.30: Druckanstieg nach einer Erweiterung als Funktion von A_1/A_2.

Wir erhalten so die normierte Druckdifferenz

$$\frac{\Delta p_V}{\rho \overline{w}_1^2/2} = 2\frac{\overline{w}_2}{\overline{w}_1}\left(1 - \frac{\overline{w}_2}{\overline{w}_1}\right) = 2\frac{A_1}{A_2}\left(1 - \frac{A_1}{A_2}\right). \qquad (7.145)$$

Zur Bestimmung des Verlustkoeffizienten müssen wir dies mit der Druckänderung für den Idealfall einer kontinuierlichen Erweiterung (*Bernoulli-Diffusor*) vergleichen. Für eine ideale kontinuierliche Erweiterung erhalten wir aus der modifizierten Bernoulli-Gleichung (7.57) ohne Verluste ($\alpha = 1$)

$$\frac{\Delta p_{\text{ideal}}}{\rho \overline{w}_1^2/2} = \frac{\overline{p}_2 - \overline{p}_1}{\rho \overline{w}_1^2/2} \overset{\text{Bernoulli}}{=} \frac{\overline{w}_1^2 - \overline{w}_2^2}{\overline{w}_1^2} = 1 - \frac{\overline{w}_2^2}{\overline{w}_1^2} = 1 - \frac{A_1^2}{A_2^2}. \qquad (7.146)$$

Nicolas Léonard
Sadi Carnot
1796–1832

Die Differenz der beiden Druckänderungen geht in den Druckverlustkoeffizienten für eine plötzliche Geometrieänderung ein

$$\zeta_V = \frac{\Delta p_{\text{ideal}} - \Delta p_{\text{Carnot}}}{\rho \overline{w}_1^2/2} = 1 + \frac{A_1^2}{A_2^2} - 2\frac{A_1}{A_2} = \left(1 - \frac{A_1}{A_2}\right)^2. \qquad (7.147)$$

Diese Druckverlustziffer entspricht der Differenz der beiden normierten Druckanstiege in ▸ Abb. 7.30.

Der Carnot-Diffusor ist ein schlechter Diffusor. Ein guter Diffusor sollte auf möglichst kurzer Distanz (Minimierung der Reibungsverluste) einen Übergang zwischen zwei Durchmessern schaffen, ohne dass eine Ablösung auftritt. Die geringsten Druckverluste erhält man bei Diffusor-Öffnungswinkeln von $5° < \alpha < 10°$. Die Verlustziffer durch stetige Querschnittsveränderungen wird für reibungsbehaftete reale Strömungen mittels eines Korrekturfaktors $k(\alpha)$ berücksichtigt

$$\zeta_V = k(\alpha)\left(1 - \frac{A_1}{A_2}\right)^2. \qquad (7.148)$$

Werte für den winkelabhängigen Korrekturfaktor $k(\alpha)$ sind in ▸ Tabelle 7.4 angegeben.

α	5°	7.5°	10°	15°	20°
k	0.13	0.14	0.16	0.27	0.43

Tabelle 7.4: Korrekturfaktor für Diffusoren mit kontinuierlicher Erweiterung mit Öffnungswinkel α nach Zierep (1997).

Kontraktion

Bei einer plötzlichen Verengung tritt vor und nach der Kontraktion eine Separation der Strömung auf (▶ Abb. 7.32 **a**, siehe auch ▶ Abb. 7.31 **b**). Dadurch schafft sich die Strömung selbst einen glatten Übergang. Als Folge ist der minimale Querschnitt $A_3 = A_{\min}$ kleiner als A_2. Die Strahlkontraktion

$$A_3 = A_{\min} = \mu A_2 \tag{7.149}$$

wird durch die *Kontraktionsziffer* μ ausgedrückt (▶ Tabelle 7.5).

Der Wert für die sehr starke Kontraktion mit $A_2 \ll A_1$ ist konsistent mit der Kontraktion eines Strahls aus einer *Borda-Mündung*. Dies ist eine scharfkantige Mündung wie in ▶ Abb. 7.32 **b** dargestellt. Beim Ausfluß aus einem unter hydrostatischem Druck stehenden Behälter ist die treibende Druckkraft $\rho g h A_2$ (Überdruck gegenüber

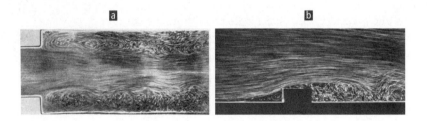

Abb. 7.31: Streichlinien der separierten Strömung **a** in einem Carnot-Diffusor nach Truckenbrodt (1996) und **b** an einem rechteckigen Vorsprung nach H. Werlé (ONERA) (Werlé 1974, Van Dyke 1982).

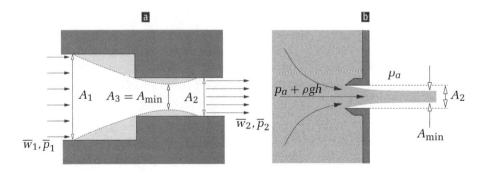

Abb. 7.32: **a** Sprungartige Kontraktion. Die hellgrauen Bereiche stellen Zonen separierter Strömung dar. **b** Borda-Mündung.

A_2/A_1	0.01	0.10	0.40	0.50	0.80
$\mu = A_{min}/A_2$	0.60	0.61	0.65	0.70	0.77

Tabelle 7.5: Kontraktionsziffern μ für verschiedene sprungartige Kontraktionen von A_1 auf A_2.

dem Umgebungsdruck p_a). Beim stationären Ausfließen steht diese Druckkraft im Gleichgewicht mit der Strahlkraft $\rho w^2 A_{min}$ (vgl. Abschnitt 4.5.1). Es folgt

$$\mu := \frac{A_{min}}{A_2} = \frac{gh}{w^2} \overset{\text{Torricelli}}{=} \frac{gh}{2gh} = \frac{1}{2} . \tag{7.150}$$

Die Strahlfläche ist also halb so groß wie die Öffnung. Durch Reibungsverluste ist die Strahlfläche etwas größer, da die Ausflußgeschwindigkeit w kleiner ist als der Torricelli-Wert $\sqrt{2gh}$ (4.42).

Bei der plötzlichen Kontraktion wird der Druckverlust hauptsächlich durch die Expansion von A_3 auf A_2 nach der Kontraktion verursacht. Daher kann man den Druckverlust durch denjenigen des Carnot-Diffusors approximieren

$$\frac{\Delta p_V}{\rho \overline{w}_3^2/2} \simeq \left(1 - \frac{A_3}{A_2}\right)^2 = (1 - \mu)^2 . \tag{7.151}$$

Jean-Charles Chevalier de Borda 1733–1799

Wenn wir den Druckanstieg nach der engsten Stelle auf $\overline{w}_2$ beziehen, erhalten wir die Druckverlustziffer

$$\zeta_V = \frac{\Delta p_V}{\rho \overline{w}_2^2/2} = \frac{\overline{w}_3^2}{\overline{w}_2^2} (1 - \mu)^2 = \frac{A_2^2}{A_3^2} (1 - \mu)^2 = \frac{1}{\mu^2} (1 - \mu)^2 = \left(\frac{1 - \mu}{\mu}\right)^2 . \tag{7.152}$$

Der genaue Wert der Verlustziffer ζ_V hängt vom Übergang ab (Kanten scharf oder gerundet) und kann zwischen 0.06 (gerundet) und 0.5 variieren. Beginnt das Rohr mit dem kleineren Durchmesser schon weit innerhalb des Rohres mit dem großen Durchmesser (ähnlich wie in ▶ Abb. 7.32**b**), dann kann die Verlustziffer auch noch größer sein.

Krümmer

Auch bei Krümmern separiert die Strömung. Die Separation tritt hauptsächlich auf der Innenseite des Krümmers auf (▶ Abb. 7.33) und verursacht Druckverluste. Druckverluste entstehen auch durch Sekundärströmungen, die von zentrifugalen Effekten verursacht werden.

Ein rechtwinkliger Krümmer hat bei Re $\approx 10^5$ eine Druckverlustziffer von $\zeta_V \approx 1.4$. Dieser Wert kann bis auf ca. 0.10 verringert werden, wenn der Krümmer geeignet geformte Umlenkbleche enthält. ▶ Tabelle 7.6 enthält Verlustziffern für verschiedene Krümmergeometrien.

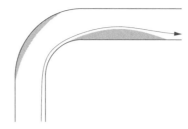

Abb. 7.33: Schematische Darstellung der separierten Gebiete (grau) und einer Stromlinie nahe einer der separierenden Stromlinien.

δ	R/d				
	1	2	4	6	10
15.0°	0.030	0.030	0.030	0.030	0.030
22.5°	0.045	0.045	0.045	0.045	0.045
45.0°	0.140	0.090	0.080	0.075	0.070
60.0°	0.190	0.120	0.100	0.090	0.070
90.0°	0.210	0.140	0.110	0.090	0.110

Tabelle 7.6: Druckverlustziffern ζ_V für verschiedene Krümmer mit Umlenkwinkel δ, Rohrdurchmesser d und Krümmungsradius R (nach Eck 1966).

7.6.2   Umströmung von Körpern

Lokale Druck- und Reibungskräfte auf Körper werden meist durch die lokalen *Druck-* und *Reibungsbeiwerte* ausgedrückt

$$c_p(\boldsymbol{x}) = \frac{p(\boldsymbol{x}) - p_\infty}{\rho U_\infty^2/2} \quad \text{und} \quad c_f(\boldsymbol{x}) = \frac{\tau_W(\boldsymbol{x})}{\rho U_\infty^2/2} \,, \tag{7.153}$$

entsprechend der lokalen Normal-[54] und Tangentialkraft pro Fläche. Ein Beispiel für den Druckbeiwert entlang der Oberfläche eines Tragflügels ist in ▶ Abb. 7.34 gezeigt.

Die Komponenten der Gesamtkraft $\boldsymbol{F} = (F_A, F_W, F_Q)$ (A: Auftrieb, W: Widerstand, Q: Querkraft) werden durch den jeweiligen Kraftbeiwert beschrieben, z. B. der *Widerstandsbeiwert*

$$c_W = \frac{F_W}{A\rho U_\infty^2/2} \,, \tag{7.154}$$

wobei A normalerweise die Projektion der Körperfläche auf die Ebene senkrecht zur Anströmung ist (▶ Abb. 7.35). Die Beiwerte hängen im allgemeinen von den Ähnlichkeitsparametern Re und M ab: $c_{A,W,Q} = f_{A,W,Q}(\text{Re}, \text{M})$. Ein bekanntes technische Beispiel für Strömungskräfte auf Körper ist der Strömungswiderstand von Kraftfahrzeugen. Um die Kraftwirkung zu minimieren, sollte der Widerstandsbeiwert c_W möglichst klein sein. Moderne Pkws erreichen c_W-Werte von 0.25.

Es gibt Körperformen, bei denen der Widerstandsbeiwert bei hinreichend hohen Reynolds-Zahlen (Re > 10^4) nahezu konstant ist. Diese Körper haben in der Regel

---

54 Für inkompressible Fluide verschwinden die viskosen Normalspannungen an festen Wänden.

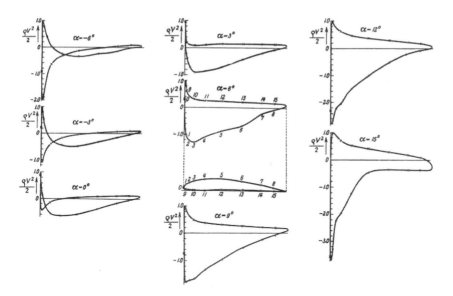

Abb. 7.34: Druckbeiwerte eines Tragflügels als Funktion der Flügeltiefe für verschiedene Anstellwinkel α, der ein Maß für die Orientierung des Tragflügels bezüglich der Richtung der Anströmung ist (nach Prandtl & Tietjens 1957a). Die untere Kurve repräsentiert die Druckabsenkung auf der Oberseite des Tragflügels, die in der Regel wesentlich größer ist als die Druckerhöhung auf der Unterseite (obere Kurve). Die eingeschlossene Fläche ist ein Maß für den Auftrieb pro Tiefe in Spanrichtung. Beim größten Anstellwinkel ($\alpha = 15°$) ist schon der Punkt des größten Auftriebsbeiwerts überschritten (siehe ▶ Abb. 7.44).

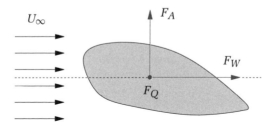

Abb. 7.35: Die drei Komponenten der Gesamtkraft auf einen umströmten Körper.

eine scharfe Kante, an der die Strömung definiert ablöst. Daher besitzen diese Körper vornehmlich einen Druckwiderstand. Zu diesen Körpern zählen senkrecht angeströmte ebene Flächen oder auch Halbkugeln. Einige Werte sind in ▶ Tabelle 7.7 angegeben.

Für Körper, bei denen die Strömung nicht an einer definierten Stelle separiert, verhält sich der Widerstandsbeiwert komplizierter. Werte für Kugel und Zylinder sind zusammen mit dem Beiwert für die senkrecht angeströmte Scheibe in ▶ Abb. 7.36 gezeigt.[55] Für Re $= O(10^4)$ gehen die Beiwerte in eine Art Sättigung. Bei den kriti-

---

[55] Die Widerstandskraft für eine Kugel kann man bei kleinen Reynolds-Zahlen Re $\ll 1$ analytisch finden: $c_W^{\text{Kugel}} = 24/\text{Re}$ mit Re $= U_\infty d/\nu$.

| Kreis | Halbkugel | | | | Rechteck mit $a/b =$ | | | | | |
	o. B.	m. B.	o. D.	m. D.	1	2	4	10	18	∞
1.11	0.34	0.42	1.33	1.17	1.10	1.15	1.19	1.29	1.40	2.01

Tabelle 7.7: Widerstandsbeiwerte c_W einiger senkrecht angeströmter stumpfer Körper für Re $> 10^4$ nach Zierep (1997). Es bedeuten o. B.: Ohne Boden, m. B.: mit Boden, o. D.: Ohne Deckfläche und m. D.: Mit Deckfläche.

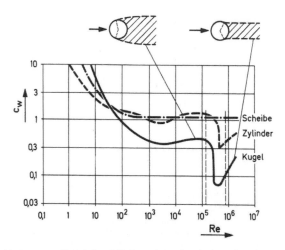

Abb. 7.36: Widerstandsbeiwerte c_W für Scheibe, Zylinder und Kugel nach Zierep (1997).

schen Reynolds-Zahlen Re $\approx 5 \times 10^5$, bei denen die laminare Grenzschicht in eine turbulente umschlägt, sinkt jedoch der Widerstand beträchtlich. Dieses Verhalten hängt damit zusammen, dass die turbulente Grenzschicht erst später ablöst als die laminare, was in ▶ Abb. 7.37 gezeigt ist. Die unterschiedliche Ablösung ist auch in ▶ Abb. 7.36 angedeutet. Damit wird zwar der Reibungswiderstand erhöht, aber diese Erhöhung wird durch die Abnahme des Druckwiderstands mehr als wett gemacht, was in einem geringeren Gesamtwiderstand resultiert.[56] Bei einer weiteren Erhöhung der Reynolds-Zahl steigt der Widerstand wieder an. Schlanke Stromlinienkörper haben einen Widerstandsbeiwert der Größenordnung $c_W = O(0.06)$, der aber von der Reynolds-Zahl abhängt.

7.6.3 Kutta-Joukowski-Formel

Die Kräfte auf einen Körper in einer viskosen Strömung können im allgemeinen nicht analytisch berechnet werden. Zur Vereinfachung betrachten wir hier daher die zweidimensionale stationäre Umströmung eines Körpers in einer reibungsfreien homogenen Strömung eines inkompressiblen Fluids (M $\ll$ 1) ohne hydrostatische Effekte. Um die Auftriebskraft und die Widerstandskraft zu berechnen, wenden wir den integralen Impulssatz (3.27) an

$$\int_{A_0} \rho \boldsymbol{uu} \cdot \mathrm{d}\boldsymbol{A} = -\int_{A_0} p \,\mathrm{d}\boldsymbol{A} + \boldsymbol{F} \,. \tag{7.155}$$

---

56 Aus diesem Grund besitzt ein Golfball auch viele kleine Dellen.

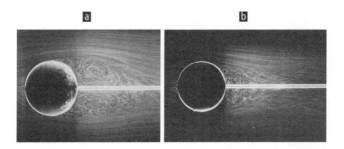

Abb. 7.37: Zeitlich gemittelte Aufnahme der Strömung um eine Kugel bei Re $=$ 15000 [a] und Re $=$ 30000 [b]. Die durch einen *Stolperdraht* initiierte turbulente Grenzschicht in [b] separiert deutlich später als die laminare Grenzschicht in [a]. Die Aufnahmen stammen von Werlé (1980); (aus Van Dyke 1982). Ein Stolperdraht ist ein Draht parallel zur Oberfläche in der Grenzschicht, der die laminare Strömung destabilisiert.

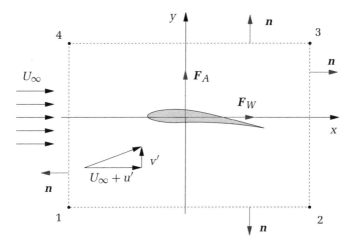

Abb. 7.38: Kontrollvolumen (blau gestrichelt) um einen Körper in homogener Anströmung zur Ableitung der Kutta-Joukowski-Formel (7.161).

Hierbei ist F die Gesamtkraft, die auf das vom Kontrollvolumen eingeschlossene Fluid wirkt.

Wir betrachten nun einen Körper im Zentrum eines hinreichend großen Kontrollvolumens (▶ Abb. 7.38) und zerlegen die gesamte Geschwindigkeit in den bekannten ungestörten Anteil (Grundströmung) plus einer unbekannten Abweichung $\boldsymbol{u}'$, so dass

$$\boldsymbol{u} = U_\infty \boldsymbol{e}_X + \boldsymbol{u}'(x, y) . \tag{7.156}$$

Wir nehmen an, dass die Störung $\boldsymbol{u}'$ für $|\boldsymbol{x}| \to \infty$ verschwindet. Dann wird die Störung $\boldsymbol{u}'$ auf der Oberfläche des Kontrollvolumens klein sein und wir können die Bernoulli-Gleichung

$$p_\infty + \rho \frac{U_\infty^2}{2} = p + \rho \frac{(U_\infty + u')^2 + v'^2}{2} \approx p + \rho \frac{U_\infty^2}{2} + \rho U_\infty u' \tag{7.157}$$

Martin Wilhelm
Kutta
1867–1944

linearisieren. Damit können wir die durch den Tragflügel verursachte Druckänderung an der Oberfläche des Kontrollvolumens durch die Geschwindigkeiten ausdrücken

$$p - p_\infty = -\rho U_\infty u' . \qquad (7.158)$$

Diese Beziehung werden wir noch zur Auswertung der Impulsbilanz benötigen. Dabei ist klar, dass nur die Druckdifferenz und nicht der konstante Druck p_∞ eingeht.

Zur Berechnung des Auftriebs betrachten wir die y-Komponente der Impulsbilanz (7.155) und integrieren über die vier Flächenstücke des Kontrollvolumens (ρ = const.), das in Querrichtung (Spannweite) die Länge b besitzt. Dann ist $d\boldsymbol{A} = b\boldsymbol{n}\,ds$, wobei ds das skalare Linienelement entlang der Kontur des in ▶ Abb. 7.38 dargestellten Querschnitts durch das Kontrollvolumen ist. Wir erhalten

$$\frac{1}{b} \int_{A_0} v' \boldsymbol{u} \cdot d\boldsymbol{A} \qquad (7.159)$$

$$= \int_1^2 v'(-v')\,ds + \int_2^3 v'(U_\infty + u')\,ds + \int_3^4 v'v'\,ds + \int_4^1 v'\left[-(U_\infty + u')\right]\,ds$$

$$\overset{\text{linearisiert}}{\approx} \int_2^3 v' U_\infty\,ds - \int_4^1 v' U_\infty\,ds \overset{!}{=} -\frac{1}{\rho b}\int_{A_0}(p - p_\infty)\boldsymbol{e}_y \cdot d\boldsymbol{A} + \frac{F_y}{\rho b}$$

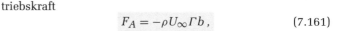

$$\overset{(7.158)}{=} + \oint U_\infty u' \boldsymbol{e}_y \cdot \boldsymbol{n}\,ds + \frac{F_y}{\rho b} = -\int_1^2 U_\infty u'\,ds + \int_3^4 U_\infty u'\,ds + \frac{F_y}{\rho b} .$$

Die Auftriebskraft ist $F_A = -F_y$. Daher folgt

$$\frac{F_A}{\rho U_\infty b} = -\frac{F_y}{\rho U_\infty b} = -\int_1^2 u'\,ds - \int_2^3 v'\,ds + \int_3^4 u'\,ds + \int_4^1 v'\,ds = -\oint \boldsymbol{u}' \cdot d\boldsymbol{s} . \qquad (7.160)$$

Dies ist das *Theorem von Kutta und Joukowski* für die Auftriebskraft

$$F_A = -\rho U_\infty \Gamma b , \qquad (7.161)$$

wobei[57]

$$\Gamma = \oint \boldsymbol{u}' \cdot d\boldsymbol{s} = \oint \boldsymbol{u} \cdot d\boldsymbol{s} \qquad (7.162)$$

die Zirkulation um den angeströmten Körper ist (siehe Abschnitt 5.2.4).

Es bleibt die Frage, wie groß die Zirkulation Γ um den Tragflügel ist. In einer reibungsfreien Strömung ist sie a priori unbestimmt. Tatsächlich ist die Zirkulation in einer realen viskosen Strömung im ersten Moment der Bewegung gleich Null. Dann liegt einer der zwei Separationspunkte auf der Oberseite des Tragflügels (▶ Abb. 7.39 **a**, **c**). In der viskosen Strömung wandert dieser Punkt aber sehr schnell an die

Nikolai Egorovich
Joukowski
1847–1921

---

57 Die Zirkulation in der homogenen Anströmung verschwindet.

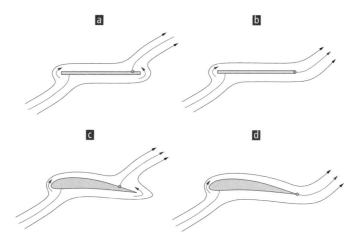

Abb. 7.39: Kutta-Joukowski-Bedingung für eine angestellte Platte (**a**, **b**) und einen angestellten Tragflügel (**c**, **d**). Im Moment des Beginns der Bewegung (**a**, **c**) sind Zirkulation Γ und Auftrieb gleich Null. Das Fluid strömt auch um die scharfen Kanten herum. Erst durch die Verschiebung (**b**, **d**) des hinteren Ablösepunkts (hellblau) kommt ein Auftrieb zustande, entsprechend $\Gamma \neq 0$.

scharfe Hinterkante des Tragflügels (▶ Abb. 7.39**b**, **d**). Zur Berechnung der stationären reibungsfreien Strömung um einen Tragflügel fordert man daher, dass der hintere Separationspunkt genau an der scharfen Hinterkante liegt. Diese sogenannte *Kutta-Joukowski-Bedingung* legt dann die Zirkulation Γ eindeutig fest.

Die Existenz einer Zirkulation um einen Tragflügel ist entscheidend für den Auftrieb. Um einen maximalen Auftrieb zu erreichen, müssen das Profil und der *Anstellwinkel* α gegenüber der Hauptströmungsrichtung e_x entsprechend gewählt werden. Grob gesprochen benötigt man ein Profil, bei dem das Fluid auf der Oberseite einen weiteren Weg bis zur Hinterkante zurücklegen muss als auf der Unterseite. Wenn die Kutta-Joukowski-Bedingung erfüllt ist, wird das Fluid gezwungen, an der Oberseite im Mittel schneller zu strömen als auf der Unterseite (entsprechend einer Zirkulation). Deshalb wird der mittlere Druck auf der Oberseite geringer sein als auf der Unterseite des Tragflügels (▶ Abb. 7.34).[58]

Jean Baptiste le Rond d'Alembert 1717–1783

Wenn man die x-Komponente der Kraft analog zu (7.159) berechnet, erhält man für die Widerstandskraft $F_W = 0$. Dieses Ergebnis bezeichnet man als das *d'Alembertsche Paradoxon*:

> In einer homogenen stationären reibungsfreien Strömung erfährt ein Körper keinen Widerstand, wenn die durch den Körper verursachte Störung der homogenen Grundströmung in großer Entfernung abklingt.[59]

---

58 Die Auftriebskraft ist auch verantwortlich für den Magnus-Effekt. Beim Magnus-Effekt wird die Zirkulation in einem viskosen Fluid durch die Rotation des Körpers erzeugt (siehe Abschnitt 1.1, ▶ Abb. 1.6**b**).

59 Die Bedingung, dass die Störung für $x \to \infty$ verschwinden muss, ist bei dreidimensionalen reibungsfreien Strömungen wichtig. Sie ist dann nur erfüllt, wenn $F_A = F_Q = 0$, d. h. wenn

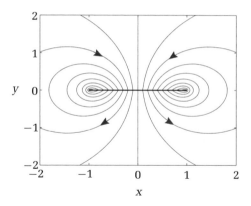

Abb. 7.40: Stromlinien um eine quer nach unten bewegte Platte in einem reibungsfreien inkompressiblen Fluid. Die Stromlinien in einer Ebene senkrecht zur Bewegungsrichtung eines angestellten Tragflügels haben eine sehr ähnliche Struktur.

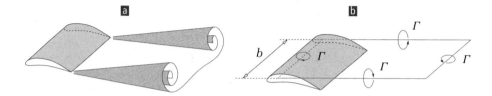

Abb. 7.41: [a] Aufrollen der zurückgelassenen Wirbelschicht und [b] schematisch vereinfachte Darstellung des Wirbelsystems eines Tragflügels.

Der Kutta-Joukowski-Auftrieb (7.161) gilt für einen endlichen Tragflügel nur näherungsweise. An den Flügelenden ist die durch das Profil und die Anstellung des Tragflügels bedingte Druckdifferenz nicht ausgeglichen. Deshalb hat das Fluid die Tendenz, seitlich um die Flügelenden von der Unterseite auf die Oberseite des Flügels zu strömen. Diese entgegengesetzte Seitwärtsströmung findet man auch bei dem einfachen Modell einer leicht angestellten dünnen ebenen Platte. Die Stromlinien der Plattenumströmung senkrecht zur Richtung der Anströmung sind in ▶ Abb. 7.40 gezeigt. Wegen der Anstellung des Tragflügels wird dieser in ähnlicher Weise umströmt.

Als Resultat der unterschiedlichen Querströmungen unter- und oberhalb des Tragflügels wird über die gesamte Breite des Tragflügels eine *Wirbelschicht* zurückgelassen, deren Vortizität kolinear mit der Anströmrichtung ist und deren Stärke zu den Enden der Tragflügel hin zunimmt. Eine Wirbelschicht, die im freien Raum endet, ist nicht stabil (Saffman 1992). Deshalb wickeln sich die beiden seitlichen Berandungen der zurückgelassenen Wirbelschicht hinter dem Tragflügel auf (▶ Abb. 7.41[a]). Im weiteren Verlauf entwickeln sich aus den beiden aufgewickelten Enden der Wirbelschicht die beiden gegenläufig rotierenden parallelen Wirbel der *Wirbelschleppe*

die Strömung symmetrisch ist. Andernfalls, wie zum Beispiel bei einem endlichen Tragflügel, reicht die zurückgelassene Wirbelschleppe bis ins Unendliche, was zu dem sogenannten induzierten Widerstand führt.

Abb. 7.42: Visualisierung eines Wirbels der Wirbelschleppe eines startenden Flugzeugs mit Hilfe von Rauch (Aufnahme: NASA Langley Research Center, 1990). Man erkennt die spiralförmige Aufwicklung der markierten Fluidelemente.

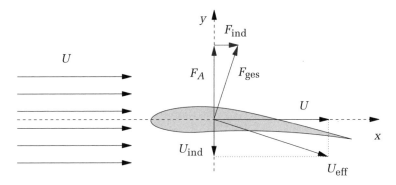

Abb. 7.43: Der induzierte Widerstand F_{ind} resultiert aus der Geschwindigkeit U_{ind}, die das zurückgelassene Wirbelsystem am Ort des Tragflügels induziert.

(▶ Abb. 7.41**b**). Die Wirbel der Wirbelschleppe sind die Fortsetzung des *gebundenen Wirbels* um den Tragflügel. Das gesamte Wirbelsystem wird schließlich durch den *Anfahrwirbel* geschlossen, den der Tragflügel am Ort des Starts während der Beschleunigungsphase zurückläßt. Die Photographie eines Wirbels der Wirbelschleppe ist in ▶ Abb. 7.42 gezeigt (siehe auch ▶ Abb. 1.1**e**).[60]

Die seitliche Umströmung der Flügelenden und die zurückgelassenen Wirbel induzieren am Ort des Tragflügels eine Abwärtsströmung U_{ind} (siehe auch ▶ Abb. 7.40).[61] Dadurch sieht der Tragflügel eine effektive Anströmung U_{eff}, die auch eine Komponente in y-Richtung hat (▶ Abb. 7.43). Da die Auftriebskraft senkrecht zur effektiven Anströmung ist, besitzt sie auch eine kleine Komponente in x-Richtung, was einem *induzierten Widerstand* entspricht, obwohl die Strömung reibungsfrei angenommen wurde.

Die typische Abhängigkeit des Auftriebs- (c_A) und des Widerstandsbeiwerts (c_W) vom Anstellwinkel α für ein reales Fluid ist in ▶ Abb. 7.44 gezeigt. Für kleine

---

60 Auch die zurückggelassenen Wirbel der Wirbelschleppe sind nicht stabil. Sie zerfallen über die Crow-Instabilität (▶ Abb. 1.5).

61 Der von den zwei halbunendlichen Wirbeln induzierte Abwind läßt sich berechnen. In der Flügelmitte beträgt er $w = \Gamma/(\pi b)$.

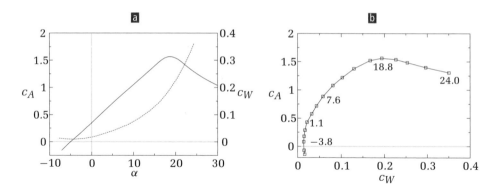

Abb. 7.44: **a** Typischer Verlauf des Auftriebs- (c_A, durchgezogen) und Widerstandsbeiwerts (c_W, gestrichelt) als Funktion des Anstellwinkels α am Beispiel eines Clark-Y-Tragflügels mit einem Aspektverhältnis $b^2/A = 6$. **b** Zugehörige Polare. Der Anstellwinkel α ist als Parameter angegeben.

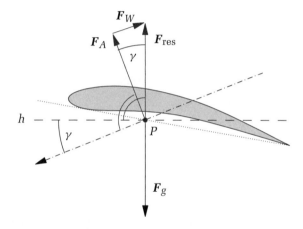

Abb. 7.45: Der Gleitwinkel γ gibt die kräftefreie Bewegungsrichtung (strichpunktiert) bezüglich der Horizontalen h (gestrichelt) an. P bezeichnet den Druckmittelpunkt, der auf der Sehne (punktiert) liegt.

Otto Lilienthal
1848–1896

Anstellwinkel steigt der Auftriebsbeiwert nahezu linear an. Meist werden die Werte in einem *Polardiagramm* nach Lilienthal dargestellt (► Abb. 7.44**b**). Darin wird der Auftriebsbeiwert als Funktion des Widerstandsbeiwerts aufgetragen, wobei der Anstellwinkel α als Parameter fungiert, der entlang der Kurve (Polare) variiert. Die Polaren hängen von der Form des Profils, der Variation des Profils mit der Spannweite, dem Aspektverhältnis b^2/A (b: Spannweite, A: Flügelfläche) und der Reynolds-Zahl Re ab.

Im stationären Flug muss die resultierende Kraft $\boldsymbol{F}_{\mathrm{res}}$ im Gleichgewicht mit der Gravitationskraft $\boldsymbol{F}_g$ stehen. Mit der Zerlegung der resultierenden Kraft $\boldsymbol{F}_{\mathrm{res}}$ in $\boldsymbol{F}_A$ und $\boldsymbol{F}_W$

(▶ Abb. 7.45) ergibt sich die stationäre Bewegungsrichtung des Tragflügels senkrecht zu F_A. Damit ist der *Gleitwinkel* γ definiert durch

$$\epsilon = \tan \gamma = \frac{F_W}{F_A} = \frac{c_W}{c_A} \,, \tag{7.163}$$

wobei ϵ als *Gleitzahl* bezeichnet wird. Man kann den Gleitwinkel γ auch direkt aus dem Polardiagramm ▶ Abb. 7.44**b** ablesen: es ist der Winkel zwischen der Ordinate und der Verbindungslinie zwischen dem jeweiligen Punkt $[c_W(\alpha), c_A(\alpha)]$ und dem Ursprung. Der kleinstmögliche Gleitwinkel ergibt sich aus der Tangente durch den Ursprung an die Polare. Bei dem dazu erforderlichen Anstellwinkel α gleitet der Tragflügel (das Flugzeug) ohne eigenen Antrieb unter dem kleinsten Winkel zur Horizontalen.

Zusammenfassung

Die Erweiterung der Euler-Gleichung um Kräfte, die durch innere Spannungen hervorgerufen werden, führt auf die Navier-Stokes-Gleichung. Das Newtonsche Materialgesetz stellt einen einfachen Zusammenhang zwischen den Spannungen und dem Druck- und Geschwindigkeitsfeld her. Viele Fluide, inklusive Luft und Wasser, werden durch das Newtonschen Materialgesetz mit hoher Präzision beschrieben. Dabei ist die Stärke der Reibungskräfte, hervorgerufen durch Diffusion von molekularem Impuls, im wesentlichen proportional zur dynamischen Viskosität μ. (Abschnitte 7.1.1–7.1.2)

Durch eine geeignete Skalierung der Koordinaten und Variablen kann man die Navier-Stokes- und Kontinuitätsgleichung in eine dimensionslose Form bringen, in der die Anzahl der unabhängigen Parameter geringer ist als in der dimensionsbehafteten Form. Der wichtigste dimensionslose Parameter ist die Reynolds-Zahl. Sie ist ein Maß für das Verhältnis von Trägheitskräften zu viskosen Kräften. Mit Hilfe der Dimensionsanalyse läßt sich die Zahl der unabhängigen Parameter eines mechanischen Systems auf systematische Weise reduzieren. (Abschnitte 7.1.4–7.1.5)

Wenn die Reynolds-Zahl klein ist, dominieren die Reibungs- über die Trägheitskräfte und man spricht von schleichenden Strömungen. Im Limes Re $\to$ 0 werden die Gleichungen linear und sind daher leichter zu lösen. Die Strömung in einer dünnen Fluidschicht ist schleichend, wenn der Film hinreichend dünn ist. Die schleichende (viskose) Strömung in einem dünnen Film zwischen zwei ebenen festen Platten (Hele-Shaw-Zelle) ist äquivalent zu einer reibungsfreien zweidimensionalen Potentialströmung. (Abschnitt 7.2)

Eine der wenigen viskosen Strömungen, die sich exakt berechnen lassen, ist die Hagen-Poiseuillesche Rohrströmung. Das zugehörige parabolische Geschwindigkeitsprofil wird in kreisförmigen Rohren realisiert, solange die Reynolds-Zahl nicht zu groß ist. Die viskosen Verluste einer Rohrströmung als auch die Verluste einzelner Komponenten eines Rohrsystems lassen sich durch entsprechende Druckverlustterme in einer modifizierten Bernoulli-Gleichung für inkompressible Strömungen berücksichtigen. (Abschnitt 7.3)

Ist die Reynolds-Zahl groß, kann man viskosen Effekte in manchen Bereichen vernachlässigen. Dies gilt jedoch nicht in der Nähe von Oberflächen fester Körper. Wenn diese mit einer hohen Reynoldszahl angeströmt werden, bildet sich an der stromaufwärts gelegenen Körperoberfläche eine Grenzschicht aus. Die Dicke der Grenzschicht nimmt stromabwärts zu. Das Paradebeispiel einer laminaren Grenzschicht ist die tangential angeströmte, ebene, halbunendlichen Platte. Die Dicke der laminaren Plattengrenzschicht wächst mit der Quadratwurzel des Abstands von der Vorderkante an. Die Grenzschicht ist umso dünner, je höher die Anströmgeschwindigkeit und je geringer die kinematische Viskosität ist. Wenn sich ein Körper in Stromrichtung schnell verjüngt, kann es auf der stromabwärtsgelegenen Seite zu einer Ablösung der Grenzschicht kommen. Die Ablösestelle liegt in der Regel im Gebiet eines Druckanstiegs in Stromrichtung. Durch die Ablösung der Strömung von der Körperoberfläche wird ein weiterer Druckanstieg hinter dem Körper verhindert. Damit trägt die Ablösung erheblich zum Formwiderstand bei. (Abschnitt 7.4)

Bei einer Erhöhung der Reynolds-Zahl oder im weiteren Verlauf einer laminaren Grenzschicht wird die Strömung turbulent. Sie ist dann durch eine chaotische Dynamik charakterisiert, wobei das räumliche und zeitliche Spektrum der Abweichungen von den Mittelwerten je nach Reynolds-Zahl mehrere Zehnerpotenzen umfassen kann. Der Übergang zur Turbulenz kann sich in geschlossenen Behältern mit einfacher Geometrie schrittweise vollziehen. In Systemen, die um- oder durchströmt werden, findet der Übergang meist schlagartig statt. Zu den wichtigsten Größen einer turbulenten Strömung zählen die mittlere Geschwindigkeit und der mittlere Druck. In einer inkompressiblen Strömung eines Newtonschen Fluids müssen sie den Reynoldsschen Gleichungen genügen. Diese Gleichungen besitzen dieselbe Struktur wie die Navier-Stokes-Gleichungen für die momentanen Größen. Als Zusatzterm und als einzige Größe, die von den turbulenten Schwankungen abhängt, tritt jedoch der Reynoldssche Spannungstensor auf. Er beschreibt mittlere Spannungen (Scheinreibung), welche durch die turbulenten Schwankungen verursacht werden. Aufgrund des Schließungsproblems muss die Abhängigkeit der Reynolds-Spannungen von den Mittelwerten modelliert werden. Neben dem primitiven Ansatz einer Wirbelviskosität hat Prandtl das einfache Modell des Mischungswegs konzipiert. Dies stellt immer noch eine starke Vereinfachung dar. Das Prandtl-Modell hilft jedoch, die Schichtstruktur der mittleren turbulenten Strömung in Wandnähe zu erklären. Die Schichtstruktur ist universell für alle Newtonschen Fluide: Bei entsprechender Skalierung erhält man für alle turbulenten Strömungen dasselbe mittlere Geschwindigkeitsprofil in Wandnähe, unabhängig von der Reynolds-Zahl. Die Viskosität ist nur von Bedeutung in der sehr dünnen viskosen Unterschicht, die an der Wand anliegt. In ihr wächst die mittlere Geschwindigkeit linear mit dem Wandabstand an. Nach einem Übergangsgebiet folgt ein logarithmischer Anstieg der mittleren Geschwindigkeit parallel zur Wand (logarithmisches Wandgesetz). Für größere Wandabstände geht das universelle Verhalten verloren und die mittlere Strömung hängt dort von den Details des jeweiligen Systems ab. Bei Erhöhung der Reynolds-Zahl wird die viskose Unterschicht immer dünner. Ist schließlich die Schichtdicke klein gegenüber der mittleren Rauhigkeitserhebung der Wand, wird die Wandschubspannung (und damit der Widerstand) unabhängig von der Viskosität. (Abschnitt 7.5)

Mit Grundkenntnissen über das Verhalten reibungsfreier und viskoser, laminarer und turbulenter Strömungen lassen sich Strömungswiderstände abschätzen. Für technische Anwendungen findet man diese umfangreich tabelliert. Von besonderer Bedeutung für die Funktion von Tragflügeln sind die angreifenden Auftriebs- und Widerstandskräfte. In einem Polardiagramm werden sie gegeneinander aufgetragen, wobei der Anstellwinkel als Kurvenparameter dient. In einer inkompressiblen Strömung ist die auf einen Körper wirkende Auftriebskraft (senkrecht zur Richtung der Anströmung) proportional zur Zirkulation um den Körper. Dies ist eine Eigenschaft der äußeren reibungsfreien Strömung. Für die Entstehung der Zirkulation ist die Viskosität jedoch wichtig. Sie sorgt dafür, dass der hintere Ablösepunkt an die scharfe Hinterkante des Tragflügels wandert (Kutta-Joukowski-Bedingung). Erst durch die so verursachte Änderung der gesamten Strömung stellt sich eine Zirkulation um den Tragflügel ein. Der an den Tragflügel gebundene Wirbel bildet zusammen mit den beiden Wirbeln der Wirbelschleppe und dem Anfahrwirbel ein geschlossenes Ringsystem. (Abschnitt 7.6)

Aufgaben

Aufgabe 7.1: Reynolds-Zahl

a) Ein Auto fährt mit 110 km/h. Schätzen Sie die Reynolds-Zahl ab. Was können Sie über die relative Größe von Trägheits- und Reibungskräften sagen?

b) Vergleichen Sie das obige Ergebnis mit der Strömung von Wasser in einer Kapillare mit einem Durchmesser von $L = 10^{-3}$ m, wenn die Geschwindigkeit $U \approx 5 \times 10^{-2}$ m/s beträgt.

Aufgabe 7.2: Dimensionsanalyse der Rohrströmung

Mit der Dimensionsanalyse kann man auch die funktionale Abhängigkeit einer gesuchten Größe von den anderen Parametern erhalten. Betrachten Sie dazu die Strömung durch ein unendlich langes Rohr mit dem Radius a. Die Parameter des Problems sind a, ρ, ν, die mittlere Geschwindigkeit $\overline{w}$ und die treibende Druckdifferenz pro Länge $\partial p/\partial z$. Außerdem sind wir am Volumenstrom $\dot{V}$ interessiert.

a) Wie lautet die Dimensionsmatrix und die formale Beziehung zwischen den Dimensionen aller Parameter und den fundamentalen Dimensionen?

b) Welchen Rang hat die Dimensionsmatrix?

c) Wie lautet das homogene lineare System zu Bestimmung der Exponenten der dimensionslosen Parameter.

d) Wie lautet die Matrix der Exponenten der dimensionslosen Kennzahlen π_i?

e) Ermitteln Sie einen Satz vollständiger dimensionsloser Kennzahlen und interpretieren Sie diese.

f) Leiten Sie eine Beziehung für den Volumenstrom als Funktion des Druckgradienten ab.

Aufgabe 7.3: Strömung in einem dünnen Film

Betrachte die inkompressible Strömung in einem sich verengenden Spalt nach ▶ Abb. 7.46.

a) Berechnen Sie das Geschwindigkeitsfeld $u(x,z)$ für den Fall, dass die ebene untere Wand sich mit der Geschwindigkeit U in positiver x-Richtung bewegt, während die obere schräge Wand in Ruhe ist. Verwenden Sie die Näherung für dünne Filme.

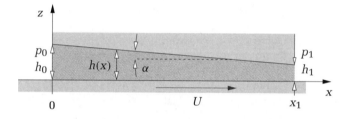

Abb. 7.46: Strömung in einem sich linear verengenden Spalt.

b) Berechnen Sie aus dem Geschwindigkeitsfeld $u(x, z)$ den Volumenstrom pro Breite des Films. Wie lautet der Druckgradient $\partial p / \partial x$?

c) Drücken Sie die Filmdicke $h(x)$ durch den Winkel α aus und entwickeln Sie $h(x)$ für kleine Werte von $\alpha \ll 1$ bis zur ersten Ordnung in einer Taylor-Reihe.

d) Berechnen Sie die Druckverteilung $p(x)$.

e) Bestimmen Sie den Volumenstrom $\dot{V}$ unter der Annahme, dass in beiden Reservoirs (bei $x = 0$ und $x = x_1$) derselbe Druck herrscht ($p_1 = p_0$). Wie lautet dann die Druckverteilung?

f) Diskutieren Sie den Druckverlauf. Wovon hängt sein Vorzeichen ab?

Aufgabe 7.4: Geschwindigkeitsfeld der zylindrischen Couette-Strömung

Berechnen Sie das Geschwindigkeitsfeld $\mathbf{u}(\mathbf{x}, t)$ und das Druckfeld $p(\mathbf{x}, t)$ der stationären Strömung eines inkompressiblen Newtonschen Fluids in einem unendlich langen Zylinderspalt zwischen zwei konzentrischen Zylindern mit Radien R_1 und $R_2 > R_1$, die sich mit den konstanten Winkelgeschwindigkeiten Ω_1 und Ω_2 um ihre gemeinsame Achse drehen (▶ Abb. 7.47).

a) Welche Symmetrien weist das Problem auf? Es gibt eine Lösung, welche alle Symmetrien des Problems widerspiegelt. Von welchen Koordinaten darf diese Lösung (Geschwindigkeitsfeld und der Druck) dann nur noch abhängen?

b) In welcher Weise vereinfachen sich die Kontinuitätsgleichung (B.5) und die drei Komponenten der Navier-Stokes-Gleichung (B.13), wenn wir die Symmetrien der zylindrischen Couette-Strömung verwenden?

c) Berechnen Sie das Geschwindigkeitsfeld $v(r)$ der zylindrischen Couette-Strömung durch Integration der φ-Komponente der Navier-Stokes-Gleichung. Verwenden Sie den Ansatz

$$v(r) = \sum_{n=-\infty}^{\infty} A_n r^n \tag{7.164}$$

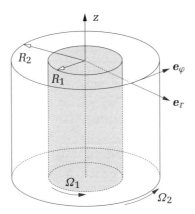

Abb. 7.47: Konzentrische Zylinder, die um ihre gemeinsame Achse rotieren.

und fordern Sie, dass die φ-Komponente der Navier-Stokes-Gleichung für jede Potenz von r erfüllt sein muss. Bestimmen Sie die beiden auftretenden Unbekannten (Integrationskonstanten) mit Hilfe der Randbedingungen (den beiden Winkelgeschwindigkeiten). Zur Abkürzung wird oft das Radienverhältnis $\eta = R_1/R_2$ verwendet. Skizzieren Sie verschiedene Profile.

d) Berechnen Sie mit Hilfe der radialen Impulsbilanz das Druckfeld $p(r)$ der zylindrischen Couette-Strömung.

e) Berechnen Sie die Strömung für $R_2 \to \infty$ mit $\Omega_2 = 0$. Vergleichen Sie das Ergebnis mit der Strömung eines reibungsfreien Fluids.

f) Berechnen Sie die Strömung im Limes eines schmalen Spaltes. Dazu setze man $R_2 = R_1(1+\delta)$ und $r = R_1(1+\delta x)$ mit der normierten Spaltweite $\delta = (R_2 - R_1)/R_1$ und der Spaltkoordinate $x \in [0,1]$. Interpretieren Sie das Ergebnis.

Aufgabe 7.5: Couette-Viskosimeter

Beim Couette-Viskosimeter taucht ein stationärer zylindrischer Stab (Radius R_1) um die Länge L konzentrisch in eine Flüssigkeit ein, die sich in einem rotierenden zylindrischen Behälter (Radius R_2) befindet (▶ Abb. 7.47). Zur Bestimmung der Viskosität wird das Drehmoment gemessen, das von der Flüssigkeit auf den eingetauchten Stab ausgeübt wird.

a) Wie lautet das Geschwindigkeitsfeld zwischen Stab und Behälter, wenn man von Endeffekten absieht?

b) Berechnen Sie die dyadische Ableitung $\nabla \boldsymbol{u}$ in zylindrischen Koordinaten. Es ist dabei zweckmäßig die dyadische Schreibweise für alle Summanden, z. B. $\boldsymbol{e}_\varphi \boldsymbol{e}_z$, beizubehalten. Hierbei ist die Reihenfolge der Vektoren wichtig. Wie lautet daher der Spannungstensor $\boldsymbol{\mathsf{T}}$ in zylindrischen Koordinaten?

c) Wie lautet die Kraft pro Fläche auf ein Flächenelement einer beliebigen zylindrischen Oberfläche?

d) Welche Schubspannung wird von dem Fluid auf den Innenzylinder bei R_1 ausgeübt?

e) Wie lautet das gesamte Drehmoment auf den eingetauschten Zylinder?

Aufgabe 7.6: Ebene Poiseuille-Couette-Strömung

Berechnen Sie die stationäre Strömung eines inkompressiblen Newtonschen Fluids zwischen zwei unendlich ausgedehnten Platten im Abstand d in y-Richtung mit den Geschwindigkeiten $\boldsymbol{u}(y=0) = 0$ und $\boldsymbol{u}(y=d) = U\boldsymbol{e}_x$ durch Integration der Navier-Stokes-Gleichung in Analogie zur Rohrströmung in Abschnitt 7.3.1.

a) Welche Symmetrien weist das Problem auf? Von welchen Koordinaten kann $\boldsymbol{u}$ dann nur abhängen? Wie lautet also der Ansatz für $\boldsymbol{u}$?

b) Zeigen Sie, dass der nichtlineare Term $\boldsymbol{u} \cdot \nabla \boldsymbol{u} = 0$ identisch verschwindet.

c) Zeigen Sie durch Integration der y- und z-Komponenten der Navier-Stokes-Gleichung, dass der Druck nur von x abhängt. Warum muss der Druckgradient $\partial p/\partial x$ konstant sein? Integrieren Sie die x-Komponente der Navier-Stokes-Gleichung mit Hilfe eines Separationsansatzes.

d) Berechnen Sie die ebene Couette-Strömung, d. h. die Strömung für $\partial p/\partial x = 0$ und die ebene Couette-Poiseuille-Strömung, d. h. die Strömung für $\partial p/\partial x = C$.

e) Skizzieren Sie die beiden Geschwindigkeitsprofile.

Aufgabe 7.7: Grenzschichten

Eine dünne Platte wird mit $U = 900\,\text{km/h}$ in Luft unter Atmosphärendruck parallel angeströmt.

a) Berechnen Sie die Dicke der laminaren Grenzschicht. Wie dick ist sie nach 1 und nach 10 m?

b) Bei welchem Abstand x_U von der Vorderkante findet der Umschlag in die turbulente Grenzschicht statt?

c) Berechnen Sie den fiktiven Beginn der turbulenten Grenzschicht x_0. Verwenden Sie als Annahme $n = 5$ für den Exponenten in (7.117).

d) Berechnen Sie die Dicke der turbulenten Grenzschicht. Wie dick ist sie nach 1 und nach 10 m?

Aufgabe 7.8: Prandtl-Batchelor-Theorem

Das Prandtl-Batchelor-Theorem besagt, dass die Vortizität in Wirbeln für nahezu reibungsfreie Strömungen, d. h. Re $\to \infty$, konstant ist. Das heißt, dass sich das Wirbelzentrum intensiver Wirbel in nahezu starrer Rotation befindet.

a) Betrachten Sie zunächst eine stationäre, inkompressible, reibungsfreie und zweidimensionale Strömung. Zeigen Sie mit Hilfe der Helmholtz-Gleichung (5.9), dass für diesen Fall die Vortizität entlang einer Stromlinie konstant ist, d. h.

$$\boldsymbol{\omega} = \begin{pmatrix} 0 \\ 0 \\ \omega(\psi) \end{pmatrix} . \tag{7.165}$$

b) Beweisen Sie die für eine inkompressible viskose Strömung die exakte Relation

$$\oint_C d\boldsymbol{s} \cdot (\nabla \times \boldsymbol{\omega}) , \tag{7.166}$$

wobei C eine geschlossene Stromlinie ist. Bilden Sie dazu das geschlossene Linienintegral über die Navier-Stokes-Gleichung (7.7) für ein inkompressibles Newtonsches Fluid entlang einer geschlossenen Stromlinie C. Beachten Sie, dass entlang C gilt: $d\boldsymbol{s} \| \boldsymbol{u}$. Verwenden Sie zur Umformung der Terme in der Navier-Stokes-Gleichung die Vektor-Identitäten

$$\boldsymbol{u} \times (\nabla \times \boldsymbol{u}) = \frac{1}{2}\nabla \boldsymbol{u}^2 - \boldsymbol{u} \cdot \nabla \boldsymbol{u}, \tag{7.167a}$$

$$\nabla \times (\nabla \times \boldsymbol{u}) = \nabla \nabla \cdot \boldsymbol{u} - \nabla \cdot \nabla \boldsymbol{u} . \tag{7.167b}$$

Beachten Sie auch, dass das geschlossene Linienintegral über den Gradienten einer Funktion $f(\boldsymbol{x})$ verschwindet: $\oint_C d\boldsymbol{s} \cdot \nabla f = f(\boldsymbol{x}_0) - f(\boldsymbol{x}_0) = 0$.

c) Berechnen Sie das Linienintegral (7.166), indem Sie als Näherung für ω das Ergebnis aus (7.165) einsetzen.

Anhang A
Kleines mathematisches Repetitorium

Zur Beschreibung der Bewegung eines Fluids wird meist die Eulersche Beschreibung verwendet. Dabei werden alle Feldgrößen als Funktion von Ort und Zeit angegeben. Hierbei ist vor allem das Geschwindigkeitsfeld $\boldsymbol{u}(\boldsymbol{x}, t)$ von Interesse, das ein dreidimensionales *Vektorfeld* ist. Druck- und Temperaturfelder $p(\boldsymbol{x}, t)$ und $T(\boldsymbol{x}, t)$ sind *skalare Felder*. Im Gegensatz zu skalaren Größen werden vektorielle Größen hier durch **fettgedruckte** Symbole kenntlich gemacht.

Das Geschwindigkeitsfeld kann man in verschiedenen Formen aufschreiben

$$\boldsymbol{u} = \begin{pmatrix} u \\ v \\ w \end{pmatrix} = \begin{pmatrix} u_x \\ u_y \\ u_z \end{pmatrix} = u\boldsymbol{e}_x + v\boldsymbol{e}_y + w\boldsymbol{e}_z = \sum_{i=1}^{3} u_i\boldsymbol{e}_i = u_i \,. \tag{A.1}$$

Hierbei sind die Einheitsvektoren zum Beispiel $\boldsymbol{e}_x = \boldsymbol{e}_1 = (1, 0, 0)^{\mathrm{T}}$, wobei der hochgestellte Index T die *Transposition* bedeutet. $(1, 0, 0)^{\mathrm{T}}$ stellt also nicht einen Zeilen-, sondern einen Spaltenvektor dar. Im allgemeinen hängen alle im folgenden betrachteten Größen vom Ortsvektor $\boldsymbol{x} = x\boldsymbol{e}_x + y\boldsymbol{e}_y + z\boldsymbol{e}_z$ und eventuell von der Zeit t ab.

A.1 Produkte mit Vektoren

Im folgenden seien $\boldsymbol{a} = (a_1, a_2, a_3)^{\mathrm{T}}$, $\boldsymbol{b} = (b_1, b_2, b_3)^{\mathrm{T}}$ etc. Vektoren mit kartesischen Komponenten. Dann gelten die folgenden Regeln.

Für die Multiplikation von Vektoren und deren Addition gilt

$$c\boldsymbol{a} + d\boldsymbol{b} = \begin{pmatrix} ca_1 \\ ca_2 \\ ca_3 \end{pmatrix} + \begin{pmatrix} db_1 \\ db_2 \\ db_3 \end{pmatrix} = \begin{pmatrix} ca_1 + db_1 \\ ca_2 + db_2 \\ ca_3 + db_3 \end{pmatrix} \,. \tag{A.2}$$

Man kann zwei Vektoren auf verschiedene Art miteinander multiplizieren. Je nach Produkt sind die Ergebnisse unterschiedlich. Das *Skalarprodukt* zweier Vektoren $\boldsymbol{a}$ und $\boldsymbol{b}$ führt auf einen Skalar. Es ist definiert als

$$\boldsymbol{a} \cdot \boldsymbol{b} = \boldsymbol{b} \cdot \boldsymbol{a} = a_x b_x + a_y b_y + a_z b_z = |\boldsymbol{a}||\boldsymbol{b}| \cos \alpha = \sum_{i=1}^{3} a_i b_i = a_i b_i \,. \tag{A.3}$$

Hierbei ist

$$|\boldsymbol{a}| = \sqrt{a_x^2 + a_y^2 + a_z^2} \tag{A.4}$$

der Betrag des Vektors $\boldsymbol{a}$ ($|\boldsymbol{b}|$ entsprechend). Die Index-Schreibweise $a_i b_i$ ohne das Summenzeichen $\sum$ impliziert, dass über alle im Produkt doppelt vorkommenden

Indizes summiert werden muss. Diese Vereinbarung wird *Einstein-Konvention* genannt. Der Winkel α ist der Winkel, den die beiden Vektoren miteinander einschließen. Das Skalarprodukt ist kommutativ.

Neben dem Skalarprodukt definiert man noch das *Vektor-* oder *Kreuzprodukt* zweier Vektoren

$$
\boldsymbol{a} \times \boldsymbol{b} = -\boldsymbol{b} \times \boldsymbol{a} = |\boldsymbol{a}||\boldsymbol{b}| \sin\alpha \, \boldsymbol{e}_c = \det \begin{vmatrix} \boldsymbol{e}_1 & \boldsymbol{e}_2 & \boldsymbol{e}_3 \\ a_1 & a_2 & a_3 \\ b_1 & b_2 & b_3 \end{vmatrix} = \begin{pmatrix} a_2 b_3 - a_3 b_2 \\ a_3 b_1 - a_1 b_3 \\ a_1 b_2 - a_2 b_1 \end{pmatrix}
$$

$$
= \begin{pmatrix} a_y b_z - a_z b_y \\ a_z b_x - a_x b_z \\ a_x b_y - a_y b_x \end{pmatrix} = \sum_{j=1,k=1}^{3} \epsilon_{ijk} a_j b_k = \epsilon_{ijk} a_j b_k = c_i = \boldsymbol{c} \, . \tag{A.5}
$$

Hierbei ist ϵ_{ijk} das *Levi-Civita-Symbol*,[1] wobei die $3 \times 3 \times 3 = 27$ Elemente entweder 1 oder -1 sind, je nach dem, ob die Index-Kombination in dem jeweiligen Summanden eine gerade (1) oder ungerade (-1) Permutation von $(1, 2, 3)$ ist. Für alle anderen Index-Kombinationen, z. B. $(1, 2, 2)$ ist das betreffenden Element Null. Es gilt also

$$
\epsilon_{123} = \epsilon_{231} = \epsilon_{312} = 1 \, ,
$$

$$
\epsilon_{213} = \epsilon_{132} = \epsilon_{321} = -1 \, ,
$$

$$
\epsilon_{\text{sonst}} = 0 \, .
$$

Das Ergebnis des Kreuzprodukts ist wieder ein Vektor. Der resultierende Vektor $\boldsymbol{c} = \boldsymbol{a} \times \boldsymbol{b}$ (Einheitsvektor $\boldsymbol{e}_c$) steht senkrecht sowohl auf $\boldsymbol{a}$ wie auch auf $\boldsymbol{b}$, wobei die *rechte-Hand-Regel* gilt. Der Betrag des Kreuzprodukts zweier Vektoren ist $|\boldsymbol{a} \times \boldsymbol{b}| = |\boldsymbol{a}||\boldsymbol{b}| \sin\alpha$, wobei α der von beiden Vektoren eingeschlossene Winkel ist. Der Betrag entspricht der Fläche des Parallelogramms, das von den beiden Vektoren $\boldsymbol{a}$ und $\boldsymbol{b}$ aufgespannt wird. Das Kreuzprodukt ist nicht kommutativ. Es gilt $\boldsymbol{a} \times \boldsymbol{b} = -\boldsymbol{b} \times \boldsymbol{a}$.

Wenn man das Kreuzprodukt skalar mit einem dritten Vektor multipliziert, erhält man das *Spatprodukt*

$$
\boldsymbol{a} \times \boldsymbol{b} \cdot \boldsymbol{c} = \boldsymbol{b} \times \boldsymbol{c} \cdot \boldsymbol{a} = -\boldsymbol{b} \times \boldsymbol{a} \cdot \boldsymbol{c} = \begin{pmatrix} a_2 b_3 - a_3 b_2 \\ a_3 b_1 - a_1 b_3 \\ a_1 b_2 - a_2 b_1 \end{pmatrix} \cdot \begin{pmatrix} c_1 \\ c_2 \\ c_3 \end{pmatrix} = \det \begin{vmatrix} a_1 & b_1 & c_1 \\ a_2 & b_2 & c_2 \\ a_3 & b_3 & c_3 \end{vmatrix} \, .
$$
$$\tag{A.6}$$

Das Ergebnis des Spatprodukts ist das Volumen des Parallelepipeds, das von den drei Vektoren aufgespannt wird. Die Vektoren des Spatprodukts können zyklisch vertauscht werden, ohne dass sich der Wert des Produkts (Volumen des Epipeds) ändert. Daran sieht man auch, dass man bei fester Reihenfolge der Faktoren das Skalarprodukt mit dem Kreuzprodukt vertauschen darf.

Wenn man dreifache Kreuzprodukte auswerten will, ist der sogenannte *Entwicklungssatz* nützlich

$$
\boldsymbol{a} \times (\boldsymbol{b} \times \boldsymbol{c}) = \boldsymbol{b}(\boldsymbol{a} \cdot \boldsymbol{c}) - \boldsymbol{c}(\boldsymbol{a} \cdot \boldsymbol{b}) \, , \tag{A.7}
$$

den man über die Eselsbrücke *bac-minus-cab* behalten kann.

---

1 Das Levi-Civita-Symbol ϵ_{ijk} wird manchmal auch *vollständig antisymmetrischer Tensor dritter Stufe* genannt. Strenggenommen ist es jedoch nur ein sogenannter Pseudo-Vektor, da ein Tensor in der mathematischen Theorie gewisse Eigenschaften bei Koordinatentransformationen besitzen muss.

Schließlich kann man auch zwei Vektoren miteinander multiplizieren, so dass eine Matrix entsteht. Dies ist ein zweifach indiziertes Objekt. Dieses Produkt zweier Vektoren wird *dyadisches Produkt* genannt. Es wird hier durch das Fehlen eines Operatorzeichens zwischen den Vektoren angezeigt (manchmal wird auch $\otimes$ verwendet). Für das dyadische Produkt gilt

$$\boldsymbol{ab} = a_i b_j = \begin{pmatrix} a_1 b_1 & a_1 b_2 & a_1 b_3 \\ a_2 b_1 & a_2 b_2 & a_2 b_3 \\ a_3 b_1 & a_3 b_2 & a_3 b_3 \end{pmatrix} = c_{ij} \,. \tag{A.8}$$

A.2 Vektorielle Ableitungen

Alle oben genannten Operationen lassen sich auch mit dem vektoriellen Ableitungsoperator, dem *Nabla-Operator*

$$\nabla = \begin{pmatrix} \partial/\partial x \\ \partial/\partial y \\ \partial/\partial z \end{pmatrix} = \begin{pmatrix} \partial_x \\ \partial_y \\ \partial_z \end{pmatrix} = \begin{pmatrix} \partial_1 \\ \partial_2 \\ \partial_3 \end{pmatrix} \tag{A.9}$$

durchführen. Wir verwenden die Konvention, dass der Nabla-Operator auf alle rechts von ihm stehenden Ausdrücke (Funktionen von $\boldsymbol{x}$) angewandt wird.

Im einfachsten Fall wird der Nabla-Operator auf eine skalare Funktion $c(x)$ angewandt. Dies ist der *Gradient* von c

$$\nabla c = \begin{pmatrix} \partial_1 c \\ \partial_2 c \\ \partial_3 c \end{pmatrix} \,. \tag{A.10}$$

Das spezielle Skalarprodukt aus ∇ und einer Vektorfunktion $\boldsymbol{u}$ (zum Beispiel dem Geschwindigkeitsfeld) ergibt einen Skalar

$$\nabla \cdot \boldsymbol{u}(\boldsymbol{x}) = \begin{pmatrix} \partial/\partial x \\ \partial/\partial y \\ \partial/\partial z \end{pmatrix} \cdot \begin{pmatrix} u_x \\ u_y \\ u_z \end{pmatrix} = \frac{\partial u_x}{\partial x} + \frac{\partial u_y}{\partial y} + \frac{\partial u_z}{\partial z} = a(\boldsymbol{x}) \,. \tag{A.11}$$

Diese Ableitung wird als *Divergenz* des Vektors $\boldsymbol{u}$ bezeichnet. Bei kompressiblen Fluiden gibt $\nabla \cdot \boldsymbol{u}(\boldsymbol{x})$ an, wie stark die Strömung am Punkt $\boldsymbol{x}$ divergiert. Für $\nabla \cdot \boldsymbol{u} > 0$ ergibt sich dann netto eine Strömung, die durch eine kleine Kugeloberfläche um den Punkt $\boldsymbol{x}$ nach außen strömt. Für $\nabla \cdot \boldsymbol{u} < 0$, ist die Netto-Strömung einwärts gerichtet.

Das Kreuzprodukt aus ∇ und einem Vektorfeld liefert ein neues Vektorfeld

$$\nabla \times \boldsymbol{u} = \begin{pmatrix} \dfrac{\partial u_z}{\partial y} - \dfrac{\partial u_y}{\partial z} \\ \dfrac{\partial u_x}{\partial z} - \dfrac{\partial u_z}{\partial x} \\ \dfrac{\partial u_y}{\partial z} - \dfrac{\partial u_z}{\partial y} \end{pmatrix} = \det \begin{vmatrix} \boldsymbol{e}_1 & \boldsymbol{e}_2 & \boldsymbol{e}_3 \\ \partial_1 & \partial_2 & \partial_3 \\ u_1 & u_2 & u_3 \end{vmatrix} = \sum_{j=1,k=1}^{3} \epsilon_{ijk} \frac{\partial u_k}{\partial x_j} = \omega_i = \boldsymbol{\omega}\,. \tag{A.12}$$

Das Ergebnis wird als *Rotation* von $\boldsymbol{u}$ bezeichnet. Wenn $\boldsymbol{u}$ das Geschwindigkeitsfeld ist, wird $\boldsymbol{\omega}$ *Vortizität* genannt. Die Vortizität ist ein Maß für die Rotationsrate kleiner

Fluidelemente. Der Betrag der Vortizität ist gerade die doppelte Rotationsrate, mit der kleine Fluidelemente um sich selbst rotieren. Sie ist wichtig zur Beschreibung von Wirbelstrukturen und deren Dynamik.

Die zweifache Ableitung

$$\nabla \cdot \nabla \boldsymbol{u} = \nabla^2 \boldsymbol{u} = \frac{\partial^2 \boldsymbol{u}}{\partial x^2} + \frac{\partial^2 \boldsymbol{u}}{\partial y^2} + \frac{\partial^2 \boldsymbol{u}}{\partial z^2} \tag{A.13}$$

tritt in Diffusionsproblemen auf. Durch die Anwendung des skalaren *Laplace-Operators* $\Delta := \nabla^2$ bleibt der vektorielle Charakter der Variablen (Skalar, Vektor etc.), auf die er angewandt wird, erhalten.

Einige zweifache vektorielle Ableitungen verschwinden. Dies sind

$$\nabla \cdot (\nabla \times \boldsymbol{a}) = 0 \quad \text{und} \quad \nabla \times (\nabla c) = 0 \,. \tag{A.14}$$

Unter Beachtung der Vertauschbarkeit der partiellen Ableitungen kann man diese Identitäten leicht verifizieren. Die Divergenz einer Rotation wie auch die Rotation eines Gradienten eines Vektorfeldes verschwinden.

Schließlich kann man die zweifache Rotation eines Vektorfeldes schreiben als

$$\nabla \times (\nabla \times \boldsymbol{u}) = \nabla (\nabla \cdot \boldsymbol{u}) - \nabla^2 \boldsymbol{u} \,. \tag{A.15}$$

Dies kann man am besten unter Verwendung der Index-Schreibweise und mit Hilfe der Beziehung $\epsilon_{inl}\epsilon_{ijk} = \delta_{nj}\delta_{lk} - \delta_{nk}\delta_{lj}$ verifizieren, wobei

$$\delta_{nm} = \begin{cases} 1 & \text{für } n = m \\ 0, & \text{für } n \neq m \end{cases} \tag{A.16}$$

das *Kronecker-Symbol* ist.

A.3   Fundamentalsatz der Vektoranalysis

Wenn für ein Vektorfeld $\boldsymbol{u}(\boldsymbol{x})$ für alle $\boldsymbol{x}$ gilt $\nabla \times \boldsymbol{u} = 0$, so nennt man das Vektorfeld *wirbelfrei*. Falls für alle $\boldsymbol{x}$ gilt $\nabla \cdot \boldsymbol{u} = 0$, dann heißt das Vektorfeld *quellenfrei*.

Diese Begriffe sind wichtig für den Fundamentalsatz der Vektoranalysis. Er lautet: Jedes (hinreichend glatte) Vektorfeld auf $\mathbb{R}^3$ läßt sich darstellen als

$$\boldsymbol{u}(\boldsymbol{x}) = -\nabla\phi + \nabla \times \boldsymbol{B} \,. \tag{A.17}$$

Aufgrund von (A.14) ist der erste Summand wirbelfrei, der zweite ist quellenfrei. Man man kann also jedes Vektorfeld als Summe eines wirbel- und eines quellenfreien Vektorfeldes darstellen. Insbesondere gilt: Wenn ein Vektorfeld wirbelfrei ist, dann kann man es als Gradienten eines skalaren *Potentials* darstellen. Dieser Sachverhalt ermöglichte eine sehr starke vereinfachte Beschreibung wirbelfreier Strömungen. Zu ihrer Beschreibung benötigt man nur ein skalares Potential, aus dem sich dann die Geschwindigkeitskomponenten des Geschwindigkeitsfelds ableiten lassen (siehe Abschnitt 5.3).

A.4 Formeln für Volumen- und Flächenintegrale

Mit Hilfe des *Satzes von Gauß* läßt sich ein Volumenintegral über das Volumen V in ein Integral über die geschlossene Oberfläche A dieses Volumens überführen, wenn sich der Integrand des Volumenintegrals als Divergenz eines Vektorfeldes darstellen läßt[2]

$$\int_V \nabla \cdot \boldsymbol{f} \, \mathrm{d}V = \int_A \boldsymbol{n} \cdot \boldsymbol{f} \, \mathrm{d}A = \int_A \boldsymbol{f} \cdot \mathrm{d}\boldsymbol{A} \,. \tag{A.18}$$

Hierbei ist $\mathrm{d}\boldsymbol{A} = \boldsymbol{n} \, \mathrm{d}A$ das vektorielle Flächenelement, dessen Einheitsvektor der nach außen gerichtete Flächennormalenvektor $\boldsymbol{n}$ ist.

Mit Hilfe des *Satzes von Stokes*

$$\int_A \nabla \times \boldsymbol{f} \cdot \mathrm{d}\boldsymbol{A} = \oint_C \boldsymbol{f} \cdot \mathrm{d}\boldsymbol{x} \tag{A.19}$$

kann man ein Flächenintegral über die Fläche A in ein geschlossenes Linienintegral über die Kontur C der Fläche A umformen, wenn sich der Integrand des Flächenintegrals als Rotation darstellen läßt.

A.5 Taylor-Entwicklung

Um eine Funktion $f(x)$ in der Nähe eines Punktes x_0 zu approximieren, kann man die Funktion in eine Taylor-Reihe entwickeln. Die Taylor-Entwicklung um den Punkt x_0 lautet

$$f(x) = \sum_{n=0}^{\infty} \frac{1}{n!} f^{(n)}(x_0)(x - x_0)^n$$

$$= f(x_0) + f'(x_0)(x - x_0) + \frac{1}{2} f''(x_0)(x - x_0)^2 + O\left[(x - x_0)^3\right] \,. \tag{A.20}$$

Hierbei bezeichnet $f^{(n)}(x_0)$ die n-te Ableitung der Funktion $f(x)$ an der Stelle x_0. Das *Größenordnungssymbol* $O(\epsilon)$ repräsentiert weitere Terme, deren Größenordnung durch den Term ϵ bestimmt wird. Dabei geht man davon aus, dass eventuelle Zahlenfaktoren für die Größenordnung unerheblich sind.[3] Die Taylor-Entwicklung liefert in der Regel nur dann eine gute Approximation, wenn $x - x_0$ hinreichen klein ist. Insbesondere im Limes $x - x_0 \to 0$ gilt dann für $m > n$: $(x - x_0)^m \ll (x - x_0)^n$ und die Größenordnung der in der Taylor-Reihe vernachlässigten Terme wird durch die niedrigste vernachlässigte Potenz von $x - x_0$ bestimmt.

---

2 Den Gaußschen Satz kann man weiter verallgemeinern (siehe z. B. Aris 1989).
3 Genauer gesagt gilt

$$f(\epsilon) = O\left[\delta(\epsilon)\right] \,, \quad \text{falls} \quad \lim_{\epsilon \to 0} \frac{F(\epsilon)}{\delta(\epsilon)} < \infty \,,$$

$$f(\epsilon) = o\left[\delta(\epsilon)\right] \,, \quad \text{falls} \quad \lim_{\epsilon \to 0} \frac{F(\epsilon)}{\delta(\epsilon)} = 0 \,.$$

Wenn also $f = O(\delta)$, dann unterscheidet sich als $f(\epsilon)$ von $\delta(\epsilon)$ im Limes $\epsilon \to 0$ nur um einen endlichen Faktor.

In höheren Dimensionen kann man in ähnlicher Weise eine Taylor-Reihen-Entwicklung durchführen. Uns interessiert insbesondere die Taylor-Entwicklung im dreidimensionalen Raum

$$f(\mathbf{x}) = \sum_{n=0}^{\infty} \frac{1}{n!} \left[(\mathbf{x} - \mathbf{x}_0) \cdot \nabla \right]^n f(\mathbf{x}_0)$$

$$= f(\mathbf{x}_0) + (\mathbf{x} - \mathbf{x}_0) \cdot \nabla f(\mathbf{x}_0) + \frac{1}{2} \left[(\mathbf{x} - \mathbf{x}_0) \cdot \nabla \right]^2 f(\mathbf{x}_0) + O\left[|\mathbf{x} - \mathbf{x}_0|^3 \right] . \quad \text{(A.21)}$$

Hierbei ist zu beachten, dass im n-ten Summanden die n-te Potenz des Ausdrucks (Operators)

$$(\mathbf{x} - \mathbf{x}_0) \cdot \nabla = (x - x_0) \frac{\partial}{\partial x} + (y - y_0) \frac{\partial}{\partial y} + (z - z_0) \frac{\partial}{\partial z} \quad \text{(A.22)}$$

auf die Funktion $f(\mathbf{x})$ anzuwenden ist und dann an der Stelle $\mathbf{x} = \mathbf{x}_0$ ausgewertet werden muss.

Anhang B
Operatoren und Navier-Stokes-Gleichung in Zylinderkoordinaten

Zur mathematischen Beschreibung von Problemen mit Zylindersymmetrie, zum Beispiel axisymmetrische Wirbel, ist es zweckmäßig, Zylinderkoordinaten (r, φ, z) zu verwenden. Die zugehörigen Einheitsvektoren in radialer, azimutaler und axialer Richtung sind $\boldsymbol{e}_r$, $\boldsymbol{e}_\varphi$ und $\boldsymbol{e}_z$. Sie bilden ein Orthogonalsystem.

In Zylinderkoordinaten wird das Geschwindigkeitsfeld dargestellt als

$$\boldsymbol{u}(r, \varphi, z) = u(r, \varphi, z)\boldsymbol{e}_r + v(r, \varphi, z)\boldsymbol{e}_\varphi + w(r, \varphi, z)\boldsymbol{e}_z \,, \tag{B.1}$$

Der Nabla-Operator lautet in Zylinderkoordinaten

$$\nabla = \boldsymbol{e}_r \frac{\partial}{\partial r} + \frac{\boldsymbol{e}_\varphi}{r} \frac{\partial}{\partial \varphi} + \boldsymbol{e}_z \frac{\partial}{\partial z} \,. \tag{B.2}$$

Aus dem Nabla-Operator lassen sich die Divergenz und die Rotation des Geschwindigkeitsfelds ableiten, wenn man beachtet, dass die radialen und azimutalen Einheitsvektoren $\boldsymbol{e}_r(\varphi)$ und $\boldsymbol{e}_\varphi(\varphi)$ selbst noch vom Winkel φ abhängen

$$\frac{\partial}{\partial \varphi} \boldsymbol{e}_r = \boldsymbol{e}_\varphi, \tag{B.3a}$$

$$\frac{\partial}{\partial \varphi} \boldsymbol{e}_\varphi = -\boldsymbol{e}_r. \tag{B.3b}$$

Mit diesen Zusammenhängen erhalten wir für die Divergenz

$$\nabla \cdot \boldsymbol{u} = \left(\boldsymbol{e}_r \frac{\partial}{\partial r} + \frac{\boldsymbol{e}_\varphi}{r} \frac{\partial}{\partial \varphi} + \boldsymbol{e}_z \frac{\partial}{\partial z} \right) \cdot \left(u\boldsymbol{e}_r + v\boldsymbol{e}_\varphi + w\boldsymbol{e}_z \right) = \frac{\partial u}{\partial r} + \frac{u}{r} + \frac{1}{r} \frac{\partial v}{\partial \varphi} + \frac{\partial w}{\partial z} \,. \tag{B.4}$$

Die Kontinuitätsgleichung für inkompressible Fluide lautet damit in Zylinderkoordinaten

$$\nabla \cdot \boldsymbol{u} = \frac{1}{r} \frac{\partial}{\partial r} r u + \frac{1}{r} \frac{\partial v}{\partial \varphi} + \frac{\partial w}{\partial z} = 0 \,, \tag{B.5}$$

wobei wir die Terme $\sim u$ noch etwas umgeformt haben. Um die Kontinuitätsgleichung für zweidimensionale Strömungen in der (r, φ)-Ebene zu erfüllen ($\partial_z = 0$), kann man eine Stromfunktion verwenden. Für axisymmetrische Strömungen in der (r, z)-Ebene ($\partial_\varphi = 0$) lautet die

$$u = \frac{1}{r} \frac{\partial \psi}{\partial z} \,, \tag{B.6a}$$

$$w = -\frac{1}{r} \frac{\partial \psi}{\partial r} \,. \tag{B.6b}$$

In analoger Weise erhalten wir einen Ausdruck für die Rotation von $\boldsymbol{u}$

$$
\nabla \times \boldsymbol{u} = \left(\boldsymbol{e}_r \frac{\partial}{\partial r} + \frac{\boldsymbol{e}_\varphi}{r} \frac{\partial}{\partial \varphi} + \boldsymbol{e}_z \frac{\partial}{\partial z} \right) \times \left(u\boldsymbol{e}_r + v\boldsymbol{e}_\varphi + w\boldsymbol{e}_z \right)
$$

$$
= \boldsymbol{e}_r \times \left(\boldsymbol{e}_r \frac{\partial u}{\partial r} + \boldsymbol{e}_\varphi \frac{\partial v}{\partial r} + \boldsymbol{e}_z \frac{\partial w}{\partial r} \right) + \frac{\boldsymbol{e}_\varphi}{r} \times \left(\boldsymbol{e}_r \frac{\partial u}{\partial \varphi} + \boldsymbol{e}_\varphi \frac{\partial v}{\partial \varphi} + \boldsymbol{e}_z \frac{\partial w}{\partial \varphi} \right) \tag{B.7}
$$

$$
+ \boldsymbol{e}_z \times \left(\boldsymbol{e}_r \frac{\partial u}{\partial z} + \boldsymbol{e}_\varphi \frac{\partial v}{\partial z} + \boldsymbol{e}_z \frac{\partial w}{\partial z} \right) + \frac{\boldsymbol{e}_\varphi}{r} \times \underbrace{\left(u \frac{\partial \boldsymbol{e}_r}{\partial \varphi} + v \frac{\partial \boldsymbol{e}_\varphi}{\partial \varphi} \right)}_{u\boldsymbol{e}_\varphi - v\boldsymbol{e}_r} .
$$

Unter Beachtung der rechte-Hand-Regel erhalten wir daraus

$$
\nabla \times \boldsymbol{u} = \boldsymbol{e}_z \frac{\partial v}{\partial r} - \boldsymbol{e}_\varphi \frac{\partial w}{\partial r} - \boldsymbol{e}_z \frac{1}{r} \frac{\partial u}{\partial \varphi} + \boldsymbol{e}_r \frac{1}{r} \frac{\partial w}{\partial \varphi} + \boldsymbol{e}_\varphi \frac{\partial u}{\partial z} - \boldsymbol{e}_r \frac{\partial v}{\partial z} + \boldsymbol{e}_z \frac{v}{r} . \tag{B.8}
$$

Wenn wir die Terme gruppieren, erhalten wir die Vortizität in Zylinderkoordinaten

$$
\boldsymbol{\omega} = \nabla \times \boldsymbol{u} = \left(\frac{1}{r} \frac{\partial w}{\partial \varphi} - \frac{\partial v}{\partial z} \right) \boldsymbol{e}_r + \left(\frac{\partial u}{\partial z} - \frac{\partial w}{\partial r} \right) \boldsymbol{e}_\varphi + \left(\frac{1}{r} \frac{\partial rv}{\partial r} - \frac{1}{r} \frac{\partial u}{\partial \varphi} \right) \boldsymbol{e}_z . \tag{B.9}
$$

Wenn wir in gleicher Weise vorgehen, erhalten wir für den Laplace-Operator, angewandt auf eine skalare Funktion f

$$
\nabla^2 f = \boldsymbol{e}_r \cdot \left[\boldsymbol{e}_r \partial_{rr} + \boldsymbol{e}_\varphi \left(\frac{1}{r} \partial_{r\varphi} - \frac{1}{r^2} \partial_\varphi \right) + \boldsymbol{e}_z \partial_{rz} \right] f
$$

$$
+ \frac{\boldsymbol{e}_\varphi}{r} \cdot \left[\boldsymbol{e}_r \partial_{\varphi r} + \boldsymbol{e}_\varphi \partial_r + \frac{\boldsymbol{e}_\varphi}{r} \partial_{\varphi\varphi} - \frac{\boldsymbol{e}_r}{r} \partial_\varphi + \boldsymbol{e}_z \partial_{\varphi z} \right] f \tag{B.10}
$$

$$
+ \boldsymbol{e}_z \cdot \left[\boldsymbol{e}_r \partial_{zr} + \frac{\boldsymbol{e}_\varphi}{r} \partial_{z\varphi} + \boldsymbol{e}_z \partial_{zz} \right] f
$$

$$
= \left[\left(\partial_{rr} + \frac{1}{r} \right) + \frac{1}{r^2} \partial_{\varphi\varphi} + \partial_{zz} \right] f ,
$$

wobei für die partiellen Ableitungen eine vereinfachende Schreibweise verwendet wurde. Den radialen Operator kann man auch schreiben als

$$
\partial_{rr} + \frac{1}{r} = \frac{1}{r} \partial_r r \partial_r . \tag{B.11}
$$

Für die konvektive Ableitung $\boldsymbol{u} \cdot \nabla \boldsymbol{u}$ ergibt sich

$$
\boldsymbol{u} \cdot \nabla \boldsymbol{u} = \left(u\boldsymbol{e}_r + v\boldsymbol{e}_\varphi + w\boldsymbol{e}_z \right) \cdot \nabla \left(u\boldsymbol{e}_r + v\boldsymbol{e}_\varphi + w\boldsymbol{e}_z \right)
$$

$$
= \left(u\partial_r + \frac{v}{r} \partial_\varphi + w\partial_z \right) \left(u\boldsymbol{e}_r + v\boldsymbol{e}_\varphi + w\boldsymbol{e}_z \right)
$$

$$
= \boldsymbol{e}_r \left(u\partial_r + \frac{v}{r} \partial_\varphi + w\partial_z \right) u + \boldsymbol{e}_\varphi \left(u\partial_r + \frac{v}{r} \partial_\varphi + w\partial_z \right) v \tag{B.12}
$$

$$
+ \boldsymbol{e}_z \left(u\partial_r + \frac{v}{r} \partial_\varphi + w\partial_z \right) w + \frac{uv}{r} \boldsymbol{e}_\varphi - \frac{v^2}{r} \boldsymbol{e}_r .
$$

Wenn wir diese Ausdrücke in die koordinatenunabhängige Form der Navier-Stokes-Gleichung (7.7) einsetzen und (B.3a) beachten, erhalten wir die Navier-Stokes-Gleichung in Zylinderkoordinaten

$$\frac{\partial u}{\partial t} + \boldsymbol{u} \cdot \nabla u - \frac{v^2}{r} = -\frac{1}{\rho}\frac{\partial p}{\partial r} + \nu\left[\left(\nabla^2 - \frac{1}{r^2}\right)u - \frac{2}{r^2}\frac{\partial v}{\partial \varphi}\right], \tag{B.13a}$$

$$\frac{\partial v}{\partial t} + \boldsymbol{u} \cdot \nabla v + \frac{uv}{r} = -\frac{1}{\rho}\frac{1}{r}\frac{\partial p}{\partial \varphi} + \nu\left[\left(\nabla^2 - \frac{1}{r^2}\right)v + \frac{2}{r^2}\frac{\partial u}{\partial \varphi}\right], \tag{B.13b}$$

$$\frac{\partial w}{\partial t} + \boldsymbol{u} \cdot \nabla w = -\frac{1}{\rho}\frac{\partial p}{\partial z} + \nu\nabla^2 w, \tag{B.13c}$$

wobei

$$\boldsymbol{u} \cdot \nabla = u\frac{\partial}{\partial r} + \frac{v}{r}\frac{\partial}{\partial \varphi} + w\frac{\partial}{\partial z}, \tag{B.14a}$$

$$\nabla^2 = \frac{1}{r}\frac{\partial}{\partial r}r\frac{\partial}{\partial r} + \frac{1}{r^2}\frac{\partial^2}{\partial \varphi^2} + \frac{\partial^2}{\partial z^2}. \tag{B.14b}$$

Oft ist auch noch der Spannungstensor von Interesse. Für ein Newtonsches Fluid lautet er nach (7.3)

$$\mathsf{T} = -p\mathsf{I} + \mu\left[\nabla\boldsymbol{u} + (\nabla\boldsymbol{u})^{\mathrm{T}}\right]. \tag{B.15}$$

Wir erhalten $\nabla\boldsymbol{u}$ aus (B.1) und (B.2). Danach ergibt sich

$$\begin{aligned}
\nabla\boldsymbol{u} = \boldsymbol{e}_r\Big[&(\partial_r u)\,\boldsymbol{e}_r + (\partial_r v)\,\boldsymbol{e}_\varphi + (\partial_r w)\,\boldsymbol{e}_z\Big] \\
+ \frac{1}{r}\boldsymbol{e}_\varphi\Big[&(\partial_\varphi u)\,\boldsymbol{e}_r + u\boldsymbol{e}_\varphi + (\partial_\varphi v)\,\boldsymbol{e}_\varphi - v\boldsymbol{e}_r + (\partial_\varphi w)\,\boldsymbol{e}_z\Big] \\
+ \boldsymbol{e}_z\Big[&(\partial_z u)\,\boldsymbol{e}_r + (\partial_z v)\,\boldsymbol{e}_\varphi + (\partial_z w)\,\boldsymbol{e}_z\Big]
\end{aligned} \tag{B.16}$$

oder

$$\begin{aligned}
\nabla\boldsymbol{u} = &(\partial_r u)\,\boldsymbol{e}_r\boldsymbol{e}_r + (\partial_r v)\,\boldsymbol{e}_r\boldsymbol{e}_\varphi + (\partial_r w)\,\boldsymbol{e}_r\boldsymbol{e}_z \\
&+ \frac{1}{r}\left(\partial_\varphi u - v\right)\boldsymbol{e}_\varphi\boldsymbol{e}_r + \frac{1}{r}\left(\partial_\varphi v + u\right)\boldsymbol{e}_\varphi\boldsymbol{e}_\varphi + \frac{1}{r}\left(\partial_\varphi w\right)\boldsymbol{e}_\varphi\boldsymbol{e}_z \\
&+ (\partial_z u)\,\boldsymbol{e}_z\boldsymbol{e}_r + (\partial_z v)\,\boldsymbol{e}_z\boldsymbol{e}_\varphi + (\partial_z w)\,\boldsymbol{e}_z\boldsymbol{e}_z.
\end{aligned} \tag{B.17}$$

Wenn wir jetzt noch den transponierten Geschwindigkeitsgradententensor addieren, den wir durch Vertauschen der Reihenfolge der Einheitsvektoren bilden können, erhalten wir den Spannungstensor

$$\begin{aligned}
\mathsf{T} = -p\mathsf{I} + \mu\Bigg[&2\left(\partial_r u\right)\boldsymbol{e}_r\boldsymbol{e}_r + \left(\partial_r v + \frac{\partial_\varphi u}{r} - \frac{v}{r}\right)\left(\boldsymbol{e}_r\boldsymbol{e}_\varphi + \boldsymbol{e}_\varphi\boldsymbol{e}_r\right) \\
&+ (\partial_r w + \partial_z u)\left(\boldsymbol{e}_r\boldsymbol{e}_z + \boldsymbol{e}_z\boldsymbol{e}_r\right) + \frac{2}{r}\left(\partial_\varphi v + u\right)\boldsymbol{e}_\varphi\boldsymbol{e}_\varphi \\
&+ \left(\frac{\partial_\varphi w}{r} + \partial_z v\right)\left(\boldsymbol{e}_\varphi\boldsymbol{e}_z + \boldsymbol{e}_z\boldsymbol{e}_\varphi\right) + 2\left(\partial_z w\right)\boldsymbol{e}_z\boldsymbol{e}_z\Bigg].
\end{aligned} \tag{B.18}$$

In ähnlicher Weise kann man vorgehen, wenn man die verschiedenen Ableitungen und Gleichungen in anderen orthogonalen Koordinatensystemen berechnen will (vgl. z. B. Anhang 2 von Batchelor 1967).

Anhang C
Ausbreitung eines senkrechten Verdichtungsstoßes in ein ruhendes Medium hinein

Für einen senkrechten Verdichtungsstoß, der sich in einem ruhenden Medium 1 ausbreitet, haben wir in Abschnitt 6.2.4 die Gleichungen (6.29) abgeleitet

$$\frac{\rho_1}{\rho_2} = 1 - \frac{2}{\varkappa + 1}\left(1 - \frac{\varkappa p_1}{\rho_1 U^2}\right) , \tag{C.1a}$$

$$\frac{p_2}{p_1} = 1 + \frac{2\varkappa}{\varkappa + 1}\left(\frac{\rho_1 U^2}{\varkappa p_1} - 1\right) , \tag{C.1b}$$

$$\frac{u_2'}{U} = -\frac{2}{\varkappa + 1}\left(1 - \frac{\varkappa p_1}{\rho_1 U^2}\right) < 0 . \tag{C.1c}$$

Hier wollen wir die Größen ρ_2 und u_2' sowie die Propagationsgeschwindigkeit des Stoßes U durch die Stärke des Stoßes

$$z := \frac{p_2 - p_1}{p_1} \stackrel{\text{(C.1b)}}{=} \frac{2\varkappa}{\varkappa - 1}\left(\frac{\rho_1 U^2}{\varkappa p_1} - 1\right) \tag{C.2}$$

ausdrücken. Die *Stoßstärke* z parametrisiert die Lösungsmenge der Gleichungen. Aus der Gleichung (C.2) für z folgt

$$\frac{\rho_1 U^2}{\varkappa p_1} = 1 + \frac{\varkappa - 1}{2\varkappa}z . \tag{C.3}$$

Wenn wir dies in (C.1a) einsetzen, erhalten wir

$$\frac{\rho_1}{\rho_2} = 1 - \frac{2}{\varkappa + 1}\left[1 - \left(1 + \frac{\varkappa + 1}{2\varkappa}z\right)^{-1}\right] = \ldots = \frac{1 + \left(\dfrac{\varkappa - 1}{2\varkappa}\right)z}{1 + \left(\dfrac{\varkappa + 1}{2\varkappa}\right)z} \tag{C.4}$$

und damit

$$\frac{\rho_2}{\rho_1} = \frac{1 + \left(\dfrac{\varkappa + 1}{2\varkappa}\right)z}{1 + \left(\dfrac{\varkappa - 1}{2\varkappa}\right)z} . \tag{C.5}$$

Mit Hilfe von (C.2) erhalten wir

$$U^2 = \underbrace{\frac{\varkappa p_1}{\rho_1}}_{c_1^2}\left(1 + \frac{\varkappa + 1}{2\varkappa}z\right) = c_1^2\left(1 + \frac{\varkappa + 1}{2\varkappa}z\right) , \tag{C.6}$$

also

$$\frac{U}{c_1} = \sqrt{1 + \frac{\varkappa + 1}{2\varkappa} z} \, , \tag{C.7}$$

wobei zu beachten ist, dass die Front immer vom Gebiet hohen Drucks (p_2) in das Gebiet niedrigen Drucks (p_1) propagiert (Verdichtungsstoß). Mit den Annahmen aus Abschnitt 6.2.4 läuft der Verdichtungsstoß in negativer x-Richtung. Infolgedessen erhalten wir für die Geschwindigkeit u'_2 auf der Druckseite des Stoßes aus (C.1c)

$$\frac{u'_2}{U} = \frac{\rho_1}{\rho_2} - 1 = \frac{-z/\varkappa}{1 + \dfrac{\varkappa + 1}{2\varkappa} z} \, . \tag{C.8}$$

Mit (C.7) folgt daraus

$$\frac{u'_2}{c_1} = -\frac{z}{\varkappa} \frac{\sqrt{1 + \dfrac{\varkappa + 1}{2\varkappa} z}}{1 + \dfrac{\varkappa + 1}{2\varkappa} z} = -\frac{z}{\varkappa} \frac{1}{\sqrt{1 + \dfrac{\varkappa + 1}{2\varkappa} z}} \, . \tag{C.9}$$

Anhang D
Druckverteilung
in einer Laval-Düse

Die Druckverteilung in einer Laval-Düse bei überkritischen Bedingungen folgt nur dann dem theoretischen Verlauf (6.54b), wenn der Außendruck p_a hinreichend niedrig ist, der Strahl also unterexpandiert ist. Falls der Außendruck zu hoch ist (überexpandierter Strahl), findet eine Angleichung des geringen Drucks in der Düse an den hohen Außendruck schon innerhalb der Laval-Düse statt. Die Angleichung erfolgt in der Regel über einen Verdichtungsstoß. Das reale Verhalten kann kompliziert sein, da der Verdichtungsstoß nicht unbedingt senkrecht erfolgt.

Unter der Annahme eines senkrechten Verdichtungsstoßes kann man den Druckverlauf $p(A)$ in der Düse berechnen. Wenn der Außendruck p_a am Ende der Düse vorgegeben ist, läßt sich der Druckverlauf allerdings nur iterativ bestimmen, da man außer dem Austrittsdruck $p_a = p_2$, der Düsenaustrittsöffnung A_2 und dem Massenstrom $\dot{m} = \rho^* u^* A^* = \text{const.}$ zur eindeutigen Charakterisierung des Zustands noch die Dichte ρ_2 oder die Temperatur T_2 im Strahl benötigt, um den Druckverlauf rückwärts in die Düse hinein fortzusetzen. Die fehlenden Größen hängen jedoch von den Bedingungen im Düseneintritt und dem noch unbekannten Verdichtungsstoß ab.

Einfacher ist es, eine bestimmte Lage des Verdichtungsstoßes innerhalb der Düse anzunehmen. Aus den lokalen Zustandsgrößen vor dem Stoß folgen über (6.17) die Zustandsgrößen nach dem Stoß. Darauf basierend läßt sich dann der weitere Druckverlauf und auch der hypothetische Druckverlauf vor dem Verdichtungsstoß berechnen. Nehmen wir also an, dass der Verdichtungsstoß in der Düse an der Stelle x erfolgt. Der Querschnitt an dieser Stelle sei A_x. Die Größen unmittelbar vor dem Stoß bezeichnen wir mit dem Index x_1, die Größen nach dem Stoß mit dem Index x_2. Bei überkritischer Strömung ist der Massenstrom

$$\dot{m} = \rho^* c^* A^* = \rho u A = \text{const.} \tag{D.1}$$

Für eine isentrope Strömung ist damit (insbesondere stromabwärts vom Verdichtungsstoß)

$$u = \frac{1}{\rho} \frac{\dot{m}}{A} = \frac{1}{\rho_{x_2}} \left(\frac{p}{p_{x_2}} \right)^{-1/\varkappa} \frac{\dot{m}}{A} . \tag{D.2}$$

Diese Relation können wir in der Bernoulli-/Energiegleichung verwenden. Sie lautet

$$
\begin{aligned}
P_1 &= \frac{u^2}{2} + \frac{\varkappa}{\varkappa-1} \frac{p}{\rho} = \frac{u^2}{2} + \frac{\varkappa}{\varkappa-1} \frac{p_{x_2}}{\rho_{x_2}} \left(\frac{p}{p_{x_2}} \right)^{(\varkappa-1)/\varkappa} \\
&\overset{\text{(D.2)}}{=} \frac{1}{2} \frac{1}{\rho_{x_2}^2} \left(\frac{p}{p_{x_2}} \right)^{-2/\varkappa} \frac{\dot{m}^2}{A^2} + \frac{\varkappa}{\varkappa-1} \frac{p_{x_2}}{\rho_{x_2}} \left(\frac{p}{p_{x_2}} \right)^{(\varkappa-1)/\varkappa} = \text{const.} \tag{D.3}
\end{aligned}
$$

Auflösen nach A ergibt

$$A(p) = \sqrt{\frac{\dot{m}^2}{2} \frac{1}{\rho_{x_2}^2} \left(\frac{p}{p_{x_2}}\right)^{-2/\varkappa} \left(P_1 - \frac{\varkappa}{\varkappa - 1} \frac{p_{x_2}}{\rho_{x_2}} \left(\frac{p}{p_{x_2}}\right)^{(\varkappa-1)/\varkappa}\right)^{-1}}. \tag{D.4}$$

Dies ist der gesuchte Zusammenhang zwischen dem Druck p und dem Düsenquerschnitt A hinter dem Verdichtungsstoß.

Wenn wir vom Kesselzustand p_1 und ρ_1 mit $c_1 = \sqrt{\varkappa p_1/\rho_1}$ ausgehen, können wir nach (6.52) und (6.54) u_{x_1} sowie p_{x_1} und ρ_{x_1} bei der Mach-Zahl $M(x)$ angeben, bei der wir den Stoß voraussetzen. Der entsprechende Querschnitt A_x an der Stelle ergibt sich aus (6.60), woraus auch x folgt. Den Massenstrom erhält man aus $\dot{m} = \rho_{x_1} u_{x_1} A_x$. Aus (6.17) ergeben sich dann p_{x_2} und ρ_{x_2}, und daraus P_1. Dann können wir den Druckverlauf nach (D.4) berechnen. Hinter dem Stoß ist die Strömung unterkritisch.

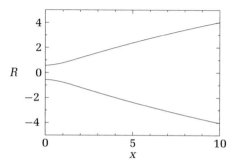

Abb. D.1: Querschnitt durch eine Laval-Düse nach der engsten Stelle (Rechenbeispiel nach (D.6)).

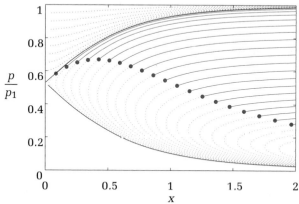

Abb. D.2: Druckverläufe in der Modell-Laval-Düse (D.6) hinter der engsten Stelle. Die untere schwarze Kurve kennzeichnet den ungestörten Druckverlauf bei optimaler Auslegung. Falls der Strahl überexpandiert ist, findet ein Verdichtungsstoß statt. Einige Stellen sind beispielhaft für $M = 1 + n\,\Delta M$ mit $\Delta M = 0.1$ durch blaue Punkte gekennzeichnet. An diesen Stellen springt der Druck von der unteren schwarzen Kurve auf eine der blauen Kurven nach (D.4). Die zugehörigen theoretischen Druckverläufe vor dem Stoß sowie die Fortsetzung in einen überkritischen Zustand über die Stelle $\partial p/\partial x \to \infty$ hinaus ist blau gepunktet gezeichnet. Die obere schwarze Kurve stellt die Grenzkurve bei gerade noch unterkritischem Verhalten dar. Der unterkritische Druckverlauf ist für $p_{min}/p_1 = 0.6, 0.65, \ldots, 1$ schwarz gepunktet dargestellt.

Im weiteren Verlauf der Strömung nimmt der Druck also zu. Der maximal erreichbare Druck ergibt sich aus Energiegleichung (D.3), indem wir $u = 0$ setzen. Es ist dann

$$\frac{\varkappa}{\varkappa - 1} \frac{p_{x_2}}{\rho_{x_2}} \left(\frac{p_{max}}{p_{x_2}} \right)^{(\varkappa-1)/\varkappa} = P_1 \quad \Rightarrow \quad p_{max} = p_{x_2} \left(\frac{\varkappa - 1}{\varkappa} \frac{\rho_{x_2}}{p_{x_2}} P_1 \right)^{\varkappa/(\varkappa-1)} . \quad \text{(D.5)}$$

Um eine Abhängigkeit des Drucks $p(x)$ als Funktion des Ortes x zu erhalten, muss man die Düsenform $A(x)$ spezifizieren. Da man bei der Berechnung $x(A)$ benötigt, wurde die Form (siehe ▶ Abb. D.1)

$$A(x) = 1 + \frac{x^2}{1 + x/10} \quad \Rightarrow \quad x = \frac{1}{20} \left[-1 + A \pm \sqrt{(A - 1)(A + 399)} \right] \quad \text{(D.6)}$$

gewählt, die sich leicht invertieren läßt (hier ist nur das +-Zeichen sinnvoll). Die nach (D.4) berechneten Druckverläufe sind in ▶ Abb. D.2 dargestellt. Dabei wurde der Druck in Einheiten von p_1 angegeben. Am engsten Querschnitt kann man deshalb den kritischen Druck $p/p_1 = 0.528$ ablesen (vgl. (6.61d)).

Literaturverzeichnis

Abramowitz, M. & Stegun, I. A. (1972), *Handbook of Mathematical Functions*, Dover.

Acheson, D. J. (1990), *Elementary Fluid Dynamics*, Oxford University Press.

Albrecht, H.-E., Damaschke, N., Borys, M. & Tropea, C. (2003), *Laser Doppler and Phase Doppler Measurement Techniques*, Springer, Berlin, Heidelberg.

Anna, S. L., Bontoux, N. & Stone, H. A. (2003), 'Formation of dispersions using "flow focusing" in microchannels', *Appl. Phys. Lett.* **82**, 364–366.

Aref, H. (1983), 'Integrable, chaotic and turbulent vortex motion in two-dimensional flows', *Annu. Rev. Fluid Mech.* **15**, 345–389.

Aris, R. (1989), *Vectors, Tensors, and the Basic Equations of Fluid Mechanics*, Dover, New York.

Batchelor, G. K. (1967), *An Introduction to Fluid Dynamics*, Cambridge University Press.

Berker, R. (1963), Intégration des équations du mouvement d'un fluide visqueux incompressible, *in* S. Flügge, ed., 'Handbuch der Physik', Springer, Berlin, pp. 1–384.

Botella, O. & Peyret, R. (1998), 'Benchmark spectral results on the lid-driven cavity flow', *Comp. Fluids* **27**, 421–433.

Boussinesq, J. (1877), 'Théorie de l'écoulement tourbillant', *Mém. Acad. Sci. Paris* **23**, 46–50.

Brown, F. N. M. (1971), *See the Wind Blow*, University of Notre Dame, Notre Dame, Indiana.

Bruun, H. H. (1995), *Hot-Wire Anemometry. Principles and Signal Analysis*, Oxford University Press, Oxford.

Buckingham, E. (1914), 'On physically similar systems; illustrations of the use of dimensional equations', *Phys. Rev.* **4**, 345–376.

Cantwell, B., Coles, D. & Dimotakis, P. (1978), 'Structure and entrainment in the plane and symmetry of a turbulent spot', *J. Fluid Mech.* **87**, 641–672.

Crow, S. C. (1970), 'Stability theory for a pair of trailing vortices', AIAA *J.* **12**, 2172–2179.

Drazin, P. G. & Johnson, R. S. (1989), *Solitons: An Introduction*, Cambridge University Press, Cambridge.

Durst, F., Ray, S., Ünsal, B. & Bayoumi, O. A. (2005), 'The development lengths of laminar pipe and channel flows', *J. Fluids Eng.* **127**, 1154–1160.

Eck, B. (1966), *Technische Strömungslehre*, Springer, Berlin, Heidelberg.

Eckelmann, H. (1997), *Einführung in die Strömungsmeßtechnik*, Teubner, Stuttgart.

Eckhardt, B., Schneider, T. M., Hof, B. & Westerweel, J. (2007), 'Turbulence transition in pipe flow', *Annu. Rev. Fluid Mech.* **39**, 447–468.

Falco, R. E. (1977), 'Coherent motions in the outer region of turbulent boundary layers', *Phys. Fluids* **20**, S124–S132.

Hele-Shaw, H. S. (1898), 'The flow of water', *Nature* **58**, 34–36.

Helmholtz, H. (1858), 'Über Integrale der hydrodynamischenGleichungen, welche den Wirbelbewegungen entsprechen', *Crelles J.* **55**, 25–55.

Herbert, T. (1983), 'Secondary instability of plane channel flow to subharmonic three-dimensional disturbances', *Phys. Fluids* **26**, 871–874.

Herbert, T. (1988), 'Secondary instability of boundary layers', *Annu. Rev. Fluid Mech.* **20**, 487–526.

Hinze, J. O. (1975), *Turbulence*, McGraw Hill, New York.

Hosoi, A. E. & Bush, W. M. (2001), 'Evaporative instabilities in climbing films', *J. Fluid Mech.* **442**, 217–239.

Huerre, P. & Rossi, M. (1998), Hydrodynamic instabilities in open flows, *in* C. Godréche & P. Manneville, eds, 'Hydrodynamics and Nonlinear Instabilities', Cambridge University Press, Cambridge, chapter 2, pp. 81–294.

Kelvin, L. (1869), 'On vortex motion', *Trans. Roy. Soc. Edinburgh* **25**, 217–260.

Kelvin, Lord (1880), 'Vibrations of a columnar vortex', *Phil. Mag.* **10**, 155–168.

Klebanoff, P. S., Tidstrom, K. D. & Sargent, L. M. (1962), 'The three-dimensional nature of boundary-layer instability', *J. Fluid Mech.* **12**, 1–34.

Komminaho, J., Lundbladh, A. & Johansson, A. V. (1996), 'Very large structures in plane turbulent Couette flow', *J. Fluid Mech.* **320**, 259–285.

Lamb, H. (1932), *Hydrodynamics*, Cambridge University Press, Cambridge.

Landau, L. D. & Lifschitz, E. M. (1991), *Hydrodynamik* Vol. VI, *Lehrbuch der Theoretischen Physik*, Vol. VI, Akademie Verlag.

Langhaar, H. L. (1951), *Dimensional Analysis and Theory of Models*, Wiley, New York.

Lighthill, J. (1978), *Waves in Fluids*, Cambridge University Press, Cambridge.

Lugt, H. J. (1979), *Wirbelströmungen in Natur und Technik*, G. Braun, Karlsruhe.

Lugt, H. J. (1996), *Introduction to Vortex Theory*, Vortex Flow Press, Potomac, Maryland.

Marangoni, C. (1871), 'Ueber die Ausbreitung der Tropfen einer Flüssigkeit auf der Oberfläche einer anderen', *Ann. Phys. Chem.* **143**, 337–354.

Moffatt, H. K. (1964), 'Viscous and resistive eddies near a sharp corner', *J. Fluid Mech.* **18**, 1–18.

Mullin, T. (1993), Chaos in fluid dynamics, *in* T. Mullin, ed., 'The Nature of Chaos', Clarendon Press, Oxford, chapter 4, pp. 67–94.

Nikuradse, J. (1933), 'Strömungsgesetze in rauhen Rohren', *VDI-Forsch.-Heft* **361**, 1–22.

Oertel jr., H. & Böhle, M. (2002), *Strömungsmechanik*, Vieweg, Braunschweig.

Oswatitsch, K. (1976), *Grundlagen der Gasdynamik*, Springer, Wien, New York.

Owczarek, J. A. (1964), *Fundamentals of Gas Dynamics*, International Textbook Company, Scranton, Pennsylvania.

Pawlowski, J. (1971), *Die Ähnlichkeitstheorie in der physikalisch-technischen Forschung. Grundlagen und Anwendung*, Springer, Heidelberg, Berlin.

Pope, S. B. (2000), *Turbulent Flows*, Cambridge University Press, Cambridge.

Prandtl, L. (1904), Über Flüssigkeitsbewegung bei sehr kleiner Reibung, *in* 'Verhdlg. III Int. Math.-Kongr.', Teubner, Leipzig, pp. 484–491.

Prandtl, L. (1960), *Strömungslehre*, Vieweg, Braunschweig.

Prandtl, L. & Tietjens, O. G. (1957a), *Applied Hydro- and Aeromechanics*, Dover, New York.

Prandtl, L. & Tietjens, O. G. (1957b), *Fundamentals of Hydro- and Aeromechanics*, Dover, New York.

Raffel, M., Willert, C. & Kompenhans, J. (1998), *Particle Image Velocimetry: A Practical Guide*, Springer, Berlin, Heidelberg.

Remoissenet, M. (2003), *Waves called Solitons*, Springer, Heidelberg, Berlin.

Reynolds, O. (1883), 'An experimental investigation of the circumstances which determine whether the motion of water shall be direct or sinuous, and of the law of resistance in parallel channels', *Phil. Trans. Roy. Soc. London A* **174**, 935–982.

Rotta, J. C. (1952), *Turbulente Strömungen*, Teubner, Stuttgart.

Rutland, D. F. & Jameson, G. J. (1971), 'A nonlinear effect in the capillary instability of of liquid jets', *J. Fluid Mech.* **46**, 267–271.

Saffman, P. G. (1992), *Vortex Dynamics*, Cambridge University Press.

Schlichting, H. & Gersten, K. (1997), *Grenzschicht-Theorie*, Springer, Berlin, Heidelberg.

Schuster, H. G. (1994), *Deterministisches Chaos*, VCH Verlagsgesellschaft, Weinheim.

Sigloch, H. (2003), *Technische Fluidmechanik*, Springer, Berlin, Heidelberg.

Sommerfeld, A. (1978), *Mechanik der deformierbaren Medien*, Harri Deutsch, Thun, Frankfurt/M.

Spurk, J. H. (2004), *Strömungslehre*, Springer, Heidelberg, Berlin.

Taneda, S. (1955), *Rep. Res. Inst. Appl. Mech. Kyushu Univ.* **4**, 29–40.

Taneda, S. (1956), *J. Phys. Soc. Jpn.* **11**, 302–307.

Taneda, S. (1979), *J. Phys. Soc. Jpn.* **46**, 1935–1942.

Tennekes, H. & Lumley, J. L. (1972), *A First Course in Turbulence*, MIT Press, Cambridge.

Thomson, J. (1855), 'On certain curious motions observable at the surfaces of wine and other alcoholic liquors', *London, Edinburgh, and Dublin Phil. Mag. J. Sci.* **10**, 330–333.

Tong, C. & Warhaft, Z. (1995), 'Passive scalar dispersion and mixing in a turbulent jet', *J. Fluid Mech.* **292**, 1–38.

Truckenbrodt, E. (1996), *Fluidmechanik*, Vol. 1, Springer, Berlin, Heidelberg.

Truckenbrodt, E. (1992), *Fluidmechanik*, Vol. 2, Springer, Berlin, Heidelberg.

Van Dyke, M. (1975), *Perturbation Methods in Fluid Mechanics*, Parabolic Press, Stanford, California.

Van Dyke, M. (1982), *An Album of Fluid Motion*, Parabolic Press, Stanford, California.

von Kármán, T. (1912), 'Über den Mechanismus des Widerstands, den ein bewegter Körper in einer Flüssigkeit erfährt', *Göttingen Nachrichten. Math.-Phys. Kl.* **13**, 547–556.

Wallet, A. & Ruellan, F. (1950), *Houille Blanche* **5**, 483–489.

Wang, C. Y. (1991), 'Exact solutions of the steady-state Navier–Stokes equations', *Annu. Rev. Fluid Mech.* **23**, 159–177.

Wei, T. & Willmarth, W. W. (1989), 'Reynolds-number effects on the structure on the structure of a turbulent channel flow', *J. Fluid Mech.* **204**, 57–95.

Werlé, H. (1974), Le tunnel hydrodynamique au service de la recherge aérospatiale, Technical Report 156, ONERA.

Werlé, H. (1980), 'Transition and separation - visualizations in the ONERA water tunnel', *Rech. Aérosp.* (1980-5), 35–49.

Werlé, H. & Gallon, M. (1972), 'Controle d'écoulements par jet transversal', *Aéronaut. Astronaut.* **34**, 21–33.

Williamson, C. H. K. (1996), 'Three-dimensional wake transition', *J. Fluid Mech.* **328**, 345–407.

Zierep, J. (1982), *Ähnlichkeitsgesetze und Modellregeln der Strömungslehre*, G. Braun, Karlsruhe.

Zierep, J. (1997), *Grundzüge der Strömungslehre*, Springer, Heidelberg.

Österlund, J. M. (1999), Experimental Studies of Zero Pressure-Gradient Turbulent Boundary-Layer Flow, PhD thesis, Department of Mechanics, Royal Institute of Technology, Stockholm, Sweden.

Das Frontispiz zeigt die Freude an der Strömung, ihrer Schönheit, Kraft und Vielfalt.
© Sean Davey (www.seandavey.com)

Bildnachweis:

Mit freundlicher Genehmigung von Cambridge University Press wurden die folgenden Abbildungen abgedruckt: 2.17, 7.13, 7.15, 7.20b.

Mit freundlicher Genehmigung des Springer-Verlags wurden die folgenden Abbildungen abgedruckt: 7.5, 7.27, 7.28b, 7.31a, 7.36.

Sachregister